Hermann Schuster • Robert Henry

Anatomisches Taschenbuch für Künstler

Otto Maier Verlag Ravensburg

Originalausgabe
Neubearbeitung der unter dem Titel
»Anatomisches Taschenbuch für Künstler«
erschienenen Ausgabe

Neubearbeitung: W. J. Kirchgässner
Gesamtherstellung: Appl, Wemding
Printed in Germany

87 86 85 84 83 5 4 3 2 1

ISBN 3-473-43147-8

Inhalt

Einleitung

Die Anatomie des menschlichen Körpers gehörte für den Künstler immer schon zum Grundwissen, das Aktzeichnen und Modellieren zur Grunderfahrung. Während die wissenschaftliche Anatomie der Medizin den gesamten Körper analysiert, bezieht sich die künstlerische Anatomie ausschließlich auf das äußerlich Sichtbare, auf dessen Ursachen und Wirkung.

Dieses Taschenbuch gehört in die Kitteltasche jedes Künstlers, denn es bietet sich mit den sorgfältig gezeichneten Bildtafeln als Nachschlagewerk an. Es ist ein Grundriß der Künstleranatomie und so aufgebaut, daß jeweils Knochenskelett, Muskelansicht und naturalistische Zeichnung einen direkten Vergleich ermöglichen.

An dieser Stelle sei eine persönliche Empfehlung an den Anfänger erlaubt:

Nehmen Sie jede Gelegenheit wahr, das Auge zu schulen, den Blick für den Körper in Ruhe und Bewegung zu bekommen, der Ihnen jegliche künstlerische Arbeit erleichtern wird. In der Schwimmhalle, im Freibad, beim Ringkampf, bei allen Sportveranstaltungen, während der Ballettprobe, ja sogar in den Anatomischen Instituten der Universitäten finden Sie Gelegenheit genug.

Mögliche Werkzeuge für das Aktzeichnen sind unter anderem:

- Graphitstift, hart und weich
- Druck-Minenhalter mit harten und weichen Graphitminen
- Zeichenkohle in verschiedenen Stärken und Härtegraden
- Kreide, wie Rötel oder Pastell
- Farbstift
- Zeichenfeder
- Federkiel
- Bambuskiel
- Zeichenfüllhalter (z. B. KOH-I-NOOR)

Man zeichnet »trocken« auf preiswertes weißes oder farbiges Papier, Packpapier oder auf teures festes Zeichenpapier, Ingrespapier oder ähnliches. Das Papier wird mit Reißzwecken oder Klebeband auf die Unterlage gespannt.

Als Unterlage benutzt man ein einfaches Brett mit glatter Oberfläche, ein Reißbrett oder einen Tisch, an dem man stehend zeichnet. Es kann auch an der schräggestellten Staffelei gearbeitet werden, wenn eine Ausarbeitung der Studie geplant ist.

Ein Aktzeichner benutzt von der ersten Stunde an keinen Radiergummi! Er beginnt mit feinstem Strich und schafft sich so ein Gerüst aus Hilfslinien. Die wichtigen Linien werden im Verlauf der Arbeit nun immer stärker herausgearbeitet. Näheres, auch über das Modellieren, finden Sie in der einschlägigen Fachliteratur des Otto Maier Verlages. Vor dem Verwischen schützt Fixativ, das der Künstler auch selbst sehr einfach herstellen kann. Fixativ wird mit einem Fixierröhrchen aufgesprüht. Von Sprayflaschen ist aus Gründen des Umweltschutzes abzuraten.
Achten Sie beim Aktzeichnen oder Modellieren auf gute Lichtverhältnisse, möglichst Nordlicht. Wenn das Tageslicht nicht genügt, sollte es durch elektrische, weit gestreute Beleuchtung unterstützt werden. Die ausschließliche elektrische Beleuchtung ist tageslichtähnlich zu gestalten, das heißt mit der richtigen Kombination von Gelb- und Weißlicht.
Achten Sie darauf, daß das Aktmodell auf einem gepolsterten Podest »steht«.
Bei Standposition ungeübter Modelle kann es schon nach verhältnismäßig kurzer Zeit zu einem Kollaps kommen. Deshalb sollten anfangs die Abstände zwischen den Pausen nicht mehr als zehn Minuten betragen. Bei Kollaps sofort Beine hochlegen, Kopf tief lagern. Achten Sie darauf, daß das Modell vor Zug und durch gute Heizstrahler vor Erkältung, aber auch vor zu hoher Temperatur geschützt wird, und regulieren Sie öfter die Strahler nach.
Zur Wahl des Modells ist zu bemerken, daß es weder beim männlichen noch beim weiblichen auf die Schönheit ankommt, sondern darauf, welche Aufgabe man sich stellt oder gestellt bekommt. Auch heute noch scheuen sich viele Studenten, selbst als Modell einzuspringen, wenn die verpflichtete Person einmal ausfällt. Vielleicht ahnen sie, wie schwer es ist, längere Zeit in einer Position verharren zu müssen. Deshalb ist es wichtig, die Position öfter wechseln zu lassen.
Wenn dieses Buch dazu beitragen kann, dem Anfänger und dem Fortgeschrittenen bei auftretenden Problemen der Körpergestaltung zu helfen, dann hat es seinen Zweck erfüllt.

Das Skelett trägt den Körper

Das knöcherne Gerüst des menschlichen Körpers, das sogenannte Skelett, dient dem Organismus als Stütze und besonders gefährdeten Weichteilen als Schutz.
Das Skelett gliedert sich in:

- Kopfskelett
- Rumpfskelett
- Armskelett (auch »obere Extremitäten [Gliedmaßen]« genannt)
- Beinskelett (auch »untere Extremitäten [Gliedmaßen]« genannt)

Die Gesamtheit der Knochen bildet das Skelett

Die mechanische Funktion des Skeletts erfolgt durch etwa 200 einzelne Knochen, die zusammen nur 20% des Gesamtkörpergewichts ausmachen. Sie spielen eine wichtige Rolle im Mineralhaushalt und tragen (durch das Knochenmark) zur Blutbildung bei.
Das Gewebe eines Knochens mittleren Alters besteht zu 50 bis 60% aus anorganischem Material. Die anorganischen Salze bestehen aus Kalziumphosphat (85%), Kalziumkarbonat (10%), Magnesiumphosphat (1,5%), Kalziumfluorid (0,3%) und Kalziumchlorid (0,2%).
Die Knochen bieten Hebel- und Angriffspunkte für die Muskeln. Die oben erwähnte Schutzfunktion des Skeletts zeigt sich in der Geborgenheit des Rückenmarks innerhalb der Wirbelsäule, welche zudem eine tragende Rolle spielt; in der Geborgenheit des Gehirns innerhalb des Schädels; im Geschütztsein der Brusteingeweide durch den Brustkorb und der Beckeneingeweide durch die Beckenknochen.
Man unterscheidet:

- Lange und Kurze Röhrenknochen
  (wie zum Beispiel Oberarmknochen, Speiche, Elle, Oberschenkelknochen, Schienbein, Wadenbein als Lange Röhrenknochen und Mittelhandknochen, Fingerknochen, Mittelfußknochen und Zehenknochen als Kurze Röhrenknochen)
- Kurze Knochen
  (wie Hand- und Fußwurzelknochen und die Wirbel)

- Platte Knochen
  (wie zum Beispiel die meisten Schädelknochen, Rippen, Brustbein, Schulterblatt, Hüftbein)
- Lufthaltige Knochen
  (wie Siebbein, Keilbein, Stirnbein und Oberkiefer).

Die Röhrenknochen bestehen aus dem Schaft und zwei verdickten Gelenkenden, an denen die Knochenhaut des Schaftes in Knorpel übergeht. (Die Knochenhaut, auch Beinhaut genannt, enthält ein gut funktionierendes Gefäßnetz und zahlreiche Nervenfasern.) Der Schaft ist wie eine Röhre gebaut, aus fester Knochensubstanz, welche man Knochenrinde nennt. Innerhalb der Rinde, in der sogenannten Markhöhle, befindet sich Gelbes Knochenmark (inaktives Fettmark). (Beim Säugling ist es noch rotes, blutbildendes, aktives Mark, das sich bis zum Ende des Längenwachstums langsam umbildet.) Die Gelenkenden der Röhrenknochen bestehen im Inneren aus einem System von winzigen Knochenbälkchen, die unter anderem wie eine Brückenkonstruktion statische Funktionen erfüllen. Durch den Röhrenaufbau und die statisch einzigartige Anlage der Gelenkenden ist eine hohe Biegungs- und Druckbelastung gewährleistet.

Ein Oberschenkelknochen kann in der Waagerechten eine Belastung von 200 kg aushalten, während er in der senkrechten Lage mit 800 kg belastet werden kann. Das Schienbein hält als der stärkste Knochen des menschlichen Skeletts einer Belastung von 1 600 kg stand (bei Knochen mittleren Alters).

Die Kurzen Knochen enthalten, wie die Gelenkenden der Röhrenknochen, im Inneren kleine Knochenbälkchen. Sie werden von einer verhältnismäßig dünnen Knochenrinde umschlossen. In Kurzen Knochen, die hohem Druck standhalten müssen, ist die Gewölbestruktur der Knochenbälkchen besonders ausgeprägt.

Die Platten Knochen haben eine unterschiedlich starke Rinde. Durch die strenge und die gelockerte Anordnung der Knochenbälkchen in den Platten Knochen können sie starkem Druck leicht federnd begegnen. Das Innere der Platten Knochen enthält rotes, blutbildendes, aktives Knochenmark.

Die Lufthaltigen (pneumatisierten) Knochen sind mit Schleimhaut ausgekleidet und stellen durch ihren Luftgehalt druckentlastete Hohlräume dar.

Welche Knochenverbindungen gibt es?

Die Skelettknochen sind durch unterschiedliche Materialien und Strukturen miteinander verbunden:

- durch Bindegewebsfasern in Bänderform oder in Nahtform (die nur geringe Verschiebungen der Knochen gegeneinander gestatten);
- durch knorpelhaftes Material, Faserknorpel oder (später meist) verknöchernde Knorpel;
- durch Gelenke.

Faserige Knochenverbindungen sind z.B. die unteren Enden des Schien- und Wadenbeines. Verbindungen durch elastische Bänder sind vorhanden bei den Bogen übereinanderliegender Wirbel. Benachbarte Schädelknochenränder sind durch sehr kurze Bänder miteinander verbunden, die beim Zusammenwachsen durch Verknöcherung verschwinden.

Die knorpelhaften Verbindungen, welche später verknöchern, sind zum Beispiel am Hinterhauptbein und am Keilbein zu finden. Knorpelhafte Verbindungen, die aus Faserknorpel bestehen und nicht verknöchern, sind zum Beispiel die Verbindungen der Wirbelkörper untereinander (Zwischenwirbelscheiben = Bandscheiben) und der Schambeine (Symphyse).

Das Gelenk

Für die künstlerische Anatomie ist die eingehende Behandlung der beweglichen Knochenverbindungen, der Gelenke, besonders interessant. Man unterscheidet nach der Form der Gelenkkörper:

- Kugelgelenk mit kugelförmigem Gelenkkopf und einer nach innen gewölbten, hohlen Gelenkpfanne (zum Beispiel Schultergelenk). Je flacher die Gelenkpfanne, desto größer ist die Bewegungsfreiheit des in der Pfanne lagernden Knochens. Die Kugelgelenkknochen haben die größte Bewegungsfreiheit im menschlichen Skelett.

Bild 1
Schema eines Kugelgelenkes:
1. Gelenkpfanne
2. Gelenkkopf
3. Knorpel
4. Gelenkhöhle
5. Gelenkkapsel

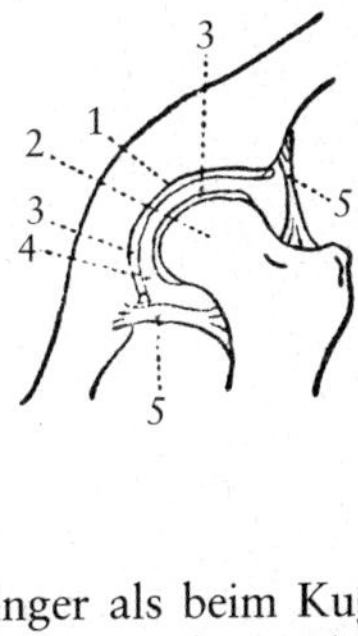

- Nußgelenk. Die Bewegungsfreiheit ist geringer als beim Kugelgelenk, weil der Gelenkkopf hier über seinen Mittel- oder Drehpunkt hinweg von der Gelenkpfanne umschlossen wird (zum Beispiel Hüftgelenk).

- Das Walzengelenk besteht aus einem walzenförmigen Gelenkkörper, der sich in einer Hohlform um eine Achse drehen kann. Walzengelenke sind: das Scharniergelenk (beispielsweise Ellen-Oberarmgelenk), welches Beuge- und Streckbewegungen vollzieht, und das Radgelenk (zum Beispiel Ellen-Speichengelenk), welches für Außen- und Innendrehungen eingerichtet ist.
- Ein Eigelenk ist beispielsweise das Speichen-Handwurzelgelenk. Die Gelenkflächen sind ellipsenförmig.
- Das Sattelgelenk (in der Bewegung dem Eigelenk ähnlich) gestattet nur Bewegungen in zwei zueinander senkrechten Ebenen (wie sie der Reiter im Sattel ausführt). Ein Beispiel dafür ist das Handwurzel-Mittelhandgelenk des Daumens.
- Ebenes Gelenk. Hier bewegen sich in der Oberfläche ebene, fast glatte Gelenkflächen zueinander. Man nennt es auch Gleitgelenk, Schiebegelenk oder Drehgelenk. Beispiele sind die Zwischenwirbelgelenke (= Bandscheiben) der Halswirbelsäule.
- Das Straffe Gelenk (auch Wackelgelenk genannt) zeigt oft unebene Gelenkflächen, die aber durch eine Kapsel und straffe Bänder so fest zusammengehalten werden, daß nur eine äußerst geringe federnde Bewegung zustande kommen kann. Ein Beispiel dafür ist das Hüftbein-Kreuzbeingelenk.

Die Beweglichkeit der oben genannten Gelenke wird eingeschränkt bzw. geführt durch: Knochen (beispielsweise Ellbogen), Bänder (wie zum Beispiel beim Hüftgelenk), Weichteile (wie beim Daumenballen), Muskeln (wie beim Handgelenk). Aber nicht nur diese Faktoren spielen bei der Gelenkbewegung eine Rolle. Auch die Druckverhältnisse im Gelenkspalt zeigen, wieso der Körper höchsten Belastungen standhalten kann: Im Gelenkspalt herrscht ein Unterdruck von 6 bis 12 cm Wassersäule. Der äußere Luftdruck entwickelt eine Kraft von 10 bis 15 kp. So werden die Gelenkverbindungen stabilisiert.

Bei den beweglichen Verbindungen, den Gelenken, sind die einander zugeordneten Knochenenden stets überknorpelt. Dadurch wird eine möglichst glatte, elastische und reibungsarme Oberfläche garantiert. Der Gelenkknorpel ist auf Druckfestigkeit ausgerichtet und je nach Belastungsvermögen bis zu 6 mm dick.

- Die Gelenkkapsel verbindet die Gelenkenden miteinander und schließt die Gelenkhöhle nach außen hin ab. Sie besteht aus einer festen äußeren Faserschicht und der elastischen Gelenkinnenhaut. (An degenerierten Stellen kann sich die Gelenkinnenhaut nach außen stülpen. Dies nennt man »Überbein«.) Die Gelenkinnenhaut sorgt dafür, daß das Gleichgewicht zwischen Sekretion (Absonderung der Gelenkschmiere) und Resorption (Aufnahme) innerhalb der Gelenkhöhle erhalten bleibt.

- Die Gelenkhöhle liegt zwischen den Gelenkenden und wird von der Gelenkkapsel umschlossen. Sie enthält die sogenannte Gelenkschmiere, einen fetthaltigen Schleim, welcher der Reibungsminderung ebenso dient wie der Ernährung des Gelenkknorpels.

Der Gebrauch beziehungsweise die Beanspruchung der Gelenke ist, wie bereits erwähnt, mit der ursprünglichen Gelenkform eng verknüpft. Aber die ererbte Form eines Gelenkes kann sich durch einseitige oder übermäßige mechanische Beanspruchung oder auch durch Krankheiten (wie z.B. Rheuma) innerlich und äußerlich stark verändern. Zum Beispiel führen Fehlstellungen der Kniegelenke (sogenannte X- oder O-Beine) zu Veränderungen im Gelenk durch Knorpelabnutzung. Gelenkversteifungen können entstehen durch Unterbeanspruchung und Stillegung eines Gelenkes. Dann wächst in den Gelenkspalt gefäßreiches Bindegewebe hinein und führt zur Verbindung der Gelenkenden.

Die Wirbelsäule ist die bewegliche Stütze des Rumpfes

Die Wirbelsäule läuft von unten nach oben konisch zu. Sie besteht aus 32 bis 36 Wirbeln, wovon 24 während des ganzen Lebens beweglich sind. Bis zum Ende des zweiten Lebensjahrzehntes verschmelzen die Kreuzbeinwirbel zum Kreuzbein und die Steißbeinwirbel zum Steißbein.

Die Wirbelsäule liegt, von vorne gesehen, auf einer senkrechten Achse. Von der Seite betrachtet, fällt die doppelt S-förmige Krümmung auf: Die Halswirbelsäule zeigt eine Wölbung nach vorne, die Brustwirbelsäule nach hinten, die Lendenwirbelsäule geht nach vorne, Kreuz- und Steißbein gehen nach hinten. Die Wirbelsäule wird durch Muskeln und

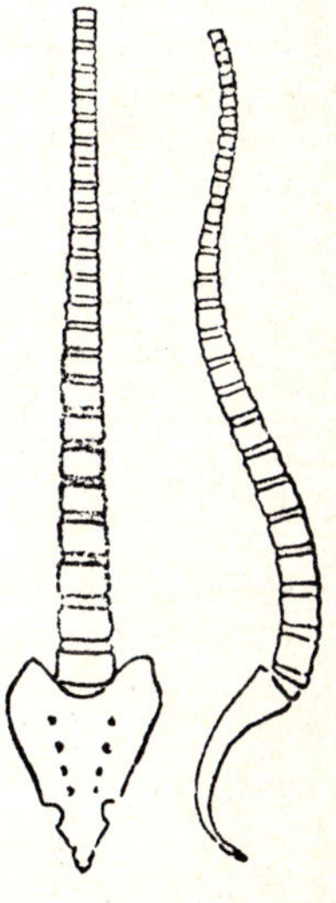

Bild 2
a) Wirbelsäule von hinten (gerade)
b) Wirbelsäule von der Seite
(mit der S-förmigen Krümmung)

Bänder einerseits, durch den Zug von Brustkorb und Eingeweiden andererseits dauernd in ihrer Form gehalten. Die Wirbelsäule eines Neugeborenen weist diese Krümmung noch nicht auf, denn sie bildet sich erst durch die aufrechte Körperhaltung heraus. Durch die doppelt S-förmige Krümmung werden die Druck- und Zugkräfte, welche auf die Wirbelsäule wirken, aufgefangen. Eng mit dieser Funktion sind aber auch die Zwischenwirbelscheiben (Bandscheiben) verbunden, von denen unten noch die Rede sein wird.
Bezeichnung der Wirbel:

- 7 Halswirbel
- 12 Brustwirbel
- 5 Lendenwirbel
- 5 Kreuzbeinwirbel
- 4 Steißbeinwirbel

Wie ist ein Wirbel gebaut?

Mit Ausnahme des Atlasses (erster Halswirbel) besteht der Wirbel aus dem Wirbelkörper, dem Wirbelbogen, den oberen und unteren Gelenkfortsätzen, den Querfortsätzen und dem Dornfortsatz. Der massive, annähernd zylindrische, im Querschnitt ovale Wirbelkörper setzt sich nach hinten in einem geschlossenen Ring, dem Wirbelbogen, fort. Dieser bildet mit dem Wirbelkörper das Wirbelloch (Rückenmarkskanal). Nach rechts und links zweigen die Querfortsätze ab, und in der Mitte, nach hinten zeigend, befindet sich der Dornfortsatz. Fast alle Wirbel weisen Gelenkfortsätze auf, die nach oben und unten paarig angelegt sind.

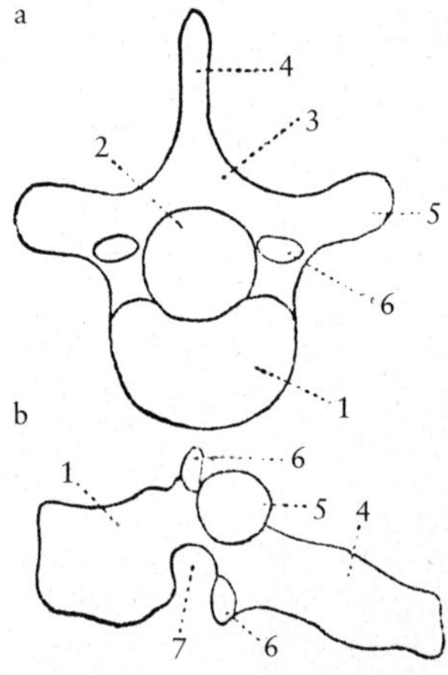

Bild 3
Wirbelschema
a) von oben
b) von der Seite
1. Körper
2. Kanal
3. Ring
4. Dornfortsatz
5. Querfortsatz
6. Gelenkfortsatz
7. Loch

Die Wirbelsäulenabschnitte im einzelnen

Die 7 Halswirbel zeigen (außer dem Atlas) nur schwach ausgebildete Wirbelkörper, Querfortsätze mit Durchgangslöchern für die Blutgefäße und zumeist gegabelte Dornfortsätze. Nur der Fortsatz des 7. Halswirbels ist ungegabelt und länger. Er ragt häufig in dem rhombenförmigen Sehnenfeld des Kapuzenmuskels auffallend hervor, ist gut tastbar und wird deshalb auch Zählwirbel genannt.

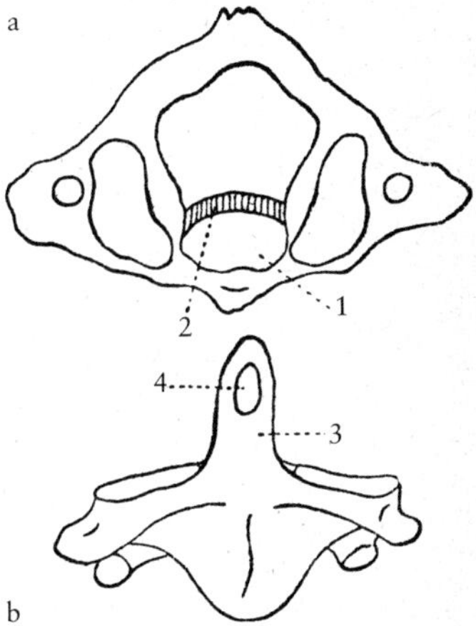

Bild 4
a) Tragwirbel
b) Drehwirbel des Halses
1. Loch für den Dorn des Drehers
2. Band als Halt
3. Dorn
4. Gelenkfläche

Eine besondere Funktion erfüllen die beiden 1. Halswirbel, der Trägerwirbel (Atlas) und der Drehwirbel (Axis). Durch diese beiden Wirbel sind die Streck-, Beuge- und Drehbewegungen des Kopfes möglich. Zwei flache Pfannen für die Gelenkhöcker des Kopfes sorgen auf der Oberseite des Atlasses für die Vor- und Rückwärtsbewegungen, d. h. Kopfnicken und Zurückwerfen oder Beugen und Strecken. Der 2. Wirbel (Axis) zeigt einen nach oben ragenden knöchernen Zapfen, der in den Bogen des Trägerwirbels (Atlas) eingreift und in seiner Lage durch ein straffes Querband festgehalten wird. Um diesen Dorn drehen sich Kopf und Trägerwirbel (Atlas) horizontal. Diese Bewegung wird durch je 2 flache Gelenke ermöglicht, welche Atlas und Axis miteinander verbinden.
Die Brustwirbel sind gegeneinander kaum beweglich. Neben den abwärts gerichteten Dornfortsätzen ragen seitlich die Querfortsätze mit Gelenkflächen für die Rippen hervor.

Die starken Lendenwirbel bilden Ansatzpunkt für Muskeln und Bänder der Lenden.
Die Kreuzbeinwirbel wachsen im 2. Lebensjahrzehnt zusammen und haben als Kreuzbein eine tragende Funktion: Zwischen dem 1. und 2. Wirbel des Kreuzbeines liegt der Körperschwerpunkt. Das Kreuzbein hat eine dreieckige Grundform. Gut sichtbar sind bei den verwachsenen Wirbeln die Wirbellöcher zum Austritt der Nerven. Als Träger des Rumpfes setzt sich das Kreuzbein nach vorn in scharfem Winkel von der angrenzenden Lendenwirbelsäule ab. Man nennt diesen Vorsprung »Vorgebirge«.
Die 4 Steißbeinwirbel schließen unter anderem das Kleine Becken ab und sind unbeweglich miteinander verbunden. (Sie stellen Rudimente des Schwanzes dar, der irgendwann einmal den Vorfahren des heutigen Menschen geziert haben mag.)
Im Überblick: Die Beweglichkeit der Wirbelsäule nimmt, im Gegensatz zu ihrer Tragfähigkeit, nach oben hin zu und ermöglicht eine Gesamtdrehung von etwa 90°. Kreuz- und Steißbein sind unbeweglich und fest im Becken eingefügt. Von der übrigen Wirbelsäule bildet die Lendenwirbelsäule die bewegliche Achse des Rumpfes (5° Drehung), die Halswirbelsäule ist die Achse für den Kopf. Die nachgiebigen, elastischen Zwischenwirbelscheiben (Bandscheiben) gestatten mehr oder minder eingeschränkte Bewegungen der Wirbelsäule nach allen Richtungen.
Bei starker Beugung der Wirbelsäule kann man erkennen, daß sich die Beugung (und auch die Streckung) der Lendenwirbelsäule unmittelbar unter der Brust und über dem Becken vollzieht. Der übrige Teil bleibt in sich unbewegt. Eine stärkere Beugung des Körpers ist nur mit dem Hüftgelenk möglich. Beugung und Streckung der Halswirbelsäule (hauptsächlich Atlas und Axis) können eine Spannweite von etwa 30° erreichen.

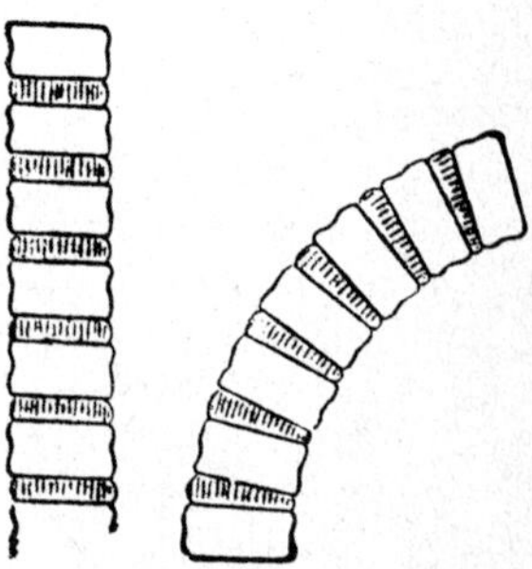

Bild 5
Schematische Darstellung der Wirbelsäule aus Wirbeln und Zwischenwirbelscheiben (Bandscheiben). Letztere werden bei Biegung keilförmig zusammengedrückt.

Die Seitwärtsneigung des Rumpfes erfolgt in der Lendenpartie, bis zur Berührung von Brustkorb und Becken. Die Seitenbeweglichkeit der Halswirbelsäule ist noch ergiebiger.
Bewegungen des Rumpfes um die Vertikalachse (Senkrechte) werden hauptsächlich vom unteren Teil der Brustwirbelsäule ausgeführt, nach beiden Seiten um etwa 30°. Größere Drehungen des Körpers erfolgen mit dem gesamten Becken.
Noch größer ist die Drehmöglichkeit der Halswirbelsäule (45° Drehung), so daß der Mensch, wenn er Rumpf und Becken mitdreht, im Stand mit den Augen den gesamten Horizont erfassen kann.

Der Brustkorb schützt die Organe

Die äußere Form des Brustkorbs (Thorax) ist elliptisch, aber oben eng und unten weit. Der Brustkorb wird gebildet aus insgesamt 37 Knochen, 12 Brustwirbeln, 12 Rippenpaaren und dem Brustbein. Das Brustbein ist ein Platter Knochen, der in seiner Form an ein römisches Schwert erinnert. So kommt es zu den Bezeichnungen Griff (wie Handgriff), Körper (wie Klinge) und Schwertfortsatz (wie die Spitze des Schwertes). Der Griff grenzt oben mit rundlicher Ausrandung an die Drossel- oder Kehlgrube, trägt seitlich die Sattelgelenkflächen für die Schlüsselbeine (Köpfchen) und schließt an den Körper mit einer

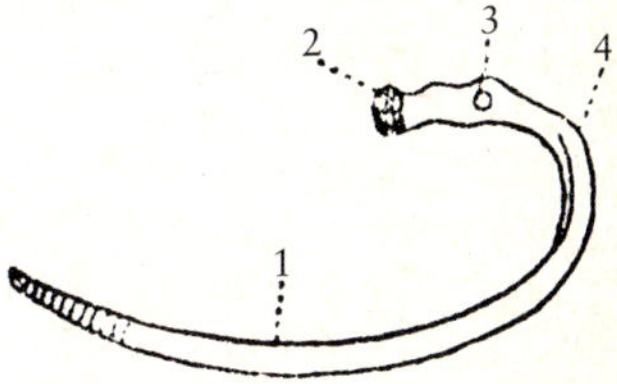

Bild 6
Rippe:
1. Körper
2. Köpfchen mit Gelenk
3. Gelenk zum Querfortsatz
4. Knie

Fuge an. Der Winkel zwischen Griff und Körper ist bei Mann und Frau unterschiedlich. Bei der Frau ist das Brustbein etwas steiler angesetzt. Das Brustbein liegt nicht etwa parallel zur Wirbelsäule, sondern steht etwas nach vorne ab. Die Abweichung von der Senkrechten beträgt etwa 15 bis 20°. Das Brustbein ist bei Frauen kürzer und ein wenig schmaler als bei Männern und erscheint deshalb auch breiter. Der Körper des Brustbeines trägt, wie auch der Griff, seitliche Auskerbungen zum Ansatz der Rippenknorpel; letztere treten am abgemagerten und jugendlichen Körper deutlich hervor. Der Schwertfortsatz kann von unterschiedlicher Gestalt sein: blattförmig, gegabelt oder durch-

löchert. Er steht gelegentlich weit vor oder tritt stark zurück, beides auffallend im äußeren Erscheinungsbild des Körpers.
Das Brustbein erstreckt sich etwa vom 2. bis zum 10. Brustwirbel unten. Die zwölf Rippenpaare des Brustkorbs gliedern sich in 7 echte und 5 falsche Rippenpaare. Die echten Rippen treffen auf das Brustbein auf. Das 8., 9. und 10. Rippenpaar verbindet sich jeweils mit dem darüberliegenden Rippenpaar durch Knorpel und bildet den Rippenbogen, wogegen das 11. und 12. Rippenpaar in der Muskulatur der vorderen Bauchwand endet, da keine Verbindung zu den nächsthöheren Rippen besteht.
Die Gelenkverbindung der Rippen mit den Wirbeln erfolgt durch das sogenannte Rippenköpfchen, das, an der Außenseite zweier Wirbel lagernd, mit 2 Gelenkflächen versehen ist. Hinter dem Köpfchen verjüngt sich die Rippe, um sich dann zum Rippenhöcker zu verdicken, der mit dem Querfortsatz des Wirbels ein Gelenk bildet. Kurz vor dieser Stelle ist dann die Rippe im Rippenwinkel (nach vorne zu) gebogen.

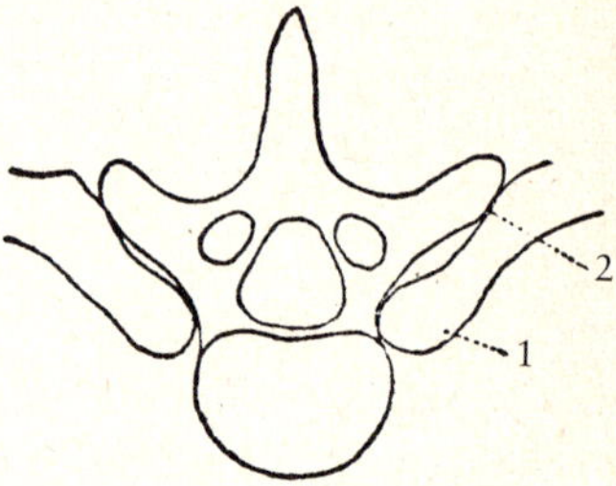

Bild 7
Gelenkansätze der Rippen am Wirbel:
1. Köpfchen mit Gelenkverbindung am Bogen
2. Gelenkverbindung am Querfortsatz

Die Drehung der Rippen in den beiden Gelenken geht folgendermaßen vor sich: Während sie hinten in gleicher Lage verharren, heben sich die Rippen bei der Einatmung nach vorne und senken sich beim Ausatmen. Beim Heben, der Einatmung, erweitert sich der Brustkorb, wobei die Rippenbögen unten auseinanderweichen und deshalb einen stumpfen Winkel miteinander bilden, während bei der Ausatmung, beim erschlaffenden Brustkorb, der Brustkorbwinkel spitzer wird.

Der Schultergürtel

Die Knochen des Schultergürtels sind das paarig angelegte Schlüsselbein und das ebenfalls paarig angelegte Schulterblatt. Schlüsselbein und Schulterblatt sind im Äußeren Schlüsselbeingelenk miteinander verbunden. Zwischen dem starken Schlüsselbein und dem Brustbein stellt das Innere Schlüsselbeingelenk eine Verbindung her. Durch flächenhafte Muskeln zwischen Wirbelsäule und Schulterblättern erhält der Schultergürtel seine gelenkig-muskulöse Festigkeit, die er als Träger der Arme braucht.

Das Schlüsselbein ist ein S-förmig gebogener Knochen. In Ruhe liegt es links und rechts quer zum Brustbein, ist im Querschnitt flach, zum Brustbein hin gelenkförmig verdickt und dort mit einem Sattelgelenk versehen. Das andere Ende ist löffelförmig verbreitert und mit dem Fortsatz des Schulterblattes, der Schulterhöhe, in straffem Gelenk verbunden.

Die Schulterblätter sind Platte, dreiecksförmige Knochen, welche am Brustkorb hinten flach aufliegen. Die Ränder sind der stabile Rahmen des Knochens, aber auch Muskelansatzpunkt. Ein sich wulstig verdikkender Knochenkamm, die Schultergräte, zieht vom oberen Drittel der Innenkante zum äußeren Winkel und endet in einem breiten Haken, der Schulterhöhe, die an das Schlüsselbein grenzt. Unter der Schulterhöhe, also an seinem äußeren oberen Winkel, ist das Schulterblatt stark verdickt und trägt dort die nach außen gewendete flachkonkave Gelenkpfanne für den Oberarm. Seitwärts über der Pfanne befindet sich am Schulterblatt der sogenannte Haken- oder Rabenschnabelfortsatz, ein wichtiger Muskelansatz. Hakenfortsatz und Schulterhöhe stehen wie schützend über dem Gelenk, schränken aber dessen Bewegungsmöglichkeiten ein. Über der Schultergräte liegt die Obergrätengrube und unter dieser die Untergrätengrube, mit Muskeln ausgefüllt. Am inneren Ende ist die Schultergräte zu einer dreieckigen Fläche verbreitert, eine für die Plastik des Rückens wichtige Stelle, da über ihr das dreieckige, vertiefte Sehnenfeld des Kapuzenmuskels liegt. Mit dem Brustbein-Schlüsselbeingelenk sind sowohl Hebebewegungen und Senkbewegungen als auch Vor- und Rückwärtsbewegungen der Schulter möglich.

Der Arm ist also mit dem Rumpf durch 3 Gelenke – dem Schultergelenk und den Gelenken zwischen Schlüsselbein, Brustbeingriff und Schulterhöhe – verbunden. Von besonderer Bedeutung ist dabei die Beweglichkeit des Schulterblattes *(Tafel 13 und 10)*, dessen Drehachse außen, nahe dem Gelenk liegt. Dadurch hebt sich bei Anheben der Schulter das Gelenk als Ganzes unter Drehung nach außen.

Der innere Schulterblattwinkel senkt sich derweil, der untere beschreibt einen Bogen nach außen und tritt seitlich am Brustkorb deutlich hervor. Erst durch diese Hebemöglichkeit der Schulter ist ein Anheben des Armes über die Waagerechte hinaus bis zur senkrechten Stellung möglich. Bei Rückwärtsbewegung der Schulter können sich die hinteren Kanten der Schulterblätter bis zur Berührung nähern. Für alle kraftvollen Bewegungen der Arme ist eine Feststellung der Schulterblätter notwendig, vollzogen durch mehrere Muskeln, die das Blatt in verschiedene Richtungen fixieren.

Der Arm und die Hand

siehe Tafel 16 bis 21

Das Skelett der oberen Extremitäten, das Armskelett, setzt sich zusammen aus Oberarm, Unterarm und Hand.
Der Oberarmknochen gehört zu den Langen Röhrenknochen und ist an beiden Gelenkenden verdickt. Bei Rechtshändern ist der rechte Oberarmknochen oft etwas länger. Der Oberarmknochen ist nicht rund, sondern eher dreikantig in seiner äußeren Form und trägt am oberen Ende einen halbkugeligen, überknorpelten Gelenkkopf für das Schultergelenk. Durch eine starke Einschnürung, den Hals, setzt sich der Gelenkkopf vom Schaft ab.
Unterhalb des Halses nach außen tritt der sogenannte Großhöcker hervor, weiter einwärts der Kleine Höcker. Beide laufen in Leisten abwärts aus und sind durch eine Furche getrennt, in welcher die Sehne des Unterarmbeugers liegt. Das untere Ende zum Ellbogen hin ist verdickt mit starken Vorsprüngen nach innen und außen; dem Inneren und dem Äußeren Knorren (Epikondylen). Zwischen ihnen liegt nach innen der walzenförmige Gelenkkopf (Rolle) für die Elle, während sich nach außen, der Speiche zu, ein kugeliges Köpfchen befindet. Über der Rolle liegt vorn und hinten je eine Grube für Kronen- und Hakenfortsatz der Elle (Bewegungshemmung!).
Am Inneren und Äußeren Knorren entspringen die Beuge- und Streckmuskeln des Unterarms. Der Unterarm setzt sich aus zwei Röhrenknochen zusammen; der Elle auf der Kleinfingerseite, der Speiche auf der Daumenseite. Die normale Stellung des Armes, von der bei der Beschreibung ausgegangen wird, ist die annähernd parallel stehender Unterarmknochen und nach vorn sichtbarem Handteller, wobei der Daumen nach außen und der Kleinfinger nach innen zeigt.
Die im Querschnitt dreikantige Elle ist etwas länger als die Speiche. Beide Knochen sind so gegeneinander verschoben, daß oben die Elle höher ansetzt und unten das Speichenende tiefer liegt. Oben trägt das Gelenkende der Elle einen halbmondförmigen Ausschnitt zur Umgreifung der Gelenkrolle des Oberarms. Diese »Klammer« endet oben mit dem Hakenfortsatz (Ellbogenspitze), unten im sogenannten Kronenfortsatz. Seitwärts nach außen vom Kronenfortsatz weg liegt eine rundliche Vertiefung als Pfanne für das Speichenköpfchen. Das wenig

verdickte untere Gelenkende der Elle, das Ellenköpfchen, trägt (in Richtung Kleinfinger) den Griffelfortsatz. Seitlich, der Speiche zu, ist eine konvexe Gelenkfläche für das untere Speichenende sichtbar.
Die Speiche ist ebenfalls dreikantig, oben dünn, unten verdickt, und trägt ebenfalls ein Köpfchen mit einem Gelenk zum Oberarm hin. Unterhalb des Köpfchens, nach innen zu, befindet sich ein Höcker als Ansatz des Unterarmbeugers. Das untere, kräftig verdickte Gelenkende bildet das hohle Gelenk für die Handwurzel, seitlich der Elle zeigt sich eine flache Höhlung für das Ellenköpfchen. Nach außen setzt sich die Speiche ebenfalls in einem Griffelfortsatz fort.
Die Hand besteht aus drei Teilen:

- Handwurzel
- Mittelhand
- Finger.

Die Handwurzel erscheint am Skelett als Ganzes, besteht aber aus 8 vieleckigen Einzelknochen, welche, durch Bänder fest verbunden, weitgehende Elastizität garantieren. Dem Arm zu liegen:

- Kahnbein
- Mondbein
- Dreiecksbein und
- Erbsenbein.

Der Mittelhand zu befinden sich das Große und das Kleine Vielecksbein, Kopf- und Hakenbein. Die ersten 3 Knochen bilden zusammen einen runden Gelenkkopf für die Speiche, welche die Bewegung fast allein vermittelt. Kahnbein und Großes Vielecksbein zeigen dem Handteller zu Fortsätze, denen auf der anderen Seite das Erbsenbein und der Fortsatz des Hakenbeins entsprechen. Dadurch entsteht längs der Handwurzel eine Rinne zur Führung der Sehnen vom Unterarm zur Hand. Quer über die Rinne, die Fortsätze verbindend, führt das Handwurzelband. Dieses sichert die Lage der Sehnen und hält die Rinne in Spannung. An die Handwurzel schließen sich die Mittelhandknochen an; lange dünne, oben und unten verdickte Knochen. Der Mittelhandknochen des Daumens ist mit dem Großen Vielecksbein durch ein Sattelgelenk verbunden und gestattet so dem Daumen ausgiebige Bewegung, während die übrigen Mittelhandknochen mit der Handwurzel unbeweglich durch Bänder verfestigt sind. Der Daumen besteht aus nur 2 Gliedern, und die anderen Finger zeigen jeweils 3 Glieder:

- Grundglied
- Mittelglied und
- Endglied.

Alle sind in der Mitte dünner und an den Enden verdickt. Die Finger-

glieder enden, der Mittelhand zu, in Kugelgelenken, während sie miteinander durch Scharniergelenke verbunden sind. Die Endglieder zeigen Abplattungen für die Nägel. Alle Fingerglieder sind im Querschnitt etwa halbmondförmig und längs etwas gebogen.
Die Bewegung des zweiknochigen Unterarms gegen den Oberarm im Ellbogengelenk findet nur in einer Ebene statt, denn das Scharniergelenk gestattet keine Seitenabweichung. Für die Künstleranatomie ist die Drehung der Speiche um die Elle erwähnenswert. In normaler Stellung liegt die Speiche parallel neben der Elle, die offene Hand sieht nach vorne. Die Speiche dreht sich so, daß ihr oberes Köpfchen sich in der Gelenkvertiefung der Elle um die senkrechte Achse dreht, während das untere Speichenende mit seiner Pfanne sich um die Gelenkfläche am inneren unteren Ellenende bewegt. Dabei beschreibt die Speiche eine mit einem Kegelmantel vergleichbare Bewegung. Die ursprünglich mit der Elle gleichlaufende Speiche kommt nun quer über die Elle zu liegen, die Hand aber zeigt nach der Bewegung ihre Rückseite. Sieht in der Anfangslage die offene Hand nach vorne, der Daumen nach außen, so spricht man von Kammhaltung oder Subination. Sieht aber die Rückseite, der Handrücken nach vorne, Daumen nach innen, dann heißt es Rückhaltung oder Pronation.
Zwischen Handwurzel und Speiche wirkt zunächst ein Scharniergelenk, das lediglich Beugung und Streckung gestattet. Da aber die erste und zweite Reihe der Handwurzelknochen ebenfalls im Sinne eines Scharniergelenkes, aber mit anderer Achse gegeneinander, etwas beweglich sind, so ergeben sich für Hand gegen Arm eine Summe von Bewegungen: Beugung gegen die Hohlhand und Streckung rückwärts (Gesamtunterschied etwa 120°). Dazu kommen Beugung und Strekkung mit Wendung gegen Daumen- und Kleinfingerseite (letztere Bewegungen mit geringerer Weite). All diese Möglichkeiten gestatten, kombiniert, eine kreisende Bewegung der Hand gegen den Arm.
Während nun die Mittelhandknochen der Finger fest mit der Handwurzel verbunden sind, zeigt der zum Daumen gehörende Knochen gegen dessen erstes Glied ein sogenanntes Sattelgelenk. Dies gestattet Bewegungen in 2 zueinander senkrechten Ebenen und wirkt bei großer Beweglichkeit des Daumens wesentlich mit. In Richtung der Finger zeigen die Mittelhandknochen kugelige Gelenkköpfe, in welchen sich die Pfannen der Fingergrundglieder mit allseitiger Drehrichtung bewegen, so daß mit dem einzelnen Finger kreisende Bewegungen möglich sind. Die übrigen Fingergelenke sind reine Scharniergelenke, welche keine Seitenbewegung gestatten. Dabei tragen Grund- und 1. Fingerglied außen die Köpfe, 1. und 2. Fingerglied nach innen die Pfannen. Starke Seitenbänder verhindern jede Bewegungsabweichung.

Die möglichen Bewegungen für Hand und Finger sind also: für die Hand als Ganzes Beugung und Streckung nebst Seitenbewegungen (Kreisen); für die Finger Beugung und Streckung, Kreisen, Anziehen und Spreizen; für den Daumen allein Beugen, Strecken, An- und Abziehen sowie Gegenstellen.

Das Becken schützt und stützt

siehe Tafel 7, 10, 13

Das Becken setzt sich zusammen aus dem keilförmigen, massiven Kreuzbein und den beiden schaufelförmigen Hüftbeinen, die nach rechts und links das Gewicht des Rumpfes an die unteren Extremitäten weiterleiten. Vorne vereinigen sich die gekrümmten Hüftbeine in der Schambeinfuge. Auf dem Kreuzbein ruht die Wirbelsäule, das heißt der schwere Rumpf, während die Hüftbeine die nach auswärts gerichteten Gelenkpfannen für den Oberschenkel tragen. Ursprünglich ist das ganze Hüftbein in 3 völlig getrennten, nur knorpelig verbundenen Knochen, Darmbein, Sitzbein und Schambein, angelegt, die bis zum 25. Lebensjahr durch Verknöcherung der knorpelhaften Verbindungen zusammenwachsen.
Das Darmbein besteht aus der Darmbeinschaufel und dem Körper, der den oberen Teil der Hüftpfanne bildet. Das Darmbein ist außen konvex, innen konkav gekrümmt und bildet den Hauptraum des sogenannten Großen Beckens. Seine oberen Ränder sind wulstig zum Darmbeinkamm verdickt, während vorne 2 durch eine rundliche Kerbung getrennte Erhöhungen (Darmbeinstachel) vorspringen. Auch auf der Hinterseite zeigen sich 2 ähnliche Fortsätze. Die beiden Vorderen oberen Darmbeinstachel sind gut sichtbar und tastbar. Das Sitzbein nimmt mit seinem Körper mindestens ⅔ der Hüftpfannenfläche ein. Die Körper von Darm-, Sitz- und Schambein stoßen in der Hüftgelenkpfanne zusammen.
Da das Schambein mit seinem Körper an der Bildung der Hüftgelenkpfanne beteiligt ist, bildet es mit dem Sitzbein ein Loch, das durch eine Membran fast vollständig verschlossen ist und deshalb »Verstopftes Loch« genannt wird. Zwischen den Schambeinen, in der Schambeinfuge, befindet sich eine knorpelige Scheibe, welche die Schambeine mit Hilfe von Bändern fixiert. Die Schambeinfuge hat Druck- und Zugkräften beim Stehen und Laufen standzuhalten. Unterschiede zwischen männlichem und weiblichem Becken bestehen bei der Neigung der Darmbeinschaufeln, welche bei der Frau eher nach oben gerichtet sind. Das Becken der Frau verfügt über einen größeren Innenraum, ist breiter und niedriger. Das männliche Becken ist schmaler und höher.

Das Bein
siehe Tafel 22–26

Der Oberschenkelknochen ist ein Langer Röhrenknochen, der aus dem Schaft und den beiden Gelenkenden besteht. Er ist in seiner Struktur aufgebaut wie ein Kran. Das Endstück zum Becken hin trägt einen großen Gelenkkopf, der sich im sogenannten Oberschenkelhals verjüngt und unmittelbar dahinter in eine Erhöhung übergeht, welche Großer Rollhügel genannt wird. Dieser ist ein wichtiger Ansatzpunkt für die Drehmuskeln des Beines (Punkt für Körpermessungen). Seitwärts, etwas tiefer und nach hinten innen gerichtet, tritt der Kleine Rollhügel hervor, der mit dem Großen durch einen Kamm verbunden ist. Von den Rollhügeln zum Inneren Knorren führt eine Kante, welche nicht nur statische Bedeutung hat, sondern auch als Muskelansatz dient. Das untere Ende zum Kniegelenk hin zeigt den Inneren und Äußeren Knorren, die, als Gelenk abgerundet und überknorpelt, vorn in die vertiefte Gleitfläche für die Kniescheibe übergehen. Rückwärts liegt zwischen den Knorren eine tiefe Furche, die Kniekehlengrube (siehe Hüftgelenk).
Das Schienbein ist im Querschnitt dreiecksförmig, mit scharfer Kante längs des Wadenbeines und fast ebener Seitenfläche nach innen zu. Das obere Gelenkende trägt eine flach vertiefte Gelenkfläche für den Oberschenkelknochen. In der Gelenkmitte zeigt sich eine kammartige Erhöhung. Rechts und links stehen Knorren hervor, während einige Zentimeter unter dem Gelenk vorne eine rauhe Stelle, der Schienbeinhöcker (Ansatz der großen Sehne des Unterschenkelstreckers), auffallend hervortritt. Nach außen oben trägt das Schienbein eine kleine Gelenkfläche für das Wadenbein. Das untere überdickte Schienbeinende bildet einen Teil des Fußgelenkes, die viereckige Querfläche geht nach innen in einen abwärts ragenden Fortsatz, den Schienbeinknöchel, über. Das dünne Wadenbein, einem Trommelschlegel ähnlich, nimmt am Kniegelenk nicht teil und ist etwas kürzer als das Schienbein, dem es seitlich nach außen mit einer eiförmigen Verdickung, dem Wadenbeinköpfchen, anliegt. Der vierkantige Knochen zeigt eine scharfe vordere Kante. Das untere Ende, seitlich fest am Schienbein anliegend, ragt als Wadenbeinknöchel erheblich über dieses hinaus, so daß zur Umfassung des Sprungbeines eine Art Klammer entsteht. Die Stelle, wo Ober- und Unterschenkelknochen zusammentreffen, wird von einem beweglichen, dreiecksförmigen, nach außen gewölbten und rauhen Knochen abgeschlossen, der Kniescheibe. Die Kniescheibe ist ein Platter dreiecksförmiger, im Querschnitt keilförmiger Knochen, dessen Vorderfläche rauh und nach vorne gewölbt und dessen Innen-

fläche (Gelenkfläche) überknorpelt ist. Innen ist eine Gelenkkante zu sehen.
Am Greif- und Stützorgan Fuß ist heute beim Menschen noch die Greiffunktion in geringem Umfang erhalten, während sich die Stützfunktion stark ausgebildet hat. Das Fußskelett besteht aus:

- Fußwurzel
- Mittelfuß
- Zehen.

Das Sprungbein hat einen Körper, einen Hals und einen überknorpelten Kopf. Auf der Oberseite des Körpers befindet sich eine von hinten nach vorne breiter werdende Rolle, die von der Gabel der Unterschenkelknochen (Malleolengabel) umfaßt wird. Auch seitlich ist der Körper überknorpelt, damit er als Gelenkfläche dienen kann. Nach unten hin ist das Sprungbein mit dem starken Fersenbein ebengelenkig verbunden. Nach vorne liegt eine Gelenkfläche zum Kahnbein.
Das Fersenbein ist der größte Knochen des Fußes, ist länglich viereckig und seitlich zusammengedrückt. Es berührt mit dem Fersenhöcker den Boden.
Nach vorn schließt sich das Kahnbein an (mit dem Sprungbein gelenkig verbunden) und neben ihm, nach außen gerichtet, das Würfelbein (gelenkig verbunden mit dem Fersenbein).
Das Kahnbein liegt am Fußrand zwischen dem Sprungbein und den 3 Keilbeinen. In der konkav geformten Gelenkfläche des Kahnbeines ruht der Kopf des Sprungbeines.
Die Keilbeine unterstützen durch ihre Keilform die Gewölbeform des Fußes. Die Keilbeine sind untereinander und mit den benachbarten Knochen von Wurzel- und Mittelfuß fest durch Bänder verbunden.
Das Würfelbein verbindet am äußeren Fußrand das Fersenbein mit den Mittelfußknochen.
Die Mittelfußknochen sind Röhrenknochen, die aus einer Basis, einem dreiecksförmigen Schaft und einem abgeplatteten Kopf bestehen. Sie fügen sich gewölbeartig aneinander und werden von innen nach außen mit aufsteigenden Ziffern 1 bis 5 benannt. Der Mittelfußknochen 1 (Große Zehe) ist der kräftigste, aber gleichzeitig der kürzeste Knochen, denn das Abrollen des Fußes erfolgt hauptsächlich über die Große Zehe. Der 2. Mittelfußknochen ist der längste. Die Mittelfußknochen sind durch überknorpelte Gelenkflächen miteinander verbunden. Am Mittelfußknochen 1 liegen zwei große Sesambeine. Auch am Kopf des 5. Mittelfußknochens kann ein Sesambein vorkommen. Die Enden (Köpfe) der Mittelfußknochen 1 und 5 (bzw. die Sesambeine) sind die vorderen Stützpunkte des längsgewölbten Fußes, der Fersenhöcker ist die hintere Stütze dieser Wölbung. Die Zehenknochen

sind mit den Fingerknochen vergleichbar. Man teilt sie ein in Grund-, Mittel- und Endglied. Oft sind Mittel- und Endglied der 4. und 5. Zehe miteinander zu einem Glied verwachsen.
Noch einmal in der Übersicht: 5 Zehen und 5 Mittelfußknochen treffen auf 4 nebeneinanderliegende Knochen, die 3 Keilbeine und das Würfelbein. Diese 4 bilden einen sichelförmigen Bogen um das Kahnbein, welches die Verbindung zum Sprungbein darstellt.
Das Würfelbein ist direkt mit dem Fersenbein verbunden. Sprungbein und Fersenbein liegen übereinander. Dadurch entsteht die Längswölbung des Fußes, wobei der äußere Fußrand kaum, der innere stark gewölbt ist. (Eine Senkung des Fußgewölbes nennt man Senkfuß, und das Auseinanderstreben von Zehen- und Mittelfußknochen nennt man Spreizfuß.)

Das Hüftgelenk

Oberschenkelkopf und -pfanne bilden unser stärkstes Gelenk, das Hüftgelenk. Die Gelenkpfanne wird durch einen Faserknorpelring so vertieft, daß fast ⅔ des Kopfes in der Pfanne liegen. Das Hüftgelenk ist eine Abart des Kugelgelenkes, ein sogenanntes Nußgelenk. Die starke Gelenkkapsel hüllt vorne den Schenkelhals ein und umschließt ihn hinten nur zu einem Teil. Sie wird verstärkt durch 4 Bänder, welche die Bewegung des Oberschenkels gegen das Becken hemmen. Die Bewegungen des Hüftgelenkes sind fast immer mit Lageveränderungen von Wirbelsäule und Becken verbunden.

Das Kniegelenk

Das Gelenk zwischen den beiden längsten und stärksten Röhrenknochen des menschlichen Körpers ist zur Beugung und Streckung, bei gebeugtem Knie zu einer leichten Drehbewegung fähig. Das Kniegelenk ist somit eine Kombination von Scharniergelenk und Radgelenk (Drehgelenk). Oberschenkelknochen und Unterschenkelknochen sind in der Gelenkflächenform unterschiedlich, so daß sie durch Knorpelbelag und durch Menisken ausgeglichen werden müssen: Der Gelenkknorpel ist dort dicker, wo der Druck am stärksten ist. Die Menisken sind halbkreis- oder kreisförmige Faserknorpelscheiben, die mit der Gelenkkapsel verwachsen sind. Sie sind keilförmig angelegt, in ihrer Form veränderbar und an ihrem Platz verschiebbar. Sie übernehmen dadurch die Funktionen von flexiblen Gelenkpfannen. In die Gelenkhöhle wird bei Beugung des Knies ein Fettwulst hineingedrückt, der bei Streckung des Knies wieder hinausgepreßt wird und die Hautoberfläche an der Kniescheibe sichtbar wölbt.

Fußgelenke

Die Gelenkverbindungen der Fußwurzel- und Mittelfußknochen sind so stark durch Bänder eingeschränkt, daß sie lediglich der Elastizität des Fußgewölbes dienen und nicht der Bewegung an sich. Die Bewegung erfolgt ausschließlich in den beiden Sprung- und in den Zehengelenken.

Der Schädel

siehe Tafel 7–15

Man unterscheidet zwischen Gehirn- und Gesichtsschädel, wobei der Gehirnschädel das Gehirn wie eine Schale schützt und ebenso das Gehör- und Gleichgewichtsorgan. Er schließt zum Gesichtsschädel hin mit den Nasen- und Augenhöhlen ab. Der Gesichtsschädel birgt das Seh- und Geruchsorgan und umfaßt die Kauwerkzeuge. Er prägt die Form der menschlichen Gesichtsfront. Der menschliche Schädel besteht aus 22 Knochen. Einer davon, der Unterkiefer, bewegt sich über ein Gelenk, während alle anderen fest durch Nähte miteinander verbunden sind.

Zum Gehirnschädel gehören:

- Hinterhauptbein
- Schläfenbein (paarig angelegt)
- Keilbein
- Stirnbein
- Scheitelbein (paarig angelegt)
- Siebbein.

Zum Gesichtsschädel gehören:

- Oberkiefer (paarig angelegt)
- Gaumenbein (paarig angelegt)
- Jochbein (paarig angelegt)
- Nasenbein (paarig angelegt)
- Tränenbein (paarig angelegt)
- Pflugscharbein
- Untere Nasenmuschel (paarig angelegt) und
- Unterkiefer.

Die Form des Schädels wird individuell unterschieden in mittelschädlig, langschädlig und breitschädlig.

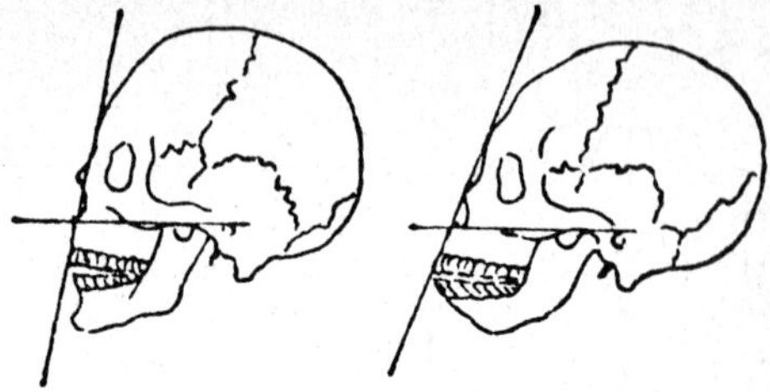

Bild 8
Verschiedene Schädelformen

Der Gesichtsschädel wird auch Eingeweideschädel genannt, da an seiner Grenze die Atem- und Speisewege beginnen.
Das Stirnbein bildet den vorderen Abschluß der Hirnkapsel. Das Stirnbein schließt nach hinten an Keil- und Scheitelbein und nach vorne unten an die Knochen des Gesichtsschädels wie Nasenbein, Oberkiefer und Jochbein an.

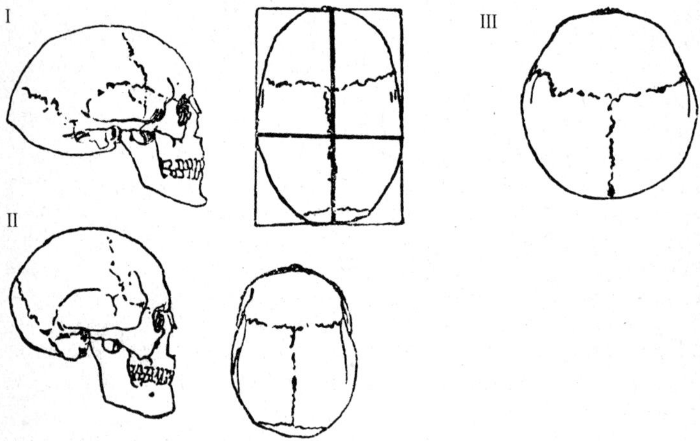

Bild 9
Verschiedene Formen in Seitensicht und Aufsicht (I, II, III)

Über dem Augenhöhlendach befinden sich, von der Mitte nach rechts und links fast horizontal laufend, die Augenbrauenwülste, welche nach oben hin in die sogenannte Stirnschuppe und die Stirnhöcker auslaufen.
Die Scheitelbeine sind nach außen gewölbte Platte Knochen und ziehen sich über einen Großteil des Schädeldaches. Nach vorne sind sie

mit dem Stirnbein, seitlich mit dem Schläfenbein und dem Keilbein, nach hinten mit dem Hinterhauptbein verbunden und untereinander in der Mittellinie des Schädeldaches. Die beiderseitigen Schläfenbeine bestehen aus einem Felsenteil (auch Felsenbein genannt), aus dem Paukenteil (auch Trommelfellring genannt) und dem Schuppenteil. Das Schläfenbein steht nach hinten mit dem Hinterhauptbein, nach oben mit dem Scheitelbein, nach vorn mit dem Keilbein in Verbindung. Ebenso hat es Berührung mit dem Kiefergelenk, mit dem Jochbeinfortsatz und dem Jochbein.
Die sogenannte Schuppe ist nach vorn oben gerichtet, und der massige Teil des Felsenbeines richtet sich nach hinten unten mit dem Warzen- und Zitzenfortsatz, weiter vorne mit dem dünnen Griffelfortsatz. Beide Knochenpartien bilden Muskelansatzpunkte, die für die Seitenansicht des Schädels charakteristisch sind. In das mächtige Felsenbein ist das Labyrinth des Ohres eingebettet. Die Öffnung des Innenohres befindet sich unmittelbar vor dem Warzenfortsatz. Vor dieser Öffnung liegt die Pfanne des Kiefergelenkes. Nach vorne zu, seitlich, verlängert sich das Schläfenbein in den Jochfortsatz, mit dem Fortsatz des Jochbeines vereint es sich dann zum Jochbogen. Hinter diesem sieht man die Keilbeinflügel, welche an Stirn-, Scheitel- und Schläfenbein grenzen.
An die Scheitelbeine schließt sich das Hinterhauptbein an, welches durch die sogenannte Lambdanaht mit ihnen verbunden ist. Unten seitwärts vom Schläfenbein, begrenzt nach vorne vom Keilbein, trägt das Hinterhauptbein auf seiner unteren horizontalen Fläche das Hinterhauptloch zum Durchgang für das Rückenmark. Seitlich von ihm sind die beiden Gelenkflächen für den Trägerwirbel. Der nach oben gerichtete Teil des Hinterhauptes, die sogenannte Schuppe, zeigt 2 querverlaufende erhabene Linien, die Obere und Untere Hinterhauptlinie. In der Oberen Hinterhauptlinie befindet sich der Hinterhaupthöcker und der Hinterhauptstachel, die als Muskelansätze dienen.
Das Keilbein liegt an der Schädelbasis zwischen dem Stirnbein und dem Hinterhauptbein, seitlich schließt es ans Schläfenbein an, ans Stirnbein und ans Scheitelbein.
Unter Einbeziehung des Siebbeines wird die Schädelbasis gebildet. Es grenzt zu beiden Seiten an das Stirnbein, an das Nasenbein, an den Oberkiefer, das Tränenbein, das Gaumenbein, das Keilbein und das Pflugscharbein. Es besteht aus der Siebbeinplatte, dem Hahnenkamm, der senkrechten Scheidewand und dem Siebbeinlabyrinth.

Zum Gesichtsschädel

Die Richtung des Nasenrückens wird grundlegend bestimmt durch das paarig angelegte Nasenbein, welches aus kleinen, rechteckigen Knochen besteht, die oben an das Stirnbein, nach hinten und seitlich an den Oberkiefer, den größten Gesichtsknochen, grenzen.
Der Oberkiefer berührt Augenhöhle, Nasen- und Mundhöhle und ist über Fortsätze mit dem Stirnbein und dem Jochbein verbunden. Er hat Berührung mit dem Tränenbein, dem Siebbein, dem Gaumenbein und dem Pflugscharbein. Zum Oberkiefer gehören sein Körper, der Stirnfortsatz, der Jochbeinfortsatz, der Zahnfortsatz, der Gaumenfortsatz.
Das Jochbein prägt die äußere Form des Gesichtsschädels wesentlich. Es grenzt an den Oberkiefer, das Keilbein, das Stirnbein und das Schläfenbein.
Das Tränenbein ist ein dünnes, fast rechteckiges Knochenblättchen und liegt zwischen dem Oberkiefer vorn, dem Stirnbein oben, dem Siebbein hinten und dem Körper des Oberkiefers unten.
Das Gaumenbein berührt vorn den Oberkiefer, hinten das Keilbein und in der Mitte die Mittlere und Untere Nasenmuschel.
Der Name Pflugscharbein spricht für seine Form. Das Pflugscharbein bildet den unteren hinteren Teil der Nasenscheidewand, geht hinten und oben in 2 Flügeln zum Keilbein hin und unten zum Oberkiefer und Gaumenbein.
Die Untere Nasenmuschel grenzt an den Oberkiefer und ans Gaumenbein.
Der Unterkiefer besteht aus dem Körper, der nach beiden Seiten hin im Kieferwinkel in den sogenannten Aufsteigenden Ast übergeht. Der Aufsteigende Ast endet mit dem Gelenkfortsatz und dem Muskelfortsatz.
Der Gelenkfortsatz besteht aus einem querliegenden, ovalen Gelenkkopf und einem Hals. Nach vorn hin befindet sich der Kinnvorsprung mit 2 kleinen Höckerchen (rechts und links von der Mitte).
Der Oberkiefer beschreibt einen Ellipsenbogen zur Kaufläche hin, während der Unterkiefer (in der Aufsicht) zur Kaufläche hin nach hinten auseinanderweicht.
Das Gebiß besteht aus 32 Zähnen. Jeder Kiefer hat 4 Schneidezähne, 2 Eckzähne, 4 Backenzähne und 6 Mahlzähne. Die Zähne sind so aufgebaut, daß ihre Höcker und Gruben ineinandergreifen. Die Zähne des Oberkiefers sind gegen die Unterkieferzähne nach hinten leicht verschoben.
Aus der Stellung der Zähne läßt sich der sogenannte »Überbiß« erklä-

ren, welcher das Vorstehen der Schneidezähne des Oberkiefers vor denen des Unterkiefers meint. Der »Zangenbiß« beschreibt das genaue Aufeinandertreffen der Schneidezähne beider Kieferknochen.
Die Bewegung des Kiefergelenkes besteht aus Öffnen und Schließen als Scharnierbewegung. Wenn die Scharnierbewegung einen bestimmten Winkel überschritten hat, findet im Gelenk eine Schiebebewegung statt, die man äußerlich sehen und auch spüren kann, wenn man die Fingerkuppe auf das Gelenk legt und den Mund öffnet und schließt. Man kann sozusagen von einem Scharniergelenk mit wandernder Achse sprechen. Der Unterkiefer läßt sich auch vor- und zurückschieben und seitwärts bewegen, z. B. beim Mahlen der Zähne.

Die Muskeln halten und bewegen das Skelett

Fast das gesamte Skelett wird von Muskeln umhüllt. Beim Aktzeichnen ist das Wissen um die Muskulatur und ihre Funktion im einzelnen besonders wichtig, da sich die Oberfläche des Körpers durch die Muskulatur und ihre verschiedenen Funktionen ständig verändern kann. Nicht alle Muskeln sind der Bewegungsfunktion verschiedener Skeletteile zugeordnet. Manche Muskeln können sich zwar zusammenziehen, aber keine Bewegung verursachen. Sie haben somit eine reine Haltefunktion im Körper.

Man unterscheidet zwischen Quergestreiften Muskeln (Skelettmuskeln) und Glatten Muskeln (Eingeweidemuskeln bzw. Muskeln der inneren Organe).

Ein Muskel gliedert sich in Stränge, Faserbündel und Fasern. Die Fasern sind durchsetzt mit Muskelfibrillen, welche durch gleichzeitige Kontraktion (Zusammenziehen) die Kraftentfaltung des Muskels bewirken. Nach jeder Kontraktion entspannt sich der Muskel wieder und kehrt in seine ursprüngliche Form zurück.

Der gesamte Muskel ist von einer sogenannten Muskelbinde, der Faszie, umgeben. Die Faszie schließt einen Muskel oder eine Gruppe von Muskeln oder ein ganzes Glied ein. Diese Bindegewebehaut dient als Führungsschaft für die Muskeln und oft auch als Ursprungs- und Ansatzfläche für Muskelfasern.

Der Muskel besteht aus einem Ursprung, auch Kopf genannt, einem Muskelbauch und einem Ansatz. An den Enden geht der Muskel meist in eine Sehne über, kann aber auch direkt ansetzen.

- Der Ursprung ist die Muskelbefestigung an einem unbeweglichen oder kaum beweglichen Skeletteil.
- Der Ansatz ist die Befestigung an einem beweglichen Skeletteil.

Die Glatten Muskeln unterscheiden sich durch die Anordnung der Fibrillen von den Quergestreiften Muskeln. Die Glatten Muskeln dienen der langzeitigen Aufrechterhaltung eines bestimmten Spannungszustandes ohne Ermüdung, während die Quergestreiften Muskeln schnelle und große Kraftanstrengungen vollbringen können. Das ständige Offenhalten des oberen Augenlides zum Beispiel ist durch den Glatten Muskel möglich, das rasche Öffnen des Augenlides aber

Bild 10
Schematische Darstellung des Winkelhebels, wie er von Muskeln bewegt wird:
a) schlaffer Muskel
b) kontrahierter Muskel
c) Ursprung des Muskels
d) Ansatz des Muskels
e) Gelenk

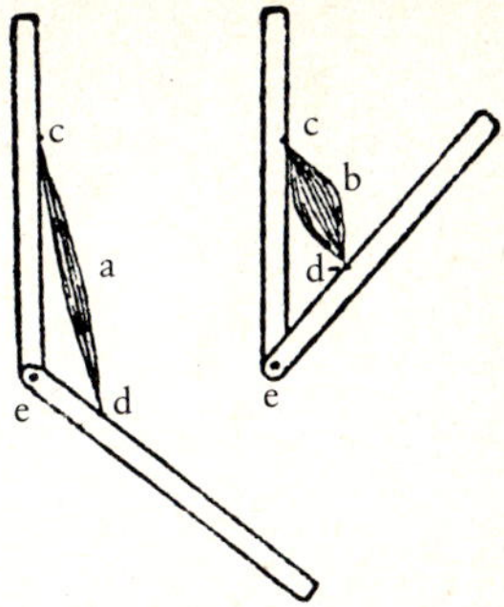

erfolgt durch einen Quergestreiften Muskel. Glatte Muskeln sind hauptsächlich in den inneren Organen (außer dem Herz) zu finden. Sie sind unabhängig vom menschlichen Willen.
Die Spannung eines Muskels kommt durch einen dauernden Reiz zustande, der durch die Nerven zugeleitet wird. Diese Spannung nennt man Muskeltonus. Er bestimmt mehr oder weniger die Haltung des Körpers bzw. einzelner Körperteile.
Je nach ihrer Funktion unterscheidet man zum Beispiel den spindelförmigen Muskel, den einfach gefiederten, den doppelt gefiederten Muskel. Im folgenden werden die für den Künstler wichtigen und ins Auge springenden Muskelpartien des Körpers behandelt.

Die Vorderseite des Rumpfes

siehe Tafel 8 und 9

Die gesamte obere Fläche des Brustkorbs ist von dem paarig angelegten Brustmuskel bedeckt, welcher eigentlich zur Armmuskulatur gehört. Abwärts zu schließen sich an ihn der Gerade Bauchmuskel, seitlich der paarig angeordnete Äußere schräge Bauchmuskel und unter diesem (das Bauchrelief formend) der Innere schräge und nach innen zu der Quere Bauchmuskel an.

Der Große Brustmuskel

Allgemeine Form: In Ruhelage bildet der paarig angelegte Muskel eine annähernd viereckige, gewölbte Platte, die rechts und links vom Brustbein den Brustkorb bedeckt. Bei erhobenem Arm jedoch, wenn der Muskel passiv gespannt wird, geht dieses Viereck in ein Dreieck über, dessen Basis sich am Brustbein und dessen Spitze sich am Arm

(Ansatz) befindet. Schlüsselbein und äußerer Muskelrand liegen dann in einer geraden Linie.

Ursprung: Der Muskel entspringt vom Seitenrand des Brustbeins, dem inneren Drittel des Schlüsselbeins, den Rippenknorpeln und unten von der Äußeren Sehnenfurche längs des Geraden Bauchmuskels (siehe unten).

Verlauf und Ansatz: Die Muskelbündel ziehen nach der kurzsehnigen Ansatzstelle an der Großhöckerleiste des Oberarmes entlang. Dabei kommen immer die tiefer entspringenden Bündel des Muskels unter die höherstehenden zu liegen, wodurch der gesamte Muskel anschwillt und unten wulstig erscheint.

Aufgabe: Der Muskel zieht den erhobenen oder rückwärts nach oben geführten Arm herab. Dabei nähert sich der Arm unter Innendrehung der Rumpfmitte. Die Schlüsselbeinpartie wirkt in dieser Bewegung bis zur Horizontallage, von da an wirkt die Brustbeinpartie. Letztere tritt bei kraftvollem Herabreißen des Armes, wie zum Beispiel bei einem Schlag, aber auch beim Klettern, beim Ziehen an einem Seil usw. hervor. Während die Brustbeinpartie die Schultern nach vorne abwärts zieht, hebt (bei hängendem Arm) die Schlüsselbeinpartie die Schulter schräg auf- und vorwärts. Dies bemerkt man beim Heben einer Last oder in gebeugter Stellung, der sogenannten Demutsstellung. Die Einzelpartien sieht man besonders deutlich, wenn sich die seitlich erhobenen Arme der Brust nähern und dabei die Hände kräftig gegeneinander gedrückt werden. Stützt man die Arme fest auf, so heben die Brustmuskeln den Brustkorb und treten scharf hervor. Dies geschieht auch bei angestrengtem Atmen.

Äußeres Erscheinungsbild: Beim untrainierten Körper liegt der Muskel ziemlich glatt auf dem Brustkorb auf, während man beim trainierten Körper eine Zunahme des Brustkorbumfanges feststellen kann und ein deutliches Hervortreten der Einzelpartien des Brustmuskels schon in Ruhestellung. Auf dem Brustbein vertieft sich die Trennungsfurche, welche durch stärkere Muskulatur etwas unregelmäßig wirken kann.

Zwischen Brust- und Schlüsselbeinpartie befindet sich eine schmale, dem Ansatz zustrebende Furche. Eine noch deutlicher sichtbare dreieckige Vertiefung bildet die Unterschlüsselbeingrube zwischen Schlüsselbeinpartie und Schultermuskel. Bei Mageren ist diese Vertiefung recht markant. Vom Brustbein aus zieht die untere Muskelgrenze im Bogen nach außen. Der untere Wulst ist der Achsel zu am deutlichsten erkennbar: Unter ihm zeigt sich eine Furche, denn hier liegt die Haut dicht am Brustkorb an. Bei trainierter männlicher Brustmuskulatur wölben sich die Brustmuskeln über die Furche.

Der Kleine Brustmuskel

Vom Großen Brustmuskel verdeckt, von der 2. bis zur 5. Rippe sich erstreckend, zum Hakenfortsatz, also nach oben verlaufend, liegt der Kleine Brustmuskel. Er zieht die Schulter ab- und vorwärts oder hebt bei fixierter Schulter die Rippen, wie zum Beispiel bei der Atmung.

Die Brust der Frau

Über dem Brustmuskel der Frau sitzt die Brustdrüse. Sie ist halbkugelförmig und reicht etwa von der 3. bis zur 6. Rippe. In der Brustmitte befindet sich die Brustwarze, umgeben vom Warzenhof, in dem Muskelfasern verlaufen, die das Aufrichten der Brustwarze bewirken. Die Brustwarze liegt meist in Höhe der 5. Rippe und ist etwas nach außen gerichtet. Beim Mann ist die Brustwarze mehr nach vorn gerichtet. (Zieht man vom Nabel eine Linie zum Schulterhöhengelenk, so geht diese durch die Brustwarze.) Die jugendliche Brustdrüse sitzt stramm auf dem Muskel auf, während sich die alternde Brustdrüse über die untere Grenzfurche senkt. (Dies hängt unter anderem mit dem erschlaffenden Bindegewebe im Alter zusammen.) Zwischen Brustdrüse und Achselhöhle zeigt sich bei der Frau oft ein rundlicher Wulst. (Beim männlichen untrainierten Körper tritt dieser Wulst ebenfalls sichtbar hervor.)

Großer gerader Bauchmuskel

Allgemeine Form: Platter, paarig angelegter Muskel, von der Mitte des Brustkorbs bis zum Schambein herabziehend.
Ursprung: In 3 breiten Zacken vom 5. bis 7. Rippenknorpel und vom Schwertfortsatz des Brustbeines.
Verlauf und Ansatz: Der Muskel verläuft mit parallelen Fasern von oben nach unten. Mit dem Ansatz am Schambein verjüngt er sich zwischen Stachel und Fuge zu einem Dreieck. Er erscheint durch Sehnenstreifen quergeteilt und durch die sogenannte Weiße Linie in der Mitte längsgeteilt. Letztere fehlt jedoch vom Nabel an.
Seitlich ist der Muskel durch 2 Längsfurchen gegen den Äußeren schrägen Bauchmuskel begrenzt. Die 1. Querfurche erkennt man etwa unterhalb des Schwertfortsatzes, die 2. halbwegs zum Nabel hin, die 3. geht durch den Nabel; mitunter zeigt sich etwas tiefer eine weitere Furche. Der ganze Muskel wird also durch die senkrechten und queren Sehnenvertiefungen in Einzelpartien zerlegt, deren Bündel durch

die Sehnenplatten des Äußeren und Inneren schrägen Bauchmuskels verhüllt sind. Diese können sich aber frei bewegen.
Aufgabe: Der Muskel beugt Rumpf und Wirbelsäule und wirkt beim Atmen und Bauchpressen wesentlich mit.
Äußeres Erscheinungsbild: Beim mageren und beim trainierten Körper treten die Einzelpartien auch in Ruhestellung hervor, verschwinden aber mehr oder weniger bei Fettansatz. Beim stark trainierten Körper erkennt man auch die Ursprungszacken auf dem Brustkorb. Der Muskel unterliegt im äußeren Erscheinungsbild starken Veränderungen beim Zusammenziehen. Erhebt sich zum Beispiel der Körper aus der Rückenlage zum Sitz ohne Hilfe der Arme, so zieht sich der Gerade Bauchmuskel, der ja dann den Rumpf zu heben hat, in der Längsrichtung derart zusammen, daß die Einzelpartien als harte, rundliche Querwülste, durch enge Furchen getrennt, hervortreten und sich manchmal sogar berühren. Sieht man dem sogenannten Muskeltraining zu, so stellt man fest, daß die rechte oder linke Hälfte des Muskels getrennt angespannt werden kann. So verschieden diese Art des Körpertrainings auch beurteilt wird, dem Aktzeichner bietet sie wichtige Anhaltspunkte und Einblicke in die Funktion der Muskeln.

Äußerer schräger Bauchmuskel

Allgemeine Form: Paarig angeordnete flache Muskelplatten, seitlich und vorne von der Brust bis etwa zur Beckenhöhe herablaufend und in eine große Sehnenplatte übergehend.
Ursprung: Mit 7 bis 8 Zacken von der entsprechenden Zahl der untersten Rippen. Die Zacken laufen von oben außen schräg abwärts gegen innen bis zum Ende der letzten Rippen. Sie greifen oben zwischen die 3 untersten Zacken des Großen Sägemuskels, direkt darunter zwischen diejenigen des Breiten Rückenmuskels.
Verlauf und Ansatz: Die platten Muskelbündel verlaufen oben fast gerade nach vorne, dann immer schräger abwärts. Die seitlichen Muskelbündel laufen senkrecht dem Darmbeinkamm zu und setzen mit einer kurzen Sehne an dessen Kamm außen an. Die nach vorne abwärts gerichteten Bündel enden in vertikaler, unten seitlich gebogener Linie und gehen in die oben erwähnte Sehnenplatte (Aponeurose) über. Die Sehnenplatten der beiden Rumpfhälften treffen in der Körpermitte, zu der sogenannten Weißen Linie verwachsend, zusammen. Unten bildet das Leisten- oder Poupartsche Band, zwischen Vorderem oberen Darmbeinstachel und Schambeinhöcker, die Grenze der Sehnenplatte.
Aufgabe: Zug der Rippen nach unten und vorne, dadurch Beugung

des Rumpfes, wenn beiderseits wirkend; wenn nur einseitig wirkend, entsprechende Beugung mit Drehung nach der anderen Seite. Der Muskel wirkt wesentlich bei der Bauchpresse mit.
Äußeres Erscheinungsbild: Der Muskel ist ziemlich flach und schmal, tritt aber dennoch, besonders an seinem Übergang in die Sehnen, deutlich hervor und setzt sich gegen diese recht scharf ab. Die Sehnengrenze bildet etwa von der Unterecke des Brustmuskels an bis etwas über die Höhe des Darmbeinstachels eine fast gerade (ein wenig durch die Muskelbündelenden ausgezackte) Linie. Diese verläuft dann seitlich, um in die dortige Weichengrenze des Muskels überzugehen. Zwischen Geradem und Äußerem schrägen Bauchmuskel entsteht so eine klar erkennbare Seitenfurche. Diese geht nach unten in ein Dreieck (Leistendreieck) über, das nach oben außen begrenzt ist von der abgerundeten wulstigen Ecke des Muskels; unten vom Leisten- oder Poupartschen Band. Die nach dem Darmbeinkamm herablaufenden Bündel (häufig von einem Fettpolster überlagert) setzen außen am Kamm an, so daß ein Wulst entsteht, unter dem die Knochengrenze mit dem Finger zu tasten ist. Die Hüftfurche liegt hier also etwas tiefer als der Knochenkamm und geht nach vorne in die schon erwähnte Muskelecke über. Beim stark durchtrainierten Körper ist dieser Muskel charakteristisch.

Bild 11
Griechischer Beckenschnitt

In bezug auf die Plastik der unteren Bauchpartie sei auf den sogenannten Antiken Beckenschnitt hingewiesen. *Zeichnung Nr. 11* zeigt eine schematische Darstellung, wobei oben die Untergrenzen beider Weichenwülste bis zum Vorderen oberen Darmbeinstachel angedeutet sind, dann die beiden schräg nach unten laufenden Leistenfurchen und unten quer die Schambeingrenze. Die Konfiguration tritt bei alten griechischen Plastiken auffallend hervor. Für gewöhnlich zieht die etwa horizontale Weichengrenze über den Darmbeinstachel hin und geht im Bogen ohne Winkel in die Leistenfurche über.
Die Tätigkeit der oben genannten, an der Oberfläche liegenden Muskeln wird unterstützt durch zwei tieferliegende Muskeln:
- den Inneren schrägen und den
- Queren Bauchmuskel.

Der Innere schräge Bauchmuskel kreuzt den Äußeren schrägen Bauchmuskel in einem Winkel von 90° und geht wie dieser in ein Sehnenblatt (Aponeurose) über, das die Unterlage des Geraden Bauchmuskels bildet. Die Muskelbündel des Inneren schrägen Bauchmuskels enden in einer ähnlichen Vertikallinie wie die des Äußeren schrägen Bauchmuskels, aber mehr der Mitte zu vorgeschoben. Dadurch gleichen sie die senkrechte Furche etwas aus. Einige Fasern des Muskels oberhalb des Leistenbandes treten durch den Leistenkanal heraus und heben den Hodensack.

Der Innere schräge und der Quere Bauchmuskel wirken ähnlich wie die äußeren Bauchmuskeln. Der Innere schräge zieht ebenfalls den Brustkorb herab oder hebt das Becken, der Quere Bauchmuskel verengt den Raum der Bauchhöhle und preßt nach innen zu. Bei der wiederholt genannten Bauchpresse wirken alle Bauchmuskeln zusammen. Sie haben zwar das Bestreben, den Rumpf zu beugen, doch diesem Zug wirken die Strecker des Rückens entgegen. Dadurch wiederum wird der Bauchraum energisch zusammengepreßt und nach außen hin geebnet (eingezogen). Durch Ausdehnung der Eingeweide hebt sich auch das Zwerchfell, das dann die Luft des Brustkorbs zusammenpreßt. Bei der anstrengenden Preßstellung übrigens wird stark eingeatmet bei geschlossenem Mund. Die im Inneren zusammengepreßte Luft verleiht dann dem gehobenen Brustkorb Starrheit und Festigkeit, wobei die Arme durch die nun fixierten Schulterblätter den ihrem Kraftaufwand entsprechenden Halt bekommen. Nebenbei sei erwähnt, daß die Bauchpresse bei körperlichen Leistungen wie beim Schreien, Singen, Pfeifen und Spielen von Blasinstrumenten, aber auch beim Gebären eines Kindes oder bei der Verdauung eine wichtige Rolle spielt.

Ein selten erwähnter Muskel ist der Pyramidenmuskel, dessen Ursprung sich am Oberen Schambeinast und dessen Ansatz sich an der Weißen Linie befindet. Der Pyramidenmuskel liegt vor dem Ansatz des Geraden Bauchmuskels, ist verkrümmt und trägt kaum zum äußeren Erscheinungsbild bei.

Ebenfalls soll ein paarig angelegter Muskel erwähnt werden, der beim Neigen des Rumpfes eine Rolle spielt, der Quadratische Lendenmuskel. Er hat seinen Ursprung am Darmbeinkamm und an der 12. Rippe, seinen Ansatz an den Querfortsätzen der Lendenwirbel. Der Muskel füllt den Raum zwischen Darmbeinkamm und der 12. Rippe aus. Seine Muskelfasern überkreuzen sich neben der Wirbelsäule.

Die Seite des Rumpfes

siehe Tafel 11 und 12

An der Abdeckung der Rumpfseiten sind mehrere Muskeln beteiligt, aber ein einziger breitet sich nur seitwärts aus, der Große Sägemuskel.

Die beiden anderen, der Äußere schräge Bauchmuskel und der Breite Rückenmuskel entwickeln sich ihrer Hauptfläche nach auf Vorder- und Rückseite.

Der Große Sägemuskel

(auch Vorderer Sägemuskel genannt)

Allgemeine Form: Der Muskel ist als eine viereckige Platte an der Seite des Brustkorbs von der 1. bis zur 8. (9.) Rippe erkennbar und bildet den Hintergrund der Achselhöhle. Zum größeren Teil von Schulterblatt, Breitem Rückenmuskel und Brustmuskel bedeckt, sind nur seine unteren Zacken sichtbar.
Ursprung: Mit 9 Zacken entspringt der Muskel von den obersten Rippen nahe deren Knorpelgrenze.
Verlauf und Ansatz: Die flachen Bündel strahlen konvergierend unter das Schulterblatt und heften sich an dessen hinterem Rand und dessen ganzer Länge an.
Aufgabe: Die wichtigste Aufgabe des Muskels ist die Fixierung des Schulterblattes bei der sogenannten Presse. Während der Große Sägemuskel das Schulterblatt nach vorne zieht, wirkt der Rauten- (Rhomben-)muskel auf der Rückseite entgegengesetzt (siehe unten). Dadurch erfolgt die Feststellung. Außerdem wirkt die untere Partie beim Heben der Schulter (Arm) mit, da sie den unteren Schulterblattwinkel nach außen zieht, damit aber das Gelenk nach oben dreht.
Äußeres Erscheinungsbild: Die unter dem Brustmuskel sichtbaren Zacken liegen in einem von vorn nach hinten gewendeten, gegen vorne konvexen Bogen, die kleinste Zacke liegt unten. Zwischen diese Zacken greifen die Zacken des Äußeren schrägen Bauchmuskels ein, wobei aber die Sägezacken, die auf den Rippen liegen, stärker hervortreten. Beim Heben des Armes und bei Rückführung der Schulter werden die Zacken weiter entblößt und in diesem Falle gedehnt und flach. Bei Lähmung oder Schwäche des Muskels stehen die Schulterblätter vom Brustkorb ab.
Die übrige Abdeckung der Körperseite ist durch die Grenzlinie zwischen Großem Säge- und Äußerem schrägen Bauchmuskel festzustellen, welche direkt in die Grenzlinie zwischen Äußerem schrägen Bauchmuskel und dem Breiten Rückenmuskel übergeht. Nur am besonders hageren und am gut durchtrainierten Körper sind die Zacken zu erkennen. Unten über dem Darmbein klaffen beide Muskeln etwas auseinander. Die Haut in dem entstehenden Winkel erscheint ein wenig nach innen gezogen. Meist aber verwischt aufliegendes Weichenfett dieses Relief.

Die Rückseite des Rumpfes

siehe Tafel 14 und 15

Zwei große Muskeln bedecken die Rückseite (außer der Schulterblattpartie):

- Kapuzenmuskel und
- Breiter Rückenmuskel.

Der Kapuzenmuskel, Kappen- oder Trapezmuskel

Allgemeine Form: Einer zurückgeschlagenen Mönchskapuze ähnlich, oder aber einem Trapez (besser Rhombus) mit Spitze nach unten, bedeckt der platte Muskel die obere Rückenfläche bis herab zum letzten Brustwirbel.

Ursprung: Er entspringt vom Hinterhauptstachel und der bogenförmigen Linie rechts und links davon, ferner von allen »Dornfortsätzen« der Hals- (Nackenband) und Brustwirbel.

Verlauf und Ansatz: Die Muskelbündel strahlen von den Ursprüngen zur Schultergräte, und zwar die oberen schräg abwärts, die mittleren horizontal, die unteren schräg nach oben. Die Ansatzstelle befindet sich auf Schulterhöhe und Schultergräte, ein Teil der Bündel aber wendet sich vom Kopf zum äußeren Drittel des Schlüsselbeines nach vorne.

Aufgabe: Als Ganzes zieht der Muskel die Schultern zurück, wölbt die Brust und fixiert die Schulterblätter. Die Schlüsselbeinpartie hebt zwar die Schultern, neigt aber auch bei fixierter Schulter den Kopf unter Drehung zur anderen Seite (einseitig wirkend). Bei beidseitiger Wirkung zieht die Schlüsselbeinpartie den Kopf nach hinten. Die oberen Bündel der Mittelpartie helfen, das Schulterblatt zu drehen, wobei der äußere Winkel sich hebt, der untere sich im Bogen nach außen wendet, bei Hochstellung des Schultergelenkes (Armhebel). Die horizontalen Fasern ziehen die Schulterblätter direkt rückwärts, die von unten kommenden abwärts (Glockenläuten). Dabei nähern sich die Schulterblätter.

Äußeres Erscheinungsbild: Der flache, in seiner ganzen Plastik gut erkennbare Muskel ist durch die Wirbelsäule in 2 gleiche Hälften geteilt. Die Dornfortsätze treten bei Krümmung des Rückens deutlich hervor. Seine freien Ränder verlaufen vom Hinterhaupt zur Schulterhöhe und vom Hinterrand der Schultergräte bis zum 12. Brustwirbel. Die Muskelfläche ist aber von 3 vertieften Sehnenfeldern unterbrochen, deren größtes, länglich-rhombisches Sehnenfeld in seiner Mitte den Dornfortsatz des 7. Halswirbels zeigt. Das 2. Sehnenfeld findet

sich am inneren Ende der Schultergräte, die (wie schon oben erwähnt) in dreieckiger Fläche abfällt. Der Muskel geht über dieser Stelle in eine auf dem Knochen bewegliche Sehnenplatte über. Diese Partie verursacht an der Rhombengestalt des Muskels seitlich eine rundliche Vertiefung. Das 3., wieder rhombische, kleine Sehnenfeld liegt am Ende des Muskels, der infolgedessen nicht spitz, sondern zweizackig erscheint.
Bei kontrahiertem Muskel erkennt man die Plastik natürlich viel deutlicher; die flachen Muskelplatten werden beim Zurückziehen der Schulter zu langen, derben Wülsten, die zur Bildung einer Furche führen oder sich sogar berühren. Dabei treten die Sehnenvertiefungen auffallend hervor. Bei getrennter Tätigkeit der einzelnen Muskelpartien zeigen sich auch die Wülste örtlich, so besonders beim Heben der Schulter an der Schlüsselbeinpartie. Sehr deutlich kann man das beim durchtrainierten Körper, der eine Last hebt, feststellen.
Der innere Schulterblattrand wird bei hängendem Arm vom Kapuzenmuskel bedeckt. Erhebt man den Arm, so tritt der Muskelrand, vom Schulterblatt getrennt, deutlich hervor.

Der Breite Rückenmuskel

Allgemeine Form: Der breite, dreieckige, paarig angelegte Muskel deckt seitlich und hinten den Rumpf und ist vollständig sichtbar. Die Basis des Dreiecks liegt hinten, die Spitze liegt am Oberarm. Zwischen der Muskelplatte und der Wirbelsäule erstreckt sich die breite Ursprungssehnenplatte.
Ursprung: Der Muskel entspringt von den 5 bis 6 unteren Brustwirbeln, allen Lenden- und Kreuzbeinwirbeln sowie dem hinteren Teil des Darmbeinkammes. Seitlich entspringt er mit einigen, fast senkrecht verlaufenden Bündeln von den untersten Rippen.
Verlauf und Ansatz: Die große, dreieckige Ursprungssehne (Lendenrückenbinde) endet in einer nach hinten konvexen Linie, zwischen den untersten Brustwirbeln und dem Darmbeinkamm, und geht dann in die Muskelplatte über. Diese konvergiert mit ihren Bündeln, ähnlich wie beim Brustmuskel, fächerförmig nach oben und strahlt zur Ansatzstelle am Oberarm hin. Vorher wendet sich der Muskel und umgreift den Oberarm von unten. Wie beim Brustmuskel verursachen die sich überlagernden Bündel, daß der Muskel seinem Ende zu stark verdickt erscheint. Sein oberer Rand tritt etwa in Höhe des 6. Brustwirbels unter dem Kapuzenmuskel hervor und zieht über die untere Ecke des Schulterblattes weg, während er dieses gegen den Brustkorb preßt. Der Muskel setzt mit einer kräftigen platten Sehne an der klei-

nen Höckerleiste an und bildet oben die Hinterwand der Achselhöhle. **Aufgabe:** Der Muskel senkt den erhobenen Arm, zieht ihn gegen den Rumpf nach hinten, und zwar unter Einwärtsrollen. Die vorderen, nahezu senkrecht verlaufenden Bündel ziehen die Schulter nach unten. **Äußeres Erscheinungsbild:** Der Oberrand des Muskels zeigt sich als feine, meist gut sichtbare Linie, besonders da, wo er das Schulterblatt überschneidet. Der steil verlaufende, seitlich-vordere Rand wird durch Bündel von den Rippen verstärkt und tritt beim Heben des Armes vorne deutlich hervor. Auch bei energischem vertikalen Ziehen an einem Seil oder einer Stange, oder aber bei fixiertem Arm, wie z. B. beim Klimmzug, sieht man deutlich den seitlich-vorderen Rand und den gesamten Muskel (meist sogar in seinen einzelnen Faserzügen).

Vom Schulterblatt an kommt zum Breiten Rückenmuskel der Große runde Muskel hinzu. Er läuft gleich mit ihm und wirkt auch mit ihm zusammen. Deshalb wird er auch als dessen »Kleiner Bruder« bezeichnet. Er setzt an derselben Stelle des Oberarmes an und bildet mit dem Breiten Rückenmuskel zusammen den oberen hinteren Rand der Achselhöhle.

Das Relief des Breiten Rückenmuskels wird besonders in der Gegend der Sehnenplatte durch die darunter liegenden kräftigen Streckmuskeln bestimmt. Aber auch der Muskel selbst wird in seinem oberen Teil durch die darunter liegenden Sägemuskeln erhöht, im übrigen schmiegt sich seine Form der des Brustkorbs an.

Muskulatur und Plastik des Schulterblattes

Besondere Beachtung verdient das Schulterblatt und seine unmittelbare Umgebung. Die für den Aktzeichner wichtigen Muskeln sind hier kurz angeführt.

Der Unterschulterblattmuskel liegt, wie sein Name sagt, unter dem Schulterblatt, ist also von oben nicht zu sehen. Er zieht von der Unterseite des Schulterblattes zum kleinen Oberarmhöcker hin und rollt den Arm einwärts. Er ist auch an der Fixierung des Schultergelenkes beteiligt.

Der Kleine Rauten- oder Rhombenmuskel entspringt an den Dornfortsätzen des 6. und 7. Halswirbels, der Große Rauten- oder Rhombenmuskel an den Dornfortsätzen des 1. bis 4. Brustwirbels, während ihre Bündel schräg abwärts zum Ansatz am Hinterrand des Schulterblattes laufen. Die beiden Muskeln, hier zusammenfassend Rhombenmuskel genannt, wirken dem Zug des Großen Sägemuskels direkt entgegen; der Rhombenmuskel hilft wesentlich mit beim Zustandekommen der sogenannten Presse, bei der ja eine Feststellung des Schulterblattes Voraussetzung ist. Für gewöhnlich ist der Muskel außen nicht erkennbar, beim Heben des Armes beobachtet man jedoch unten hinter dem Schulterblattwinkel eine sich mit der Bewegung vergrößernde dreieckige Vertiefung. In dieser Vertiefung werden mitunter die von außen unten nach innen oben ziehenden Bündel des Muskels sichtbar. Dieses Dreieck ist unten begrenzt vom Breiten Rückenmuskel, der Rumpfseite zu vom Hinterrand des Schulterblattes, und dem Rücken zu vom Rand des Kapuzenmuskels.

Auf dem Schulterblatt entspringen folgende Muskeln:

Der Obergrätenmuskel liegt in der Vertiefung über der Schultergräte, vom Kapuzenmuskel bedeckt, also nicht direkt erkennbar. Er setzt am Oberarmhöcker an, hebt den Arm, indem er ihn auswärts rollt.

Der Untergrätenmuskel wird teilweise vom Kapuzen- und Deltamuskel bedeckt. Er zieht den Arm nieder, indem er ihn auswärts rollt. Der an sich flache Muskel wird von einer Sehnenplatte niedergehalten und tritt nur hervor, wenn der Arm energisch nach außen gedreht wird.

Der Kleine runde Muskel erstreckt sich vom inneren Schulterblattrand zum großen Oberarmhöcker und wirkt mit dem Untergrätenmuskel gleichzeitig. Er ist häufig als wulstige Verdickung am Unterrand des Untergrätenmuskels zu erkennen.

Der Große runde Muskel entspringt am hinteren unteren Schulterblattende, setzt am Kleinen Oberarmhöcker neben dem Breiten Rükkenmuskel an. Wenn der erhobene Arm unter Einwärtsdrehung (am besten gegen Widerstand) gesenkt wird, dann tritt der länglich-runde Muskel als stark gewölbtes Oval an der Oberfläche hervor. Das ist leicht zu demonstrieren beim Niederdrücken eines Stabes bei erhobenem Arm. Mit dem Breiten Rückenmuskel bildet der Große runde Muskel den verdickten Oberrand der Achselhöhle.

Der (unten erwähnte) lange Kopf des Dreiköpfigen Streckers zieht hinten vom Oberarm zu seinem Ansatz am Ende des äußeren Schulterblattrandes. Der Breite Rückenmuskel und sein »Mitwirkender«, der Große runde Muskel, winden sich mit ihren Enden unter den Arm, indem ihre Sehnen eine Art Wickelung zeigen. Untergrätenmuskel und Kleiner runder Muskel setzen oben auf dem Oberarm an. Zwischen beiden Muskelpaaren entsteht ein Spalt, in welchen der schon erwähnte lange Muskelhals vom Oberarm nach oben zieht. Die Lage ist am enthäuteten Körper deutlich sichtbar, am lebenden spannt sich die Haut darüber, so daß die Spalte ziemlich ausgeglichen ist.

Gemeinsamer Rückenstrecker

Die Gesamtplastik des Rückens wird wesentlich von dem paarig angelegten Gemeinsamen Rückenstrecker bestimmt.
Allgemeine Form: Der Muskel erstreckt sich längs des Rückens zwischen den Dornfortsätzen und dem Rippenwinkel; ein mächtiger teilweiser Doppelwulst, von Becken bis Nacken.
Ursprung: Als dicker Wulst vom Kreuzbein, vom benachbarten Darmbeinkamm sowie von den Dornfortsätzen der Lenden- und unteren Brustwirbel.
Verlauf und Ansatz: Unten ein starker Wulst, teilt sich der Muskel in Höhe der untersten Rippen in den Kreuzbeinlendenmuskel nach außen hin und den eigentlichen längsten Rückenstrecker längs der Wirbelsäule. Beide zusammen bilden den Gemeinsamen Rückenstrecker. Mit zahlreichen kurzen Sehnen setzen die Muskelbündel an den Querfortsätzen, zum Teil auch an den Dornfortsätzen aller Lenden- und Brustwirbel bis zum ersten Halswirbel sowie an allen Rippen an. Ein dünner Strang zieht sich zum Warzenfortsatz des Schläfenbeins.
Aufgabe: Er streckt den Rücken und neigt (einseitig tätig) den Rumpf unter Drehung.
Äußeres Erscheinungsbild: Unter den flachen, darüberliegenden Muskeln modelliert sich der Doppelwulst sehr deutlich. Dabei vertieft sich die Rinne der Wirbelsäule bei Anspannung jedes Muskels erheblich. Dies tritt besonders bei straffer Haltung (Militärhaltung) oder beim Heben und Tragen einer Last hervor.
Von der Beschreibung verschiedener tieferliegender Muskeln, welche für die Oberflächenform ohne besondere Bedeutung sind, sei hier abgesehen.

Arm und Hand

siehe Tafel 16 bis 21

Im folgenden werden die Muskeln von Arm und Hand je nach Lage und Funktion in Gruppen geordnet.

Bewegungsmöglichkeiten

Arm als Ganzes:
Heben
Senken
Vor- und Rückwärtsbewegung
Drehen um die Längsachse (Rollen, einwärts und auswärts)

Unterarm gegen Oberarm:
Beugen
Strecken

Elle gegen Speiche:
Einwärts- und Auswärtsdrehung

Ganze Hand gegen Unterarm:
Beugen
Strecken
Seitwärtsdrehung

Finger gegen Hand:
Beugen
Strecken
Rotieren (An- und Abziehen)

Fingerglieder:
Beugen
Strecken

Die Muskeln des Oberarms

Schulter- oder Deltamuskel

siehe auch Tafel 8 bis 16:

Der wichtigste Heber des Arms ist der Schulter- oder Deltamuskel.
Allgemeine Form: Der Name des Muskels rührt von seiner Dreiecksform her. Er gleicht im Umriß einem griechischen Delta (Δ). Breit deckt er die Schulter ab und richtet sich mit seiner Spitze dem Oberarm zu. Seinem Zweck entsprechend gliedert er sich in 3 deutlich erkennbare Partien, in eine mittlere, hintere und vordere. Er bestimmt das Relief der Schulteroberfläche.
Ursprung: Die wichtigste, mittlere Partie entspringt von der Schulterhöhe, die vordere vom Schlüsselbein, beide mit ganz kurzen Sehnen. Die hintere Partie entspringt von der Schultergräte mit dreieckiger Sehne.
Verlauf und Ansatz: Alle 3 Partien wenden sich zum Ansatz nach unten zu der etwas über halber Höhe außen am Oberarm befindlichen sogenannten rauhen Stelle (auch Rauhigkeit genannt).
Aufgabe: Der Muskel hebt den Arm, aber nur bis zur Waagerechten, indem er ihn dabei in das Schultergelenk preßt. Nach der Lage der Muskelfasern, die in der Waagerechten in Richtung des Arms (Hebels) zu liegen kommen, ist ein weiteres Heben technisch unmöglich. Nach Bedarf erfolgt das Heben durch die Teilpartien auch gegen vorne und hinten. Das Höherheben des Armes erfolgt mittels Heben der Schulter (siehe oben) unter Drehung des Schulterblattes.
Äußeres Erscheinungsbild: Der Schultermuskel zeichnet sich durch deutliches Hervortreten seiner spindelförmig angeordneten Einzelbündel aus. Das ist besonders gut beim athletischen Arm sichtbar. Hier bildet er ein massiges Polster, während an der mageren Schulter

gelegentlich der Knochen durch den Muskel hindurch erkennbar ist (Spitzschulter). Die Hinterpartie setzt sich gegen die flache Sehne scharf ab und wird von der Schultergräte durch ein tieferes Sehnenfeld getrennt. Deutlicher als die Grenze zur hinteren Partie ist die Grenze zwischen Mittelpartie und Vorderpartie, die als dünne Furche sichtbar wird. Zum Brustmuskel hin sieht man eine tiefe, oben breite, unten sich verengende Einsenkung, die Unterschlüsselbeingrube. Sie wird zum Beispiel beim Ziehen einer Last sehr deutlich erkennbar, wobei der Arm von hinten nach vorne gezogen wird.
Das Erheben des Armes über die Waagerechte hinaus erfolgt, wie schon oben bemerkt, durch das Heben der Schulter (siehe auch Kapuzenmuskel). Das Auswärtsrollen des Armes besorgen Ober- und Untergrätenmuskel sowie der Kleine runde Muskel. Das Einwärtsrollen bewirken der Große runde Muskel, der Unterschulterblattmuskel, der Breite Rückenmuskel und am Rande auch der Brustmuskel. Herabgezogen wird der erhobene Arm durch Brust- und Breiten Rückenmuskel. Dabei wirken unter anderem Untergrätenmuskel, Kleiner und Großer runder Muskel mit.

Der Rabenschnabeloberarmmuskel

Am Rabenschnabelfortsatz des Schulterblattes entspringt dieser fingerdicke Muskel mit dem Ansatz der Sehne an der kleinen Höckerleiste, also etwa in der Oberarmmitte. Er zieht den Arm nach vorne und innen. Der gewöhnlich vom Brustmuskel verdeckte Muskel zeigt sich deutlich in der Achselhöhle, wenn der Arm quer ausgestreckt und etwas nach außen gedreht wird (Kreuzigungshaltung).
Zusammenfassend sei kurz noch etwas über die Achselhöhle gesagt. Bei hängendem Arm befindet sich zwischen Arm und Brustmuskel und auch zum Breiten Rückenmuskel hin nur je eine Falte. Bei erhobenem Arm jedoch bildet sich eine tiefe Höhlung, die Achselhöhle, mit folgenden Grenzen: Dem Rumpf zu bildet der Große Sägemuskel die innere Wand, dem Arm zu bildet der lange Kopf des Dreiköpfigen Armstreckers (Trizeps) die innere Begrenzung. Vorne bildet der gespannte Brustmuskel, nach rückwärts aber der Breite Rückenmuskel die Grenzwand. Die Höhle könnte man ihrer Form nach mit einer vierflächigen Pyramide mit Spitze nach innen vergleichen. Die Tiefe ist am lebenden Körper weitaus geringer als am enthäuteten Körper, da die Haut sich quer über die Höhle spannt und so die Pyramidenform abstumpft.

Der Beuger des Unterarms gegen den Oberarm

siehe Tafel 16 bis 21

Zweiköpfiger Oberarmmuskel

(auch Bizeps oder Zweiköpfiger Armbeuger genannt)

Allgemeine Form: Der gedrungen und auch länglich, je nach Bewegung gestaltete Muskelbauch liegt auf der Vorderseite des Oberarms, nach oben in 2 Teilköpfe gespalten.
Ursprung: Der lange (äußere) Kopf entspringt mit langer Sehne vom oberen Gelenkpfannenrand der Schulter. Die Sehne verläuft abwärts in der Zwischenhöckerfurche, der kurze Kopf entspringt vom Rabenschnabelfortsatz.
Verlauf und Ansatz: Die Teilköpfe vereinigen sich zum Hauptmuskel und sind oben vom Brustmuskel bedeckt. Die Trennung der Teilköpfe ist deutlich zu sehen: Unten im Bereich der Ellenbeuge geht der Muskel in eine derbe breite Sehne über, die sich in 2 Teile spaltet. Der innere Teil setzt an der Speichenrauhigkeit an, die Speiche von unten her etwas umgreifend, der äußere Teil bildet ein flaches, sich verbreiterndes Band, das in die häutige Binde der inneren Unterarmmuskelgruppe ausstrahlt.
Aufgabe: Hauptbeuger des Unterarmes, unter Auswärtsdrehung der ggf. vorher einwärts gedrehten Speiche (Pronation = einwärts, Supination = auswärts), dabei wickelt sich die Sehne ab. Nebenwirkung des Bizeps ist auch ein schwaches Heben des ganzen Armes, da die Sehnen ja an der Schulter entspringen.
Äußeres Erscheinungsbild: Bei Anspannung schwillt der Muskel zu einer kugelförmigen Masse an. Der kurze Kopf trägt oben eine sichtbare sehnige Abplattung. Innen am Arm ist der Muskel durch eine deutliche Furche vom Strecker getrennt (Bizepsfurche), außen erscheint die Furche kürzer. Dort verläuft sie nur vom Ansatz des Schultermuskels bis zum Armspeichenmuskel. Das Band der Ansatzsehne überschneidet die innere Muskelgruppe einige Zentimeter unter dem Inneren Knorren, bei Anspannung eine tiefe Furche erzeugend.

Der Oberarmmuskel

(auch Tiefer Armmuskel oder Tiefer Armbeuger genannt)

Dieser Muskel entspringt etwa in der Mitte der Vorderfläche des Oberarmes und wirkt mit dem Bizeps gleichzeitig. Der Oberarmmuskel ist ein reiner Beuger. Unter dem Bizeps liegend, erstreckt er sich unten über das Gelenk, und seine Sehne verläuft zum Krähenfortsatz der Elle hin. Der Muskel ist auf der Außenseite des Armes, zwischen Beuger und Strecker, unterhalb des Schultermuskelansatzes deutlich zu sehen. Ebenso quillt er auf der Innenseite hervor. In Aktion wölbt er sich auffallend nach außen. Die entgegenwirkenden Streckmuskeln sind der Dreiköpfige Oberarmmuskel (auch Dreiköpfiger Armstrekker oder Trizeps genannt).

Der Dreiköpfige Oberarmmuskel (Trizeps)

Allgemeine Form: Der Muskel zeigt 3 Teile (Köpfe), welche unten in eine flammenförmige, bis zur Mitte des Armes reichende Sehne übergehen. Der lange Kopf liegt nach innen, der äußere Kopf entgegengesetzt. Der innere Kopf quillt unter diesen beiden innen hervor und breitet sich über das Gelenk aus.
Ursprung: Der lange Kopf entspringt vom obersten Seitenrand des Schulterblattes, der äußere von der Hinterfläche des Oberarmknochens, der innere ebenso, aber tiefer.
Verlauf und Ansatz: Die Bündel des langen Kopfes liegen längs der Sehne an, während die des äußeren oben schräg auf die Sehne zulaufen. Der wenig deutliche innere Kopf verschmilzt mit der Sehne auf deren Unterseite, nimmt aber innen unter dem langen Kopf noch an deren Begrenzung teil.
Aufgabe: In erster Linie Strecker des Unterarms, ist aber auch bei Senkung des Armes tätig.
Äußeres Erscheinungsbild: Langer und äußerer Kopf sind oben durch eine Furche getrennt und von den Schultermuskeln bedeckt. Sie verschmelzen vom oberen Armdrittel an zu einem Massiv. Bei schlaffen Muskeln tritt die Sehne wenig hervor, um so deutlicher zum Beispiel bei Streckung des Unterarmes gegen Widerstand. Die Muskelgrenzen sind dann sehr gut sichtbar. Längs der Sehne außen hebt sich der äußere Muskel als schmaler Wulst ab. Der lange Kopf trägt oben eine sehnige Abplattung. Sein (schon oben erwähntes) Hervortreten aus einer Spalte ist deutlich zu erkennen, wenn zum Beispiel ein Stab bei erhobenem Arm gegen den Boden gepreßt wird.

Muskulatur von Hand und Fingern

siehe Tafel 30

Diese Muskulatur ist vorn, seitlich und hinten am Unterarm angelegt. Die Lage der Muskeln wird am übersichtlichsten, wenn man diese natürlichen, im Armrelief klar hervortretenden Gruppen sondert. Betrachtet man den Arm von vorne – Daumen nach außen, Handfläche gegen den Beschauer gerichtet – so hebt sich eine vordere innere, von einer seitlich nach außen gewendeten Gruppe deutlich ab. Auf der Rückseite heben sich von dieser Gruppe alle weiteren Muskeln ab, die den Raum bis zum Ellenrand ausfüllen.

Die vordere innere Gruppe

Sie umfaßt folgende Muskeln, welche bis auf einen Beuger alle vom Inneren Knorren entspringen:

- Der Runde Einwärtsdreher (Roller) zieht zur Außenseite der Speiche, diese etwas von oben umfassend, so daß er in Aktion die Speiche um die Elle einwärts dreht (proniert).
- Der Äußere Hand(Speichen-)beuger ist spindelförmig und setzt am 2. Mittelhandknochen an. Er beugt die Hand unter Neigung zur Speichenseite.
- Der Lange Hohlhandmuskel mit kürzerem Bauch und langer Sehne geht in die Hohlhandfaszie, eine dreieckige Sehnenplatte im Handteller, über und beugt die Hand als Ganzes, indem sich die Handfläche vertieft.
- Der Innere Hand(Ellen-)beuger nimmt, außer vom Inneren Knorren, seinen Ursprung auch längs der Elle und ist weit hinab fleischig angelegt. Er setzt an Erbsen- und Hakenbein, außerdem an den inneren Mittelhandknochen an und beugt die Hand unter Neigung nach der Ellenseite. Dieser Muskel rundet den Arm an der Ellenseite und umfaßt ihn schalenartig. An ihn grenzt der ganzen Länge nach die Kante der Elle.

Die Sehnen der drei letzterwähnten Muskeln

werden durch das Ringband der Hand überbrückt und in ihrer Lage gehalten. Bei Anspannung zeigen die Muskeln ihre Sehnen deutlich als scharf hervorspringende Stränge und sind für das Bild des Armes charakteristisch.

Zwischen den Sehnen des Inneren Handbeugers (Ellenbeugers) und des Langen Hohlhandmuskels heben sich in Tätigkeit ihrer Muskeln die Sehnen des Oberflächlichen Fingerbeugers hervor. Überlagert von diesen Muskeln und ebenfalls am Inneren Knorren entspringend, sendet dieser Beuger seine Sehnen zu den Mittelgliedern 2 bis 5 der Finger. Unter dem Oberflächlichen Fingerbeuger, also noch tiefer, liegt der sogenannte Tiefe Fingerbeuger, dessen 4 Sehnen durch einen Schlitz der darüberliegenden Sehnen (Knopflochschlitz) dringen. Sie setzen am Endglied der Finger 2 bis 5 an (siehe Hand).

Der Viereckige Einwärtsdreher liegt in der Tiefe unten am Vorderarm, quer von der Elle zur Speiche. Sein Name bezeichnet seine quadratische Form, auch seine Aufgabe. Der Muskel wölbt sich, wenn er trainiert ist, bei rückgebogener Hand sichtbar vor (Pronation, unabhängig vom Ellbogengelenk).

Äußeres Erscheinungsbild: Bei Änderung der Speichenlage (Pronation), wobei diese die Elle überkreuzt, zeigt sich auch eine wesentliche Formänderung des Armes. Liegen Speiche und Elle zuerst parallel, so ist die Vorderseite des Armes flach. Von der Ellenbeuge an scheiden sich die Muskelgruppen durch eine, in Mitte des Armes verschwindende Linie. Liegt aber die Speiche quer, so nähert sich die seitliche Muskelgruppe der anderen, und der Arm erscheint nicht mehr abgeflacht, sondern rund im Querschnitt.

Die vordere äußere Gruppe

siehe Tafel 17 und 18

Diese ist durch eine von der Ellenbeuge bis zur Armmitte reichende Furche von der inneren Gruppe getrennt und wird von folgenden Muskeln gebildet:

- Oberarmspeichenmuskel (Lastenträger), oben am Oberarmknochen zwischen Ende des Schultermuskels und tiefem Armmuskel entspringend. Der flache, bandförmige Muskel wendet sich über den Oberarmmuskel und Knorren hinweg zur Vorderseite des Armes und setzt mit langer Sehne am Griffelfortsatz der Speiche an. Er beugt den Arm und hält die Speiche in Mittellage zwischen starker Einwärts- und Auswärtsstellung. Unter ihm liegen:
- Langer und
- Kurzer Hand(Speichen-)strecker.

Der Lange Handstrecker entspringt gleich mit dem Oberarmspeichenmuskel und setzt außen am 2. Mittelhandknochen an.

Der Kurze Handstrecker geht vom Äußeren Knorren aus zum 3. Mittelhandknochen. Die Sehnen aller 3 Muskeln beginnen etwa in der Mitte des Unterarmes. Die beiden Handstrecker wirken ihrem Namen entsprechend, wobei der Lange zusätzlich die Hand dem Daumen zu nach außen wendet. Unter diesen Muskeln, dicht unter dem Knorren, befindet sich übrigens der Kurze Auswärtsdreher.

Im Bereich ihrer Sehnen sind die Handstrecker auf der äußeren Seite des Armes von zwei dem Daumen zugehörigen Muskeln überschnitten: Vom

- Langen Daumenabzieher (Spreizer) und vom
- Kurzen Daumenstrecker.

Beim Handarbeiter treten beide mitunter als Wülste auffallend hervor.
Äußeres Erscheinungsbild: Die oben beschriebene gesamte Muskelgruppe erscheint als einheitlicher, stark vorgewölbter, aber abgerundeter Wulst, und zwar nur in Ruhestellung. Hinter dem Wulst, in einem Grübchen, sieht man den Äußeren Knorren. Bei Beugestellung des Unterarmes, besonders gegen Widerstand, zeigt sich ein völlig anderes Bild. Der Oberarmspeichenmuskel zieht dann vom Oberarm als breites Band, straff gespannt und verkürzt, mit geradliniger oberer Grenze zu seinem Ansatz hin, während sich der Lange Handstrecker unter ihm zu einer rundlichen Vorwölbung zusammengezogen hat. (Über dieser erkennt man den Knorren.) Der spindelförmige Kurze Strecker grenzt sich gegen seine Nachbarn mit Furchen deutlich ab. Seine Zigarrenform tritt, verkürzt, bei energischer Streckung der Hand noch schärfer hervor.

Die hintere Gruppe

siehe Tafel 18 bis 21

Auf der Rückseite des Unterarmes liegend, setzt sich diese Gruppe aus folgenden Streckmuskeln zusammen, die alle am Äußeren Oberarmknorren entspringen:

- Fingerstrecker, oben breit, in halber Höhe sich verjüngend und in Sehnen übergehend. Letztere laufen nebeneinander durch eine Rinne am Speichenende und ziehen unter dem Ringband durch, seitlich auf dem Handrücken durch Quersehnen verbunden. Deshalb sind auch gewisse Bewegungen, besonders vom Ringfinger allein, schwer ausführbar. Die Einzelsehnen strahlen nun zu den Fingern 2 bis 5 hin und teilen sich über deren 1. Glied in 3 Zipfel. Der mittlere setzt am 2. Fingerglied an, während die beiden anderen, sich wieder vereinend, zum Nagelglied ziehen.
- Der Kleinfingerstrecker ist ein Teilmuskel des Fingerstreckers und hebt sich deutlich in Spindelform von ihm ab. Er setzt am Kleinfinger an.
- Der Innere Handstrecker (Ellenstrecker), mit ebenfalls spindelförmigem Körper, tritt vom oberen Knorren an, schräg abwärts sich wendend, seitlich an den Ellenrand. Er verläuft mit diesem und geht unter dem letzten Drittel der Elle in die Sehne über. Die Sehne verläuft durch einen Kanal am Ellenköpfchen unter dem Handrückenband durch zum Mittelhandknochen des Kleinfingers.

Äußeres Erscheinungsbild: Die 3 oben genannten Muskeln sind voneinander durch seichte Furchen, besonders im Bereich der Sehnen, getrennt. Sie heben sich von den Nachbarmuskeln deutlich ab, wenn sie kontrahieren. Alle verlaufen schräg vom Knorren abwärts. An der mageren Hand erkennt man auch beim Fingerstrecker die Einzelbündel.

- Zur gleichen Gruppe gehört noch ein weiterer Muskel, der Ellbogenmuskel. Er bildet ein Dreieck, entspringt am Knorren und grenzt oben quer an den inneren Kopf des Trizeps. Er setzt am Ellbogenfortsatz und am oberen Ellendrittel an, wobei er sich rückwärts durch eine Furche vom Inneren Handstrecker (Ellenstrecker) absetzt. Der Muskel wird als Fortsetzung des oben erwähnten Muskels angesehen und streckt den Unterarm gegen den Oberarm. Bei kraftvoller Aktion tritt sein Relief scharf und auffallend hervor.

Auch auf der Rückseite des Unterarmes befinden sich einige tieferliegende Muskeln, deren wichtigste zu Daumen und Zeigefinger gehören.

Der Lange Daumenabzieher (Abduktor) und der Kurze Daumenstrekker (siehe oben) entspringen von Elle, Speiche und Zwischenknochenband und sind dicht vereint. Sie überschneiden im unteren Drittel des Unterarmes auf der Speichenseite die Sehnen des Kurzen und Langen Handstreckers. Die Sehne des Langen Daumenabziehers zieht zum Grund des Mittelhandknochens, die Sehne des Kurzen Daumendrehers zum ersten Daumenglied. Beide Sehnen treten scharf hervor.

Der Lange Daumenstrecker aber liegt mit seinem Muskelbauch noch tiefer und zeigt sich nur durch seine Sehne, die vom Handrücken aus schräg dem Daumen zu und neben die Kurze Strecksehne zieht, am 2. Daumenglied ansetzend. Der Raum zwischen dieser Sehne und der Sehne des Kurzen Daumenstreckers zeigt sich am enthäuteten Daumen als dreieckige, ziemlich tiefe Grube. Aus dieser Grube pflegen viele Schnupfer ihre Prisen zu nehmen, daher sagt man dazu »Tabatière«.

Die Muskeln der Hand

Alle bisher besprochenen Muskeln der Hand zeigen ihre Ursprünge am Arm. Aber auch die Hand selbst enthält einen Muskelapparat, der hier erwähnt werden soll. Diese Muskeln beschränken sich auf Hohlhand, Daumen-, Kleinfingerballen und Finger.

Die Regenwurmmuskeln liegen neben den tiefen Beugesehnen in der Hohlhand. Sie senden ihre Sehnen zu den 1. Fingergliedern und beugen diese. Die Spul- oder Regenwurmmuskeln strecken mit einer Fortsetzung ihrer Sehnen, welche sich den Fingerstrecksehnen anschließen, das 2. Glied und das Endglied.

Die Zwischenknochenmuskeln der Hohlhand und des Handrückens

liegen paarweise zwischen je 2 Mittelhandknochen. Durch die komplizierte Sehnenanordnung können sich die Finger einander nähern und voneinander weg spreizen.

Die Muskeln des länglich-ovalen Daumenballens sind:

- Kurzer Daumenabzieher, vom Kahnbein zum 1. Daumenglied
- Gegensteller des Daumens, vom Vielecksbein (Handwurzel) zum 1. Mittelhandknochen
- Kurzer Daumenbeuger, vom gleichen Ursprung zum Grund des 1. Daumengliedes
- Daumenanzieher (Adduktor), ziemlich dicker Muskel, zwischen dem 1. Mittelhandknochen entspringend, zum unteren Daumenglied.

Der Kleinfingerballen ist länglich-oval und besteht aus 3 Muskeln:

- Kleinfingerabzieher (spreizen)
- Kleinfingerbeuger
- Gegensteller.

Äußeres Erscheinungsbild: Die Knöchel des Unterarms liegen nicht in gleicher Höhe: Der Speichenknöchel liegt etwa einen Fingerbreit tiefer als der Ellenknöchel. Zwischen Arm und Hand zeigen sich 2 parallele Beugefurchen, wobei die der Hand nähere in rundlichem Bogen der Hand zu vorspringt. die Handwurzel tritt erst bei Beugung als rundliche Erhöhung deutlich hervor. Die einzelnen Gelenke, an der jugendlichen und an der wohlgenährten Hand zum Teil mit Grübchen versehen, treten in Beugestellung scharf hervor. An der mageren Hand zeigen sich über den Gelenken zahlreiche quere Hautfältchen, wobei die Mittelhandknochen oft deutlich zu erkennen sind. Die Haut der inneren Hand endet nicht mit den Grundgelenken der Finger, sondern zieht sich noch weiter entlang der Finger, so daß die innere Handfläche (Hohlhand) wesentlich größer erscheint als der Handrücken. Die Beugefalten des Grundgliedes und des 2. Fingergliedes liegen nicht senkrecht unter dem Gelenk, sondern sind etwas verschoben. Interessante Beugefurchen zeigt die Handfläche. Schon beim Neugeborenen sind diese Furchen vorhanden und zeigen im Laufe der Entwicklung (siehe Tafel 17) verschiedene Veränderungen. Am Grund des Daumenballens verläuft im Bogen die Daumenfurche (oder Lebenslinie). Quer über den Handteller, am Grund der ersten 3 Finger und auf den Zeigefinger zu gerichtet, liegt die Hohlhandfurche (oder Monatslinie). Dazu fast parallel, zur Lebenslinie im spitzen Winkel, läuft die Querfurche (oder Kopflinie). Vom Zeigefinger dem Ellenknöchel zu sieht man die Längsfurche.

Bein und Fuß

siehe Tafel 22 bis 27

Diese Muskulatur ist ähnlich der des Armes, nur zum Teil weitaus kräftiger, weil sie zusätzliche Funktionen übernimmt. Zunächst sollen die Stellung des ganzen Beines gegen das Becken und das Beugen, Strecken, Anziehen und Spreizen und das Rollen (Drehen) behandelt werden.

Die Muskeln am Oberschenkel

Beugemuskeln

siehe Tafel 22 bis 24

Der Darmbeinlendenmuskel

Allgemeine Form: Der Muskel ist von außen nicht sichtbar und besteht aus 2 getrennten, aber gleich wirkenden Teilen, dem Großen Lendenmuskel und dem Darmbeinmuskel. Der eine ist stark zylindrisch geformt, der andere flacher. Beide verbinden jedoch Becken und Wirbelsäule mit dem Oberschenkel.
Ursprung: Der Lendenteil entspringt vom letzten Brustwirbel und den Lendenwirbeln, der Darmbeinteil von der ganzen Inneren Darmbeinschaufel.
Verlauf und Ansatz: Die vereinten Muskeln verlassen unter dem Poupartschen Band das Becken und ziehen vorne am Hüftgelenk vorbei zum Kleinen Rollhügel.
Aufgabe: Beugung von Schenkel gegen Rumpf und umgekehrt. Wirksam beim Gehen, Laufen und Steigen. Der Muskel rollt, seinem Verlauf entsprechend, das Bein auch auswärts.

Der Bindenspanner

(Spanner der Oberschenkelfaszie)

Der Muskel trägt seinen Namen, weil er die sehnige Binde, in welche der große Strecker eingehüllt ist, anspannt.
Allgemeine Form: Unmittelbar vor dem mittleren Gesäßmuskel liegend, zeigt sich der Spanner als rechteckiger, etwa handlanger, flacher Wulst, der schräg von oben gegen hinten außen verläuft.
Ursprung: Vom Vorderen oberen Darmbeinstachel.
Verlauf und Ansatz: Der Muskel zieht vor dem Großen Rollhügel

vorbei und geht in die Schenkelbinde über. In seiner Fortsetzung zeigt die Binde ein Band derber, abwärts gerichteter Fasern, die eigentliche Sehne des Muskels, mit der er außen am Schienbein (an dessen Rauhigkeit) ansetzt.
Aufgabe: Beugung des Schenkels gegen das Becken, auch geringfügige Beugung des Knies (dabei aber Einwärtsdrehen des Beines).
Äußeres Erscheinungsbild: Der schlaffe Muskel ist durch schwache Furchen nach vorne und hinten begrenzt. Der tätige Muskel verkürzt sich birnförmig bis kugelig und hebt sich dann scharf gegen rückwärts und gegen die Binde ab. Deutlich ist dies zu sehen, wenn das gestreckte Bein gegen Widerstand einwärts gedreht wird bei seitlichem Heben. Der Sehnenstrang des Muskels flacht die Seite des Oberschenkels ab, mitunter fast einschneidend, und erscheint als schmaler Längszug, erst am Knie sich zur Ansatzsehne verjüngend.

Streckmuskeln

siehe Tafel 25 bis 27

Der Große Gesäßmuskel

Allgemeine Lage: Dieser stärkste und dickste Muskel des ganzen Körpers zeigt eine rhombische Form und läßt an seinem Ansatz häufig die Einzelbündel erkennen.
Ursprung: Vom hinteren Ende des Darmbeinkamms, von Kreuzbein und Steißbein.
Verlauf und Ansatz: Die Bündel verlaufen schräg nach außen, dem Großen Rollhügel zu, über dem der Muskel in eine breite Sehne übergeht. Diese zieht sich über den Rollhügel weg zur Schenkelbinde. In der Tiefe setzt die Sehne an der rauhen Linie des Oberschenkels an.
Aufgabe: Stärkster Schenkelstrecker; er ist bei fixiertem Bein Aufrechthalter des Rumpfes. Er ist auch in Sitzstellung tätig. Der Muskel dreht auch nach außen. Seine Wirkung wird begrenzt durch das sogenannte Bertinische Band. Dieses, eine Verstärkung der Kapsel des Hüftgelenkes, zieht vom Vorderen unteren Darmbeinstachel an die Knochenleiste zwischen beiden Rollhügeln. Das starke Band verhindert das Hintenüberkippen des Körpers.
Äußeres Erscheinungsbild: Der massige Gesäßmuskel ist eine Besonderheit des Menschen mit seinem aufrechten Gang. In aufrechter Stellung liegt der Sitzknorren unter dem Muskel, tritt aber beim Sitzen hervor. Der Druck wird durch eine starke Fettauflage gemildert. Rückwärts grenzen die Hinterbacken durch die senkrechte Gesäß-

spalte aneinander. Unten, dem Schenkel zu, erblickt man die quere Spalte, die beim horizontalen Heben des Beines verschwindet. Der Muskel hebt sich, besonders bei Anspannung, in nach hinten konvexem Bogen gegen die Sehnenplatte vor dem Rollhügel ab. Diese Sehne erscheint als nierenförmige Vertiefung, aus welcher der Rollhügel deutlich hervortritt. Die Grenze gegen den Mittleren Gesäßmuskel ist durch eine Furche markiert.

Abzieher des Oberschenkels

siehe Tafel 23 bis 25

Mittlerer Gesäßmuskel

Allgemeine Lage: Flacher, dreieckiger Muskel, zum Teil unter dem Großen liegend, nach vorne hervortretend und von einer Sehnenplatte bedeckt, die sich in die Schenkelbinde fortsetzt.
Ursprung: Von fast der ganzen Außenseite der Darmbeinschaufel (oben bis zum Kamm).
Verlauf und Ansatz: Zieht in deutlich ausgeprägten Bündeln schräg nach abwärts, auf den Großen Rollhügel zu. Dort geht er in eine Sehne über und setzt an deren oberem Rand an.
Aufgabe: Zieht hauptsächlich den Oberschenkel ab. Die vordere Partie des Muskels rollt außerdem einwärts, die hintere auswärts. Der Muskel wirkt wesentlich mit beim Aufrechthalten des Beckens und zieht bei fixiertem Bein den Rumpf seitwärts.
Äußeres Erscheinungsbild: In Ruhestellung sieht man keine klare Grenze zum Großen Gesäßmuskel hin, in Tätigkeit unterscheidet er sich durch eine Grenzfurche und tritt klar hervor. Dies besonders beim Stehen auf einem Bein, wobei der Muskel zur Regulierung des Gleichgewichtes den Rumpf zu dieser Seite zieht. Der untere Rand bildet die obere Grenze der Vertiefung hinter dem Rollhügel.
Unter dem Mittleren Gesäßmuskel liegt in der Tiefe der Kleine Gesäßmuskel, der seine Wirkung unterstützt und dessen Fasern parallel zum Mittleren Gesäßmuskel verlaufen.

Anzieher (Adduktoren) des Oberschenkels

siehe Tafel 25 bis 27

Auf der Innenseite des Oberschenkels liegt die Gruppe der aus 5 Muskeln bestehenden Anzieher, von denen nur einer, der Schlanke Muskel, in seinem ganzen Verlauf zu sehen ist. Die übrigen füllen nur zum

Teil sichtbar den Raum zwischen Schlankem Muskel und Schneidermuskel aus.

Der Schlanke Muskel

Als langes, oben breites und unten schmales Fleischband erstreckt sich der Muskel senkrecht vom unteren Schambeinrand abwärts, in eine lange Sehne übergehend. Diese zieht um den Inneren Knorren herum und setzt neben der Sehne des Schneidermuskels an der Innenseite des Schienbeines, am sogenannten Gänsefuß, an. Der Muskel dreht neben seiner Hauptfunktion als Anzieher den Schenkel bei gebeugtem Knie noch etwas einwärts. Er bildet mit den übrigen Anziehern eine Partie. Von vorn gesehen erkennt man ihn nur in halber Länge, da er sich unten nach hinten wendet und der Schneidermuskel hervortritt. Das Relief wird deutlicher, wenn man die gespreizten Beine gegen Widerstand einander nähert.

Großer, Langer und Kurzer Anzieher

An den Schlanken Muskel grenzen die 3 Anzieher. Der Große ist der mächtigste dieser Muskeln und begrenzt den Schenkel in der Hauptsache innen. Die 3 Muskeln entspringen von Schambein, Sitzbein und Sitzknorren. Sie setzen innen an der Kante des Oberschenkels an, zum Teil bis herab zum Knorren. Die 3 Muskeln wirken gemeinsam, vor allem beim Schenkelschluß (Reitsitz); dabei ist infolge teilweiser Rollwirkung nach innen die Ferse gerade nach hinten gerichtet. Auch beim sogenannten Überschlagen des Beines wirken diese Muskeln mit. Im allgemeinen sind sie eine geschlossene Gruppe. Der Lange Anzieher ist mitunter bei energischem Anziehen (mit Beugung verbunden) separat zu erkennen. Gewöhnlich sind an dieser Muskelpartie keine Einzelheiten sichtbar.

Der Kammuskel

Über den oben erwähnten Anziehern, dem Schneidermuskel zu, zeigt sich der Kammuskel. Er entspringt oben am Schambein, bildet ein längliches Viereck und setzt unterhalb des Kleinen Rollhügels an. Er ist nicht klar sichtbar und funktioniert als Anzieher und beugend und auswärts rollend.

Die Auswärtsroller des Schenkels

Sie sind im ganzen kräftiger als die Einwärtsroller und sorgen dafür, daß sich das Bein in Ruhe etwas nach auswärts dreht. Hauptauswärtsroller ist der Große Gesäßmuskel, ferner der hintere Teil des Mittleren und Kleinen Gesäßmuskels und der Hüftbeinlendenmuskel und einige kleinere tiefliegende Muskeln (Birnförmiger Muskel, Hüftloch- und Viereckiger Schenkelmuskel).

Einwärtsroller des Schenkels

Die Einwärtsroller sind: Spanner der Schenkelbinde und vordere Muskelbündel des Mittleren und Kleinen Gesäßmuskels.

Die Streckmuskeln des Unterschenkels (Knie)

siehe Tafel 22 bis 27

Großer Unterschenkelstrecker

(auch Vierköpfiger Unterschenkelstrecker, Vierköpfiger [Ober]schenkelmuskel oder Quadrizeps genannt)

Allgemeine Form: Ein mächtiger, vorn und auf beiden Seiten dem Oberschenkel aufliegender Muskel. Er besteht aus 3 deutlich voneinander geschiedenen oberflächlichen Köpfen, den Vasti, und einem tieferliegenden Kopf, dem Geraden Unterschenkelstrecker (auch Gerader Streckmuskel oder Gerader Schenkelmuskel genannt). Über dem Knie gehen die Muskeln in eine breite, starke Sehne über.
Ursprung, Verlauf und Ansatz: Der lange oder gerade Kopf liegt zwischen innerem und äußerem Kopf. Er entspringt vom Vorderen oberen Darmbeinstachel und zieht, nach außen vom Bindenspanner, nach innen vom Schneidermuskel begrenzt, als Spindel abwärts dem Knie zu. Der Kopf geht etwa 10 cm über der Kniescheibe in eine starke, breite, länglich-dreieckige Sehne über, welche oben am Rand der Kniescheibe beginnt. Unter dem langen (geraden) Kopf in der Tiefe liegt der mittlerer Kopf genannte Muskel, der, oben vom Oberschenkel entspringend, mit seiner Sehne an der Kniescheibe ansetzt und diese umfaßt. Die Sehne setzt sich dann als sogenanntes Unteres Kniescheibenband fort bis zum Ansatz an der Schienbeinrauhigkeit.
Der Äußere Kopf entspringt unterhalb des Großen Rollhügels, also vom Oberschenkelknochen (rauhe Linie), wendet sich mit schräg nach unten einwärts gerichteten Bündeln der Sehne zu und setzt seitlich an diese an. Dieser dicke Muskel bildet die Außenseite des Schenkels.

Der Innere Kopf geht vom gleichen Knochen aus (weiter innen) und umhüllt, mit dem tiefliegenden Kopf eng vereint, den größeren Teil des Knochens. Er ist zum Teil sichtbar, grenzt nach innen an den Schneidermuskel und wölbt sich unten wulstig hervor, tief bis zur Höhe der Kniescheibe herabreichend. Seine Grenze unten und seitwärts gegen die platte Sehne tritt hervor.
Der Innere Kopf bildet das Hauptmassiv des Schenkels und senkt sich mit seinem schräg-oval abgerundeten Bauch in Bündeln bis zur Höhe der Kniescheibe herab. Er setzt an der Sehne seitlich an. Die Wirkung des gesamten Muskels ist die kraftvolle Streckung des Knies. Da es sich dabei um die Bewegung des ganzen schweren Rumpfes handelt, kann man sich auch die Mächtigkeit dieses Muskels erklären. Bei gestrecktem Knie beugt der Lange Kopf, seinem Ansatz entsprechend, auch den Rumpf gegen das Bein.
Äußeres Erscheinungsbild: Der in der Mitte zwischen äußerem und innerem liegende gerade (lange) Kopf bildet oben unter seinem Ursprung eine Vertiefung, das Schenkelgrübchen. Er ist oben von einem Sehnenblatt bedeckt und abgeplattet. Die Grenze zwischen den Geraden und den seitlichen Köpfen ist bei Erschlaffung der Muskeln nicht immer klar, bei Kontraktion derselben jedoch deutlich. Der massige äußere Kopf zeigt auf seiner Außenseite eine auffallende Abflachung, von der ihn umhüllenden Muskelbinde herrührend. Dabei wird die Wirkung noch dadurch verstärkt, daß die Spannbinde längs über ihn herabläuft. Mitunter schneidet die Spannbinde derart ein, daß eine flache Furche entsteht. Auch der innere Kopf zeigt eine Besonderheit. Die Muskelhaut des äußeren Kopfes sendet nämlich seitlich gegen innen einen bandartigen Faserstrang aus, welcher über den Langen Kopf hinweg das wulstige Ende des inneren Kopfes überschneidet. Bei schlaffer Streckstellung entsteht so unter diesem sehnigen Seitenband ein abgeschnürter Wulst, der aber bei Straffstellung sofort verschwindet. In der griechischen Plastik hat man dieses Relief sehr deutlich hervorgehoben.
Die platte Sehne über dem Knie verdient eine genauere Betrachtung. Sie bildet etwa ein Dreieck, mit der Basis quer über der Kniescheibe, mit der stumpfen Spitze am Ansatz des Kopfes. Während der innere Kopf sich wulstig in konvexer Linie abhebt, bis zum Knie an der Sehne herablaufend, wird die äußere Seite des Dreiecks nur etwa zur Hälfte vom äußeren Kopf gebildet, weiter abwärts geht der Muskel in eine flache Sehne über, die seitlich in die Hauptsehne läuft.

Beugemuskeln des Unterschenkels (Knie)

siehe Tafel 22 bis 27

Der Schneidermuskel

Von den 5 Muskeln, welche Beugung veranlassen, liegen 4 gut sichtbar, nach hinten zu, während einer auf der Vorderseite verläuft, der Schneidermuskel. Vom Vorderen oberen Darmbeinstachel entspringend, zieht sich dieser längste Muskel des Körpers als schmales Band schräg abwärts gegen innen, windet sich um den Inneren Knorren hinten herum und findet seinen Ansatz mit platter Sehne am sogenannten Gänsefuß oben seitlich des Schienbeines. Der angespannte Muskel zeigt eine Wölbung nur oben, im übrigen schneidet er in die weichen Streckermassen tief ein. Er verursacht eine Rinne, die nach unten den inneren Kopf des Streckers von den Anziehern darüber scheidet. Der Muskel beugt auch den Oberschenkel gegen den Rumpf und wirkt als Einwärtsroller des Unterschenkels. Er tritt sehr deutlich hervor, wenn man bei gebeugtem Knie den Oberschenkel seitlich hebt. Der Muskel trägt seinen Namen vom eigentümlichen Sitz der Schneider auf der »Butik«, wobei die gehobenen Beine im Knie gebeugt und untereinandergeschlagen werden.

Der Zweiköpfige Oberschenkelmuskel
(auch Bizeps genannt)

Er entspringt mit längerem Kopf vom Sitzknochen, mit kürzerem Kopf von der rauhen Linie des Oberschenkelknochens unten. Beide Bäuche verschmelzen und gehen in eine derbe Sehne über, die weit herab, seitlich vom Muskel begleitet, schließlich als kräftiger Strang am Wadenbeinköpfchen ansetzt. Bei starker Beugung tritt die Endsehne mit dem Wadenbeinköpfchen scharf hervor. Weiter oben schneidet sie etwas in den Muskel ein. Die untere Partie des Muskels mit seiner Sehne bildet den äußeren Kniekehlenrand. Gegen den äußeren Streckerkopf grenzt sich der Muskel durch eine tiefe Furche, die Bizepsfurche, ab. Zugleich ist dies die Grenze gegen die Schenkelbinde. Der Muskel rollt den Unterschenkel auswärts und ist als Beuger tätig.

Halbsehniger und Halbhäutiger Muskel

Der Halbsehnige Muskel ist der ganzen Länge nach zu sehen und geht halbwegs in eine Sehne über. Er entspringt am Sitzbein. Er zieht innen am Schenkel abwärts, umgeht mit seiner Sehne hinten den Inneren Knorren und wendet sich zum Gänsefuß hin, seiner Ansatzstelle. Der schon erwähnte Gänsefuß ist Ansatzstelle der hinter dem Inneren

Oberschenkelknorren hervorkommenden Sehnen folgender Muskeln:
- Schneidermuskel
- Schlanker Muskel
- Halbsehniger Muskel.

Das flache Sehnenfeld zeigt die Form eines Gänsefußes, wobei jede Zehe einer Sehne entspricht (daher der Name).
Der Halbhäutige Muskel liegt unter dem Halbsehnigen Muskel und beginnt am Sitzhöcker, dann in eine breite Sehnenhaut übergehend. Erst weit unten beginnt der Muskelbauch, in welchen die Sehne des darüberliegenden Muskels bei Beugung einschneidet. Die Sehne des Halbhäutigen Muskels wendet sich um den Inneren Knorren und endet innen am Schienbeinknorren sowie in der Gelenkkapsel. In etwa halber Länge des Unterschenkels ist der Muskelbauch als starke Vorwölbung zu erkennen. Beide Muskeln sind vor allem Beuger des Unterschenkels, sie heben aber auch beide das ganze Bein nach hinten. Der Halbsehnige Muskel ist zudem ein Einwärtsroller.

Die Kniekehle

Bei Beugung wölbt sich die Kniekehle sichtbar nach innen und bildet eine Vertiefung auf der Rückseite des Knies. Den Boden bilden der Bauch des Halbhäutigen Muskels sowie die zum Oberschenkel empordringenden Köpfe des Zweiköpfigen Wadenmuskels. Die äußere Grenze bildet die Sehne des Zweiköpfigen Oberschenkelmuskels (Zweiköpfigen Beugers), die innere Grenze bildet die des Halbsehnigen Muskels. Die Einzelheiten werden durch die darüber gespannte Haut verdeckt. Bei Streckung des Knies verschwindet die Kehle, und die beiden Köpfe des Zweiköpfigen Wadenmuskels treten als Erhöhungen hervor.

Die Muskeln am Unterschenkel

Muskeln für den Fuß

siehe Tafel 22 bis 27 und 32

Wie beim Arm lassen sich auch beim Unterschenkel einige Gruppen von Muskeln zusammenfassen:
- vordere Gruppe
- äußere Gruppe
- hintere Gruppe

Die vordere Gruppe

Zu ihr gehören drei Muskeln, die längs des Schienbeines gegen außen verlaufen und sich von der seitlichen Gruppe durch deutliche Furchen abgrenzen.

Vorderer Schienbeinmuskel

Allgemeine Lage: Spindelförmiger Muskel längs des Schienbeines, gehört zu den Streckern des Unterschenkels.
Ursprung: Auf der Außenseite des Schienbeines.
Verlauf und Ansatz: Verjüngt sich allmählich und geht vom unteren Drittel an in eine Sehne über. Diese zieht innen am Schienbeinknöchel vorbei, unter Ringband (und Kreuzband) durch die Innenseite des Fußes an den ersten Mittelfußknochen.
Aufgabe: Beugt den Fuß unter Drehung des Fußrandes und der Fußspitze nach innen.
Äußeres Erscheinungsbild: Bei Kontraktion deutlich hervortretend und die Kante des Schienbeines mitunter durch Schwellung etwas deckend. Oben am Ursprung setzt sich der Muskel deutlich ab und bildet nach außen eine klare Grenzfurche.

Langer Großzehenstrecker

Dieser ist oben verdeckt und dringt erst am unteren Drittel mit seiner Sehne neben der Sehne des Vorderen Schienbeinmuskels hervor. Von den Bändern geführt, wendet sich diese zum Grund des 2. Großzehengliedes und tritt scharf bei dessen energischer Streckung hervor.

Langer Zehenstrecker

Allgemeine Form: Muskel seitwärts des Langen Großzehenstreckers und schwer von ihm zu unterscheiden. Er hat einen hohen Sehnenansatz.
Ursprung: Am oberen Ende des Schienbeines und Wadenbeines.
Verlauf und Ansatz: Die Sehne ist weit herab von Muskelfasern begleitet, teilt sich in fünf Teilsehnen und läuft unter den führenden Bändern durch auf den Fußrücken, indem sie sich fächerförmig in Einzelsehnen teilt. Vier von diesen setzen je am 3. Zehenglied an (außer Großzehe), die 5. Sehne tritt an den Außenrand des Fußes zum Ansatz am 5. Mittelfußknochen.

Aufgabe: Beugt den Fuß gegen das Bein unter Streckung der Zehen. Die 5. Sehne hebt den äußeren Fußrand.
Äußeres Erscheinungsbild: Der Muskelwulst tritt bei straffer Beugung erkennbar hervor, wobei besonders auch die Sehnen sich strangartig abheben. Zum Wadenbeinmuskel hin erscheint eine klare Trennungsfurche.

Die äußere Gruppe

Langer und Kurzer Wadenbeinmuskel

Beide Muskeln werden im folgenden gemeinsam besprochen. Der Lange Wadenbeinmuskel entspringt mit seinem breiten Bauch vom Wadenbeinköpfchen und geht von der Mitte ab in eine breite, von Muskelfasern begleitete Sehne über. Der Kurze Wadenbeinmuskel entspringt erst in halber Höhe des Langen Wadenbeinmuskels und bildet mit ihm eine kompakte Masse, in welche die Sehne einschneidet. Die Sehnen beider Muskeln umgehen hinten den Schienbeinknöchel und wenden sich dann getrennt zur äußeren Fußseite. Die Sehne des Kurzen Wadenbeinmuskels wendet sich schräg nach vorne zum Ansatz an den 5. Mittelfußknochen am Rand des Fußes. Die Sehne des Langen Wadenbeinmuskels aber zieht durch eine Rinne des Würfelbeines unter der Fußwölbung durch, überspannt sie mit einer Sehne und setzt am 1. Mittelfußknochen (innerer Fußrand) an. Die Wirkung beider Muskeln ist das Senken beziehungsweise Strecken: sie ziehen den Fuß der Sohle zu, also mehr in die Richtung des Unterschenkels. Dabei erhebt der Kurze den Außenrand des Fußes und wendet die Spitze gegen außen. Diese Wirkung ist der des Schienbeinmuskels entgegengesetzt. Der Lange Wadenbeinmuskel verstärkt die Krümmung des Fußgewölbes, stemmt den Ballen der Großzehe gegen den Boden und senkt den Innenrand der Fußsohle. Dabei wendet sich die Fußsohle auswärts.
Äußeres Erscheinungsbild: In der Ruhestellung tritt der Bauch des Langen Wadenbeinmuskels nach außen hin nicht sehr deutlich hervor, da er mit dem benachbarten Muskel in einer Ebene liegt. Der Muskelbauch hebt sich aber bei Anspannung, beiderseits durch Furchen getrennt, gut ab. Auch der Absatz gegen die Sehne ist dann scharf zu sehen. Diese bildet längs der sie begleitenden Muskelbündel einen deutlichen Strang. Beim Tanzen, Laufen, Hüpfen, Treten von Pedalen oder ähnlichem tritt die Plastik des oberen Muskelbauches auffallend hervor. Das unten am Knöchel sich zeigende Wadenbein trennt die vordere und äußere Muskelgruppe.

Roller des Unterschenkels

Für das Einwärtsrollen sind tätig:

- Schneidermuskel
- Schlanker Muskel
- Halbsehniger Muskel
- Halbhäutiger Muskel.

Für das Auswärtsrollen ist der

- Zweiköpfige Beuger

tätig. Wenn die Muskeln beiderseits gleichzeitig tätig sind, gleichen sich die Bewegungen aus. In der Tiefe wirkt lediglich ein kleiner Muskel von Oberschenkelknorren zu Schienbein, und zwar rollend.

Die hintere Gruppe

An der Oberfläche liegen die mächtigen Muskeln der Wade, der Zweiköpfige Wadenmuskel und der Schollenmuskel. In der Tiefe liegt der Hintere Schienbeinmuskel sowie der Gemeinsame Zehenbeuger und Beuger der Großzehe.

Der Zweiköpfige Wadenmuskel

Allgemeine Lage: Dieser Muskel formt die Wade und besteht aus 2 kräftigen, stumpf-kegelförmigen und durch eine Furche getrennten Partien auf der Rückseite des Unterschenkels.
Ursprung: Der Muskel entspringt mit 2 Köpfen von den beiden Knorren des Oberschenkels.
Verlauf und Ansatz: Die Muskelbäuche schwellen in Richtung Fuß mächtig an und enden in nach unten gekrümmtem Bogen, der innere Kopf wesentlich tiefer als der äußere. Seitlich außen sind die Köpfe von breiten Sehnenplatten abgeflacht, zwischen denen (innen) der Muskel als Wulst hervordringt. Unten geht er in die mächtige Achillessehne über, die schmaler wird und hinten am Fersenbein ansetzt.
Aufgabe: Strecken des Fußes, Erheben auf Zehen, Gehen, Springen, Tanzen.
Äußeres Erscheinungsbild: Die Ursprungsköpfe dringen in die Kniekehle vor und bilden deren Grund. Die Trennung beider Muskelhälften ist in Ruhestellung nicht klar erkennbar. Sie bilden einen gemeinsamen runden Körper, auch unten setzen sie sich in Ruhestellung weniger scharf ab. Bei Kontraktion jedoch zeigen sich die beiden seitlichen Sehnenabflachungen sehr deutlich, zwischen ihnen ist ein starker Wulst sichtbar. Die untere Abflachung tritt dann stark hervor. Die

Länge der Bäuche ist wechselnd. Nach innen, dem Schienbein zu, ragt der Muskel etwas hervor. Durch Fettauflage verschwindet das Relief, besonders beim untrainierten Körper.

Der Schollenmuskel
(auch Sohlenmuskel genannt)

Unter dem Zweiköpfigen Wadenmuskel liegt dieser platte Muskel, der von seiner Form her den Namen trägt: Er quillt beiderseits, flach wie eine Scholle, unter dem Zweiköpfigen Wadenmuskel hervor. Er entspringt oben von der Hinterseite des Wadenbeines und geht in die Achillessehne über, die also für den Zweiköpfigen Wadenmuskel und den Schollenmuskel gemeinsam tätig wird. Das Hervorquellen des Muskels unter dem darüberliegenden ist beim Stehen auf den Zehenspitzen deutlich zu sehen.

Die tieferliegenden Muskeln

Sie entspringen hinten vor dem Schienbein und Wadenbein und ziehen hinten um den Schienbeinknöchel herum zu ihren Ansatzstellen. Der Hintere Schienbeinmuskel setzt am inneren Fußrand an und hebt diesen unter Streckung des Fußes. Der Gemeinsame Zehenbeuger hat seinen Ansatz an der 2. bis 5. Zehe, der Großzehenbeuger an der Großzehe. Die letzten 3 Muskeln sind in Ruhestellung äußerlich nicht sichtbar, doch treten ihre Sehnen gelegentlich bei Bewegung hervor.

Die Muskeln am Fuß
siehe Tafel 32

Auf dem Fußrücken liegt der Gemeinsame kurze Zehenstrecker. Er entspringt vom oberen äußeren Ende des Fersenbeines und zieht sich nach innen über den Fußrücken hinweg unter den Streckersehnen der Zehen entlang. Man teilt ihn in 4 Muskelbäuche ein, die ihre Sehnen je zu dem Grundglied der Zehen (außer der Großzehe) aussenden. Der flache Muskel tritt gelegentlich bei Personen, welche durch ihr Gewerbe diese Partie besonders beanspruchen, als rundlicher Querwulst hervor. Dadurch wird das Relief des Fußrückens wesentlich verändert.
Die Muskeln der Fußsohle sind plastisch kaum von Bedeutung und treten nur seitlich, ohne Gliederung, ein wenig hervor. Auf der Sohle liegen Beuger, Anzieher, Abzieher der Zehen, ebenso Spul- und Zwischenknochenmuskeln wie bei der Hand. Die Muskeln sind von Ferse

bis Ballen von einer derben Haut, der Sohlenbinde, überspannt. Über dieser liegt die Haut mit einer Fettschicht.

Die Muskeln von Kopf und Nacken

siehe Tafel 8 bis 15 und 28

Die Rückseite des Halses, der Nacken, wird von dem Oberende eines großen Muskels, des Kapuzenmuskels, bedeckt (siehe oben). Seine Grenze nach vorne verläuft vom Hinterhaupt zum Schlüsselbein von außen bis zum inneren Drittel und bildet die äußere Grenze der Oberschlüsselbeingrube.

Der Kopfwender (Halter oder Nicker)

Der Hals ist annähernd zylindrisch in seiner äußeren Form und zeigt bei Seitenbewegung einen deutlich hervortretenden Muskel, der paarig angelegt ist.
Allgemeine Form: Zweiköpfiger langer, runder Muskel, von Felsenbein zu Brust- und Schlüsselbein schräg herablaufend.
Ursprung: Hinter dem Beuge-Drehpunkt des Kopfes seitlich vom Zitzenfortsatz.
Verlauf und Ansatz: Wie bereits oben erwähnt; schräg abwärts, Brustbeinkopf mit kräftiger Sehne zum Brustbein, der Schlüsselbeinkopf bandartig flach zum inneren Viertel des Schlüsselbeinrandes.
Aufgabe: Streckt den Kopf gegenüber dem Hals (Halter), bei stärkerem Zug den Hals beugend (Nicker). Bei einseitiger Wirkung neigt er den Kopf nach einer Seite, das Gesicht dabei zur anderen drehend (Wender).
Äußeres Erscheinungsbild: In Ruhestellung tritt der Muskel mit seinen beiden unteren Köpfen besonders am mageren Hals gut erkennbar hervor. Beide Köpfe lassen zwischen sich das Brustbeinköpfchen hervortreten. Nach innen bildet der Brustbeinkopf die Grenze des Vorderhalses, nach hinten die Grenze zur Oberschlüsselbeingrube (Große Schlüsselbeingrube). Bei seitlicher Wendung tritt der Brustbeinkopf äußerst bezeichnend als senkrechter, säulenartiger Wulst hervor, wobei der Schlüsselbeinkopf deutlich seine Bandform zeigt.
Die Oberschlüsselbeingrube weist ein undeutliches Muskelrelief auf. Von hinten unten nach vorne oben wird sie von Muskeln durchzogen, die von verschiedenen Stellen des oberen Rumpfes hinauf nach dem Zungenbein verlaufen. Mit Ausnahme des Schulter-Zungenbeinmuskels treten diese Muskelbänder nur gelegentlich und unscharf hervor. Das schon erwähnte Zungenbein, vorne am Hals in Höhe des 4. Nak-

kenwirbels, im Winkel zwischen Hals und Unterkiefergrund, ist ein freischwebender Knochen von Gestalt eines flachen Hufeisens und dient als Ansatz und Führungsknochen für eine Anzahl von langen Muskeln. Diese spielen bei Stimmäußerungen (Kehlkopf) und bei der Nahrungsaufnahme eine Rolle. Beim Schlucken bewegt sich das Zungenbein aufwärts.
In der dreieckigen Schlüsselbeingrube zeigen sich von unten nach oben aufgezählt:
- Rippenheber
- Schulterblattheber
- Bauschmuskel.

Von unten hinten zieht sich schräg nach oben die untere Partie (Sehne) des Schulter-Zungenbeinmuskels, der, unter dem Kopfhalter durchgehend, am Vorderhals bis zum Zungenbein nochmals hervortritt. Bei Seitwärtswendung des Kopfes macht sich der Strang häufig bemerkbar. Die vordere Halspartie zeigt in der Mitte der Länge nach die Luftröhre, oben erhöht durch den Vorsprung des Kehlkopfes (Adamsapfel), der am männlichen Hals besonders hervortritt. Die gesamte Form der Vorderhalspartie ist die eines Dreiecks, mit der Basis oben am Übergang von Hals zu Unterkiefergrund, mit der Spitze unten am Brustbeingriff und den Seiten, die je vom Brustbeinkopf des Kopfhalters gebildet werden. Längs der Luftröhre erblickt man undeutlich 2 Muskelstränge, die dem Brustbein-Zungenbeinmuskel und oben erwähnten Schulter-Zungenbeinmuskel angehören.
Der Spitze unten zu ist die vordere Halsfläche vertieft zur Drosselgrube, die unten vom Brustbeingriff mit rundlichem Ausschnitt begrenzt ist. In dieser Partie tritt oft die Schilddrüse nach außen hervor. Sie erstreckt sich dann unter die Grenzmuskeln sowie unter das Brustbein und kann extrem als sogenannter Kropf die gesamte Halsform verändern.

Der Halshautmuskel

Von Wange zu Brust zieht der flächenförmige, sehr dünne Hautmuskel des Halses, der bei scharfem Seitwärtsdrehen und beim alten Menschen auffällt. Bei mimischen Äußerungen tritt dieser Muskel in schnurförmigen Strängen hervor. Er spannt die Haut des Halses und zieht den Mundwinkel mit abwärts.

Muskeln am Kopf

Am Kopf sind zweierlei Muskulaturen zu unterscheiden:

- Kaumuskeln und
- Mimische Gesichtsmuskeln.

Zwei Muskeln ziehen vom Unterkiefer zum Kopf empor:

- Kaumuskel und
- Schläfenmuskel.

Der Kaumuskel

Allgemeine Form: Viereckige Partie, oben vom Jochbogen begrenzt.
Ursprung: Am Jochbein in breiter Sehne.
Ansatz und Verlauf: Zum Unterkiefer, in senkrechten Bündeln; am unteren Winkel außen ansetzend.
Aufgabe: Zieht den Unterkiefer kraftvoll nach oben.
Äußeres Erscheinungsbild: Beim mageren Körper und beim starken Esser als Wulst hervortretend. Vor dem Kaumuskel entsteht eine leichte Vertiefung.

Der Schläfenmuskel

Allgemeine Form: Er breitet sich in ganzer Fläche auf der Schläfengrube aus, mit nach unten zusammenstrahlenden Bündeln.
Ursprung: In der Schläfengrube.
Verlauf und Ansatz: Die Sehne zieht unter Wangenbein-Jochbogen durch nach unten zum Ansatz am Krähenfortsatz.
Aufgabe: Zieht den Unterkiefer nach oben.
Äußeres Erscheinungsbild: Beim mageren und alten Menschen ist die Auf- und Abbewegung beim Kauen deutlich zu sehen. Beide Kaumuskeln (Kau- und Schläfenmuskel) zusammen sind sehr stark.

Der Schädel

Er trägt hinten die paarig angelegten flachen Hinterhauptmuskeln, vorne die Stirnmuskeln. Beide können die Kopfhaut vor- und rückwärts bewegen und auf der Stirn quere Runzeln erzeugen.
Um das Ohr findet man noch verschiedene rudimentäre Muskelpartien, die im Tierreich die außerordentliche Beweglichkeit des Ohres, zum Beispiel beim Hirsch, bewirken. Es finden sich Muskeln zum Vor- und Rückwärtsbewegen, Heben und Senken. Manche Menschen können durch Übung diese Muskeln betätigen.

Die mimische Gesichtsmuskulatur

Sie besteht zumeist aus Muskeln, welche von den Gesichtsknochen zur Haut oder in der Haut allein verlaufen und bei ihrer Kontraktion zur Folge haben, daß bestimmte Hautfalten entstehen. Diese können Stimmungen ausdrücken. Dabei treten Falten und Furchen auf, die im jugendlichen Gesicht bald nach Abklingen wieder verschwinden, sich im Alter aber eingraben und bleiben. Ärger und Sorgen zum Beispiel hinterlassen in der Plastik des Gesichtes (Physiognomie) deutliche Spuren.

Muskeln der mimischen Gesichtsmuskulatur:

- Augenbrauenmuskel
- Zusammendrücker der Nase
- Nasenrückenmuskel
- Ringmuskel des Auges (Äußerer und Innerer)
- Ringmuskel des Mundes

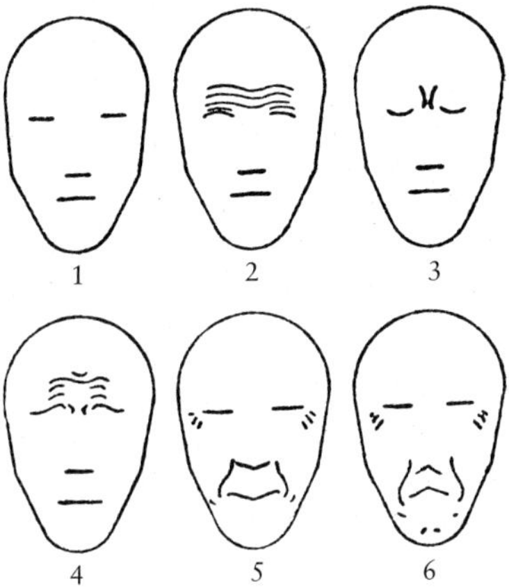

Bild 12
Grundlinien des Gesichtsausdrucks (nach Duchenne):
1. Ruhe
2. Aufmerksamkeit
3. Nachdenken (äußerer Abschnitt des Augenringmuskels)
4. Schmerz (Augenbrauen-, Stirnmuskel, Augenringmuskel)
5. Fröhlichkeit, Lachen (Jochbeinmuskel)
6. Weinen, große Unzufriedenheit (Oberlippen- und Nasenflügelheber, Senker des Mundwinkels)

Vom Ringmuskel des Mundes ausgehend:

- Heber der Oberlippe (zum Jochbein) und des Nasenflügels
- Heber des Mundwinkels
- Kleiner und Großer Jochbeinmuskel
- Lachmuskel
- Trompeter- oder Backenmuskel
- Herabzieher des Mundwinkels
- Herabzieher der Unterlippe
- Kinnmuskel (auch Heber des Kinns genannt)

Alle mimischen Ausdrucksformen kommen durch diesen Muskelapparat zustande. Durch wissenschaftliche Untersuchungen konnte festgestellt werden, welche Muskelwirkungen bei bestimmten Erregungen ausgelöst werden. In der *Abbildung 12* sieht man ein Ausdrucksschema nach dem Franzosen Duchenne. Ein besonderes Beispiel der Beherrschung der mimischen Gesichtsmuskulatur stellt der Komiker Jerry Lewis dar.

Der Mund

Auch beim Mund muß eine flüchtige Beschreibung der wesentlichen Teile genügen, da sein Äußeres nach Individuum, Geschlecht, Alter und Rasse außerordentlich verschieden ist. Die beiden Lippen, deren Massiv vom Ringmuskel des Mundes gebildet wird, begrenzen die Mundspalte, in der Jugend prall und im Alter schmaler werdend. In der *Abbildung 13* ist der Schwung der Lippen angedeutet. Jede Lippe hat jedoch ihren eigenen charakteristischen Schwung. Die Oberlippe zeigt unten einen Fortsatz, das Lippenhöckerchen. Ihm entspricht oben eine Ausbuchtung, die untere Grenze der von der Nase herabkommenden Rinne, die den Namen Philtrum (Liebesbecher) führt. Wo die Lippen auslaufen (Lippenwinkel), befindet sich häufig ein kleiner Hautwulst der Wangenhaut, das Winkelknötchen. Von der Nase seitwärts zur Oberlippe hin, mit individuellem Abstand, leicht

Bild 13
1. Oberlippe
2. Unterlippe
3. Höckerchen
4. Mundwinkel
5. Winkelknötchen
6. Kinnfurche
7. Kinngrübchen
8. Philtrum
9. Nasenlippenfurche

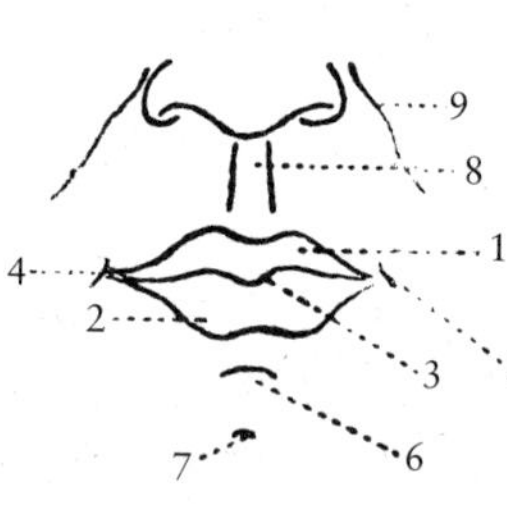

S-förmig verlaufend, sieht man die (im Kummer vertiefte) Nasenlippenfurche. Zwischen Unterlippe und Kinn liegt die nach oben konvex geformte Kinnlippenfurche. In der Mitte des Kinns zeigt sich nicht selten ein Grübchen. Oft sind die Zähne entscheidend für die Form der Mundpartie.

Die Nase

Die Nase bestimmt das Gesamtbild des Gesichts. Man bezeichnet als Nasenwurzel die obere Grenze, zur Stirn hin, und nach unten hin den Nasenrücken, der zur Nasenspitze führt. Seitwärts sitzen die Nasenflügel und darunter die durch eine Scheidewand getrennten Nasenlöcher. Als knöchernes Skelett besitzt die Nase nur im Bereich des oberen Nasenrückens die beiden viereckigen Nasenbeine, die der Länge nach dachartig gegeneinander geneigt sind. Inneren Halt gibt die Nasenscheidewand, und rückwärtigen Halt bietet der Unterkiefer.

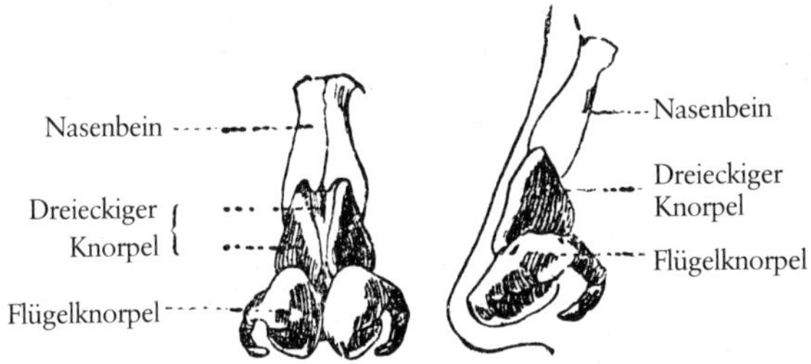

Bild 14
Nasenknorpel von vorne und von der Seite

Die untere Partie des Nasenrückens und die Nasenspitze bergen im Inneren nur ein Knorpelskelett, im Bereich des Nasenrückens die Dreiecks- und Scheidewandknorpel, für Nasenspitze und Flügel die spiraligen Flügelknorpel. Vorn an der Spitze zeigen die rundlichen Knorpel beider Hälften zwischen sich eine Rinne, die gelegentlich auch außen (Doppelnase) stark sichtbar werden kann. Für die Gesamtgestalt der Nase sind die Nasenbeine von entscheidender Bedeutung.

Das Ohr

Beim Tier ist das Ohr nach allen Seiten hin beweglich. Beim Menschen ist die Beweglichkeit des Äußeren Ohres nach allen Seiten unwesent-

Bild 15
1. Muschelgrube
2. Leiste
3. Gegenleiste
4. Hinterer Ast
5. Vorderer Ast
6. Zwischenraum
7. Kahnförmige Furche
8. Ecke
9. Gegenecke
10. Unterer und mittlerer Einschnitt
11. Oberer rundlicher Einschnitt
12. Ohrläppchen

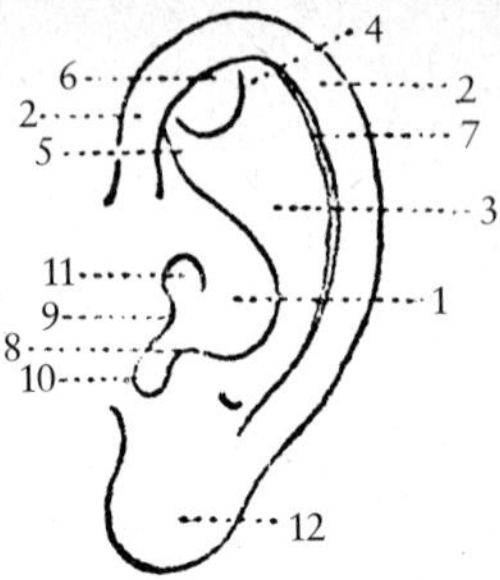

lich geworden, weshalb das Ohr nur noch rudimentäre Muskelansätze zeigt. Jedes Ohr ist verschieden geformt, deshalb soll hier von einer Grundform ausgegangen werden, welche individuelle Formänderungen zuläßt.

Das Äußere Ohr ist mit einer Trichterform zu vergleichen, die Spitze nach innen und die Öffnung nach außen gerichtet. Die Außenöffnung hat die Gestalt einer Muschel. Diese Ohrmuschel besteht aus elastischem, mit einer dünnen Haut überzogenem Faserknorpel, welcher jedoch am Ohrläppchen fehlt. Nach vorn, oben und hinten ist der Rand der Muschel umgekrempelt und bildet die sogenannte Leiste. Über der Muschelgrube beginnend, dem Eingang zum Ohrinneren, zieht sich diese Leiste in unterschiedlicher Breite, mehr oder weniger mit kleinen Ecken versehen, bis herab zum Ohrläppchen. Eine 2. wulstige Auftreibung der Muschel zieht als Gegenleiste vom Ohrläppchen aus nach oben, von der Leiste durch die kahnförmige Furche getrennt, innen den Vorhof scharf begrenzend. Oben verbreitert sie sich und teilt sich schließlich in 2 Schenkel, in deren Mitte die Schenkelgrube liegt. Nach vorne, der Wange zu, erkennt man über dem Vorhof eine klappenartig vorragende Ecke, den sogenannten Tragus, welcher nach hinten (als Verdickung der Gegenleiste) die Gegenecke entspricht. Beide lassen zwischen sich einen rundlichen Ausschnitt (Unterer Einschnitt). Über der Ecke zeigt sich noch einmal eine rundliche Einkerbung, die Ohrritze (Oberer Einschnitt). Das unten an der Muschel frei anschließende Ohrläppchen fehlt bei den Tieren.

Beim Zeichnen ist darauf zu achten, daß der Oberrand des Gehörganges etwa dem Oberrand der Nasenflügel entspricht. Der Unterrand der Nase entspricht dem Unterrand des Ohrläppchens (in der Norm). Der Abstand von der Nasenspitze zum Ohr beträgt etwa zwei Nasenlängen.

Das Auge

Hier soll ebenfalls von der Norm ausgegangen werden, wobei der Zeichner das Charakteristische jeden Auges selbst erfassen muß. Vom Augapfel kann man lediglich den von den Lidern jeweils freigegebenen Teil sehen. Das Äußere des Augapfels zeigt die Weiße Sehnenhaut. Diese wölbt sich in der Augenmitte als durchsichtige Hornhaut stärker hervor (auch bei geschlossenem Auge zu erkennen). In der Mitte der Weißen Sehnenhaut sieht man die Farbe des Auges in Form eines Ringes, Regenbogenhaut oder Iris genannt. Die Iris ist eine lebende Blende, die das Sehloch in der Mitte bald groß, bald klein werden läßt, je nach Lichtbedarf. Diese Öffnung, auch Pupille genannt, erscheint wegen des dunklen Hintergrundes stets schwarz. Ihre Größe verleiht dem Auge einen weichen, kindlichen Ausdruck. Bedeckt ist der Augapfel nach vorne vom Unteren und Oberen Augenlid. Die Augenlider werden innen durch Faserknorpel verstärkt und können den Sehspalt erweitern und verengen, bewegt durch einen Teil der Augenringmuskeln. Dabei zeigen sich quere Fältchen. Die Lider setzen sich rückwärts in den knorpellosen Deckfalten fort. Die Deckfalten des Unteren Lides sind unauffällig, dagegen hängt die Deckfalte des Oberen Lides über dessen unteren Knorpelteil herab und verursacht die sogenannte Lidfalte. Dem Inneren Augenwinkel zu hängt diese Falte bei manchen Menschen tiefer herab und verdeckt einen Teil des Augenwinkels. Der Vorderrand der Lider trägt die zarten Wimpern; die oberen, längeren aufwärts, die unteren abwärts gebogen. Wo die Lider zusammenstoßen, erscheinen die beiden Augenwinkel. Der Innere Augenwinkel bildet eine rundliche Bucht, in deren Mitte die Tränenwarze, ein rötliches Knötchen, liegt. Dem Auge zu verflacht diese und bildet eine gebogene Grenze (halbmondförmige Falte), die als Überbleibsel der sogenannten Nickhaut der Tiere gedeutet wird. Am

Bild 16
1. Sehnenhaut
2. Iris
3. Pupille
4. Innerer Augenwinkel
4 a. Äußerer Augenwinkel
5. Oberes Lid
5 a. Obere Lidfalte
6. Unteres Lid
7. Wangenfalte
8. Brauenschwanz
9. Brauenkörper
10. Brauenkopf

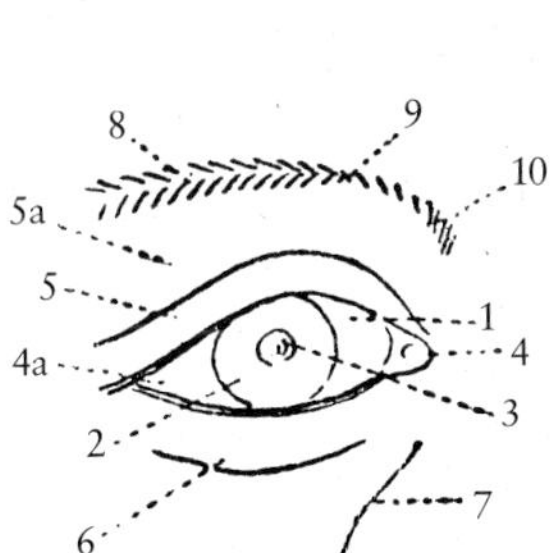

Oberrand der Augenhöhle liegen die Tränendrüsen, die in Funktion die Tränen zunächst unter den Lidern hervorquellen lassen. Danach füllt sich auch die Bucht im Inneren Augenwinkel (Tränensee genannt), und dann strömen die Tränen die Wangen hinab. Ein Teil der Flüssigkeit gelangt vom Tränensee aus durch besondere Kanäle in die Nase.

Zu der Umgebung des Auges gehören auch die Augenbrauen. Sie bestehen aus derben Haaren, welche ursprünglich eine Schutzfunktion hatten. Die Augenbrauen zeigen ein inneres Ende, den Kopf, in der Mitte den Körper und nach außen gerichtet den Schwanz. Der Kopf biegt sich abwärts der Nase zu. Der mimische Ausdruck des Auges wird durch die Brauen wesentlich mitbestimmt, nicht nur durch ihre festgelegte Form, ob gerade, gewölbt, nach innen zusammengewachsen, ob schmal oder buschig. Die Brauen können sich mimisch sehr stark verändern.

Unter dem Unteren Augenlid sieht man bei älteren Menschen häufig eine geschwungene, mehr oder weniger tiefe Furche (Krähenfüße). Von der Nase, in der Nähe des Inneren Augenwinkels, zieht sich schräg nach unten der Wange zu die ausgeprägte Lidwangenfurche. Sie verleiht manchen Menschen einen kränklichen Ausdruck.

Zusammenfassend ist zu sagen, daß der Ausdruck der Augen von vielen Faktoren bestimmt wird, so von der Größe, der Öffnung, der Stellung der Achsen durch beide Winkel, durch die Blickrichtung, die Farbe der Iris und so fort. Weiterhin wirken mit:

Lage und Form der Augenbrauen, Farbe der Augenbrauen und der Abstand der Augen und der Brauen.

Die Körperoberfläche

Durch die Haut und das darunterliegende Bindegewebe mit seinen Fetteinlagerungen werden die wahren Muskelformen abgeschwächt oder egalisiert. Das Muskelbild ist dadurch nur in unklaren Umrissen zu erkennen und tritt erst bei Bewegungen und Schwellung der Einzelmuskeln hervor. Auch die Fettpolster des Körpers können das äußere Erscheinungsbild wesentlich verändern.

Grübchen und Falten

Die Haut ist mit ihrer Unterlage in der Regel nicht fest verwachsen, sondern verschiebbar. An gewissen Körperstellen aber besteht eine festere Verbindung durch Fasern des Bindegewebes. Dadurch zeigen sich leichte Grübchen. Diese entstehen dann, wenn sich die umliegenden Partien durch Fettanlagerung wölben, während die anhaftende Stelle von Fettablagerungen freibleibt.
Zum Gesichtsausdruck tragen die Wangengrübchen wesentlich bei, aber auch das Kinn findet durch das Kinngrübchen seine Modellierung. Weitere Grübchen findet man über den Gelenken der Finger zur Mittelhand und am Äußeren Knorren des Ellbogengelenkes. Weniger beachtet werden einige Grübchen an der Rückseite des Rumpfes, die aber bei der künstlerischen Wiedergabe nicht vernachlässigt werden dürfen. Die Hüftbeingrübchen, bei der Frau meist auffallender als beim Mann, liegen über dem Oberen hinteren Darmbeinstachel. Sie entsprechen den seitlichen Ecken der vielgenannten Kreuzbeinraute, deren Spitze am letzten Lendenwirbel, deren unteres Ende an der Stelle des Zusammentreffens der Hinterbacken liegt. Diese Rhombenfläche ist in vielen Darstellungen des menschlichen Körpers klar erfaßt und wiedergegeben. Zwei weitere auffallende Grübchen liegen als dreieckige kleine Fläche über dem inneren Ende der Schultergräte, als sogenannte Grätenecke deutlich hervortretend. Hier liegt, wie bereits erwähnt, die platte Sehne des Kapuzenmuskels lose (paarig angeordnet) über dem Knochen. Bei den nicht leicht zu verstehenden Änderungen des Reliefs in der Schulterblattgegend bildet dieses Grübchen mit der sich anschließenden Schultergräte einen willkommenen Anhaltspunkt für den Zeichner.
Zur Beschreibung der Grübchen gehören auch die linienförmigen Ver-

tiefungen, welche die Vordere und Hintere Mittellinie des Körpers bilden. Die Vordere Mittellinie des Körpers reicht vom Oberen Brustbeinende bis zur Schamgegend und ist auch unten klar erkennbar. Im Bereich des Großen geraden Bauchmuskels verläuft sie auf der Weißen Linie. Die Mittellinie des Rückens entspricht den Dornfortsätzen. Sie tritt bei aufrechter Stellung als tiefe Furche oder, besonders gut erkennbar, bei gekrümmtem Rücken als erhabener Grat hervor.
Falten und Furchen unterscheiden sich von reinen Stauungsfalten über den Gelenken. Allgemein ist zu sagen, daß die Mehrzahl der Falten sich auf der elastischen Haut nur vorübergehend bei entsprechenden Bewegungen zeigt. Am alternden Körper aber, bei dem die Elastizität der Haut nachläßt, bleiben viele Furchen bestehen und wirken charakteristisch. Der Rumpf zeigt bei Beugung in Nabelhöhe parallel verlaufende Staufalten und zwischen ihnen Furchen, die nach den Seiten hin ausstreichen. Bei Seitenneigung erkennt man 2 kräftige Falten, eine am Ende des Brustkorbes, die andere über dem Darmbeinkamm sich vorwölbend. Bei Rückwärtsbeugung legt sich schon oben die Nackenhaut in dicht beisammenliegende Querfalten. Unten erscheinen mehrere kräftige Falten vom Ende des Brustkorbes an. Am stärksten tritt die sogenannte Kreuzbeinfalte hervor, die von Darmbeinkamm zu Darmbeinkamm zieht. Sie wölbt sich oft stark über den Kamm vor (Weichenwulst).
Eine besondere Erwähnung verdient das Faltensystem vorne zwischen Rumpf und Beinen. Dabei tritt eine vertiefte Linie vor allen hervor, die sogenannte Leistenlinie, entsprechend dem Poupartschen Band, das vom Vorderen oberen Darmbeinstachel zum Schambein zieht. Unter dieser Furche zeigt sich beim Heben des Beines gegen den Rumpf die Schenkelbeugefurche, 2 bis 3 cm unter der Leistenlinie, weiter oben sich abwärts wendend. Bei starker Beugung vereinigen sich beide Furchen (Schenkelgeschlechtsfurche). Über der Leistenlinie liegt die Bauchlinie, so daß mitunter 3 übereinanderliegende Linien sich klar ausprägen. Auch am fetten Körper zeigt sich die Leistenlinie stets in ihrem ganzen Verlauf, soweit der herabhängende Bauch sie nicht verbirgt (Fettschürze).
Auf der Rückseite des Rumpfendes sind am Gesäß 2 Furchen zu beachten. Die Senkrechte Gesäßspalte, welche beide Hinterbacken trennt und sich nicht wesentlich verändert. Die Quere Gesäßspalte, zur ersteren senkrecht, trennt das Gesäß scharf vom Oberschenkel. Hebt man das Bein nach vorn, so verschwindet sie, tritt auch beim Spielbein weniger scharf hervor als beim Standbein. Unter Standbein versteht man das straffe Bein, welches den Körper bei lässiger Haltung stützt. Das Spielbein ist das unbelastete Bein.

Die Stellung des Schultergelenkes (Achsel) verursacht seitlich vorne und hinten je eine tiefe Furche. Bewegt man die Arme quer nach vorne, so treten 2 bis 3 nach oben auseinanderlaufende Linienfurchen auf. Beim Heben des Armes zeigt sich auf der Schulter unmittelbar hinter dem Deltamuskel eine von vielen Furchen begleitete Falte. Je nach Grad der Beugung zeigt das Ellbogengelenk vorne bei Beugung eine tiefe Furche, die auch an gestrecktem Arm zu erkennen ist, und zwar in mehrere Linien aufgelöst. Rechts und links von der Furche tritt beim fetten Arm eine erhebliche Vorwölbung auf.
Die Kniekehle zeigt ähnliche Verhältnisse wie die Ellenbeuge, nur stärker ausgeprägt. In Streckstellung ist sie jedoch weniger sichtbar. Auch das Sprunggelenk verursacht Falten und Furchen. Diese liegen hinten über der Achillessehne, oberhalb der Ferse, mit vielen Querfältchen, die beim Altern zunehmen. Besonders ist auf die Hand und die Finger hinzuweisen. Die Beugefurchen des Handtellers wurden bereits besprochen, ebenso die Grübchen über den Gelenken zur Mittelhand. Der Handteller, das heißt die Haut mit dem darunterliegenden Fett, erstreckt sich ziemlich weit über die Gelenke zur Mittelhand und zeigt bei Beugung eine deutliche Furche gegen die Finger, die aber keineswegs den Gelenken entspricht. Die einzelnen Finger zeigen unter ihren Gelenken tiefe Kerben, die nur bei Grund- und 2. Fingerglied genau unter dem Gelenk liegen. Die nächste Furche liegt vor dem Gelenk. Auch der Daumen zeigt 3 Furchen. Auf der Oberseite der Fingergelenke, die bei Beugung scharf hervortreten, treten Fältchen auf, die mit dem Alter zunehmen. Schließlich entstehen quer-ovale Flächen über den Gelenken, umrandet von mehreren Wülsten.

Knochenpunkte und Knochenflächen

Im Hinblick auf die künstlerische Wiedergabe des menschlichen Körpers ist es von Interesse, gesondert zu betrachten, an welchen Punkten, Linien und Flächen des Körpers der Knochen nicht von Muskeln oder Fett überlagert ist, sondern direkt unter der Haut liegt. Solche Punkte sind zur Orientierung für den Zeichner gut geeignet. Auf der Vorderseite des Rumpfes ist das Schlüsselbein bis zu seinem Gelenk mit der Schulterhöhe gut zu erkennen. Deutlich hervor tritt das Köpfchen zwischen den beiden Muskelbäuchen des Kopfhalters (Nickers). Das Brustbein liegt seiner ganzen Länge nach (Griff, Körper und Fortsatz) unter der Haut. Griff und Körper werden allerdings seitlich von den Ansätzen des Brustmuskels verdeckt. Oben bildet der ausgerandete Griff die scharfe untere Grenze der Drosselgrube. Der Fortsatz steht mitunter hervor oder tritt unauffällig zurück. In Ruhestellung liegt er unter der Haut in der Ebene des Brustbeinkörpers. Unterhalb der Bauchregion tritt seitlich der Darmbeinkamm bis zum vorgewölbten Äußeren schrägen Bauchmuskel hervor. Er endet mit dem Oberen Darmbeinstachel, der auch am fetten Körper meist frei liegt. Von hier an erstreckt sich dann das Poupartsche Band unmittelbar bis zum Schambeinhöcker.

Auf der Rückseite des Körpers sind alle Dornfortsätze der Wirbel bei starker Krümmung des Rückens mehr oder weniger zu erkennen, weil dort keine aufliegenden Muskeln und Fettpolster zu finden sind. Glücklicherweise treten der Dornfortsatz des 7. Halswirbels, mitunter auch die benachbarten Fortsätze auffallend hervor, und zwar im Sehnenrhombus, als Hügel die Haut nach außen wölbend. Rechts und links sieht man oben am Schulterblatt die ganze Schultergräte, bis zur Schulterhöhe einschließlich, ohne Muskelauflage, obwohl ihre Ränder durch Muskelansätze verdeckt sind. Wichtig ist auch das Sehnendreieck am inneren Ende der Gräte. Bei Bewegung des Schulterblattes sich seitlich verschiebend, hält das Dreieck naturgemäß seine Lage zur Gräte als ein Teil derselben unverändert bei und dient hauptsächlich als Orientierungspunkt. Der hintere Rand des Schulterblattes ist zwar durch Muskelansätze verdickt, aber sehr gut zu erkennen. In der Verlängerung des Rückgrats erkennt man auch das Kreuzbein fast in seiner gesamten Oberfläche, rechts und links davon den Darmbeinkamm bis zum hervortretenden Wulst der Weiche.

An den Armen zeigen sich auf beiden Seiten innen und außen am Oberarm die Knorren. Hinten zeigen sich die Ellbogenecken. Am Unterarm liegen unmittelbar unter der Haut die Knöchel, und auf dem Handrücken sind beim mageren Körper die Knochen von Mittelhand und Fingern und die Gelenke deutlich zu erkennen. An der kindlichen und besonders fetten Hand sind diese überlagert. Am Bein außen ist ein wichtiger Knochenpunkt, der Große Rollhügel. Am Ende des Oberschenkels liegen Innerer und Äußerer Knorren. Auch die Grenzen der Kniegelenkflächen sind bei Beugung besonders gut sichtbar. Scharf hebt sich die Kniescheibe ab, und am Unterschenkel liegen das Oberende des Schienbeines, die Schienbeinrauhigkeit (Muskelansatz) sowie die ganze Innenfläche des Knochens unmittelbar unter der Haut. Außen oben erkennt man das Wadenbeinköpfchen. Am Unterende des Unterschenkels fallen Innerer und Äußerer Knöchel auf, am Außenrand erkennt man den Knochenvorsprung hinter der Kleinzehe. Auf dem Fußrücken treten beim mageren Körper die Zehenknochen, nur von Sehnen bedeckt, stark hervor.

Die Gesamtform des Schädels zeigt äußerlich weder Muskeln noch Fettauflage.

Proportionslehre

Bei den anatomischen Studien des Künstlers pflegt die Frage nach den Proportionen des menschlichen Körpers eine wichtige Rolle zu spielen. Die beschriebenen Schemata der Proportionslehre bieten dem Künstler für Ausnahmesituationen Hilfe. Sie ersetzen weder das Augenmaß noch das Eingehen auf die individuellen Verhältnisse der menschlichen Anatomie. Gewiß hat Michelangelo recht, wenn er verlangt, »daß der Künstler seinen Zirkel im Auge habe«, allein der Einzelne wird in sich das Gefühl für die Formen erst heranbilden müssen und bis dahin froh sein über alles, was ihm die Möglichkeit gibt, seine figürlichen Darstellungen selbst zu überprüfen.
Schon in alter Zeit haben die Künstler Idealgestalten gebildet, die ihnen bei ihrem Schaffen vorschwebten. Diese Ideale ändern sich im Laufe der Zeiten immer wieder; es sei nur daran erinnert, daß die Ägypter eine Norm kannten, bei welcher der Mittelfinger 19mal in der Körperlänge enthalten war. Man nennt solch eine Norm »Kanon«, das angewandte Maß »Modul«. Die ägyptische Gestalt entspricht dem heutigen Ideal und modernen Empfinden keineswegs. – Im voraus ist zu betonen, daß in der Größe wie in den Verhältnissen der einzelnen Teile des Körpers zueinander ein außerordentlicher Unterschied in Alter, Geschlecht, Person und Rasse besteht.
Beim Messen kann man verschieden vorgehen; durch möglichst zahlreiche Messungen kann man Durchschnittsgrößen feststellen; sie werden aber dem Künstler wenig nützen. Einige Künstler stellen sich, abseits der Wirklichkeit, Idealgestalten vor und legen deren Verhältnisse ihren Schöpfungen zugrunde. Und wieder andere gehen realistisch vor und bilden den Körper genauso ab, wie er ist. Wenn man die Proportionen beherrscht, kann man bildnerisch oder plastisch problemlos jeden menschlichen Körper in seine Arbeit mit einbeziehen.

Allgemeines

Bei den wissenschaftlichen Messungen stellt man die absoluten Längen nach dem Metermaß fest und vergleicht sie ummittelbar; zu behalten sind natürlich solche Verhältniszahlen schwer! Schon übersichtlicher sind die Proportionen nach dem Dezimalsystem, wobei

man die absolute Körperlänge gleich 100 setzt und alle erhaltenen Maße entsprechend umrechnet.
Nachdem im Laufe der Zeit alle möglichen Einheiten (Moduln), als da sind Finger, Hand, Elle, Fuß, Wirbelsäule u.a.m. als Grundlage der einzelnen Längen Anwendung gefunden hatten, bewährte sich schließlich die Höhe des Kopfes am besten. Sie lag schon den alten griechischen Kanons zugrunde. So auch in dem unten näher besprochenen Kanon des französischen Anatomen Richer. Von den ältesten Aufstellungen, die aber fast alle unsere Normalhöhe überschreiten, seien in Kürze folgende erwähnt:
Polyklet (Beispiel: Lanzenträger) arbeitete mit 8 Kopfhöhen; bekanntlich hat Schadow sein Werk über Proportionen nach ihm benannt. Es war vor allem die Größe der Götter- und Heroengestalten. Ähnlich war der Kanon des Lysipp (Beispiel: Statue des Athleten); auch Vitruv sei genannt. Aus späterer Zeit ragt vor allem Michelangelo, dieser gründliche Kenner der anatomischen Verhältnisse, hervor. Er schuf Gestalten von oft über 8 Kopfhöhen, welche, jenseits der Wirklichkeit, durch ihre gigantische Größe und Wucht der Muskelmassen auffallen; sie zeichnen sich durch ziemlich kleine Häupter aus. Auch Leonardos sei gedacht, der ein schwer zu lesendes Werk über Proportionen geschrieben und eingehendste Studien betrieben hat. Es sei dabei an die bekannte Figur erinnert, welche mit gespreizten Beinen und ausgebreiteten Armen in einen Kreis konstruiert ist, mit dem Nabel als Mittelpunkt. Dies entspricht dem Kanon von 8 Kopfhöhen.
Unter den deutschen Künstlern der Renaissance fällt Dürer durch seine Kenntnisse der Proportionen auf. Seine oft überschlanken Gestalten sind ja hinlänglich bekannt; doch hat er seine Studien an Menschen aller Größen und Volumina gemacht und die schwierigsten Konstruktionen versucht.
Im allgemeinen wird heute der alte Bildhauerkanon von 8 Kopfhöhen angewandt.
Wesentliche Verdienste hat sich auch die französische Forschung erworben; es sei nur an Gerdy, Cousin, Quetelet und Topinard gedacht. Viele Vorläufer überspringend, sei vor allem Schadow erwähnt, der in seinem schon oben erwähnten Werk an einer großen Zahl von Gestalten jeden Alters und Geschlechts die Verhältnisse erschöpfend vor Augen führt.
In den Werken von Langer und von Geyer findet man interessantes Material. Fritsch hat einen Kanon von 7¾ Kopfhöhen aufgestellt, zu dessen Erläuterung er die menschliche Figur mit einem Netz von Linien überzieht, das ermöglicht, die Verhältnisse klar zu überblicken. Von den Anatomen seien nur noch Kollmann genannt, der in seinem

Lehrbuch der Künstleranatomie übersichtliche Messungen nach dem Dezimalsystem mitteilt und natürlich Richer mit seiner Norm von 7½ Kopfhöhen. Seine vergleichenden Größen sind mit klaren Meßpunkten ausgewählt und mühelos zu behalten.
In den Werken von Stratz, insbesondere in seinem Buch »Die Darstellung des menschlichen Körpers in der Kunst«, finden sich Kapitel über die Proportionen, aus denen hervorgeht, daß z.B. die Kanons von Geyer, Fritsch und Richer unschwer zu vergleichen sind, daß die am häufigsten vorkommenden Körperlängen von 7½, 7¾ und 8 Kopfhöhen viel Gemeinsames haben und aufeinander bezogen werden können.
Bevor wir zur Besprechung der Messungen von Richer, Kollmann und Fritsch übergehen, seien einige allgemeine Größenverhältnisse klargelegt. Man unterscheidet im allgemeinen die Länge des Rumpfes von Scheitel bis Damm als Oberlänge von der Unterlänge, die von Damm bis Sohle reicht. Dabei ist zu beachten, daß diese Unterlänge von den einen als Beinlänge bezeichnet wird, während andere, wie Richer, die Länge des Beines vom Hüftgelenk bis zur Sohle annehmen.
Es gibt verschiedene Typen des menschlichen Körpers, nach denen man den Körper bzw. seine äußeren Erscheinungsformen einordnen kann. Die genannten Merkmale eines Typs lassen sich selten vollständig auf ein und denselben Menschen beziehen. Die meisten Menschen zeigen Mischformen, tendieren also z.B. mehr zum Pykniker, obwohl sie einen durchaus athletischen Körperbau zeigen, oder zeigen athletische Anzeichen am leptosomen Körper.

- Der athletische männliche Typ weist eine durchschnittliche Körperlänge auf, welche etwa 170 cm beträgt. Bei der Frau beträgt sie 165 cm. Die Muskulatur und das Knochengerüst sind gut entwikkelt, so daß Schultern und Brustkorb breit wirken. Die Beine sind durchschnittlich 90 cm lang und wie die Arme gut durchgebildet.
- Der leptosome Typ geht mehr in die Höhe als der Athlet, ist also schmaler gebaut. Die Muskulatur ist weniger ausgeprägt sichtbar. Der Kopf ist im Vergleich zum breiten, gleichmäßigen athletischen Schädel schmal, die Augen liegen etwas tiefer, die Wangen sind kantig und straff. Der Hals ist lang, Brustkorb, Schultern und Extremitäten sind schmal.
- Ganz extrem fällt der Astheniker auf, dessen Muskulatur schlecht ausgebildet, dessen Körperbau schmächtig und dessen Wangen hohl sind. Oft sind die Ober- und Unterschenkel und die Oberarme dürr, das heißt, daß die aktiven Muskeln kaum die Körperoberfläche bestimmen, sondern die Knochen. Die Haut ist beim Astheniker vorzeitig gealtert.

- Der männliche Pykniker ist durchschnittlich 168 cm groß, der weibliche etwa 10 cm kleiner. Er zeigt Fettansatz bei breitem Körperbau. Kopf, Gesicht und Hals sind breit, während die Schultern im Gegensatz zum Brustkorb schmal sind. Der Bauch ist dick, die Extremitäten sind kurz.
  Beim Extrem des Pyknikers und im allgemeinen spricht man vom Bauchfett, das in Wülsten auftritt, als »Fettschürze«, beim Fettansatz an den Oberschenkeln von »Reithose«.

Auffallend ist, daß bei den Menschen verschiedener Größe die Oberlänge (Rumpf) weitgehend übereinstimmt. Man kann dies recht gut sehen, wenn man einen Saal voll sitzender Menschen ins Auge faßt. Erst wenn sie sich erheben, fallen die Größenverhältnisse auf; denn die Länge der Beine macht bei den Größen den Hauptunterschied aus! Die bei uns häufigsten Körperlängen zeigen etwa folgende Verhältnisse: 150 cm Höhe = 6½ Kopfhöhen, 160 = 7, 170 = 7½, 180 = 8 Kopfhöhen. Dabei schwankt die Kopfhöhe zwischen 20 und 24 cm. Sehr kleine und große Menschen zeigen häufig »unnormale« Proportionen.

Der Kopf verdient als von altersher beliebter Modul besondere Beachtung. Bei seiner Messung vom Kinn bis zur Scheitelhöhe muß die Linie Ohröffnung (oben) – Nasenstachel waagerecht liegen. Bei seiner Einteilung in bezug auf Lage von Nase, Augen usw. sind verschiedene Normen gebräuchlich, wobei zu beachten ist, daß nach Alter, Geschlecht und Rasse ganz erhebliche Unterschiede bestehen.

Richer zieht die Mittellinie durch die Pupillen und teilt die ganze Höhe in 4 gleiche Teile:

- Scheitel bis Haargrenze,
- Haargrenze bis Pupillenlinie,
- Pupillenlinie bis Nasenende (Stachel),
- Nasenende bis Kinn.

Seine Gesichtshöhe (G) beträgt alsdann ¾ Kopfhöhen. Auch hier zeigen die verschiedenen Altersstufen erhebliche Differenzen (siehe unten). Hervorzuheben ist, daß im allgemeinen beim Mann die Kieferpartie stärker entwickelt ist als bei der Frau und beim Kind. Weibliche Köpfe zeigen häufig kindlichen Typus, und der Richersche Kanon stimmt bei weiblichen Köpfen und Jünglingsköpfen oft auffallend gut. Die Gesichtskonstruktion kann nach der aus beistehender Abbildung ersichtlichen Methode erfolgen:

Die Linie A E wird in 4 Teile geteilt, die Linie A D (3 Teile) in O halbiert. Nun beschreibt man um O einen Kreis mit dem Halbmesser o A = o D; hierauf um D einen Kreis mit Halbmesser D C = D E. Der erstere ergibt im Umriß den oberen, der letztere den unteren Teil des

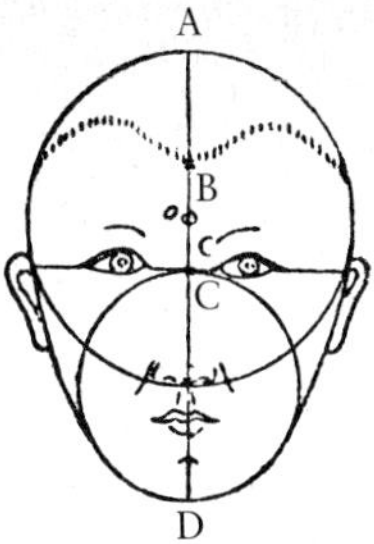

Bild 17
Konstruktion des Kopfes nach Richer

Bild 18
Skizze des Kopfes des »Fechters« nach Schadow

Schädels. Beide Kreise werden zur Eiform ergänzt. Es liegen dann in A der Scheitel, B die Haargrenze, C die Pupillenlinie, D der Nasenstachel und E das Kinn.

In vielen Werken wird eine andere Einteilung des Kopfes bevorzugt, die mehr dem männlichen Typ mit vorherrschendem Gesichtsteil entspricht. Der Gesichtsschädel wird vom Gehirnschädel durch eine Linie in Höhe der inneren unteren Brauengrenzen geschieden. Dabei beträgt die Gesichtshöhe 2, der Gehirnteil 1½ Nasenlängen. Als Kopf-Nasenhöhe bezeichnet man den Abstand zwischen Scheitel und unterem Nasenende. Dieser Abstand entspricht demjenigen zwischen Hinterhauptbasis und Scheitel und wird namentlich beim Dezimalsystem gerne als Modul benützt.

Auch folgende Teilung des Kopfes vom Scheitel bis zur Haargrenze beträgt ⅕ der ganzen Höhe. Der Rest gliedert sich in 3 gleiche Teile: Stirn, Nase und Nase bis Kinn.

Die größte Tiefe des Schädels, Nasenwurzel bis Hinterkopf, beträgt etwa 1 Kopfhöhe, die größte Breite ⅘ Kopfhöhen.

Was nun den übrigen Körper anbelangt, so ist aus beistehenden Figuren die Methode Richers ohne weiteres ersichtlich. Es ist klar erkennbar, daß bei allen Maßen als Meßpunkte meist die Gelenke benützt wurden, die in ihrer Lage feststehen.

Die ganze Körperlänge beträgt 7½ Kopflängen, die Messung der Oberlänge erfolgte vom Scheitel gegen unten, die Messung der Unterlänge von der Sohle nach oben. Die Körpermitte liegt etwas über der Gliedwurzel, seitlich nahe der Obergrenze des Großen Rollhügels.

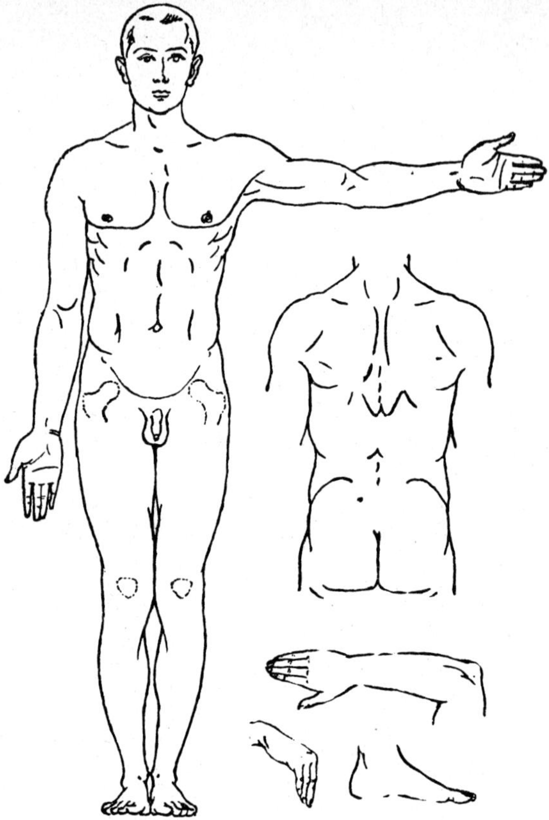

Bild 19
Skizze zum Kanon nach Richer

Figuren

In Kopfhöhen (K) ergeben sich folgende Verhältnisse:

Rumpf von vorne:

Scheitel bis Brustwarzen	2 K
Scheitel bis Nabel	3 K
Scheitel bis Damm	4 K
Schulter bis Weiche (Brustkorbende)	1 ½ K
Weichenhöhe	½ K

Rumpf von hinten:

7. Halswirbel bis Lendengrübchen	2 K
Rand des Kapuzenmuskels bis untere Ecke des Schulterblatts	1 K
Schulterhöhe bis Weiche	1 ½ K
Senkrechte Gesäßspalte	½ K

Schulterbreite (über Muskeln)	2 K
Entfernung der Schultergelenke	1 ½ K
Entfernung der Schlüsselbeingruben	1 K

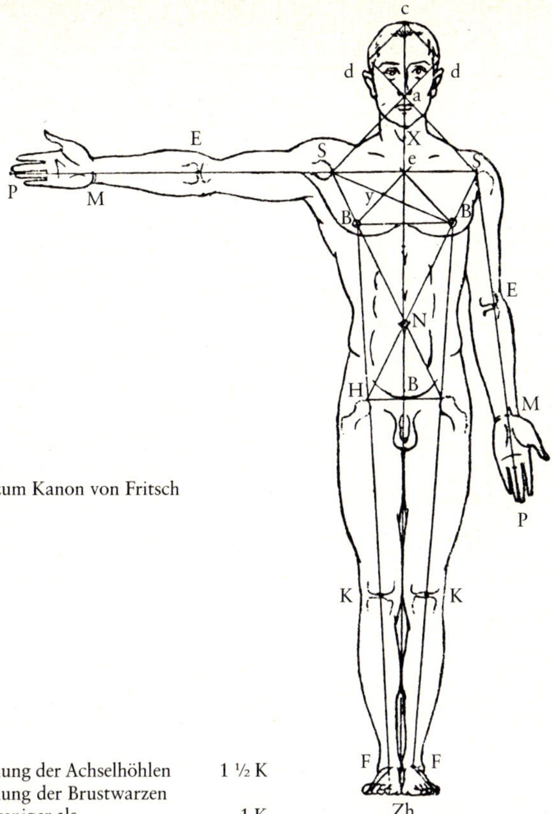

Bild 20
Skizze zum Kanon von Fritsch

Entfernung der Achselhöhlen	1 ½ K
Entfernung der Brustwarzen etwas weniger als	1 K
Entfernung der Rollhügel (Hüftbreite)	1 ½ K
Entfernung der Darmbeinstacheln etwas mehr als	1 K
(Gesäßbreite	1 ⅓ K)

Arme:

Schulterhöhe bis Mittelfingerspitze, hängend	3 ½ K
Achselhöhle bis Mittelfingerspitze	3 K
Ellbogen bis Fingerspitze	2 K
Achselgrube (Tiefe) bis Armbeuge	1 K
Hand und Gelenk (bis Ellenknöchel)	1 K
Hand und Gelenk	¾ K
Mittelfinger	½ K

Beine:

Sohle bis Mitte der Leistenbeuge (Rollhügel oben)	4 K
Sohle bis Kniegelenk	2 K
Sohle bis Damm	3 ½ K
Fuß (minus 2 Großzehenglieder) [Fußhöhe = Breite, Länge = 3 Höhen]	1 K

(Die Tiefenmaße sind bei Richer nicht angegeben.)

Anschließend an Richer sei kurz der Kanon von Fritsch beschrieben, welcher die Wirbelsäule als Grundmaß (Modul), deren Viertel als Untermodul gewählt hat. Man zieht eine Vertikallinie ab und teilt sie in 4 Teile (Untermodul); Punkt 1 (e) ergibt dann die Höhe der Schultergelenke, Teilpunkt 3 (N) den Nabel. Verlängert man b a um ¼ bis c, so ist dies die Scheitelhöhe. Durch e eine Waagerechte gezogen, so daß eS und eS_1, je 1 Untermodul sind, ergibt die Schultergelenkpunkte S und S_1. Ebenso von b rechts und links ½ Untermodul, die Hüftgelenkpunkte H und H_1. Verbindet man H mit S_1 und H_1 mit S, so schneiden sich beide im Nabel. Zieht man S a und S_1 a je mit Verlängerung und durch c Parallelen damit, so erhält man das Quadrat a d c d_1, mit d d_1 als Schädelbreite. Parallelen mit a S und a S_1 durch e ergeben als Schnitte mit S H_1 und S_1 H die Brustwarzen B und B_1. Zur Konstruktion des Beines zieht man B H mit Verlängerung und trägt darauf ab H K = H B_1, dann ist K Kniegelenkpunkt, H K Oberschenkellänge; ferner wird K F = H B; F Fußgelenk, K F Unterschenkel. Die Fußlänge ist gleich e B, die Höhe bis zum Gelenk gleich e y. Beim Arm wird S E = S B, S E Oberarm, E Ellbogengelenk; ferner E M = B N, E M Unterarm, M Handgelenk. Die Handlänge M P wird gleich N H. Für vergleichende Messungen eignet sich dieser Kanon vorzüglich, er wird aber für die Kunst weniger in Betracht kommen.

Überträgt man das Schema von Fritsch auf eine Richersche Normalgestalt (7½ K) oder auch auf eine solche von 8 Kopfhöhen, so stimmen die Rumpf- und Armmaße auffallend, der Scheitel liegt bei 7½ K etwas niederer. Dagegen stimmt die Beinlänge nicht recht. Die ganze nach dem Gesamtlängenmaß festzusetzende Beinlänge wird dann halbiert, was den Kniegelenkspalt ergibt, von der Sohle an ⅙ der halben Beinlänge nach oben abgetragen, ergibt die Fußhöhe.

Im übrigen seien nachstehend einige leicht verständliche Verhältnisse zum Vergleich der 3 Haupttypen angegeben: Bei dem gedrungenen Typus von Richer (Langer) (7½ K), bis 170 cm Höhe, befindet sich die Körpermitte etwas über der Gliedwurzel; die Spannweite von 8 K ist K/2 größer als die Körperhöhe. Die ganze Länge beträgt 10 Gesichtshöhen. Beine bis zum Gelenk ¼ K kürzer als bei Fritsch. Arme 3¼ K.

Bei der Normalgestalt von Fritsch (7¾ K), bis etwa 175 cm Höhe, liegt die Mitte an der Gliedwurzel, die Spannweite ist K/4 größer als die Körperlänge, welche 10⅓ Gesichtshöhen mißt. Beine 4 K, Arme 3¼ K.

Beim Idealtypus Geyer (Richers héroique) (8 K), bis etwa 180 cm, ist die Spannweite gleich der Körperhöhe, die Mitte liegt unter der Glied-

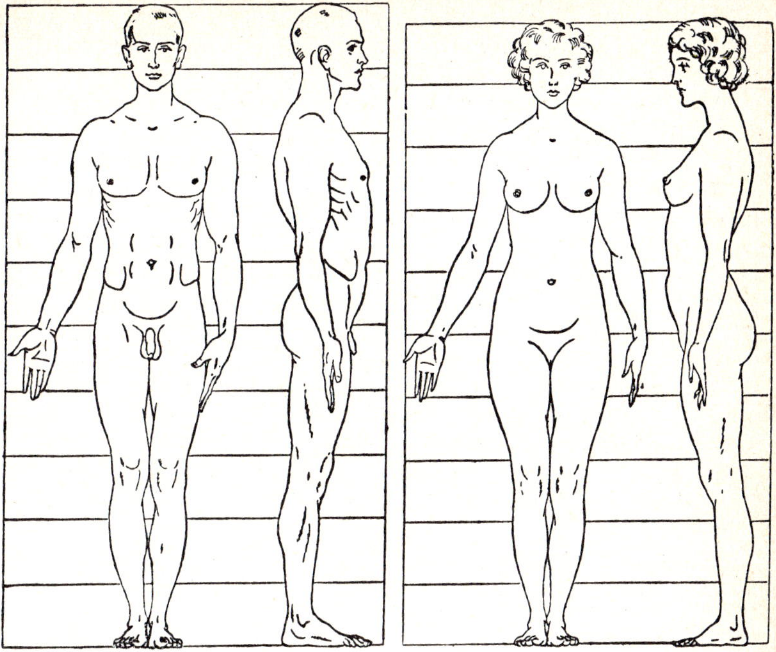

Bild 21

Die Größenverhältnisse nach »Kopf-Nasenhöhen« sind:

Kopfhöhe	13 Teile
Kopf-Nasenhöhe	10 Teile
Kopf und Hals	20 Teile
Scheitel bis Magengrube	30 Teile
Magengrube bis Nabel	10 Teile
Nabel bis Gliedwurzel	10 Teile
Scheitel bis Brustbein	20 Teile
Scheitel bis Schwertfortsatz	30 Teile
Scheitel bis Nabel	40 Teile
Scheitel bis Gliedwurzel	50 Teile
Scheitel bis Oberschenkelmitte	70 Teile
Scheitel bis Schienbeinstachel	80 Teile
Scheitel bis Untere Wade	80 Teile
Scheitel bis Sohle	100 Teile

Die Nasenspitze der männlichen Figur in Seitenansicht sitzt etwas zu hoch.

Von den Gliedmaßen seien nur folgende Ziffern angegeben:

Arm:	
Schulterhöhe bis Armbeuge	20 Teile
von da: Vorderarm	
bis Handgelenk	15 Teile
Hand:	
Schulterhöhe bis Ansatz des	
Deltamuskels	10 Teile
von da bis Ellenbeuge	10 Teile
Bein:	
Sohle bis über Kniescheibe	30 Teile
von da bis über Rollhügel	20 Teile
(Sohle bis Damm	48 Teile)

wurzel; die ganze Höhe beträgt 10⅔ Gesichtshöhen. Der Nabel liegt tiefer als bei den vorigen Typen. Beine 4¼ K, Arme 3¼ K.
Zum Vergleich seien auch noch einige Maße aus Kollmann angegeben, festgelegt an einem Mann von 7¾ K, und zwar unter Anwendung der Kopf-Nasenhöhe. Dabei wird, wie schon oben erläutert, die absolute Länge gleich 100 gesetzt, und alle Einzelgrößen finden entsprechende Umrechung. Der Schädel ist 13/100 hoch, wonach sich die Prozentziffern leicht in Kopfhöhen umrechnen lassen.
Die übrigen Messungen, namentlich auch der Tiefe, ergeben keine Verhältnisse, die in Zehnern auszudrücken wären; sie mögen auf der Figur abgelesen werden. Übrigens ergibt die Umrechnung auf Kopfhöhen mit Richer auffallend übereinstimmende Ziffern.
Schließlich seien noch einige, dem »Heroentypus« entnommene Verhältnisse angegeben, welche seit langem bekannt sind. Das Quadrat der Alten (Leonardo) zeigt sich, wenn die Unterarme, sich deckend, quer über den Rücken gelegt werden; die 4 Seiten sind: Schultern oben, beide Oberarme seitlich und unten die sich deckenden Unterarme. (Also: Schulterbreite = Oberarm = Unterarm plus Hand;

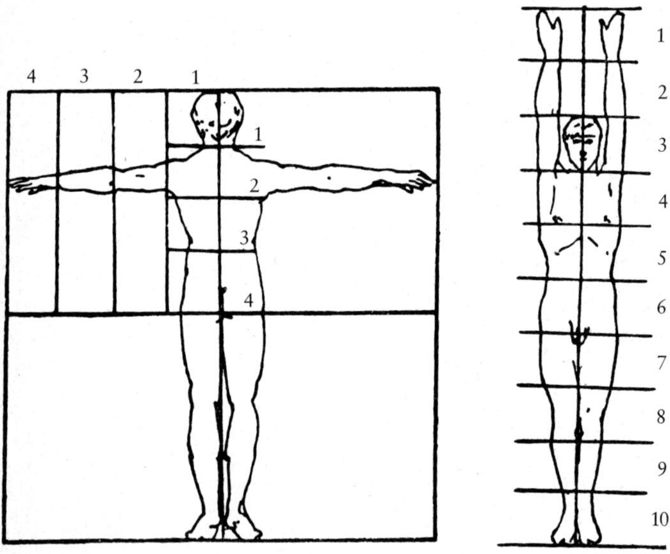

Bild 22
Proportionen nach Charles Rochet, aus »Das Urbild des Menschen«

nach unseren Begriffen erscheint der Oberarm zu lang.) Eine andere Figur von Leonardo da Vinci legt den Arm in Beugung so über die Brust, daß die Hand auf der entgegengesetzten Schulter liegt; dann bildet der Arm die Seiten eines gleichseitigen Dreiecks mit der Spitze unten (Ellbogen). In der Praxis ist auch die Achtteilung des Heroentypus gebräuchlich. Die Meßpunkte sind auf *Seite 86, 87* erwähnt.
Die Spannweite ist gleich der Körperhöhe angenommen. Wiederum sind verschiedene Meßpunkte etwas unsicher. Das Kniegelenk liegt über dem Unterrand der Kniescheibe, bei hängenden Armen liegt das Handgelenk ein wenig unter der Körpermitte. Erhebt man die Arme senkrecht, so ergeben sich 10 Kopfhöhen mit Nabel in der Mitte (siehe »Bogenschütze« von Thoma). Sowohl der kniende als auch der sitzende Mensch erreichen ¾ der ganzen Länge. Etwaige Differenzen dieser Annäherungsmaße ergeben sich aus der Figurenhöhe.
Nochmals sei darauf hingewiesen, daß jeder Kanon dem Künstler von Nutzen sein wird; besondere Vorzüge aber sind gute Meßpunkte und Vergleichsgrößen, die fest in der Erinnerung haften.
In der Praxis ergibt sich recht oft die Aufgabe, Figuren von bestimmter Höhe zeichnen zu müssen. Von Stellungen mit Verkürzungen sei zunächst abgesehen. Wir wählen als Beispiel einen Körper von 7¾ Kopfhöhen. Man zieht die Längsachse c h des Körpers in gewünschter Länge und mit ihr parallel eine 2. Gerade. Auf ihr trägt man von d ausgehend 7¾ Teile mit beliebiger Grundlänge ab, der Endpunkt sei e. Nun zieht man c d und h e je mit Verlängerung bis zum Schnitt in O. Die Strahlen von O nach den Teilpunkten von d e werden nach dem Proportionalsatz alsdann auch die Linie c h in 7¾ Teile teilen. Ist die Linie c h richtig geteilt, so lassen sich die Richerschen Maße leicht durch ein Netz auftragen.
Um noch einmal auf die geläufige Acht-Kopf = Längen-Einteilung nach Leonardo da Vinci zurückzukommen:

- Die Kopflänge wird gefunden durch waagerechte Teilung des Abschnittes Scheitel bis Brustwarzen in 2 Teile
- Die Kopflänge ist Scheitel bis Kinn und somit ⅛ der Körperlänge
- Kinn bis Brustwarzen bildet den 2. Abschnitt
- 3. Abschnitt: Brustwarzen bis Nabeloberhöhe
- 4. Abschnitt: Nabeloberhöhe bis Schamansatz
- 5. Abschnitt: Schamansatz bis Oberschenkelmitte
- 6. Abschnitt: Oberschenkelmitte bis unterer Kniescheibenansatz (Schienbeinhöcker)
- 7. Abschnitt: Unterer Kniescheibenansatz (Schienbeinhöcker) bis Mitte des Unterschenkels
- 8. Abschnitt: Mitte des Unterschenkels bis Sohle

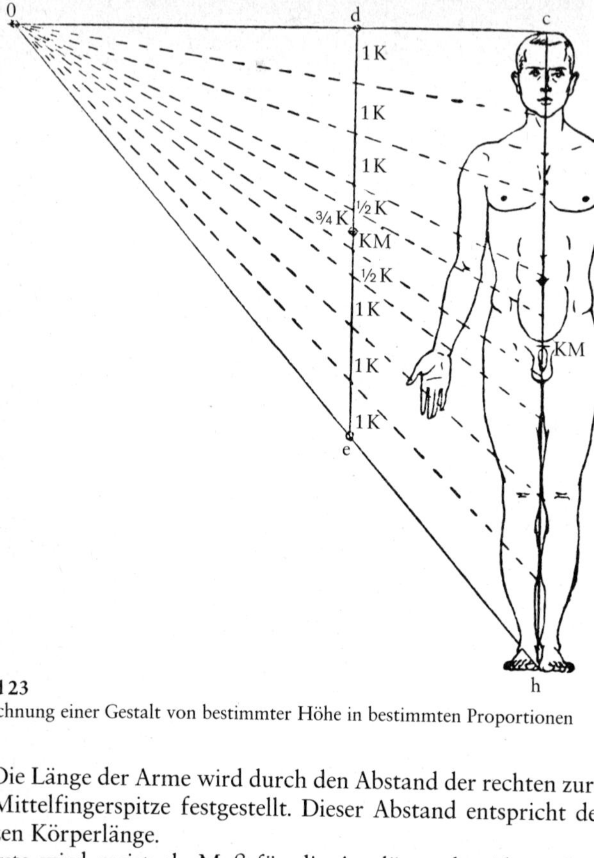

Bild 23
Zeichnung einer Gestalt von bestimmter Höhe in bestimmten Proportionen

- Die Länge der Arme wird durch den Abstand der rechten zur linken Mittelfingerspitze festgestellt. Dieser Abstand entspricht der ganzen Körperlänge.

Heute wird meist als Maß für die Armlänge der Abstand von der Schulterhöhe bis zur Mitte zwischen Schambein und Schienbeinhökker genommen. Auf der Waagerechten befinden sich die Mittelfingerspitzen. Von Schultergräte zu Schultergräte ergibt sich eine Strecke, welche ebenso einem Viertel der Körperhöhe entspricht wie die Strekke Mittelfingerspitze zu Ellenbeuge.
Keine Proportionslehre ersetzt das Augenmaß, den Blick für Formen und Verhältnisse, denn jeder Mensch ist individuell gebaut, und der Körper des Mannes unterscheidet sich bemerkbar vom Körper der Frau, auch im Knochenbau. So ist z.B. der Rumpf des Mannes meist kürzer als der einer Frau, und oft sind die Arme und Beine der Frau kürzer als die des Mannes.

Die Proportionslehre kann also nur dem Künstler eine Stütze sein und ihm die Norm vermitteln, an die er sich anlehnen kann, beziehungsweise von der er sich bewußt entfernen kann.

Proportionen in verschiedenen Lebensabschnitten

Von der Geburt bis zur Reife ändern sich die Verhältnisse am Körper fortwährend, wobei die einzelnen Stufen stetig ineinander übergehen. Im allgemeinen unterscheidet man folgende Altersstufen:
Das Säuglings- und Kindesalter bis zum 8. Lebensjahr, anschließend das Knaben- und Mädchenalter bis zum Eintritt der Geschlechtsreife (12. bis 14.), hierauf die Stufe des Jugendlichen, der sich etwa im 17. bis 20. Jahr vollends zu Mann und Frau entwickelt. Übrigens währt die volle Entwicklung gelegentlich bis zum 30. Lebensjahr.
Im jugendlichen Alter wechseln Zeiten stärkeren mit Phasen langsameren Wachstums. Einmal streckt sich der Körper mehr, das andere Mal wächst er mehr in die Breite. So unterscheidet man: 2. bis 4. Jahr erste Fülle; 5. bis 7. Jahr erste Streckung; 8. bis 10. Jahr zweite Fülle; 11. bis 14. Jahr zweite Streckung.

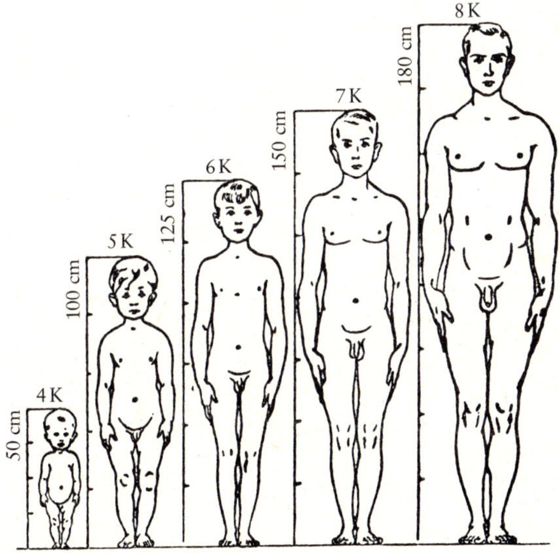

Bild 24
Proportionen der Lebensphasen nach Stratz

Das Hauptwachstum der Muskeln zeigt sich vom 7. bis 14. Jahr. Vom 11. bis 14. Jahr pflegt das Mädchen den Knaben an Länge und Gewicht zu überholen; im Durchschnitt hat sich ein Unterschied von 2,5 cm ergeben; dann aber gewinnt der Knabe wieder den Vorsprung und bleibt von da an größer. Die Zeit der weiblichen Entwicklung schließt meist früher ab, während der Jünglingskörper sich oft länger ungelenk und unfertig erweist.
Im allgemeinen ist zu sagen, daß im frühen Jugendalter Kopf und Rumpf verhältnismäßig groß, Arme und Beine kleiner sind; dadurch aber liegt die Körpermitte höher als später; im Anfang auf dem Nabel. Immer mehr strebt der Körper dann dem Ziel der Entwicklung zu: relativ kleiner Kopf; kurzer Rumpf, längere Arme und Beine. Es sei beigefügt, daß zu kurze Gliedmaßen bei Erwachsenen stets den Eindruck des »Kindlichen« machen.
Vorstehende Abbildung, zusammengestellt nach Stratz, soll die relativen Körperlängen in den verschiedenen Altersstufen, dazu aber das jeweilige Verhältnis von Kopf und Rumpf, übersichtlich darstellen.

Nach dieser schematischen Übersicht zeigen

Neugeborene	4 Kopfhöhen bei einer absoluten Höhe von 50 cm
2jährige	5 Kopfhöhen bei einer absoluten Höhe von 100 cm
7jährige	6 Kopfhöhen bei einer absoluten Höhe von 125 cm
14jährige	7 Kopfhöhen bei einer absoluten Höhe von 150 cm
Erwachsene (große)	8 Kopfhöhen bei einer absoluten Höhe von 180 cm

Die Änderung der Verhältnisse zeigt sich am verblüffendsten, wenn man die halbierten Umrisse des Körpers des Erwachsenen und Neugeborenen in derselben Größe nebeneinander stellt.

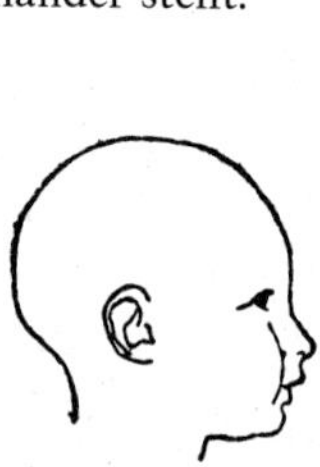

Bild 26
Kinderschädel; die Nase ist meist flacher angelegt

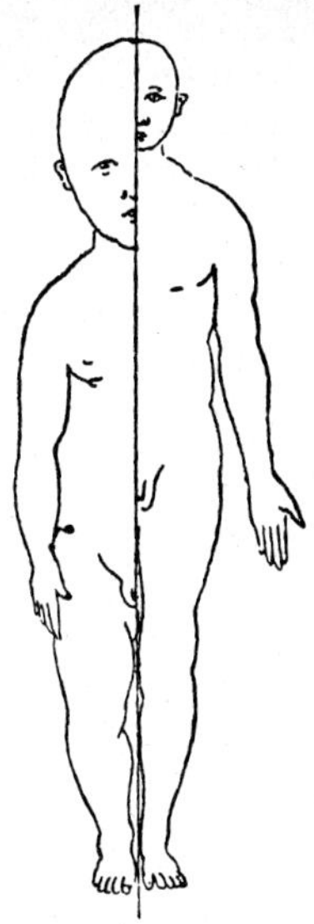

Bild 25
Größenverhältnisse zwischen Neugeborenem und Erwachsenem nach Stratz

Schon oben wurde erwähnt, daß der kindliche Schädel ganz andere Verhältnisse zwischen Gesichtsschädel und Gehirnschädel aufweist als der erwachsene; je jünger das Kind, desto größer ist der Gehirnschädelanteil, je älter, desto größer der Gesichtsschädel.

Folgende Übersicht zeigt die Verhältnisse am klarsten:

	Gesichts-		Gehirnanteil
Neugeborene	5	:	7
2jährige	9	:	9
(Verhältnis lange gleich)			
12jährige	12	:	11
Erwachsene	13	:	11

Die große Differenz rührt daher, daß die Kiefer im frühen Kindesalter auffallend klein sind, entsprechend ihrer noch geringen Tätigkeit. Mit der Entwicklung der Zähne und Inanspruchnahme der Kiefer aber ändert sich das Verhältnis stetig, um beim Mann gelegentlich zu einem ausgeprägten Überwiegen der Kieferpartie zu kommen. Schon oben wurde darauf aufmerksam gemacht, daß sehr häufig das weibliche Antlitz nach seinen Proportionen ein kindliches Gepräge trägt. Es kommt dies in der Richerschen Kopfform mit ihrer Verteilung deutlich zum Ausdruck.

Im Rahmen dieses Taschenbuchs ist es nicht möglich, alle einzelnen Stufen des kindlichen Alters zu besprechen, doch seien dem Kleinkind, das ja in der Kunst häufig Gegenstand der Darstellung ist, einige Worte gewidmet. Nicht selten sieht man den Säugling (Madonnenbilder) anatomisch unrichtig dargestellt, nicht nur wegen der Verhältnisse des Kopfes zu den Gliedern und wegen der Form des Rumpfes, sondern weil der Künstler nicht beachtet hat, daß die Glieder des Neugeborenen, im Mutterleib gekrümmt, auch nach der Geburt noch geraume Zeit keiner Geradstreckung fähig sind. Beim Jüngsten erscheint der Kopf über Gebühr groß, der Nabel liegt, wie schon oben bemerkt, in der Körpermitte, der Rücken ist flach und eben. Bald aber gewinnt der Körper Haltung. Das Kleine lernt das Heben des Kopfes, Sitzen, Stehen, und damit stellen sich langsam längs der Wirbelsäule die Krümmungen ein, welche am Erwachsenen so wesentlich sind. Der anfänglich flache Rücken gewinnt Form. Noch aber ist der Rumpf eher walzenförmig. Die Brust tritt kräftig heraus, und der Bauch, groß und rund, wölbt sich vor, wobei auch die Kleinheit des Beckens und dessen steile Haltung mitspielen. Der große Kopf sitzt auf einem kurzen Hals. An dem wohlgenährten Körper und den kurzen Gliedern zeigen sich starke Staufalten und tiefe Furchen sowie allerlei Grübchen. Händchen und Füßchen sind durch tiefe Furchen an den Gelenken wie abgeschnürt. Auch zwischen Rumpf und Schenkeln liegen tiefe Furchen, darüber in einigem Abstand die scharf ausgeprägte Bauchlinie; tiefer an der Innenseite der Schenkel zeigen sich mehrere runde Wülste, als Zeichen guten Ernährungszustandes.
Mit kurzen Worten sei zum Schluß noch der Greisenkörper erwähnt. Auffallend sind die Veränderungen am Haupt, dessen Knochenbau scharf hervortritt, da Fett und Muskeln geschwunden sind.

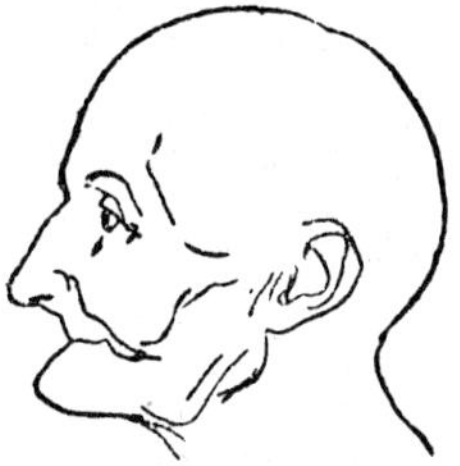

Bild 27
Klassischer Greisenschädel

Das Antlitz, hager und durchfurcht, zeigt in seinen Runzeln die Narben des Lebenskampfes. Der Kiefer hat seltsame Veränderungen erlitten. Mit dem Verlust der Zähne und dem Schwund der Zahnhöhlen nimmt die Höhe der Kiefer wesentlich ab. Infolgedessen nähern sich Kinn und Nasenspitze. Die Lippen sind nur noch schmal, die Nase erscheint spitz und häufig hakig. Aber auch die Wirbelsäule hat sich geändert. Infolge Schwunds der Zwischenwirbelscheiben (Bandscheiben) hat sie ihre Einzelkrümmungen mehr oder weniger verloren. Im ganzen herrscht die Konvexkrümmung gegen hinten vor und schafft eben den sogenannten Greisenrücken. Das nach vorne gesenkte Haupt verstärkt den Eindruck. Die Glieder sind nicht mehr straff zu strekken; in den Knien geknickt, muß sich der altersschwache Greis stützen. Selbstverständlich werden durch solche tiefgreifende Formwandlungen die Proportionen völlig verändert.

Körperteile in verschiedener Stellung

Bewegung des Kopfes

siehe Tafel 28

Bei gerader Beugung des Hauptes zieht sich naturgemäß die Nackenmuskulatur straff, wobei der 7. Halswirbel auffallend hervortritt. Die Partien über dem Schlüsselbein zeigen die bekannten Formen, der Kopf des Kopfhalters (Nickers) aber macht eine nach vorne konkave Krümmung. Auf der Wange entstehen mehrere dem Kinn zustrebende Staufalten. Bei Rückbeugung des Kopfes aber treten am Hals quere Stauwülste auf, die sich am »Fetthals« unschön abheben und quer zum Hals in seichte Falten auslaufen. Die ganze Plastik zwischen Kinn und Drosselgrube erkennt man gut; der Kopfhalter aber biegt sich rückwärts seinem Ursprung am Warzenfortsatz zu. Unten am Schlüsselbein treten die beiden Kopfhalterköpfe in deutlicher Trennung, mit dem dazwischen liegenden Schlüsselbeinköpfchen, hervor.
Eigenartig präsentiert sich der Hals bei Drehung des Kopfes um die Vertikalachse. Dabei kommt der Warzenfortsatz senkrecht über den Ursprung des Kopfhalters zu stehen, und in der Folge tritt letzterer als säulenartiger, senkrechter Wulst, den Halskonturen annähernd parallel, auffallend hervor, besonders am mageren Hals. Der »Adamsapfel« ist etwas seitwärts gewendet, der Kopfhalter der Drehseite windet sich spiralig um den Hals, von einigen Falten begleitet und dicht an den Kapuzenmuskel sich anlegend, so daß die dreieckige Spalte zwischen beiden fast verschwindet. Die andere Halsseite aber zeigt unter der angespannten Haut ihre Modellierung in zarter Form.

Schulter und Achselhöhle

siehe Tafel 29

Beim Heben der Arme im Schultergelenk zeigen sich im Bereich von Schulter und Achselhöhle Formänderungen. Die Vorder- und Rückenansicht bei hängendem Arm sind aus den Tafeln 1 bis 6 ohne weiteres ersichtlich. Wird nun der Arm gehoben, so tritt die Achselhöhle mehr und mehr hervor, wie es schon oben beschrieben wurde. Bei hocher-

hobenem Arm erblickt man vorne den Brustmuskel (passiv gespannt) in seiner Dreiecksform und über ihm den vorderen Teil des Schultermuskels. In der Tiefe der Achselhöhle selbst treten die Zacken des Großen Sägemuskels größer und schärfer als sonst hervor, während der Hintergrund vom ebenfalls passiv gespannten Breiten Rückenmuskel mit seinem »Genossen«, dem Großen runden Muskel, gebildet wird. Deutlich zeigen sich oben Beuger und Strecker des Unterarms, dazwischen der schmale Hakenmuskel. Bei Seitenansicht erscheint die Achselhöhle verdeckt, dagegen zeigen sich Breiter Rückenmuskel sowie die Muskeln des Schulterblatts, Großer runder und Untergrätenmuskel um so deutlicher.
Die Schultergräte mit ihrem Dreieck scheidet die Wülste von Kapuzen-, Trapez- und Schultermuskel. Im übrigen ist der Dreiköpfige Armstrecker, dessen eigenartiger Verlauf zwischen Breitem Rücken- und Rundem Muskel einerseits, Kleinem rundem und Untergrätenmuskel andererseits schon oben geschildert wurde, wohl zu erkennen. Die Rückenansicht zeigt die tiefe Furche zwischen Kapuzen- und Schultermuskel. Zwischen Schulterblatt und absteigendem Rand des Kapuzenmuskels zeigen sich günstigenfalls die schräg der Wirbelsäule zu verlaufenden Bündel des Rhombenmuskels.

Hand und Fuß

siehe Tafel 30 und 32

Auf Tafel 30 erkennt man in der offenen Hand die Beugefalten des Handtellers und der Finger, die Eirunde von Daumen- und Kleinfingerballen. Über dem Handgelenk machen sich mehrere Querfalten bemerkbar, vom Arm her ziehen die wiederholt genannten Sehnen. Auf der Handoberseite tritt der Knochenbau hervor. Über den Fingergelenken zeigen sich quere Staufältchen; zwischen Daumen und Zeigefinger befindet sich der Daumenanzieher, an der Daumenbasis sind die Streckersehnen. Auf der Handoberfläche verzweigen sich Venen, die nicht selten das übrige Relief beeinflussen. Von der Daumenseite gesehen zeigt sich zwischen Arm und Hand die Rundung der Handwurzel. Unter den Fingergelenken liegen die tiefen Einschnürungen der Gelenkfalten, nicht genau unter der Gelenkspalte liegend. Am Daumengrund erblickt man zwischen dessen Strecker- und Abziehersehnen die bekannte Grube (Tabatière). Die Faust zeigt die Staufalten besonders ausgeprägt; die Fingerknöchel treten hervor. Daumen- und Kleinfingerballen sowie die Muskelpartie zwischen Daumen- und Kleinfinger bilden rundlich hervorquellende Wülste. An der Vorderfläche des Arms heben sich die Streckersehnen scharf ab.

Der Fuß (siehe Tafel 32) bietet weniger auffallende Einzelheiten. Von oben erkennt man sehr deutlich die Lage der beiden Knöchel. Auf dem Fußrücken zeigen sich einzelne Sehnen. Das gezeigte Modell läßt einen großen Raum zwischen Großzehe und der Nachbarzehe erkennen, während die anderen Zehen schon seitlich etwas untereinanderliegen. Die 4. Zehe ist übrigens länger als die Großzehe, eine am klassischen Fuß auffallende Erscheinung. Die größte Breite zeigt der Fuß am Ballen der Kleinzehe, die kleinste unter dem Wadenbeinknöchel. Von der Innenseite erblickt man den Fuß in seiner ganzen Grazie, mit schöner Rundung des Gewölbes. Hinter dem Schienbeinknöchel zieht die nicht immer zu erkennende Sehne des Großzehenstreckers herab. An den Zehen fällt auf, daß die Großzehe von den gekrümmten Nachbarzehen etwas überragt wird. Der Fuß von außen zeigt uns die Zehen in deutlicher Krallenstellung, das heißt nur mit Wurzel und Ende aufstehend. Hinter dem Wadenbein ziehen die kräftigen Sehnen der Wadenbeinmuskeln herab, und auf dem Fußrücken erscheinen einige der Sehnen. Schwach erblickt man unterhalb des Knöchels den queren Wulst des Kurzen Zehenstreckers.

Das Knie

siehe Tafel 31

Die Plastik des Knies in Streckstellung wurde schon besprochen. Nun bietet sich aber in der Beuge ein wesentlich anderes Bild, da ja die Sehne fest mit dem Schienbein verbunden ist und deshalb ihren Abstand vom Unterschenkel nicht verändern kann. Sie wird sich bei Beugung des Knies in der für sie bestimmten Kniescheibenfurche abwärts bewegen und dabei die oberen Partien des Oberschenkelknorrens freilegen. Eine Besonderheit des Beins bei straffer Geradstellung ist wichtig: Die Köpfe des mächtigen Unterschenkelstreckers heben sich bei bequemer Stellung nicht sehr deutlich ab. Sobald aber eine stramme Streckung erfolgt, treten die Köpfe, kontrahierend, etwas nach oben zurück und heben sich von der Sehne scharf ab, wobei letztere die Kniescheibe auf ihre Unterlage preßt. Hat diese ihre Dreiecksgestalt gezeigt, so erscheint in straffer Stellung unter ihr (beiderseits der Sehne hervorquellend) das Kapselfett; das Dreieck wird so zu einem stumpfen Viereck umgestaltet. Danach verändert sich aber die Gesamtplastik des Knies wesentlich.

Bei der Beugung nun bleibt die Kniescheibe in gleicher Entfernung vom Schienbeinhöcker, mit dem sie durch die Sehne fest verbunden ist; sie bewegt sich dabei in der Kniescheibenfurche des Oberschenkelknorrens und läßt bei genügender Beugung die Ränder der Gelenkflä-

che des Knorrens über sich hervortreten. Auf der Innenseite ist der Knorren vom tief herabgehenden inneren Kopf des Großen Streckers bedeckt, während das Knorrenmassiv sich außen plastisch abhebt. Kniescheibe, Sehne, Kapselfett und Schienbeinhöcker sind alle scharf umrissen, und unter dem Oberschenkelknorren erkennt man den Gelenkspalt als seichte Rinne, unter ihr die Bänder des Schienbeinknorrens, weiter nach innen unten die Schienbeinfläche. Unterhalb des Knies bildet die Wadenmuskulatur die seitliche Begrenzung.
Betrachtet man das gebeugte Knie von innen, so erkennt man die Umgebung der Kniescheibe wieder in völliger Schärfe. Hinter dem vorquellenden Kapselfett macht sich oft eine Senke über der klaffenden Gelenkspalte bemerkbar. Charakteristisch zeichnen sich die sehnigen Enden von Schneidermuskel, Schlankem und Halbsehnigem Muskel ab, die, ihrem Ansatz am sogenannten »Gänsefuß« zustrebend, sich als Querwulst vom Schienbein abheben.
Bei der Außenansicht treten über dem Knie die Streckerköpfe erst weiter oben hervor; als neues Moment macht sich, das Gelenk seitlich überschneidend, die Sehne des Bindenspanners geltend, die als schmaler Strang bis zu ihrem Ansatz am Schienbein zu verfolgen ist. Unter ihr erkennt man das Wadenbeinköpfchen, von dem aus die straffe Sehne des Zweiköpfigen Beugers, als Grenze nach unten, sich zur Rückseite des Oberschenkels zieht.

Tafel 1

Ganze Gestalt von vorne (Skelett)

1. Scheitelbein
2. Stirnbein
3. Augenbrauenwülste
4. Nasenbein
5. Jochbein
6. Oberkiefer
7. Unterkiefer
8. Hinterhauptbein
9. Zitzen(Warzen)fortsatz
10. Halswirbel 1–7
11. Schlüsselbein
12. Schulterhöhe
13. Schultergelenkkopf
14. Oberarm
15. Elle
16. Speiche
17. Handwurzelknochen
18. Mittelhandknochen
19. Fingerglieder
20. Brustbeingriff
21. Brustbeinkörper
22. Schwertfortsatz
23. Rippen
24. Rippenknorpel
25. 12. letzter Brustwirbel
26. Lendenwirbel
27. Kreuzbein
28. Steißbein
29. Darmbein
30. Schambein
31. Sitzbein
32. Hüftgelenk (Kopf)
33. Großer Rollhügel
34. Oberschenkelknochen
35. Innerer Knorren
36. Kniescheibe
37. Schienbein
38. Schienbeinhöcker
39. Wadenbein
40. Äußerer Knöchel
41. Innerer Knöchel
42. Fußwurzelknochen
43. Mittelfußknochen und Zehen

Tafel 1

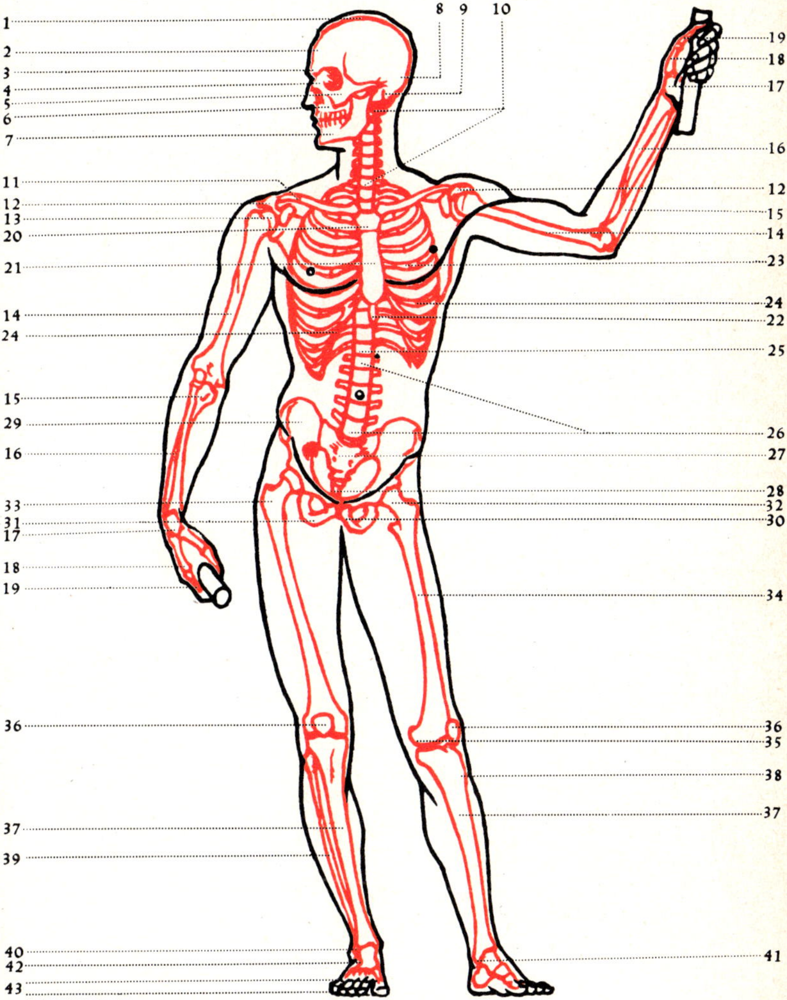

8
9
10
1
2
3
4
5
6
7
11
12
13
20
21
14
24
15
29
16
33
31
17
18
19
36
37
39
40
42
43
19
18
17
16
12
15
14
23
24
22
25
26
27
28
32
30
34
36
35
38
37
41

Tafel 2

Ganze Gestalt von vorne (Muskeln)

1. Stirnmuskel
2. Schläfenmuskel
3. Ringmuskel des Auges
4. Gesichtsmuskel
5. Kaumuskel
6. Kopfwender (Nicker, Halter)
7. Kapuzenmuskel
8. Schulter(Delta)muskel
9. Brustmuskel
10. Gerader Bauchmuskel
11. Weiße Linie
12. Seitenfurche
13. Querfurche
14. und 14 a. Äußerer schräger Bauchmuskel
15. Großer Sägemuskel
16. Breiter Rückenmuskel
17. Zweiköpfiger Armmuskel (Unterarmbeuger)
18. Tiefer Armbeuger
19. Dreiköpfiger Vorderarmstrecker
20. Rabenschnabelarmmuskel (Hakenmuskel)
21. Oberarmspeichenmuskel
22. Langer Speichenstrecker
23. Kurzer Speichenstrecker
24. Fingerstrecker
25. Daumenmuskeln
26. Runder Einwärtswender
27. Speichenbeuger
28. Hohlhandmuskel
29. Fingerbeuger
30. Ellenbeuger
31. Daumenballen
32. Zwischenknochenmuskel
33. Daumenanzieher
34. Darmbeinstachel
35. Bindenspanner

35 a. Schenkelbinde

36. Schneidermuskel
37. Dreiköpfiger Unterschenkelstrecker (mittlerer Kopf)
38. Innerer Kopf
39. Äußerer Kopf
40. Darmbeinlendenmuskel
41. Schambeinmuskel
42. Langer Anzieher
43. Schlanker Muskel
44. Mittlerer Gesäßmuskel
45. Kniescheibe
46. Schienbeinmuskel
47. Langer Zehenstrecker
48. Langer Wadenbeinmuskel
49. Zweiköpfiger Wadenmuskel
50. Schollenmuskel
51. Gemeinsamer Zehenbeuger
52. Abzieher der Großzehe

Tafel 2

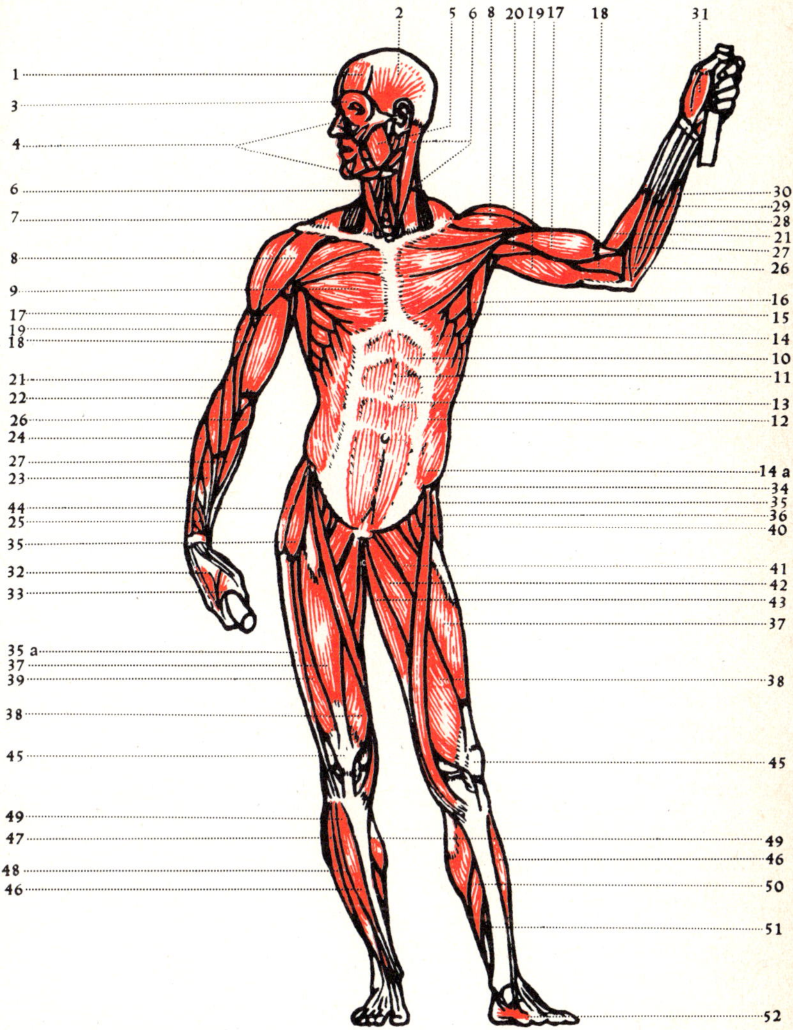
2
5
6
8
20
19
17
18
31
1
3
4
6
7
8
9
17
19
18
21
22
26
24
27
23
44
25
35
32
33
35 a
37
39
38
45
49
47
48
46
30
29
28
21
27
26
16
15
14
10
11
13
12
14 a
34
35
36
40
41
42
43
37
38
45
49
46
50
51
52

Tafel 3

Ganze Gestalt von hinten (Skelett)

1. Scheitelbein
2. Stirnbein
3. Schläfenbein
4. Jochbein
5. Oberkiefer
6. Unterkiefer
7. Halswirbel 1–7
8. bis 8 a. Brustwirbel
9. Kreuzwirbel
10. Rippen
11. Schlüsselbein
12. Schulterblatt
13. Schultergräte
14. Kreuzbein
15. Steißbein
16. Schambein
17. Sitzbein
18. Darmbein
19. Schultergelenkkopf
20. Oberarmknochen
21. Äußerer Knorren
22. Ellbogenfortsatz
23. Innerer Knorren
24. Elle
25. Speiche
26. Handwurzel
27. Finger
28. Hüftgelenkknochen
29. Großer Rollhügel
30. Oberschenkelknochen
31. Äußerer Knorren
32. Innerer Knorren
33. Wadenbein
34. Wadenbeinköpfchen
35. Schienbein
36. Äußerer Knöchel
37. Innerer Knöchel
38. Sprungbein
39. Fersenbein

Tafel 3

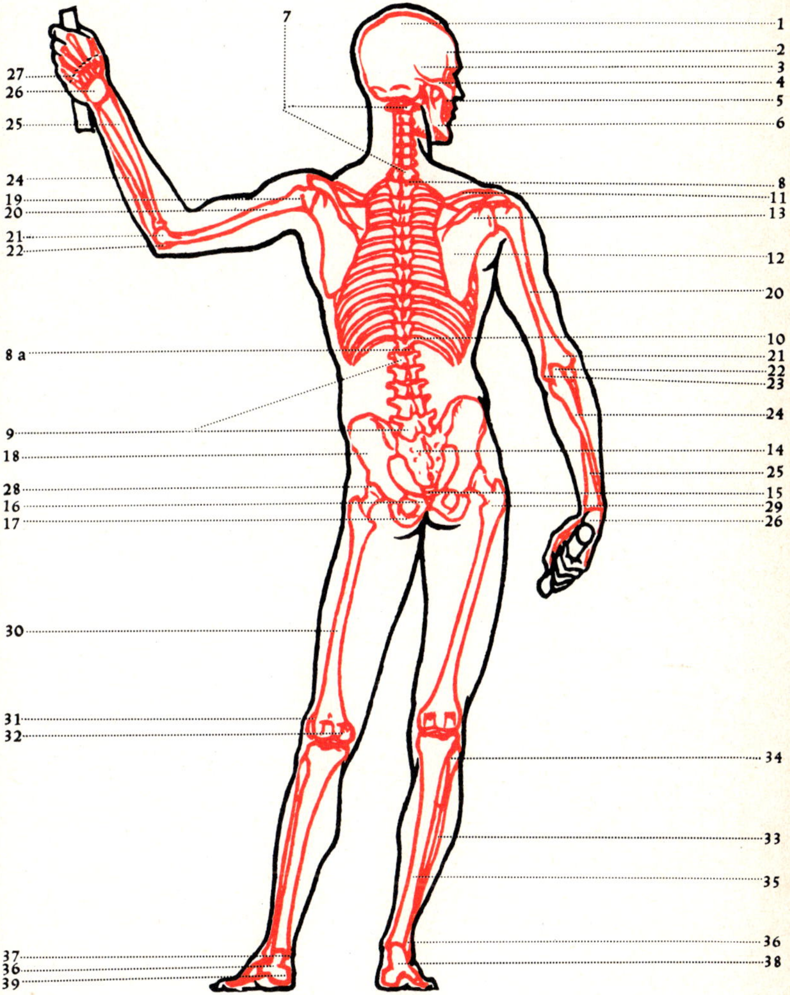

7
1
2
3
4
5
6
27
26
25
24
19
20
21
22
8
11
13
12
20
8 a
10
21
22
23
9
24
18
14
25
28
15
16
29
17
26
30
31
32
34
33
35
36
37
36
38
39

Tafel 4

Ganze Gestalt von hinten (Muskeln)

1. Schläfenmuskel
2. Hinterhauptmuskel
3. Augenringmuskel
4. Mimische Gesichtsmuskeln
5. Kaumuskel
6. Kopfwender (Nicker, Halter)
7. Kapuzenmuskel
8. Schultermuskel
9. Breiter Rückenmuskel
10. Großer runder Muskel
11. Untergrätenmuskel
12. Rhombenmuskel
13. Äußerer schräger Bauchmuskel
14. Zweiköpfiger Armmuskel (Unterarmbeuger)
15. Tiefer Armbeuger
16. Dreiköpfiger Armmuskel (Unterarmstrecker)
17. Ellenbeuger
18. Ellenstrecker

18 a. Ellbogenmuskel

19. Fingerstrecker
20. Oberarmspeichenmuskel
21. Langer Speichenstrecker
22. Kurzer Speichenstrecker
23. Daumenmuskeln
24. Muskeln der Hand
25. Mittlerer Gesäßmuskel
26. Großer Gesäßmuskel
27. Dreiköpfiger Unterschenkelstrecker (äußerer Kopf)
28. Zweiköpfiger Schenkelbeuger
29. Halbsehniger Muskel

29 a. Halbhäutiger Muskel

30. Schlanker Muskel
31. Langer Anzieher
32. Schneidermuskel
33. Zweiköpfiger Wadenmuskel
34. Schollenmuskeln mit Achillessehne
35. Langer und

35 a. Kurzer Wadenbeinmuskel

36. Muskeln des Fußes

Tafel 4

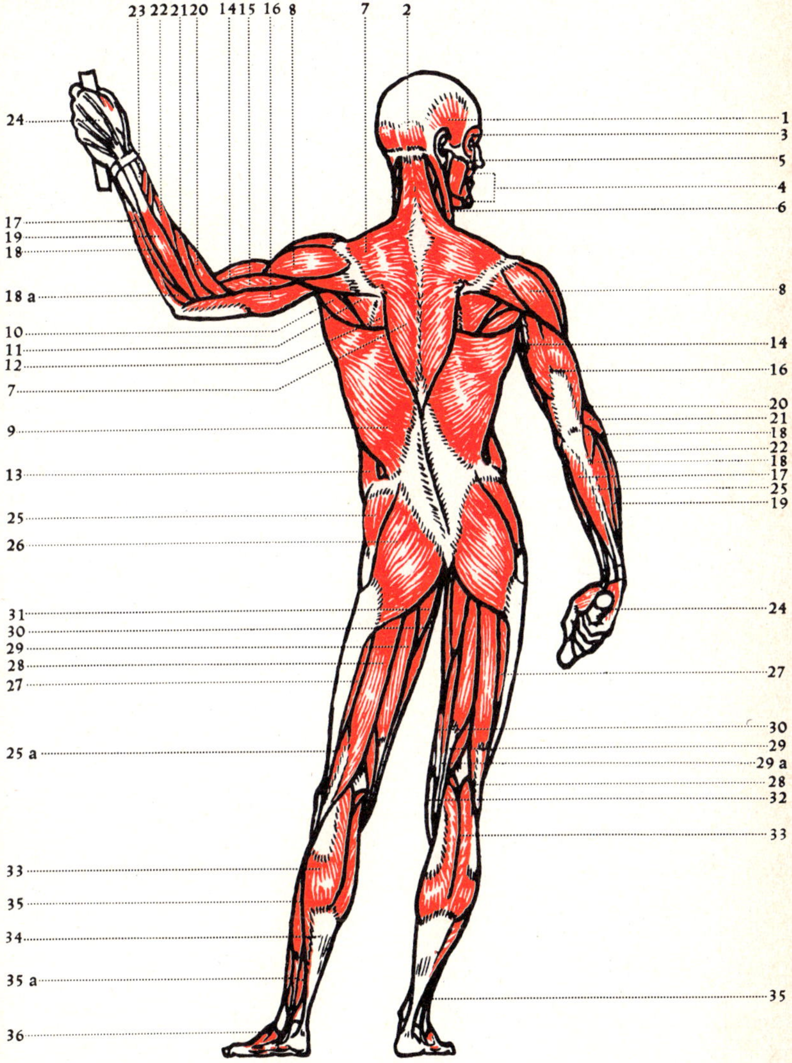

23 22 21 20 14 15 16 8 7 2
24
17
19
18
18 a
10
11
12
7
9
13
25
26
31
30
29
28
27
25 a
33
35
34
35 a
36
1
3
5
4
6
8
14
16
20
21
18
22
18
17
25
19
24
27
30
29
29 a
28
32
33
35

Tafel 5

Ganze Gestalt von der Seite (Skelett)

1. Stirnbein
2. Scheitelbein
3. Schläfenbein
4. Hinterhauptbein
5. Jochbein
6. Unterkiefer
7. Nasenbein
8. Oberkiefer
9. Halswirbel
10. Erster und
10 a. letzter Brustwirbel
11. Schulterblatt
11 a. Schultergräte
11 b. Schulterhöhe
12. Schlüsselbein
13. Rippen
14. Lendenwirbel
15. Oberarm
15 a. Innerer Knorren
16. Elle
16 a. Ellbogen
17. Speiche
18. Handwurzel
19. Mittelhand
20. Fingerglieder
21. Kreuzbein
22. Steißbein
23. Darmbein
24. Vorderer oberer Darmbeinstachel
25. Schambein
26. Sitzbein
27. Oberschenkel
28. Hüftgelenkkopf
29. Großer Rollhügel
30. Äußerer Knorren
31. Innerer Knorren
32. Kniescheibe
33. Schienbein
33 a. Schienbeinhöcker
34. Innerer Knöchel
35. Wadenbein
35 a. Wadenbeinköpfchen
36. Äußerer Knöchel
37. Ferse
38. Übrige Fußwurzelknochen
39. Mittelfußknochen
40. Zehen

Tafel 5

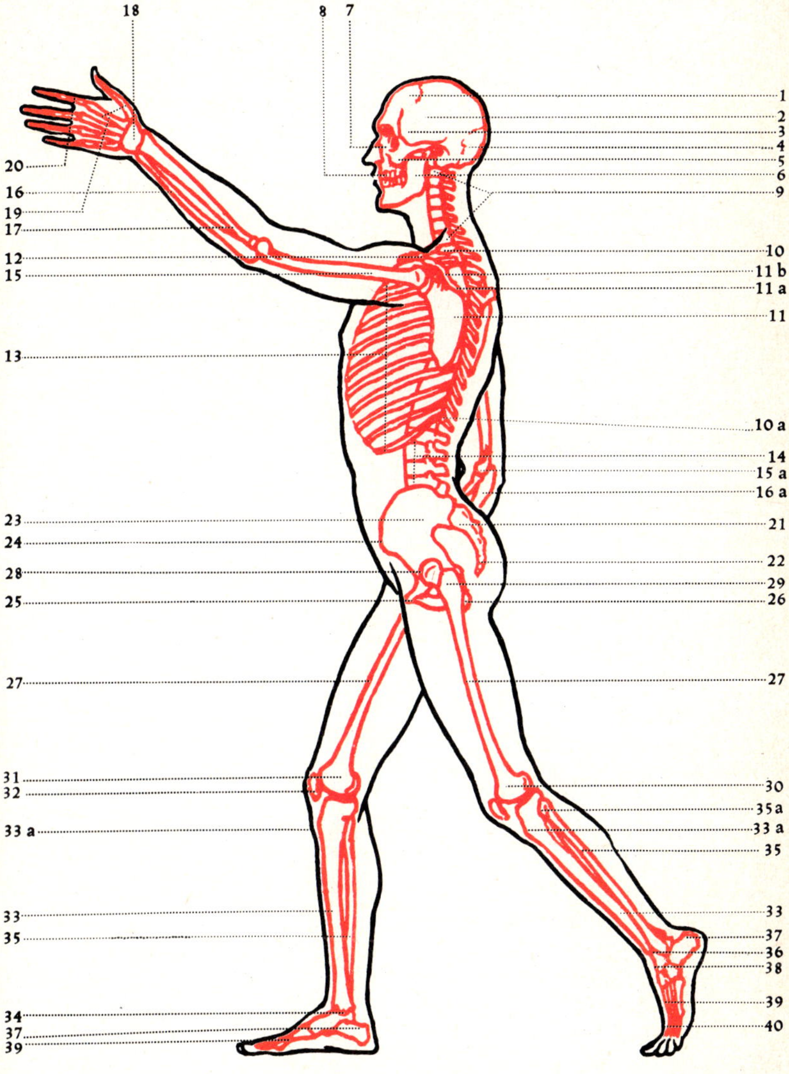

18
8
7
1
2
3
4
5
6
9
20
16
19
17
12
15
10
11 b
11 a
11
13
10 a
14
15 a
16 a
23
21
24
22
28
29
25
26
27
27
31
30
32
35a
33 a
33 a
35
33
33
35
37
36
38
39
34
40
37
39

Tafel 6

Ganze Gestalt von der Seite (Muskeln)

1. Stirnmuskel
2. Augenringmuskel
3. Mimische Gesichtsmuskeln
4. Schläfenmuskel
5. Hinterhauptmuskel
6. Kaumuskel
7. Kopfwender (Nicker, Halter)
8. Kapuzenmuskel
9. Schulter(Delta)muskel

9a. Schultergräte

10. Untergrätengrubenmuskel
11. Großer runder Muskel
12. Rhombenmuskel
13. Brustmuskel
14. Großer Sägemuskel
15. Äußerer schräger Bauchmuskel
16. Seitenfurche
17. Zweiköpfiger Armmuskel (Unterarmbeuger)
18. Tiefer Armbeuger
19. Dreiköpfiger Unterarmstrecker

19a. dessen Sehne

20. Ellbogenfortsatz
21. Ellbogenmuskel
22. Ellenbeuger
23. Ellenstrecker
24. Fingerstrecker
25. Armspeichenmuskel
26. Langer Speichenstrecker
27. Kurzer Speichenstrecker
28. Daumenmuskeln
29. Handmuskeln
30. Darmbeinkamm
31. Darmbeinstachel
32. Bindenspanner
33. Mittlerer Gesäßmuskel
34. Großer Gesäßmuskel
35. Großer Rollhügel
36. Schenkelbinde
37. Dreiköpfiger Unterschenkelstrecker (mittlerer Kopf)
38. Äußerer Kopf
39. Innerer Kopf
40. Zweiköpfiger Unterschenkelbeuger
41. Halbsehniger Muskel
42. Schneidermuskel
43. Schlanker Muskel
44. Halbhäutiger Muskel
45. Halbsehniger Muskel
46. und
47. Zweiköpfiger Wadenmuskel
48. Schollenmuskel
49. Achillessehne
50. Langer Wadenbeinmuskel
51. Gemeinsamer Zehenstrecker
52. Schienbeinmuskel
53. Zehenbeuger
54. Äußerer Knöchel
55. Ringband
56. Innerer Knöchel

57a. Abzieher der Kleinzehe

57b. Abzieher der Großzehe

58. Kniescheibe
59. Gänsefuß
60. Schienbein

Tafel 6

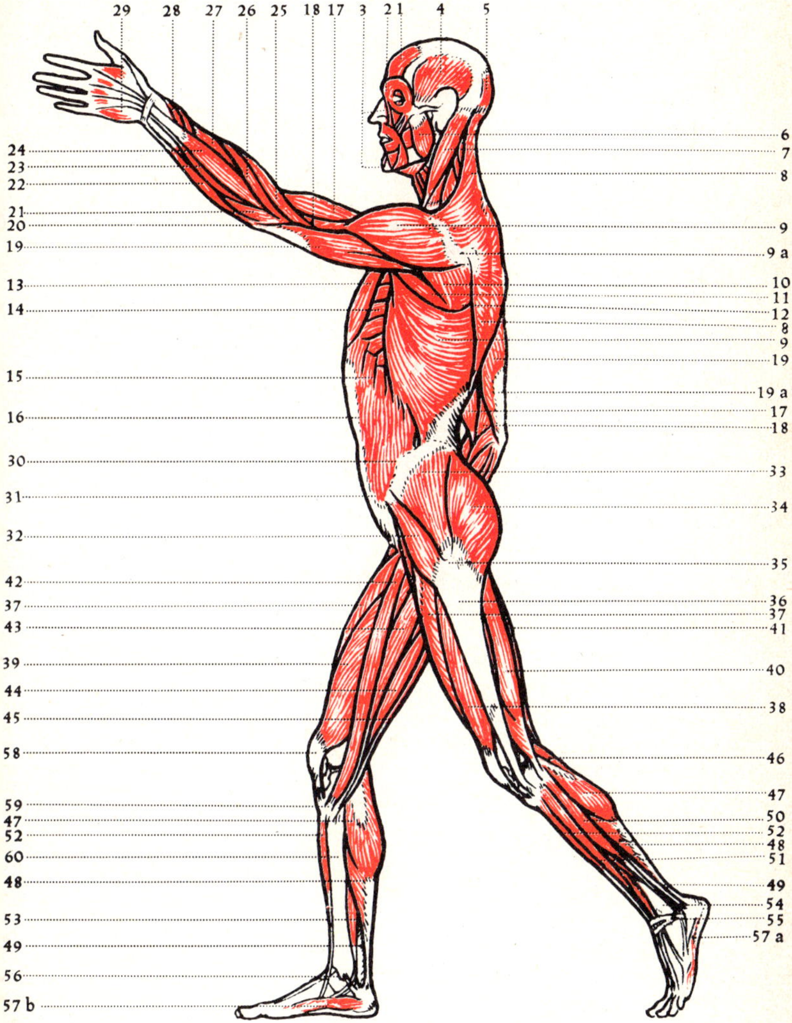
29
28
27
26
25
18
17
3
2
1
4
5
24
23
22
21
20
19
13
14
15
16
30
31
32
42
37
43
39
44
45
58
59
47
52
60
48
53
49
56
57 b
6
7
8
9
9 a
10
11
12
8
9
19
19 a
17
18
33
34
35
36
37
41
40
38
46
47
50
52
48
51
49
54
55
57 a

Tafel 7

Kopf und Rumpf von vorne (Skelett)

1. Stirnbein
2. Schläfenbein
3. Jochbein
4. Zitzenfortsatz
5. Augenhöhle
6. Nasenbeine
6a. Nasenhöhle
7. Oberkiefer
8. Unterkiefer
9. Unterkieferwinkel
10. Halswirbel
11. 1. Rippe
12. Schlüsselbeinköpfchen
13. Brustbeingriff
14. Brustbeinkörper
15. Schwertfortsatz
16. Rippenknorpel
17. Rippenkörper
18. Rippenbogen
19. Falsche Rippen
20. Schlüsselbein
21. Schulterhöhe
22. Haken(Rabenschnabel)-fortsatz
23. Schulterblatt
24. Schultergelenkpfanne
25. Gelenkkopf des Oberarms
26. Großer Höcker
27. Kleiner Höcker
28. Zwischenhöckerfurche
29. Oberarmkörper
30a bis b. Brustwirbel
31. Lendenwirbel
32. Darmbeinschaufel
33. Darmbeinkamm
34. Vorderer oberer Darmbein-stachel
35. Kreuzbein
36. Steißbein
37. Kleines Becken
38. Gelenkkopf des Oberschenkels
39. Großer Rollhügel
40. Schambein
41. Schambeinfuge
42. Sitzbein

Tafel 7

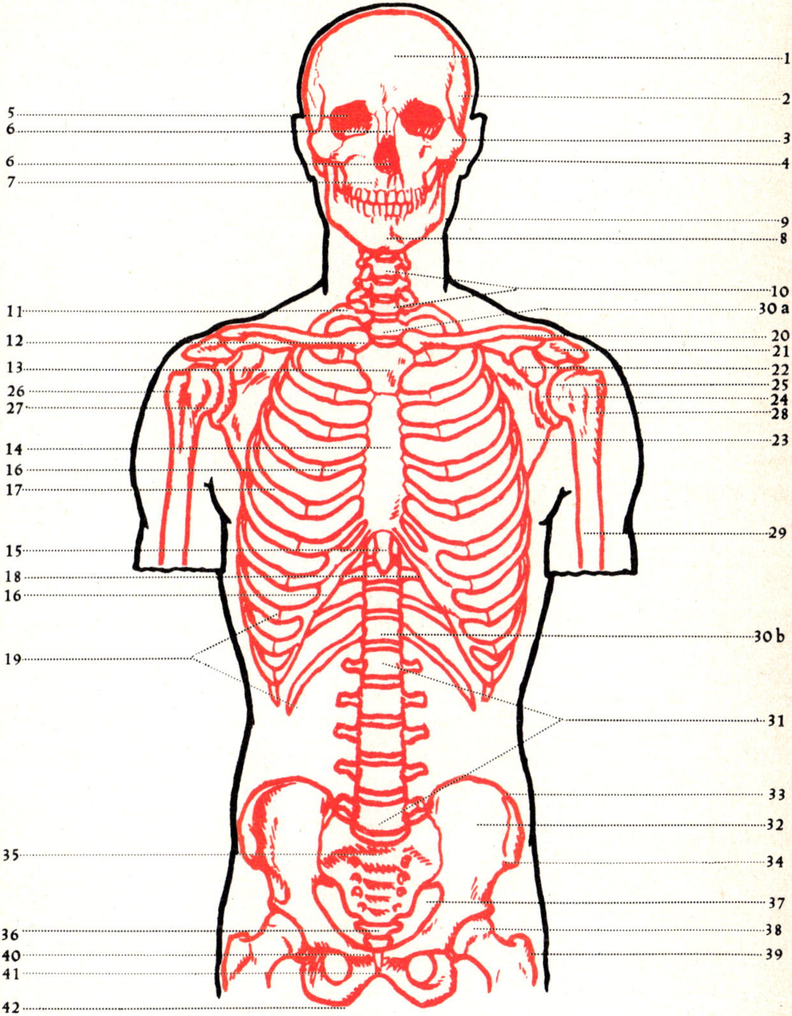

1
2
5
6
3
6
4
7
9
8
10
11
30 a
12
20
21
13
22
25
26
24
27
28
14
23
16
17
29
15
18
16
30 b
19
31
33
32
35
34
37
36
38
40
39
41
42

Tafel 8

Kopf und Rumpf von vorne (Muskeln)

1. Stirnmuskel
2. Ringmuskel des Auges
3. Schläfenmuskel
4. Zusammendrücker der Nase
5. und
6. Heber der Oberlippe
7. Kleiner Jochbeinmuskel
8. Großer Jochbeinmuskel
9. Ringmuskel des Mundes
10. Kaumuskel
11. Trompetermuskel
12. Herabzieher des Mundwinkels
13. Herabzieher der Unterlippe
14. Aufzieher des Kinns
15. und

15 a. Hautmuskel des Halses

16. und

16 a. Kopfwender (Nicker, Halter)

17. Schulter-Zungenbeinmuskel
18. Brustbein-Zungenbeinmuskel
19. Kapuzenmuskel
20. Rippenheber
21. Schulter(Delta)muskel
22. Brustmuskel
23. Großer Sägemuskel
24. Breiter Brustmuskel
25. und

25 a. Äußerer schräger Bauchmuskel

26. Großer gerader Bauchmuskel
27. Nabel
28. Weiße Linie
29. Seitenfurche
30. Sehnenplatte des Äußeren schrägen Bauchmuskels
31. Rundung des Äußeren schrägen Bauchmuskels
32. Vorderer oberer Darmbeinstachel
33. Zweiköpfiger Armmuskel (Unterarmbeuger)
34. und
35. Dreiköpfiger Unterarmstrecker
36. Leistendreieck
37. Pyramidenmuskel
38. Leistenfurche
39. Bindenspanner
40. Mittlerer Kopf des geraden dreiköpfigen Schenkelstreckers
41. Schneidermuskel

Tafel 8

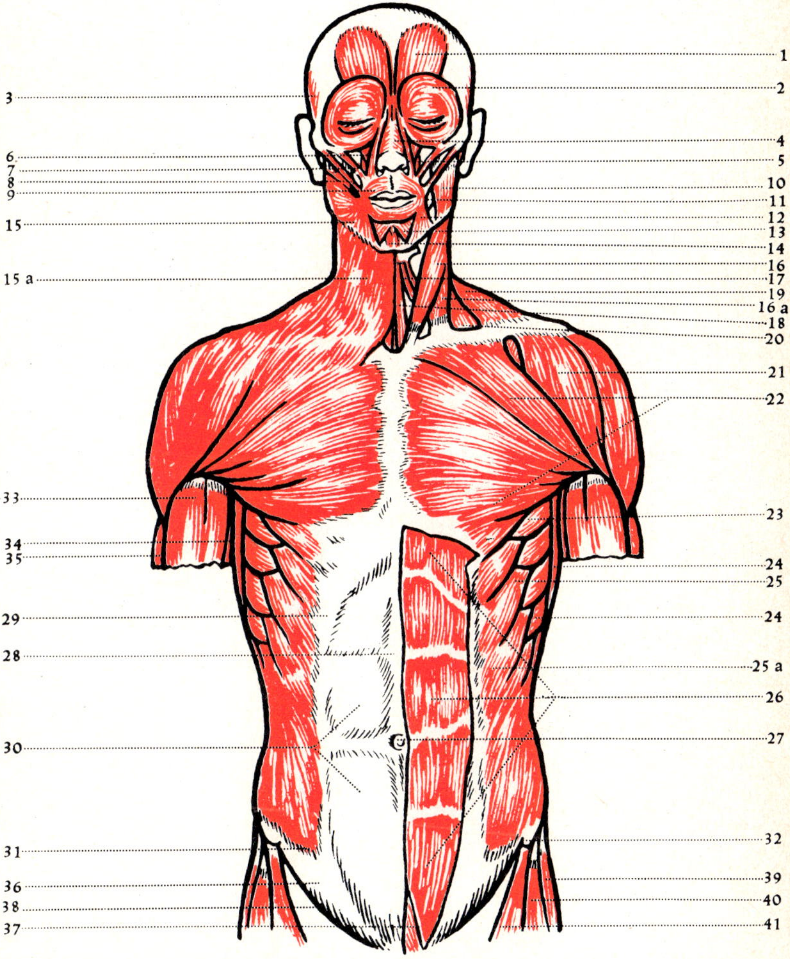
1
2
3
4
5
6
7
8
9
10
11
12
13
14
15
15 a
16
17
19
16 a
18
20
21
22
33
23
34
35
24
25
29
24
28
25 a
26
30
27
31
32
36
39
38
40
37
41

Tafel 9

Kopf und Rumpf von vorne (nach der Natur)

1. Nasenlippenfurche
2. »Philtrum«
3. Winkelknötchen
4. Kinngrübchen
5. Adamsapfel
6. Drosselgrube
7. Kopfwender (Nicker, Halter)
8. dessen Brustbeinkopf

8 a. Schlüsselbeinkopf

9. Oberschlüsselbeingrube
10. Kapuzenmuskel
11. Schulterhöhe
12. Unterschlüsselbeingrübchen
13. Grübchen zwischen Brust- und Schlüsselbeinpartie des Brustmuskels
14. Schultermuskel
15. Brustmuskel
16. Brustwarze
17. Brustbeinfortsatz
18. Herzgrube
19. Zweiköpfiger schräger Unterarmbeuger (Bizeps)
20. Rippenbogen
21. Großer Sägemuskel
22. Breiter Rückenmuskel
23. Äußerer schräger Bauchmuskel
24. Seitenfurche
25. Weiße Linie
26. Großer gerader Bauchmuskel
27. Nabel
28. Vorderer oberer Darmbeinstachel
29. Leistenfurche
30. Weichenwulst

Tafel 9

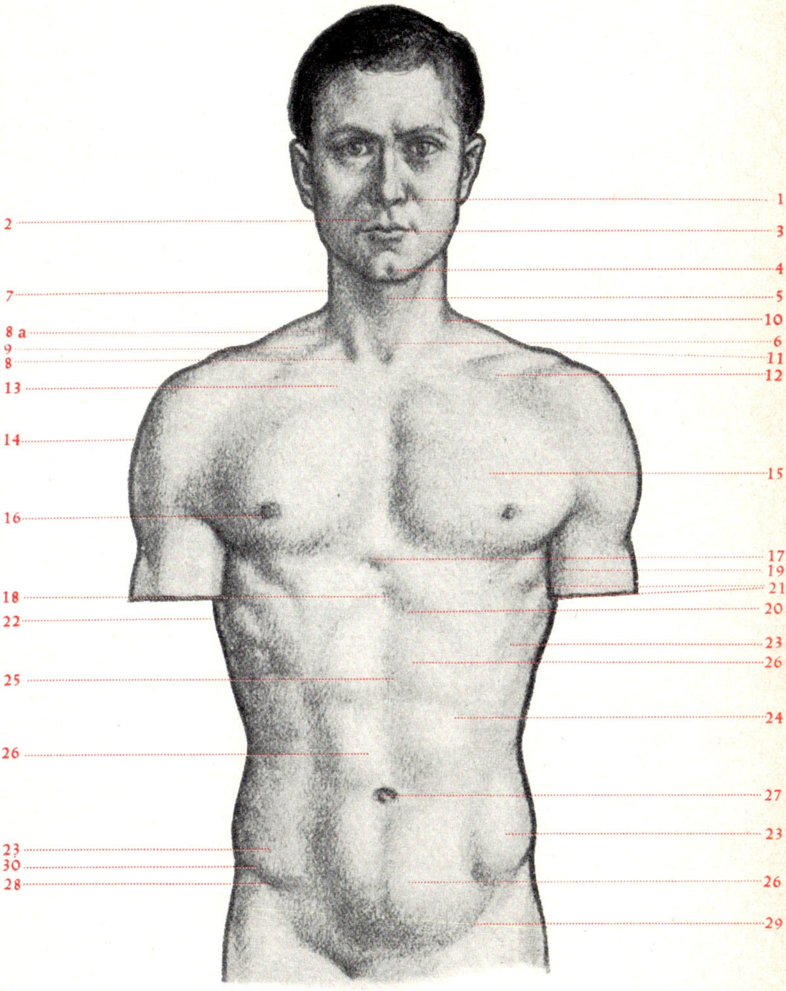

1
2
3
4
7
5
10
8 a
6
9
8
11
12
13
14
15
16
17
19
21
18
20
22
23
26
25
24
26
27
23
23
30
28
26
29

Tafel 10

Kopf und Rumpf von der Seite (Skelett)

1. Stirnbein
2. Scheitelbein
3. Hinterhauptbein
4. Schläfenbein
5. Kranznaht
6. Schuppennaht
7. Lambdanaht
8. Zitzen(Warzen)fortsatz
9. Nasenbeine
10. Augenhöhle
11. Jochbein
12. Oberkiefer
13. Unterkiefer
14. Krähenfortsatz
15. Gelenkfortsatz
16. Halswirbel
17. Schlüsselbein
18. Brustbein
19. Brustbeinfortsatz
20. Rippenknorpel

20 a. Rippenbogen

21. Rippen

21 a. Falsche Rippen

22. Schulterblatt
23. Schultergräte

23 a. Schulterhöhe

24. Untere Schulterblattdecke
25. Gelenkpfanne
26. Gelenkkopf des Oberarms
27. Großer Höcker
28. Oberarmkörper
29. Lendenwirbel
30. Darmbeinschaufel
31. Darmbeinkamm
32. Darmbeinstachel
33. Schambeinfuge
34. Sitzbein
35. Kreuzbein
36. Steißbein
37. Oberschenkelknochen
38. Großer Rollhügel
39. Hüftgelenkkopf

Tafel 10

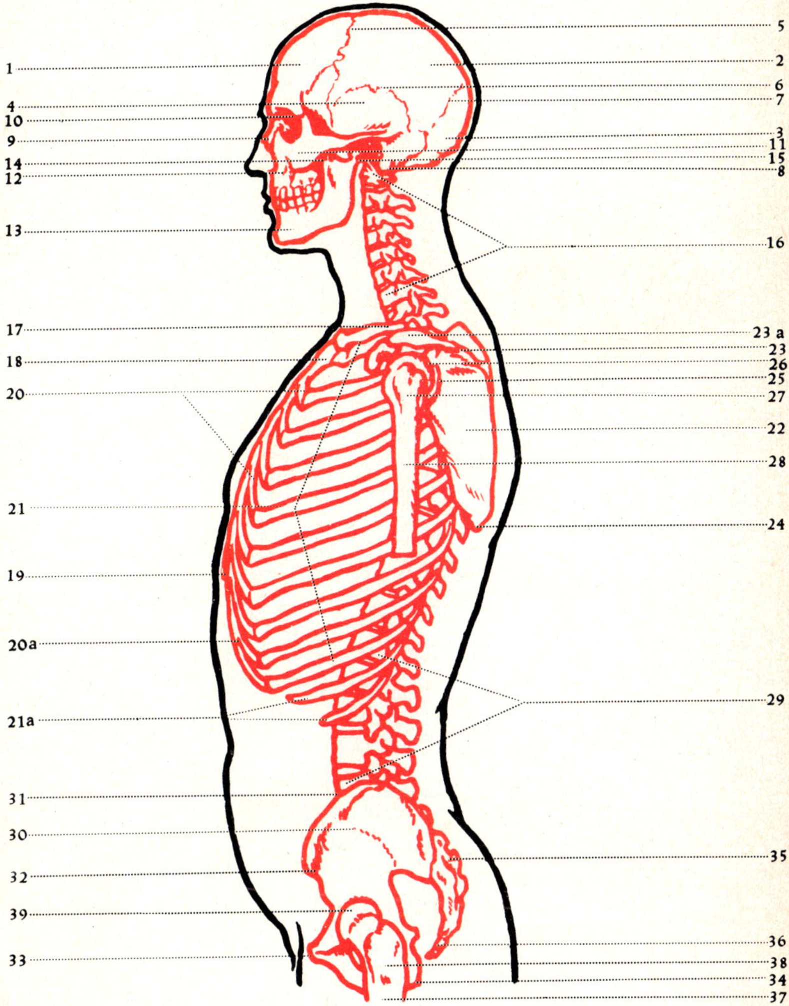

1
4
10
9
14
12
13
17
18
20
21
19
20a
21a
31
30
32
39
33
5
2
6
7
3
11
15
8
16
23 a
23
26
25
27
22
28
24
29
35
36
38
34
37

Tafel 11

Kopf und Rumpf von der Seite (Muskeln)

1. Stirnmuskel
2. und
3. Augenringmuskel
4. Nasenrückenmuskel
5. Heber des Mundwinkels
6. Ringmuskel des Mundes
7. Kleiner und
8. Großer Jochbeinmuskel
9. Herabzieher der Unterlippe und

9 a. des Mundwinkels

10. Heber des Kinns
11. Kaumuskel
12. Trompetermuskel
13. Zweibäuchiger Muskel
14. Kieferzungenbeinmuskel
15. Zweibäuchiger Unterkiefermuskel

15 a. Schulter-Zungenbeinmuskel

15 b. Brustbein-Zungenbeinmuskel

16. Schläfenmuskel
17. Hinterhauptmuskel
18. Bauschmuskel
19. Schulterheber
20. Hinterer und
21. Vorderer Rippenhalter
22. Schulter-Zungenbeinmuskel
23. Kopfwender (Brustbeinkopf) und
24. Schlüsselbeinkopf
25. Kapuzenmuskel
26. Schultermuskel
27. Brustmuskel (Schlüsselbeinpartie)
28. Brustbeinpartie
29. Großer Sägemuskel
30. Zacken des Äußeren schrägen Bauchmuskels
31. Äußerer schräger Bauchmuskel
32. Gerader Bauchmuskel
33. Ecke des Äußeren schrägen Bauchmuskels
34. Leistendreieck
35. Schultergräte
36. Untergrätenmuskel
37. Kleiner runder Muskel
38. Großer runder Muskel
39. Breiter Rückenmuskel

39 a. dessen Sehne

40. Dreiköpfiger Armstrecker
41. Zweiköpfiger Armmuskel (Unterarmbeuger)
42. Lücke zwischen Äußerem schrägen Bauchmuskel und Breitem Rückenmuskel
43. Darmbeinkamm
44. Mittlerer Gesäßmuskel
45. Großer Gesäßmuskel
46. Bindenspanner
47. Schneidermuskel

Tafel 11

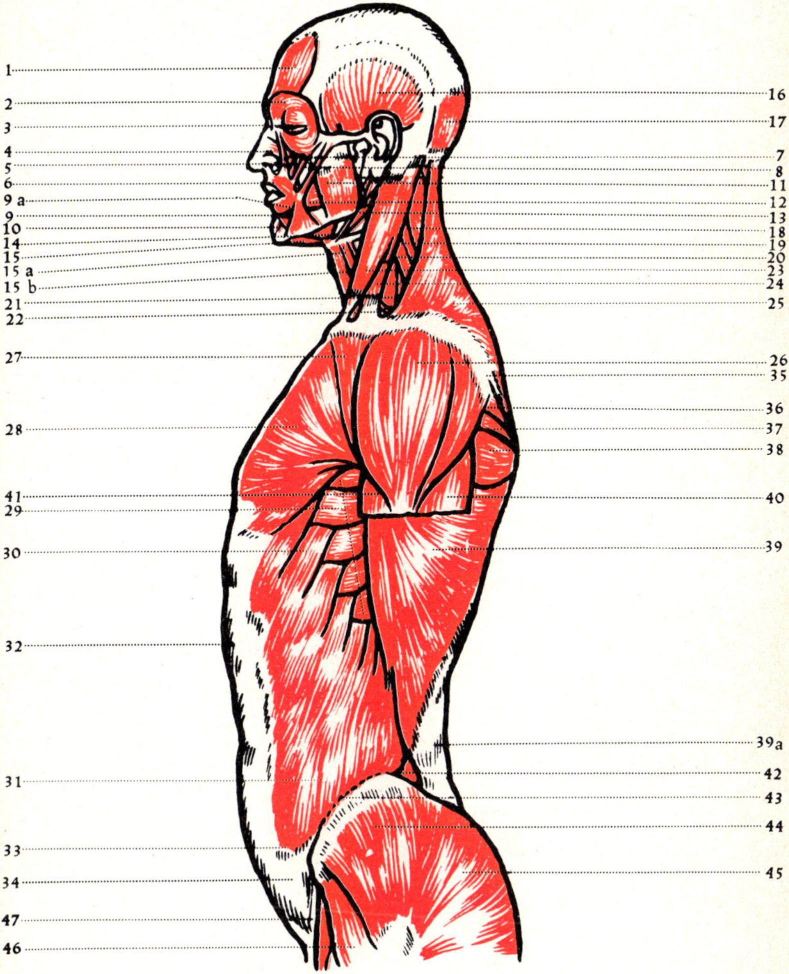
1
2
3
4
5
6
9 a
9
10
14
15
15 a
15 b
21
22
27
28
41
29
30
32
31
33
34
47
46
16
17
7
8
11
12
13
18
19
20
23
24
25
26
35
36
37
38
40
39
39a
42
43
44
45

Tafel 12

Kopf und Rumpf von der Seite (nach der Natur)

1. Stirnhöcker
2. Schläfe
3. Stirnwulst
4. Joch(Wangen)bein
5. Nasenlippenfurche
6. Winkelknötchen
7. Kaumuskel
8. Adamsapfel (Kehlkopf)
9. Kopfhalter (Nicker, Wender)
10. Kapuzenmuskel
11. Oberschlüsselbeingrube
12. Schlüsselbein
13. Schulterhöhe
14. Schultermuskel
15. Brustmuskel
16. Großer runder Muskel
17. Breiter Rückenmuskel

17 a. dessen Sehne

18. Großer Sägemuskel
19. Äußerer schräger Bauchmuskel
20. Rippenbogen
21. Großer gerader Bauchmuskel
22. Grenze zwischen 21. und 19.
23. Weichenwulst
24. Ecke des Äußeren schrägen Bauchmuskels
25. Darmbeinkamm
26. Großer Gesäßmuskel
27. Kleiner Gesäßmuskel
28. Bindenspanner

Tafel 12

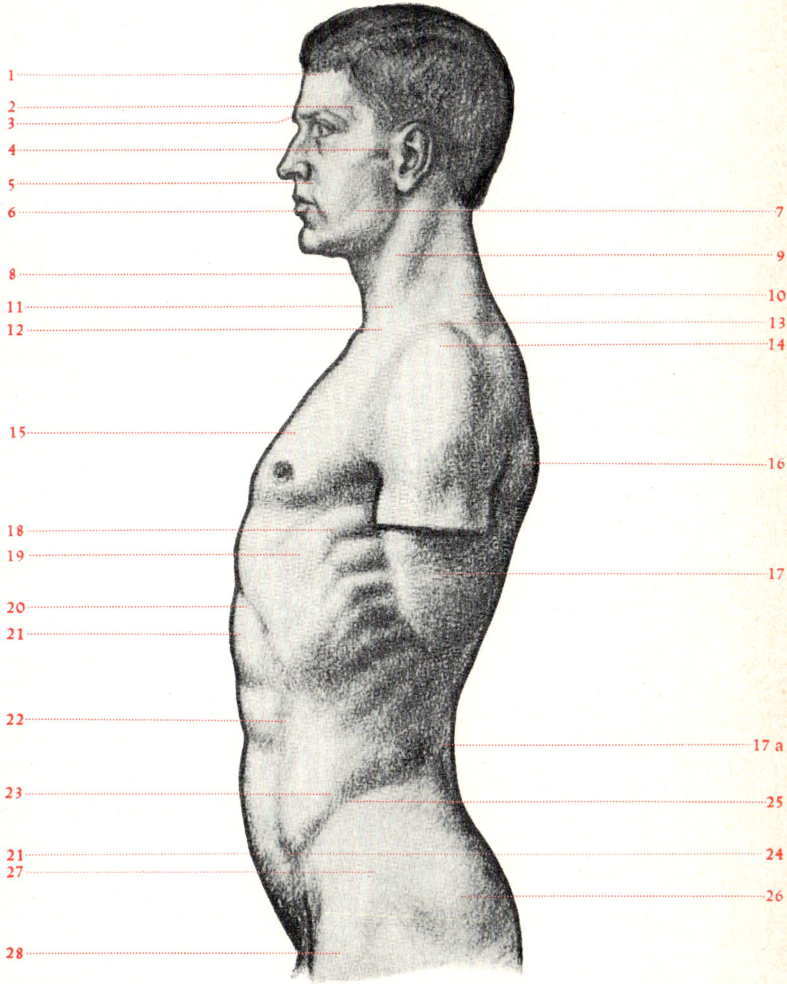
1
2
3
4
5
6
7
9
8
11
10
12
13
14
15
16
18
19
17
20
21
22
17 a
23
25
21
24
27
26
28

Tafel 13

Kopf und Rumpf von hinten (Skelett)

1. Scheitelbein
2. Hinterhauptbein
3. Hinterhauptstachel
4. Zitzen(Warzen)fortsatz
5. Hinterhauptlinie
6. Halswirbel
7. bis 7 a. Brustwirbel
8. Schlüsselbein
9. Obere Ecke des Schulterblatts
10. Schulterhöhe
11. Schultergräte
12. Grätendreieck
13. Untere Grätengrube
14. Untere Ecke des Schulterblatts
15 bis 15 a. Rippen
16. Gelenkkopf des Oberarms
17. Pfannenrand des Schultergelenks
18. Großer Höcker
19. Oberarmkörper
20. Lendenwirbel
21. Dornfortsatz
22. Querfortsatz
23. Gelenkfortsätze
24. Kreuzbein
25. Steißbein
26. Darmbeinschaufel
27. Darmbeinkamm
28. Hinterer oberer und
28 a. Unterer Darmbeinstachel
29. Vorderer oberer und
30. Unterer Darmbeinstachel
31. Sitzbeinstachel
32. Oberer und
33. Unterer Schambeinast
33 a. Schamfuge
34. Vorderer und
35. Hinterer Sitzbeinast
36. Sitzknorren
37. Kleines Becken
38. Rundes Loch
39. Hüftgelenkkopf
40. Hüftgelenkpfanne
41. Schenkelhals
42. Großer Rollhügel

Tafel 13

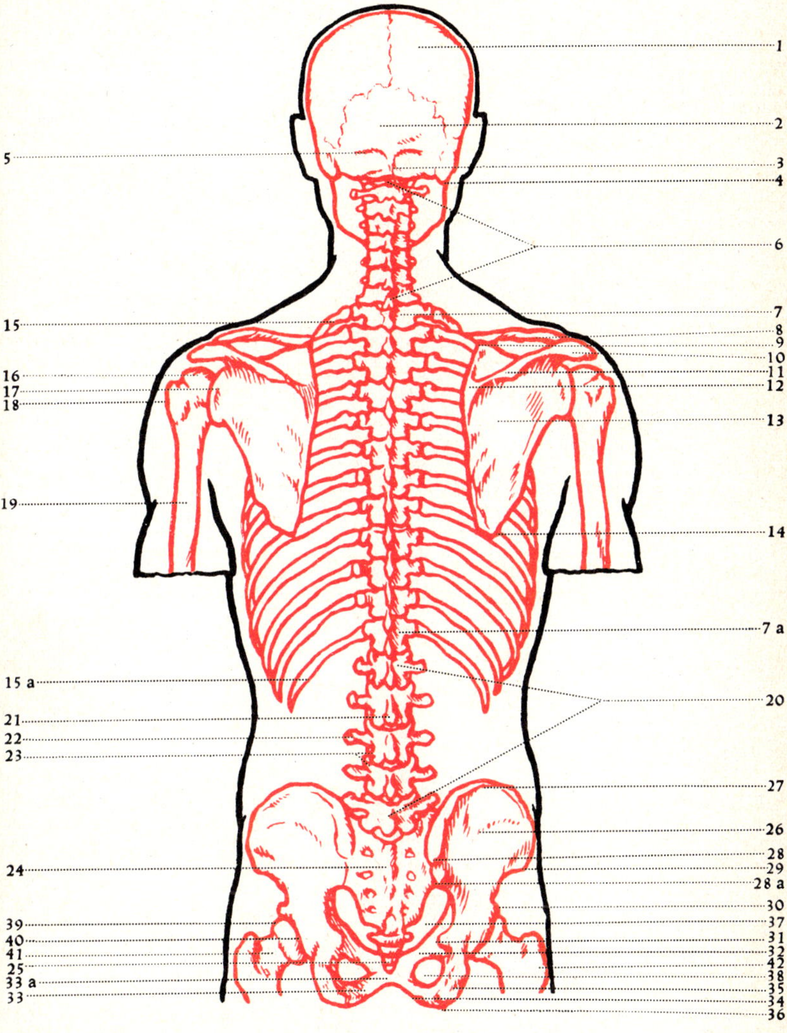
1
2
5
3
4
6
15
7
8
9
10
16
11
17
12
18
13
19
14
7 a
15 a
20
21
22
23
27
26
28
24
29
28 a
30
39
37
40
31
41
32
42
25
38
33 a
35
33
34
36

Tafel 14

Kopf und Rumpf von hinten (Muskeln)

1. Hinterhauptmuskel
2. Hinterhauptlinie
3. Hinterhauptstachel

4 a, b, c. Kapuzen- oder Trapezmuskel

5. Sehnenrhombe des Kapuzenmuskels
6. Sehnendreieck des Kapuzenmuskels
7. Endsehne des Muskels
8. Kopfhalter (Nicker, Wender)
9. Bauschmuskel
10. Schulterblattheber
11. Schulterhöhe
12. Schultergräte

13 a. Mittlerer und

13 b. hinterer Kopf des Schultermuskels

14. Untergrätenmuskel
15. Kleiner runder Muskel
16. Großer runder Muskel

17 a, b. Breiter Rückenmuskel

18 a, b. Sehne des Breiten Rückenmuskels

19. Schulterblatt (Hintere Kante)
20. Rhombenmuskel
21. und
22. Dreiköpfiger Armstrecker
23. Wulst des Gemeinsamen Rückenstreckers
24. Äußerer schräger Bauchmuskel

24 a. Leistenwulst

25. Lücke zwischen Hüftbeinkamm, Breitem Rücken- und Äußerem schrägen Bauchmuskel

26 a, b. Darmbeinkamm

27. Mittlerer Gesäßmuskel
28. Großer Gesäßmuskel
29. Steißbein
30. Großer Rollhügel

Tafel 14

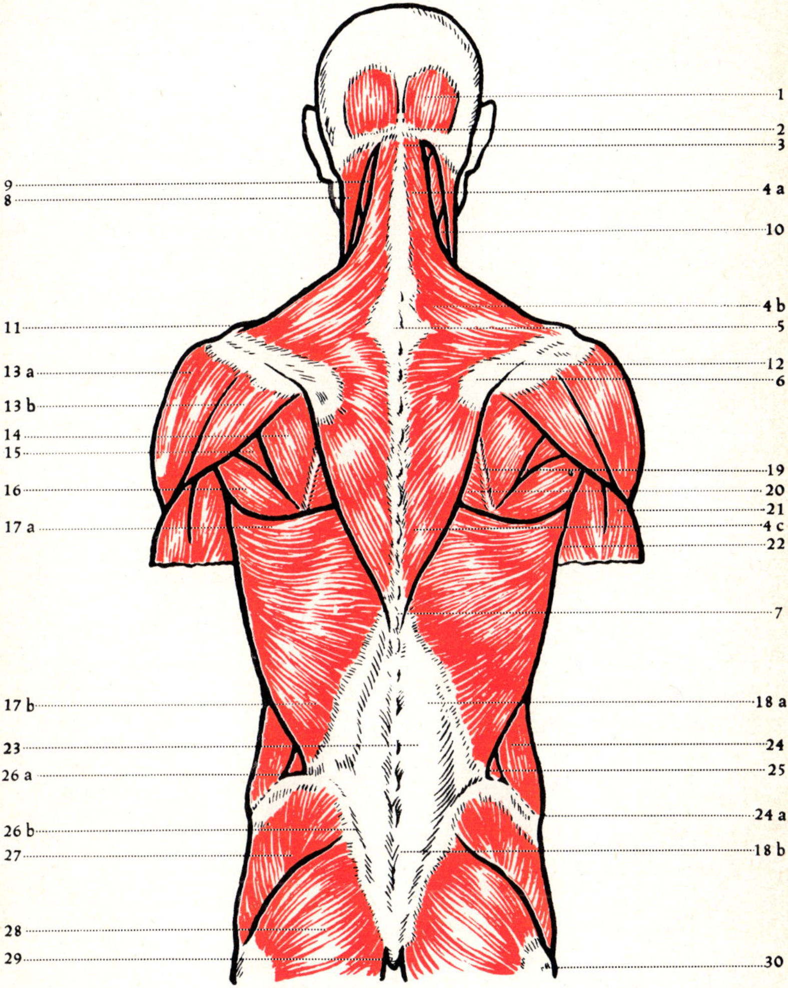

1
2
3
9
8
4 a
10
4 b
11
5
13 a
12
6
13 b
14
15
19
16
20
21
17 a
4 c
22
7
17 b
18 a
23
24
26 a
25
24 a
26 b
27
18 b
28
29
30

Tafel 15

Kopf und Rumpf von hinten (nach der Natur)

1. Nackengrübchen
2. Kaumuskel
3. Kapuzen- oder Trapezmuskel
4. Kopfwender (Nicker, Halter)
5. Schulterhöhe
6. Sehnenrhombe mit
   7. Halswirbel
7. Schultergräte
8. Sehnendreieck auf Schultergräte
9. Schultermuskel und
9 a. dessen hinterer Kopf
10. Untergrätenmuskel
11. Schulterblatt (Hinterrand)
12. Großer runder Muskel
13. Breiter Rückenmuskel
14. Furche zwischen den Großen Streckern
15. Gemeinsamer Rückenstrecker
16. Weichenwulst
17. Hüftbeingrübchen
18. Darmbeinkamm
19. Mittlerer Gesäßmuskel
20. Großer Gesäßmuskel
21. Bindenspanner
22. Großer Rollhügel
23. Mittlere Gesäßspalte
24. Kreuzbein

Tafel 15

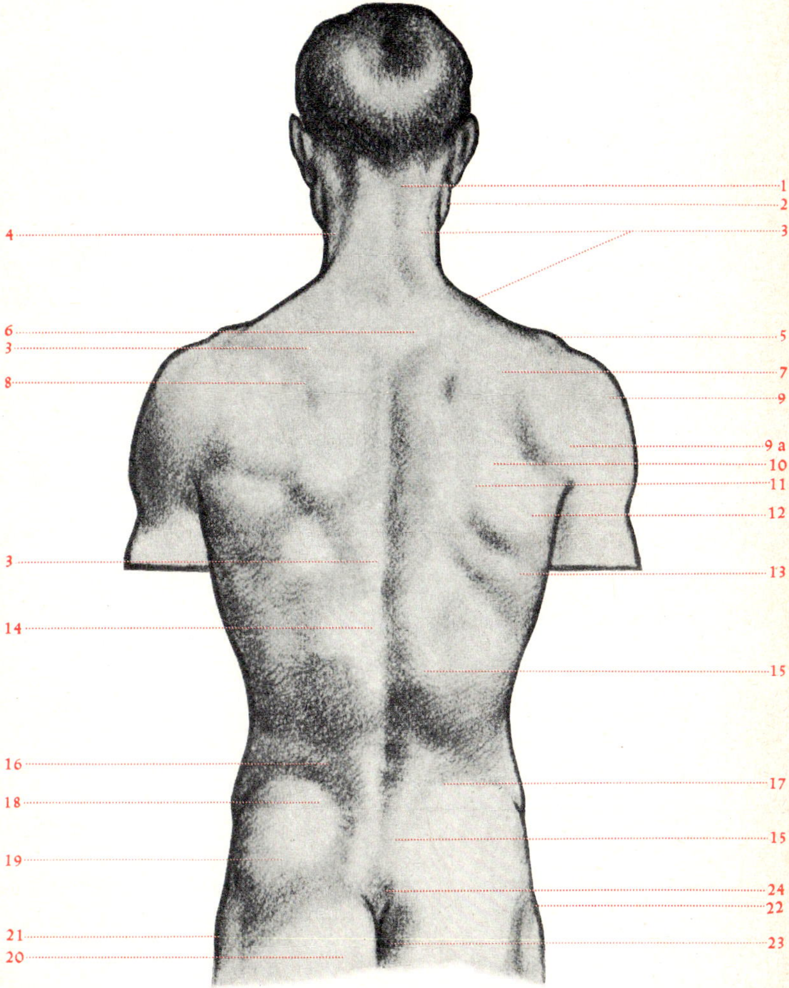

Tafel 16

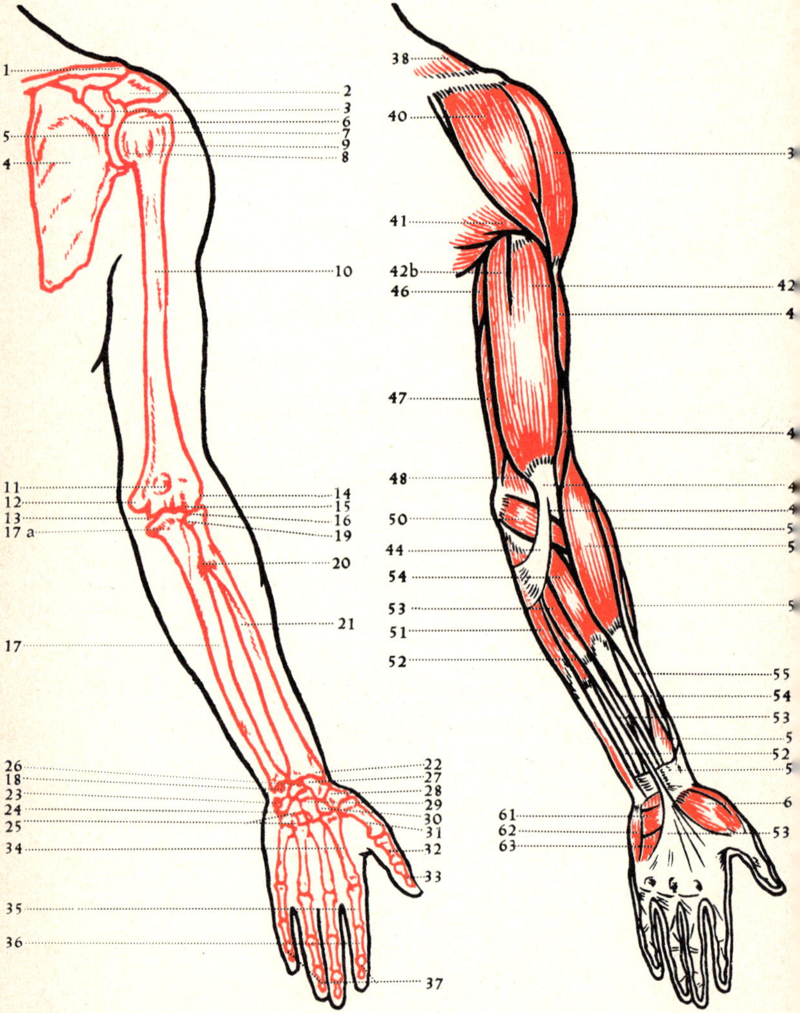
1
2
3
6
7
9
8
5
4
10
11
12
13
17 a
14
15
16
19
20
21
17
26
18
23
24
25
34
22
27
28
29
30
31
32
33
35
36
37
38
40
41
42b
46
47
48
50
44
54
53
51
52
55
54
53
52
61
62
63
53

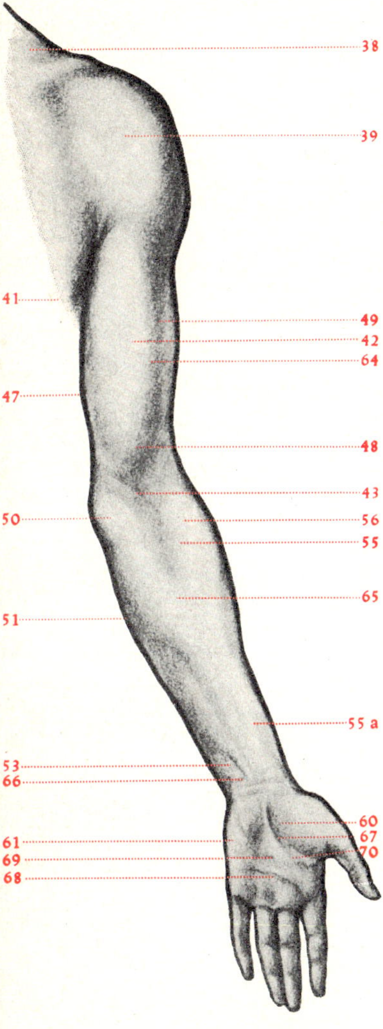

Tafel 16

Vorderansicht des Armes

1. Schlüsselbein, 2. Schulterhöhe, 3. Rabenschnabelfortsatz, 4. Schulterblatt, 5. Gelenkpfanne, 6. Gelenkkopf, 7. Großer Höcker, 8. Kleiner Höcker, 9. Zwischenhöckerfurche, 10. Oberarm (Körper), 11. Krähengrube, 12. Innerer Knorren, 13. Rolle, 14. Äußerer Knorren, 15. Köpfchen, 16. Gelenkspalt, 17. Elle (Körper), 17 a. Ellenkopf, 18. Griffelfortsatz der Elle, 19. Speichenköpfchen, 20. Speichenrauhigkeit, 21. Speiche (Körper), 22. Griffelfortsatz der Speiche, 23. Erbsenbein, 24. Dreiecksbein, 25. Hakenbein, 26. Mondbein, 27. Kahnbein, 28. Großes Vielecksbein, 29. Kopfbein, 30. Kleines Vielecksbein, 31. Mittelhandknochen des Daumens, 32. Grundglied und 33. Endglied des Daumens, 34. Mittelhandknochen der Finger, 35. Grund-, 36. Mittel-, 37. Endglieder der Finger, 38. Kapuzen- oder Trapezmuskel, 39. Schulter(Delta)muskel, 40. Innerer Kopf, 41. Brustmuskel, 42 a. Zweiköpfiger Armmuskel (Bizeps) langer Kopf, 42 b. Kurzer Kopf, 43. Bizepssehne, 44. Bizepssehnenband, 45. Bizepssehne zur Speiche, 46. Rabenschnabeloberarmmuskel, 47. Dreiköpfiger Armmuskel (Trizeps), 48. Innerer Armmuskel, 49. Trizeps (äußerer Kopf), 50. Runder Einwärtswender, 51. Ellenbeuger, 52. Oberflächlicher Fingerbeuger, 52 a. Sehne, 53. Hohlhandmuskel, 53 a. Sehne, 54. Speichenbeuger, 55. Armspeichenmuskel, 55 a. dessen Sehne, 56. Langer Speichenstrecker, 57. Kurzer Speichenstrecker, 58. Daumenbeuger, 59. Handwurzelband, 60. Muskeln des Daumenballens, 61. Kurzer Hohlhandmuskel, 62. und 63. Muskeln des Kleinfingerballens, 64. Äußere Bizepsfurche, 65. Vorderarmfurche, 66. Beugefurchen der Hand, 67.–70. Beugefurchen der Handfläche, 67. Lebenslinie, 68. Monatslinie, 69. Längslinie, 70. Kopflinie

Tafel 17, Tafel 18

Seitenansicht des Armes

1. Schlüsselbein, 2. Schulterblatt,
3. Schulterhöhe,
4. Rabenschnabelfortsatz,
5. Schultergelenkkopf, 6. Großer Höcker,
7. Kleiner Höcker, 8. Oberarm,
9. Köpfchen, 10. Äußerer Knorren,
11. Elle, 12. Ellbogenfortsatz,
13. Ellenknöchel, 14. Speiche,
15. Köpfchen, 16. Speichenrauhigkeit,
17. Speichenknöchel, 18. und 19. Großes und Kleines Vielecksbein, 20. Kahnbein,
21. und 25. Mittelhandknochen, 22. und 23. 1. und 2. Fingerglied, 24. Endglied des Zeigefingers, 26. und 27. 1. und Endglied des Daumens,
28. Kapuzen(Trapez)muskel,
29. Brustmuskel,
30. Schulter(Delta)muskel,
31. Zweiköpfiger Oberarmmuskel (Bizeps), 32. Tiefer Armmuskel, 33. und 34. Dreiköpfiger Armmuskel (Trizeps), (33. Langer und 34. Äußerer Kopf),
35. Runder Einwärtsdreher,
36. Oberarmspeichenmuskel, 37. Langer Speichenstrecker, 38. Kurzer Speichenstrecker, 39. Ellbogenmuskel,
40. Ellenstrecker, 41. Fingerstrecker,
42. Langer Daumenabzieher, 43. Kurzer Daumenstrecker, 44. Handrückenband,
45. (Erster) Zwischenknochenmuskel,
46. Speichenbeuger,
47. Daumenstreckersehne, 48. Kurzer Daumenabzieher, 49. Daumenabzieher,
50. »Tabatière«

Tafel 17

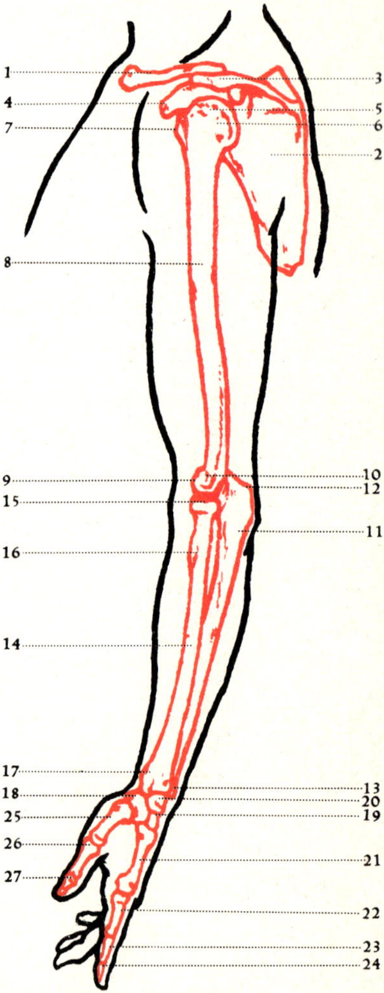

Tafel 18

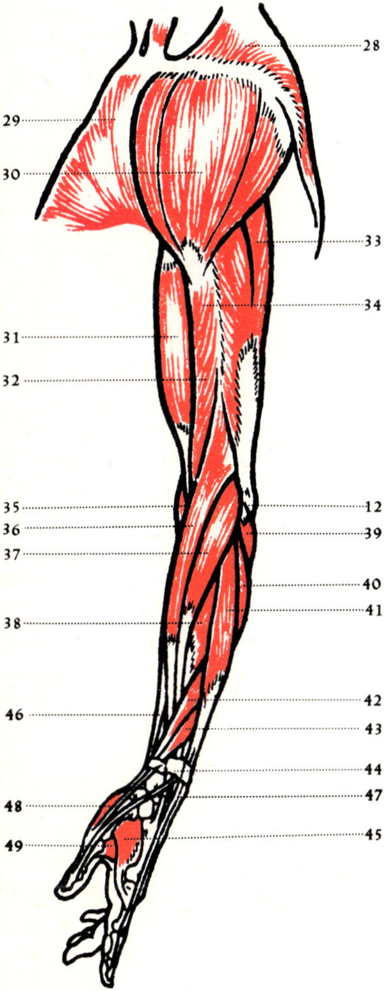

28
29
30
33
34
31
32
35
12
36
39
37
40
41
38
42
46
43
44
48
47
49
45

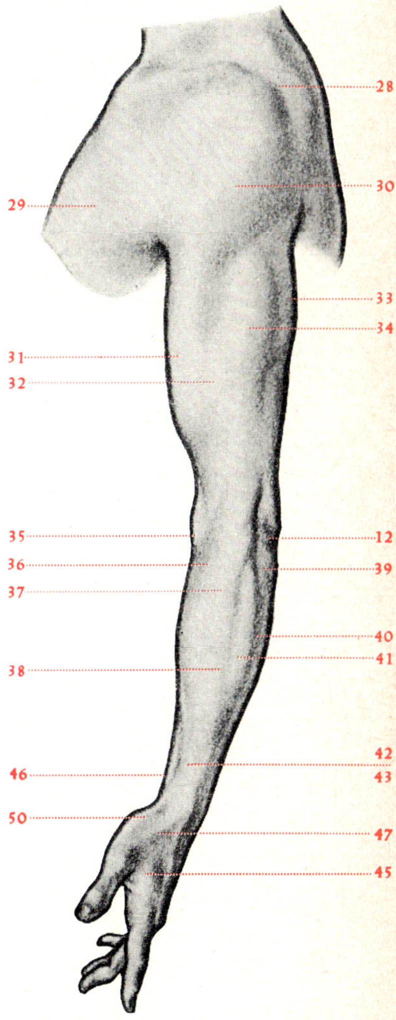

28
30
29
33
34
31
32
35
12
36
39
37
40
41
38
42
43
46
50
47
45

Tafel 19

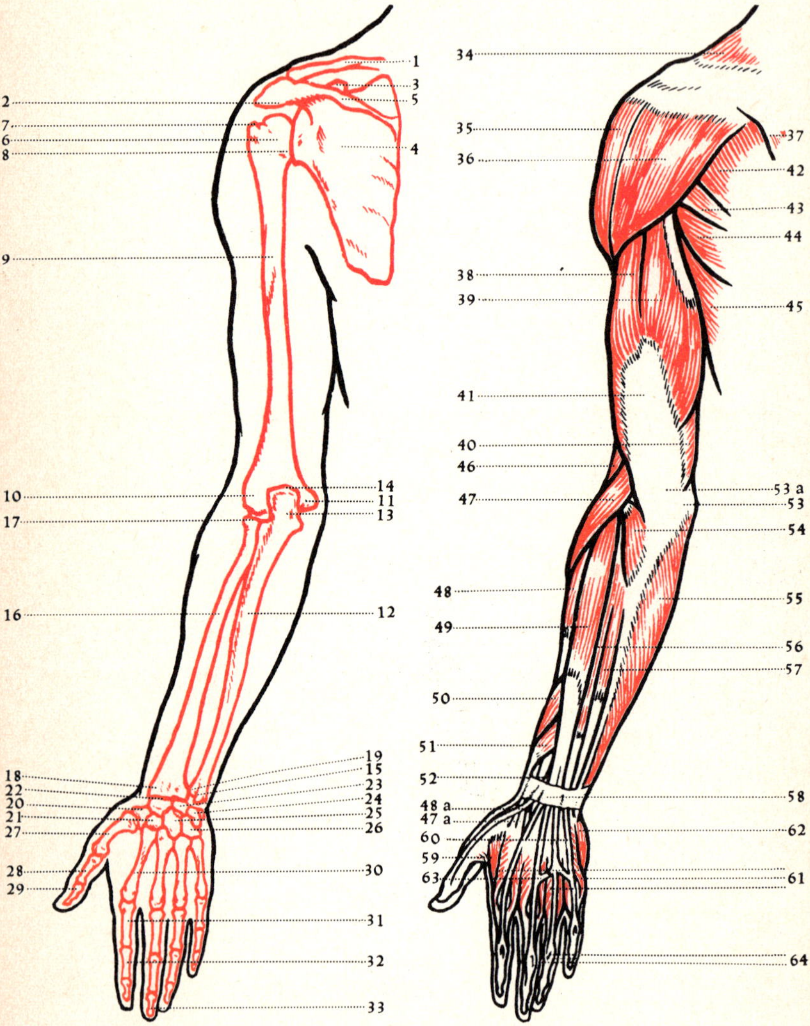
1
2
3
5
7
6
8
4
9
14
10
11
17
13
16
12
19
15
18
23
22
24
20
25
21
26
27
28
30
29
31
32
33
34
35
37
36
42
43
44
38
39
45
41
40
46
53 a
47
53
54
48
55
49
56
57
50
51
52
58
48 a
47 a
62
60
59
63
61
64

Rückansicht des Armes

1. Schlüsselbein, 2. Schulterhöhe, 3. Haken(Rabenschnabel)fortsatz, 4. Schulterblatt, 5. Schultergräte, 6. Gelenkkopf des Oberarms, 7. Großer Höcker, 8. Gelenkpfanne, 9. Oberarm (Körper), 10. Äußerer Knorren, 11. Innerer Knorren, 12. Elle (Mittelstück), 13. Ellbogen, 14. Ellbogenfortsatz, 15. Griffelfortsatz der Elle, 16. Speiche (Körper), 17. Speichenköpfchen, 18. Griffelfortsatz der Speiche, 19. Gelenkfläche für die Elle, 20. Großes und 21. Kleines Vielecksbein, 22. Kahnbein, 23. Mondbein, 24. Dreiecksbein, 25. Kopfbein, 26. Hakenbein, 27. Mittelhandglied des Daumens, 28. Grund- und 29. Endglied des Daumens, 30. Mittelhandknochen der Finger, 31. Grund-, 32. Mittel-, 33. Endglieder der Finger, 34. Kapuzen- oder Trapezmuskel, 35. und 36. Schulter(Delta)muskel (mittl. und hinterer Kopf), 37. Kapuzenmuskel (Trapezmuskel), 38. Äußerer, 39. Langer und 40. Innerer Kopf des Trizeps (Unterarmstrecker), 41. Trizepssehne, 42. Untergrätenmuskel, 43. Kleiner runder Muskel, 44. Großer runder Muskel, 45. Breiter Rückenmuskel, 46. Armspeichenmuskel, 47. Langer Speichenstrecker, 47 a. dessen Sehne, 48. Kurzer Speichenstrecker, 48 a. dessen Sehne, 49. Fingerstrecker, 50. Langer Daumenabzieher, 51. Kurzer Daumenstrecker, 52. Langer Daumenstrecker, 53. Innerer Knorren, 53 a. Ellbogen, 54. Ellbogenmuskel, 55. Ellenbeuger, 56. Kleinfingerstrecker, 57. Ellenstrecker, 58. Handrückenband, 59. Daumenanzieher, 60. Strecksehnen der Finger, 61. Zwischenhandknochenmuskeln, 62. Kleinfingerballen, 63. Querverbindungen der Strecksehnen, 64. Teilung der Strecksehnen, 65. Elle (Griffelfortsatz)

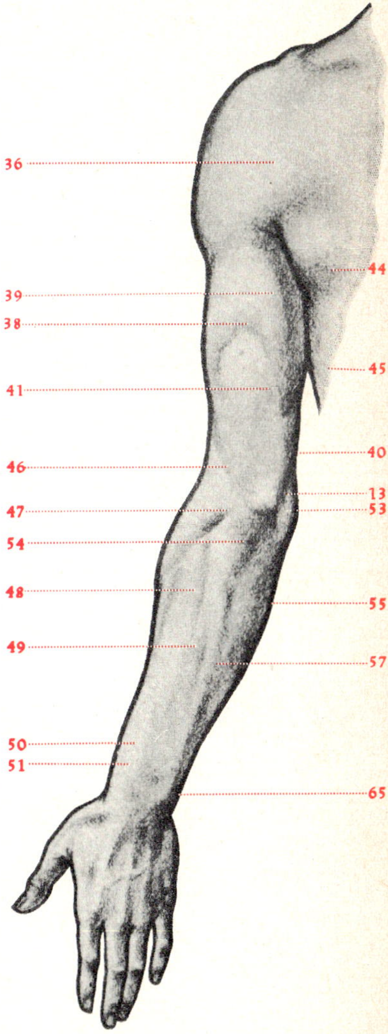

Tafel 21

Innenansicht des Armes

1. Schlüsselbein, 2. Schultergräte, 3. Schulterblatt, 4. Rabenschnabelfortsatz, 5. Gelenkkopf des Oberarms, 6. Gelenkpfanne, 7. Oberarm (Körper), 8. Rolle des Oberarms, 9. Innerer Knorren, 10. Ellbogenfortsatz, 11. Elle (Körper), 12. Ellenköpfchen, 13. Speichenköpfchen, 14. Speichenrauhigkeit, 15. Speiche (Körper), 16. Unteres Speichenende, 17. Mondbein, 18. Dreiecksbein, 19. Hakenbein, 20. Kopfbein, 21. Kahnbein, 22. Erbsenbein, 23. Großes Vielecksbein, 24. Mittelhandknochen des Daumens, 25. Grundglied und 26. Endglied des Daumens, 27. Mittelhandknochen, 28. Grund- 29. Mittel- und 30. Endglieder der Finger, 31. Langer Kopf des Dreiköpfigen Oberarmmuskels (Trizeps), 32. Sehne zur Pfanne, 33. Innerer Kopf des Trizeps, 34. Rabenschnabelarm(Haken)muskel, 35. Zweiköpfiger Oberarmmuskel (Bizeps), 36. Sehniges Zwischenband, 37. Tiefer Armmuskel, 38. Ellbogen, 39. Sehnenband des Bizeps, 40. Ellenbeuger, 40 a. dessen Sehne, 41. Fingerstrecker, 42. Ellenstrecker, 42. a. dessen Sehne, 43. Ellenköpfchen, 44. Runder Einwärtsdreher, 45. Oberarmspeichenmuskel, 46. Speichenbeuger, 47. Hohlhandmuskel, 47 a. dessen Sehne, 48. Oberflächlicher Fingerbeuger, 49. Daumenballen, 50. Handwurzelband, 51. Kleinfingerballen, 52. Strecksehne der Finger, 53. Schultermuskel

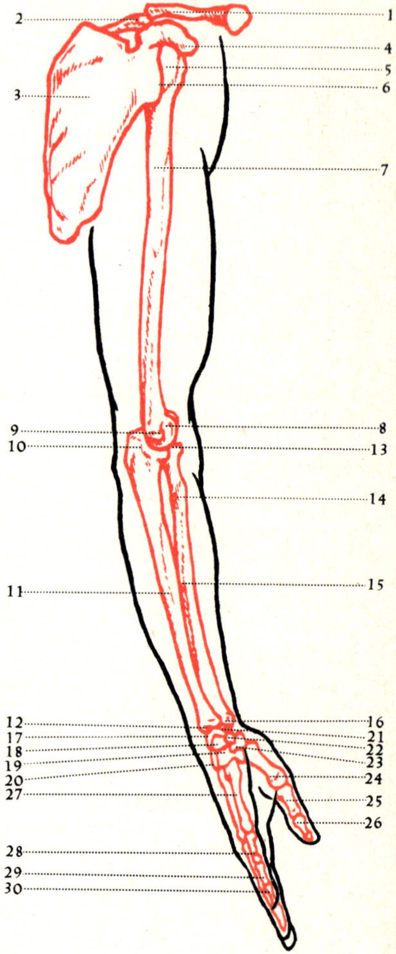

Tafel 21

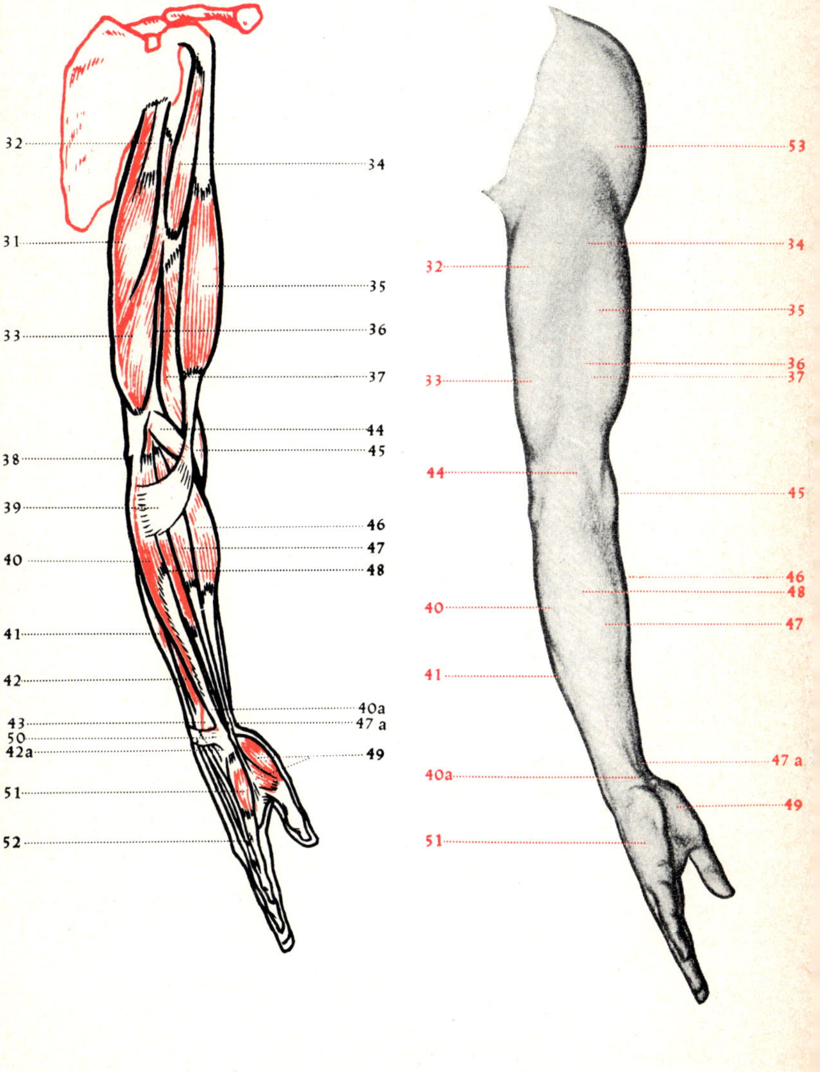
32
34
31
35
33
36
37
44
45
38
39
46
47
40
48
41
42
40a
43
47 a
50
42a
49
51
52
53
34
32
35
36
37
33
44
45
46
48
40
47
41
47 a
40a
49
51

Tafel 22

Vorderansicht des Beines

1. Lendenwirbel, 2. Kreuzbein, 3. Steißbein, 4. Darmbeinkamm, 5. Darmbeinschaufel, 6. Vorderer oberer Darmbeinstachel, 7. Gelenkpfanne, 8. Schambein, 9. Schambeinfuge, 10. Sitzbein, 11. Oberschenkelknochenkörper, 12. Gelenkkopf, 13. Hals, 14. Großer Rollhügel, 15. Kleiner Rollhügel, 16. Innerer Knorren, 17. Äußerer Knorren, 18. Gelenkfläche für die Kniescheibe, 19. Kniescheibe, 20. Innerer und 21. Äußerer Schienbeinknorren, 22. Schienbeinkopf, 23. Schienbeinkörper, 24. Schienbeinrauhigkeit, 25. Schienbeinknöchel, 26. Wadenbeinköpfchen, 27. Wadenbeinkörper, 28. Wadenbeinknöchel, 29. Sprungbein, 30. Kahnbein, 31. Würfelbein, 32. Drittes Keilbein, 33. Mittelfußknochen, 34. und 35. Zehenglieder, 36. Darmbeinlendenmuskel, 37. Kammuskel, 38. Langer Anzieher, 39. Schlanker Muskel, 40. Schneidermuskel, 41. Innerer Kopf des Großen Unterschenkelstreckers (Trizeps), 41 a. Abgeschnürter Wulst, 42. dessen mittlerer Kopf, 42 a. Sehne, 43. dessen äußerer Kopf, 44. Sehnenfurche, 45. Sehnenseitenbogen, 46. Ende des Schneidermuskels, 47. Ende des Sehnenbogens, 48. Innerer oberer Schenkelknorren, 49. Gelenkspalt, 50. Sehne des Trizeps, 51. Gänsefuß, 52. Oberer Darmbeinstachel, 53. Mittlerer Gesäßmuskel, 54. Bindenspanner, 55. Schenkelbinde, 56. Spannersehne, 57. Bizepssehne, 58. Kapselfett, 59. Zweiköpfiger Wadenmuskel, 60. Schollenmuskel, 61. Zehenbeuger, 62. Fußwurzel(Ring)band, 63. Innerer Knöchel, 64. Wadenbeinköpfchen, 65. Schienbeinmuskel, 66. Langer Zehenstrecker, 66 a. Sehne des Langen Zehenstreckers, 67. Langer Wadenbeinmuskel, 68. Großzehenstrecker, 69. Äußerer Knöchel, 70. Kurzer Zehenstrecker, 71. Schamhügel, 72. Äußerer schräger Bauchmuskel, 73. Schenkelbeuger

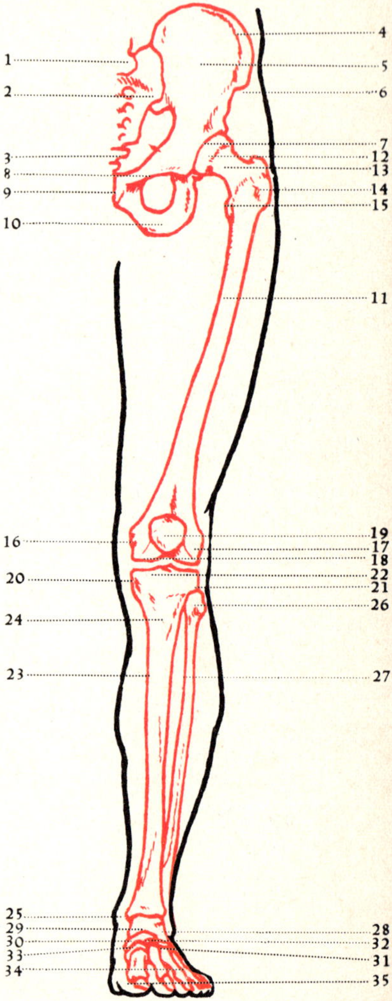

Tafel 22

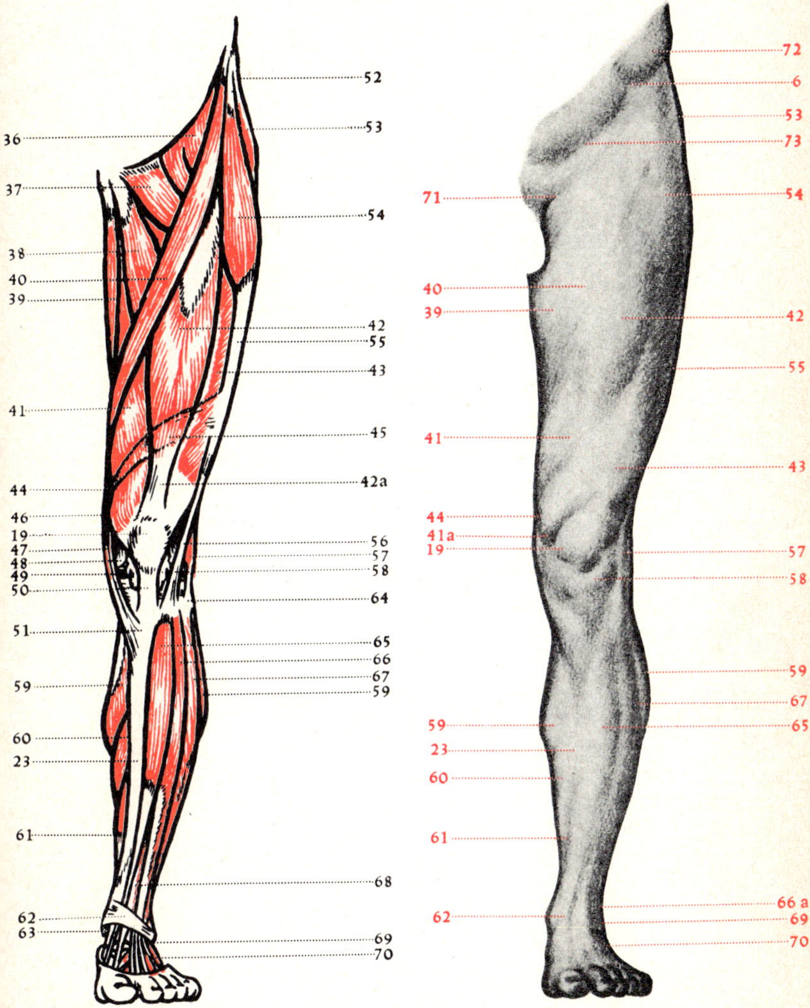

52
53
36
37
54
38
40
39
42
55
43
41
45
42a
44
46
19
47
48
49
50
56
57
58
64
51
65
66
67
59
59
60
23
61
68
62
63
69
70
72
6
53
73
71
54
40
39
42
55
41
43
44
41a
19
57
58
59
67
59
65
23
60
61
66 a
62
69
70

Tafel 23, Tafel 24

Seitenansicht des Beines

1. Darmbeinkamm, 2. Darmbeinschaufel, 3. Vorderer oberer Darmbeinstachel, 4. Schambeinstachel, 5. Sitzbein, 6. Kreuzbein, 7. Steißbein, 8. Oberschenkelgelenkkopf, 9. Großer Rollhügel, 10. Oberschenkelknochenkörper, 11. Äußerer Knorren, 12. Kniescheibe, 13. Schienbeinkopf, 14. Schienbeinstachel, 15. Schienbeinkörper, 16. Schienbein (Unterende), 17. Wadenbeinköpfchen, 18. Wadenbeinkörper, 19. Wadenbeinknöchel, 20. Sprungbein, 21. Fersenbein, 22. Würfelbein, 23. Kahnbein, 24. und 25. Keilbeine, 26. Mittelfußknochen, 27. Zehenglieder, 28. Mittlerer Gesäßmuskel, 29. Schneidermuskel, 30. Bindenspanner, 31. Dreiköpfiger Unterschenkelstrecker (Trizeps), mittlerer Kopf, 32. dessen äußerer Kopf, 33. Sehnenbogen, 34. Abgeschnürter Wulst von 32., 35. Ansatz der Spannersehne, 36. Großer Gesäßmuskel, 37. Großer Rollhügel, 38. Schenkelbinde, 38 a. Spannersehne, 39. Zweiköpfiger Oberschenkelmuskel (Bizeps), 40. dessen tiefer Kopf, 41. Halbhäutiger Muskel, 42. Schienbeinmuskel, 43. Langer Zehenstrecker, 44. Langer und 45. Kurzer Wadenbeinmuskel, 46. Vorderer Wadenbeinmuskel, 47. Zweiköpfiger Wadenbeinmuskel, 48. Schollenmuskel, 49. Achillessehne, 50. Äußeres Seitenband, 50 a. Ringband, 51. Kurzer Zehenstrecker, 52. Abzieher der Kleinzehe, 53. Bizepsfurche, 54. Bizepssehne

Tafel 23

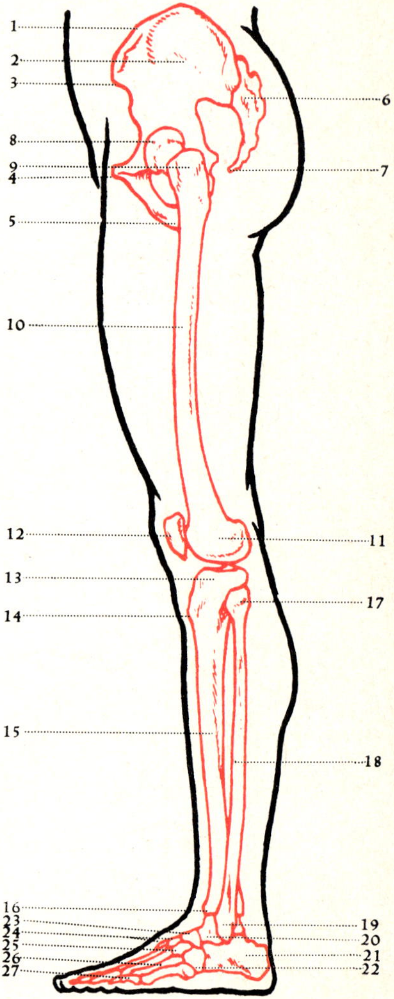

Tafel 24

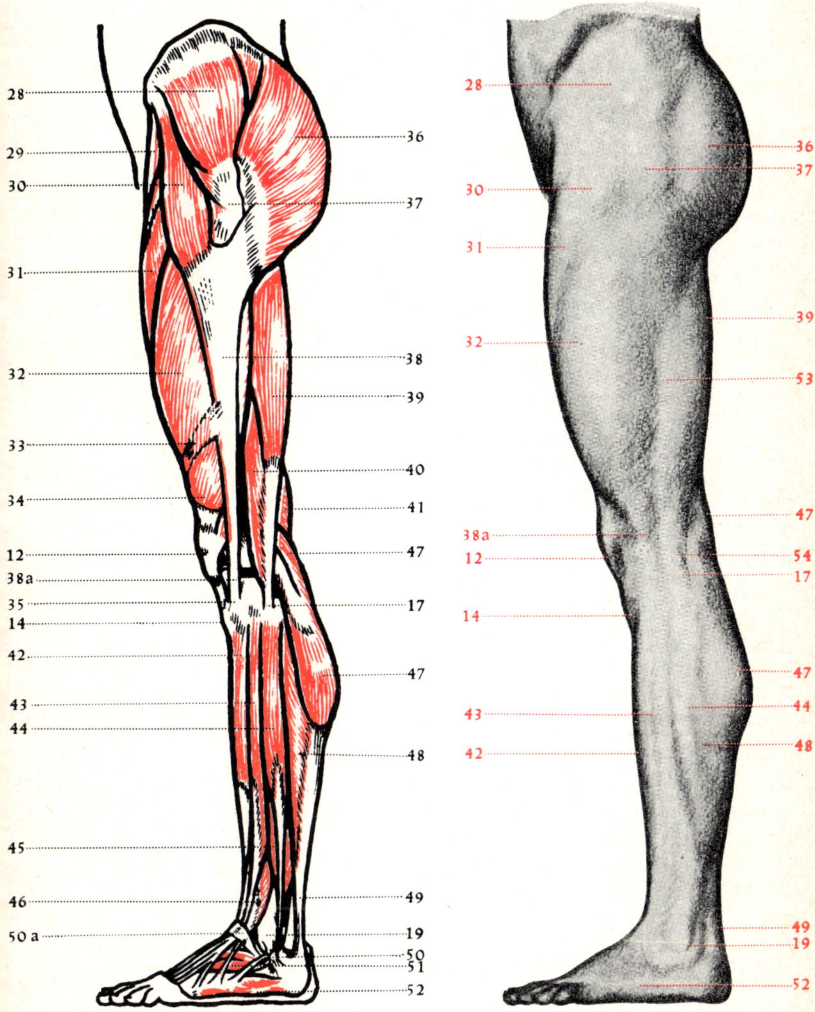
28
29
30
31
32
33
34
12
38a
35
14
42
43
44
45
46
50 a
36
37
38
39
40
41
47
17
47
48
49
19
50
51
52
28
30
31
32
38a
12
14
43
42
36
37
39
53
47
54
17
47
44
48
49
19
52

Tafel 25

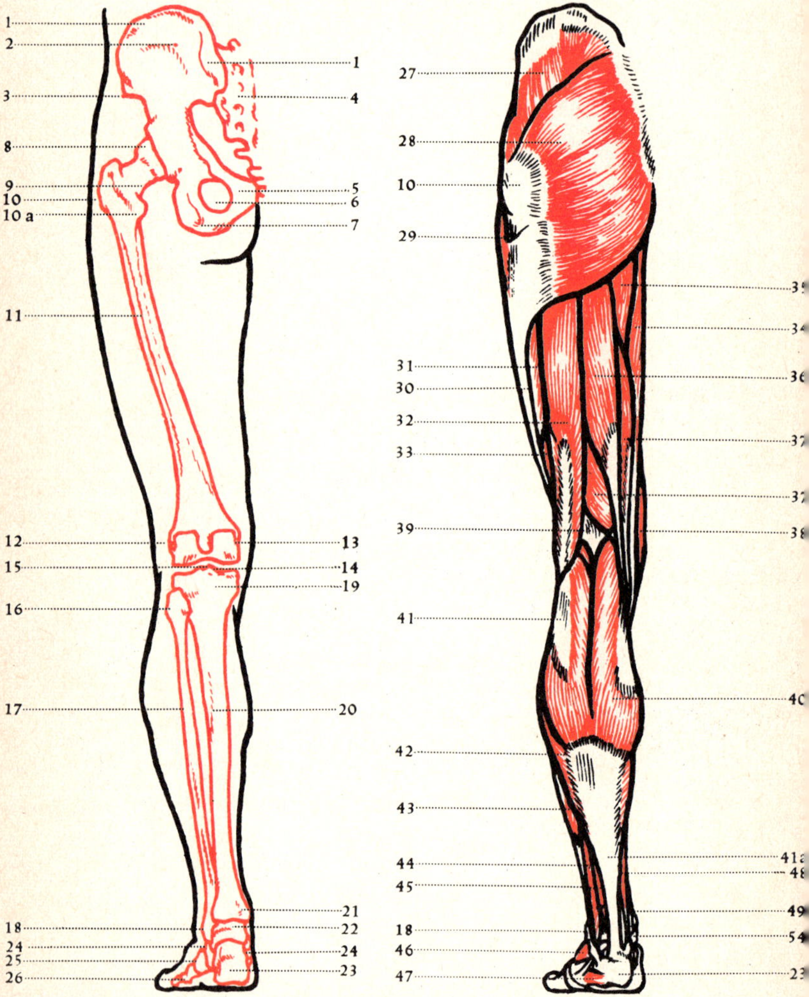

1
2
3
8
9
10
10 a
11
12
15
16
17
18
24
25
26
1
4
5
6
7
13
14
19
20
21
22
24
23
27
28
10
29
31
30
32
33
39
41
42
43
44
45
18
46
47
49
54

Rückansicht des Beines

1. Darmbeinkamm, 2. Darmbeinschaufel, 3. Vorderer oberer Darmbeinstachel, 4. Kreuzbein, 5. Schambein, 6. Ovale Öffnung, 7. Sitzbein, 8. Gelenkkopf des Oberschenkels, 9. dessen Hals, 10. Großer Rollhügel, 10 a. Kleiner Rollhügel, 11. Oberschenkelkörper, 12. Äußerer Knorren, 13. Innerer Knorren, 14. Gelenkspalt, 15. Knochenleiste, 16. Wadenbeinköpfchen, 17. Wadenbeinkörper, 18. Wadenbeinknöchel, 19. Schienbeinkopf, 20. Schienbeinkörper, 21. Schienbeinknöchel, 22. Sprungbein, 23. Fersenbein, 24. Fußwurzelknochen, 25. Mittelfußknochen, 26. Zehen, 27. Mittlerer Gesäßmuskel, 28. Großer Gesäßmuskel, 29. Bindenspanner, 30. Schenkelbinde, 31. Äußerer Kopf des Schenkeltrizeps, 32. Zweiköpfiger Oberschenkelmuskel (Bizeps), 33. dessen kurzer Kopf, 34. Schlanker Muskel, 35. Langer Anzieher, 36. Halbsehniger Muskel, 37. Halbhäutiger Muskel, 38. Schneidermuskel, 39. Kniekehle, 40. Zweiköpfiger Wadenmuskel, 41. Sehnenabplattung, 41 a. Achillessehne, 42. Schollenmuskel, 43. Langer Wadenbeinmuskel, 44. Kurzer Wadenbeinmuskel, 45. Langer Großzehenbeuger, 46. Kurzer Zehenstrecker, 47. Kleinzehenabzieher, 48. Langer Zehenbeuger, 49. Hinterer Schienbeinmuskel, 50. Äußerer schräger Bauchmuskel, 51. Hintere Oberschenkelfurche, 52. Sehne des Halbsehnigen Muskels, 53. Bizepssehne, 54. Inneres Seitenband

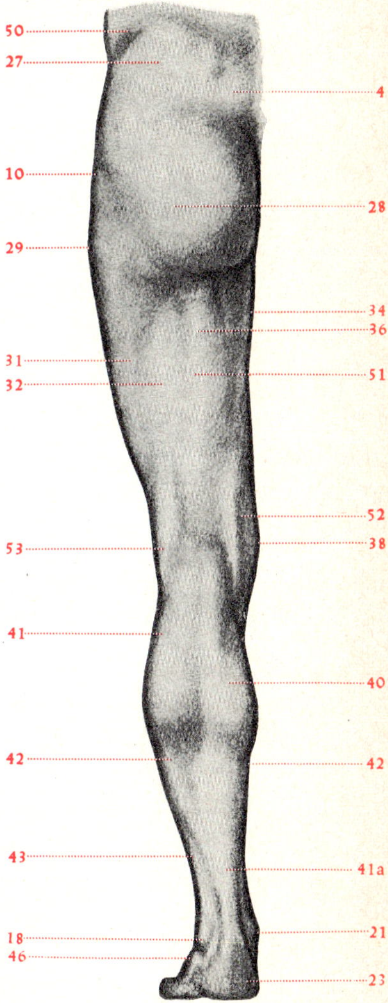

Tafel 27

Innenansicht des Beines

1. Kreuzbein, 2. Steißbein, 3. Darmbeinschaufel, 4. Darmbeinkamm, 5. Vorderer oberer Darmbeinstachel, 6. Schambein, 7. Schambeinfuge, 8. Sitzbein, 9. Ovales Loch, 10. Oberschenkelknochen (Körper), 11. Innerer Knorren, 12. Kniescheibe, 13. Schienbeinkopf (innen), 14. Leiste, 15. Schienbeinrauhigkeit (Schienbeinhöcker), 16. Schienbeinkörper (Innenfläche), 17. Schienbeinknöchel, 18. Wadenbeinköpfchen, 19. Wadenbeinkörper, 20. Sprungbein, 21. Fersenbein, 22. Würfelbein, 23. Kahnbein, 24. Keilbein, 25. Mittelfußknochen, 26. Erstes und 27. zweites Großzehenglied, 28. Großer Gesäßmuskel, 29. Großer Anzieher, 30. Halbsehniger Muskel, 31. Halbhäutiger Muskel, 32. Zweiköpfiger Oberschenkelmuskel (Bizeps), 33. Lendenmuskel, 34. Hüftbeinmuskel, 35. Langer Anzieher, 36. Schneidermuskel, 37. Schlanker Muskel, 38. Gerader Unterschenkelstrecker (Trizeps), mittlerer Kopf, 39. Dessen innerer Kopf, 40. Sehnenbogen, 41. Trizepssehne, 42. Schienbeinrauhigkeit (Schienbeinhöcker), 43. Kapselfett, 44. Gänsefuß, 45. Zweiköpfiger Wadenmuskel, 46. Schollenmuskel, 47. Langer gemeinsamer Zehenbeuger, 48. Achillessehne, 49. Inneres Seitenband, 50. Kurzer Abzieher der Großzehe, 51. Fußsohlenmuskel, 52. Schienbeinmuskel, 53. Ringband

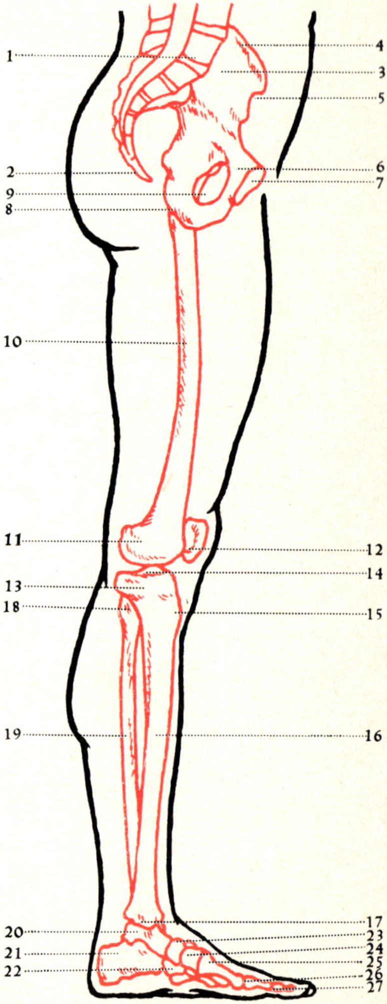

Tafel 27

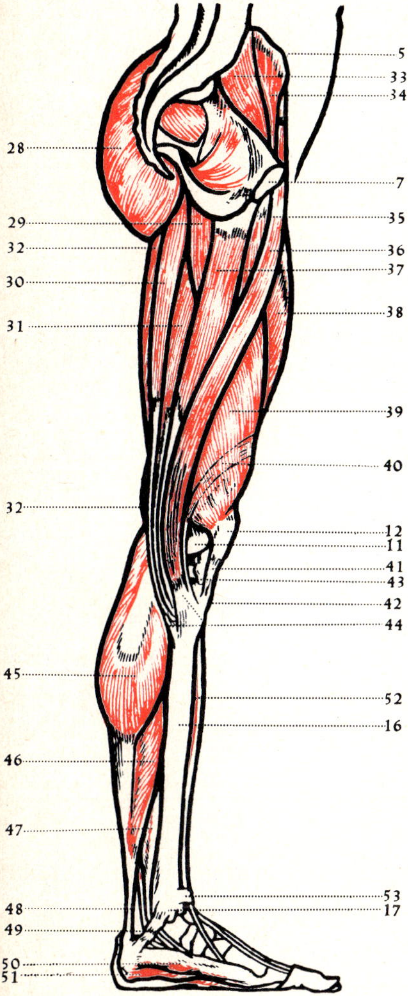

5
33
34
28
7
29
35
32
36
30
37
38
31
39
40
32
12
11
41
43
42
44
45
52
16
46
47
53
48
17
49
50
51

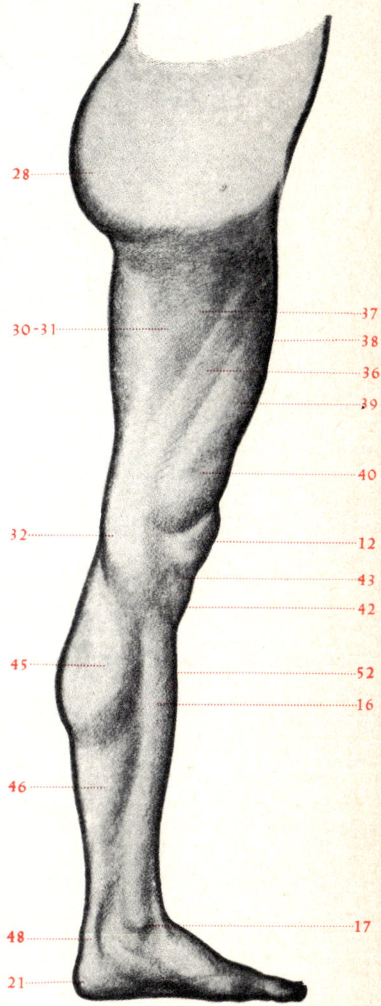

28
37
30-31
38
36
39
40
32
12
43
42
45
52
16
46
17
48
21

Tafel 28

Kopf, seitwärts gedreht, rückwärts und vorwärts gebeugt

1. Stirnmuskel
2. Schläfenmuskel
3. Hinterhauptmuskel
4. Augenringmuskel
5. Zusammendrücker der Nase
6. Heber des Nasenflügels
7. Heber des Mundwinkels
8. Kleiner und
9. Großer Jochbeinmuskel
10. Ringmuskel des Mundes
11. Trompetermuskel
12. Kaumuskel
13. Herabzieher der Unterlippe
14. Herabzieher des Mundwinkels
15. Kinnmuskel
16. Zungenbein
17. Schulter-Zungenbeinmuskel

17 a. Brustbein-Zungenbeinmuskel

18. und 18 a. Kopfwender (Halter, Nicker)
19. Kapuzenmuskel
20. Schulter-Zungenbeinmuskel (unterer Kopf)
21. und
22. Rippenheber
23. Schulterblattheber
24. Bauchmuskel
25. Brustbein-Zungenbeinmuskel
26. Schulter-Zungenbeinmuskel
27. Adamsapfel
28. Zweibäuchiger Kinnladenmuskel
29. Kiefer-Zungenbeinmuskel

Tafel 28

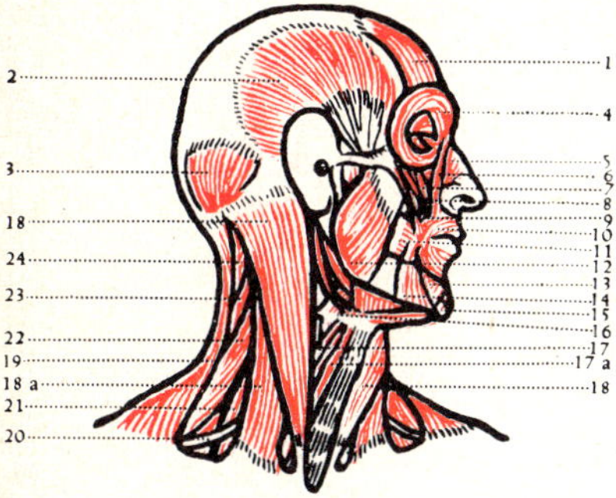
2
3
18
24
23
22
19
18 a
21
20
1
4
5
6
7
8
9
10
11
12
13
14
15
16
17
17 a
18

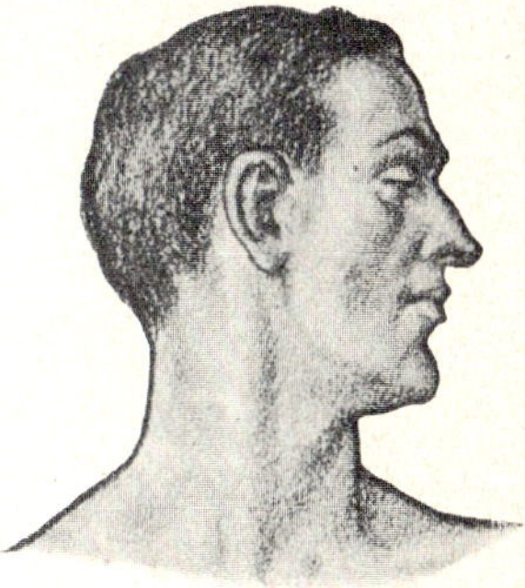

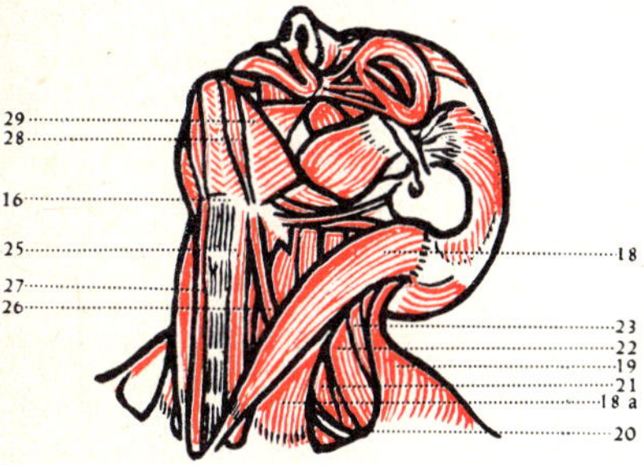
29
28
16
25
27
26
18
23
22
19
21
18 a
20

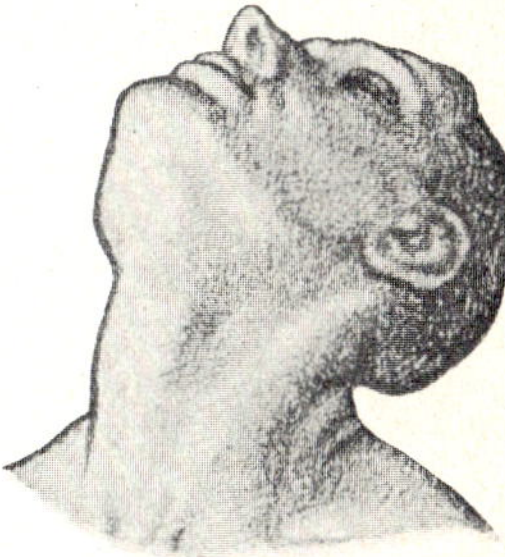

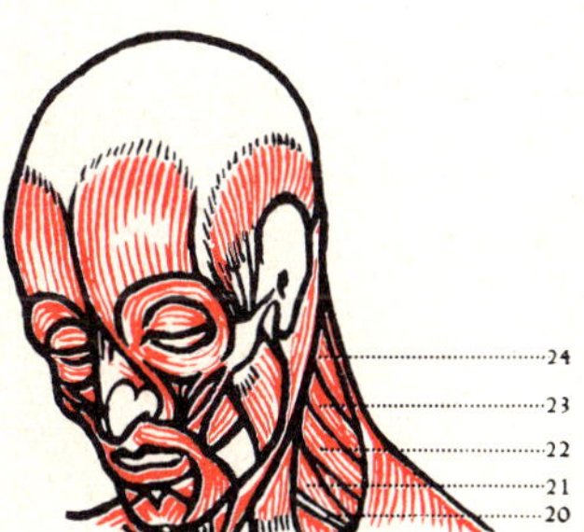
24
23
22
21
20

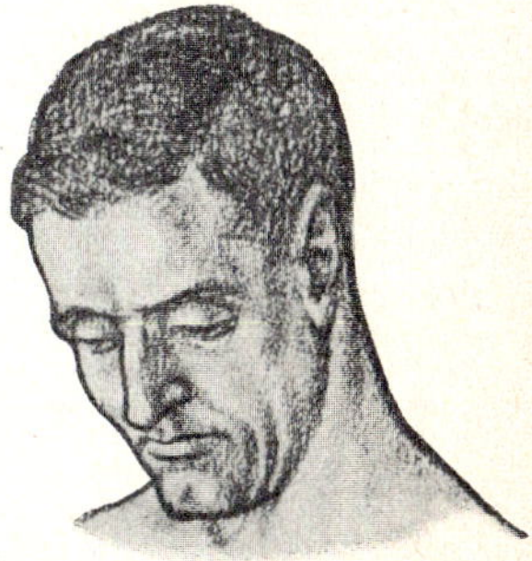

Tafel 29

Schulter von vorne, hinten und von der Seite

1. Zweiköpfiger Armmuskel (Unterarmbeuger)
2. Dreiköpfiger Armmuskel (Unterarmstrecker)

2a. dessen langer Kopf

3. Rabenschnabeloberarmmuskel
4. Tiefer Armbeuger
5. Schultermuskel
6. Brustmuskel
7. Kapuzenmuskel
8. Großer Sägemuskel
9. Äußerer schräger Bauchmuskel
10. Breiter Rückenmuskel
11. Rhombenmuskel
12. Untergrätenmuskel
13. Großer runder Muskel
14. Kopfhalter (Nicker, Wender)

Tafel 29

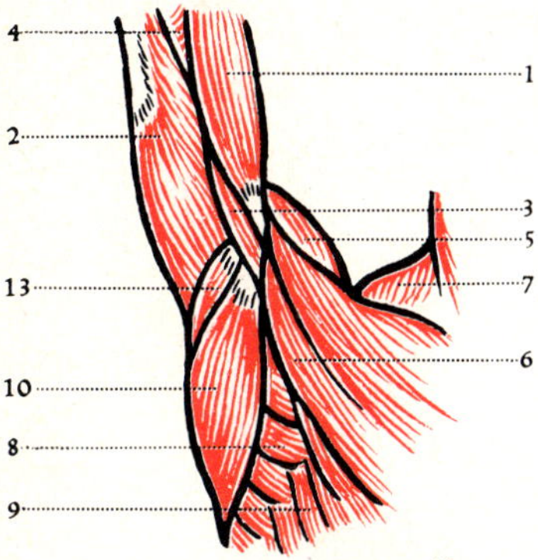

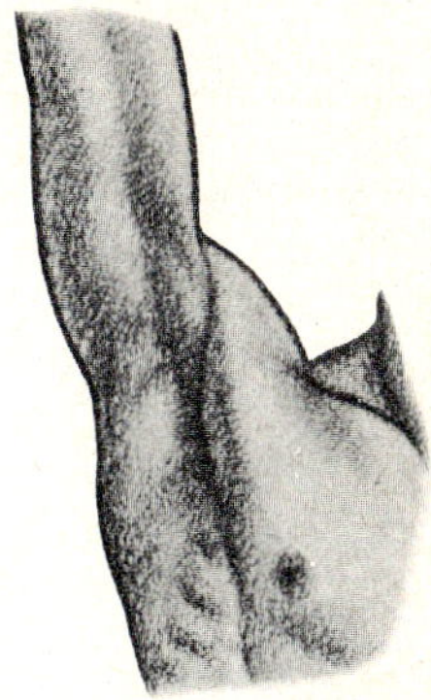

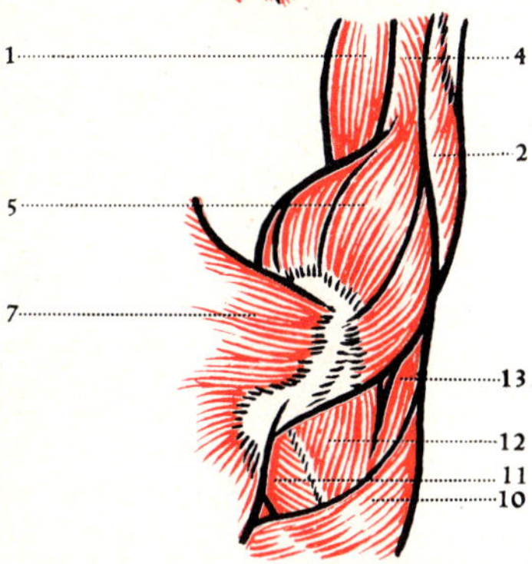

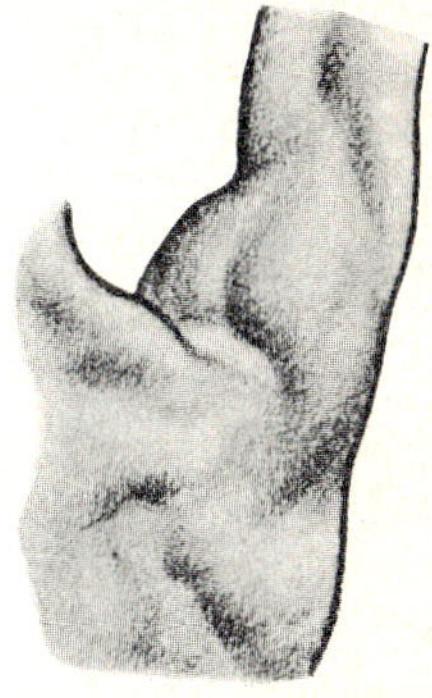

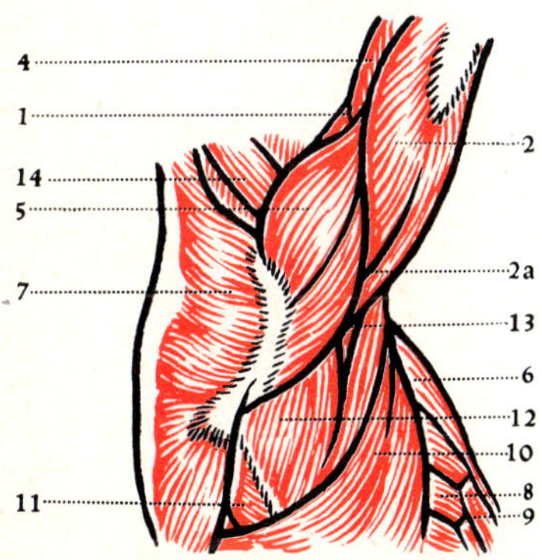

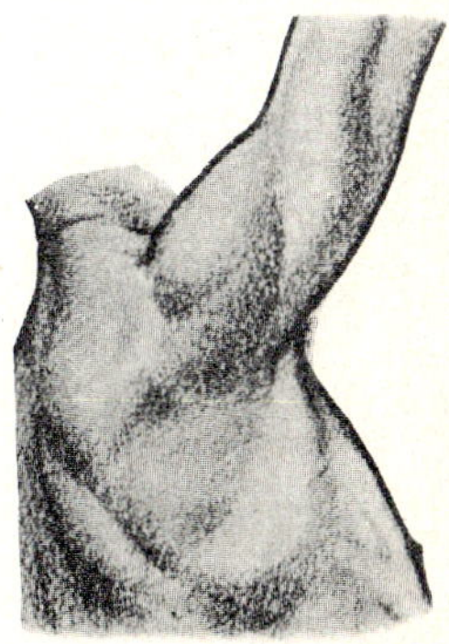

Tafel 30

Die Hand in verschiedenen Stellungen

1. Kurzer Daumenstrecker
2. Langer Daumenabzieher
3. Sehne des Speichenstreckers
4. Handrückenband
5. Äußere Zwischenknochen-
   muskeln

5 a. deren Sehne

6. Daumenanzieher
7. Fingerbeuger
8. Hohlhandsehne
9. Ellenbeugersehne
10. Langer Daumenstrecker
11. Kurzer Daumenstrecker
12. Langer Daumenabzieher
13. Kurzer Daumenabzieher
14. derselbe von vorne
15. Kurzer Daumenbeuger
16. Fingerabzieher
17. Regenwurmmuskel
18. Kleinfingerabzieher
19. Kurzer Kleinfingerbeuger
20. Ringband
21. Speichenbeuger
22. Ellenbeuger
23. Ellenstrecker (Sehne)
24. Kleinfingerstrecker
25. Fingerstrecker
26. Kurzer Speichenstrecker
    (Sehne)
27. Langer Speichenstrecker
    (Sehne)
28. und

28 a. Fingeranzieher

29. Abzieher des Kleinfingers

Tafel 30

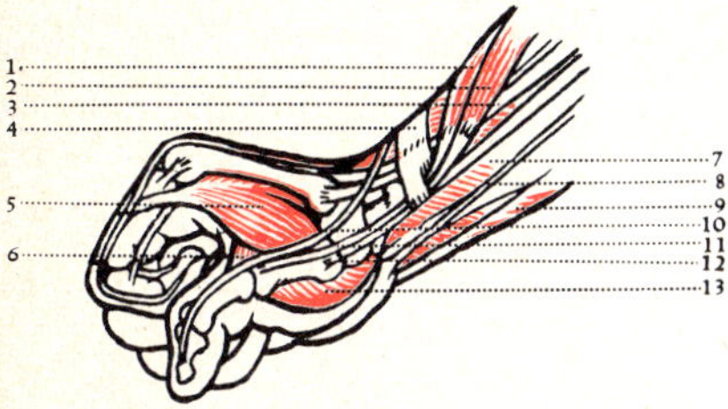
1
2
3
4
5
6
7
8
9
10
11
12
13

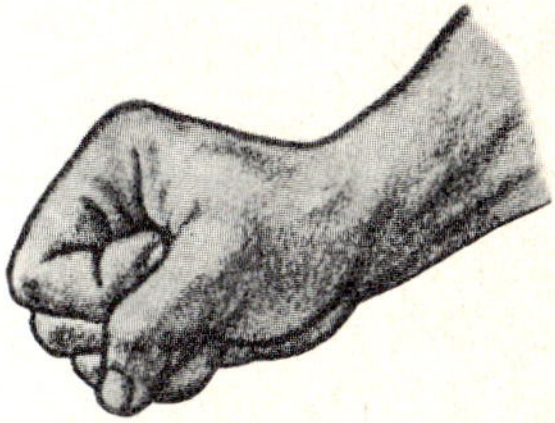

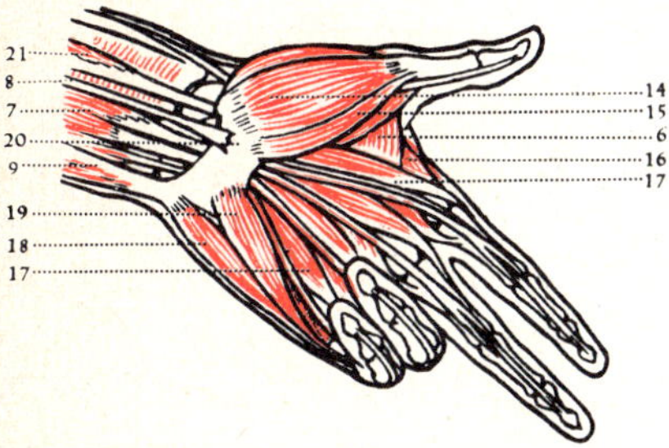
21
8
7
20
9
19
18
17
14
15
6
16
17

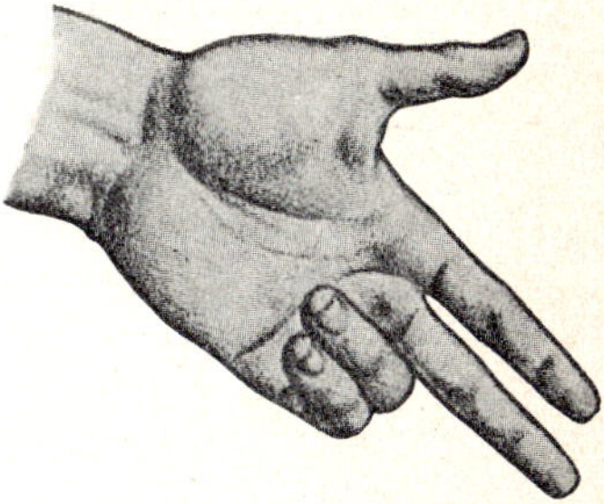

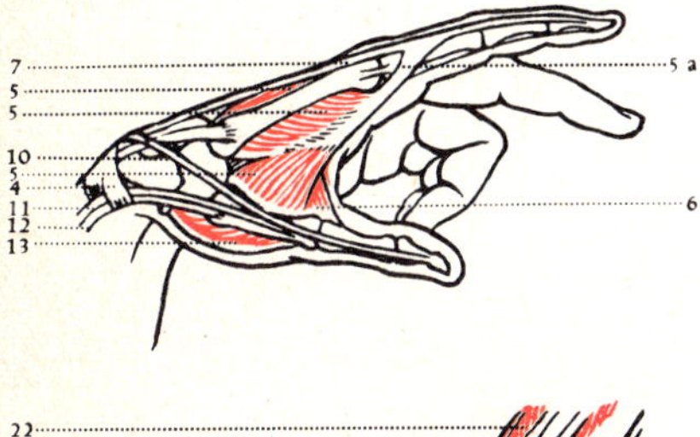
7
5
5
10
5
4
11
12
13
5 a
6

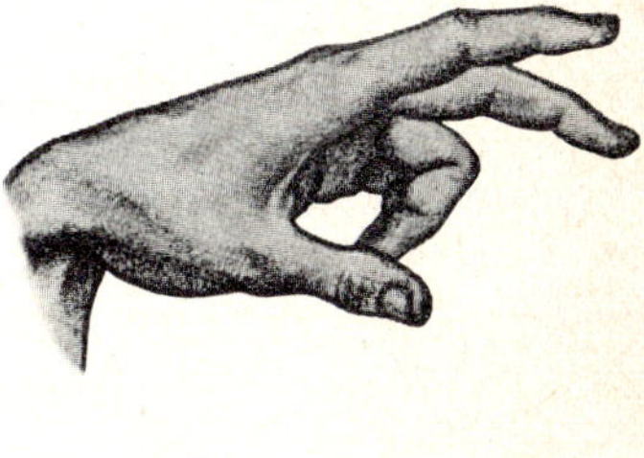

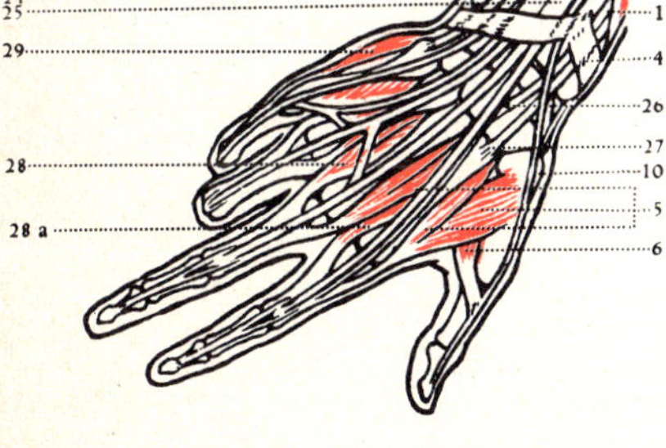
22
23
24
25
29
28
28 a
1
4
26
27
10
5
6

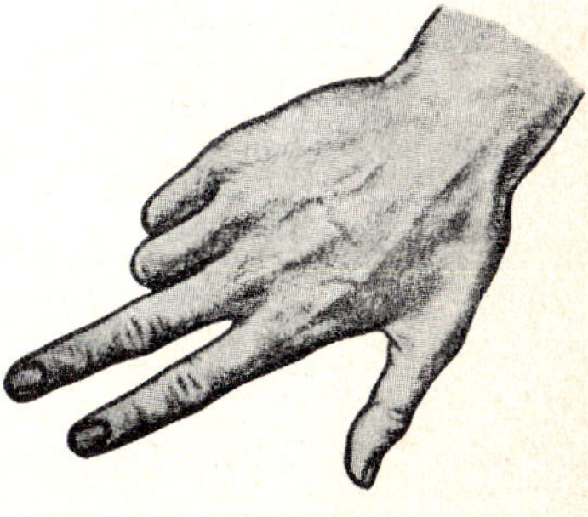

Tafel 31

Knie von vorne, innen und außen

1. Sehne des Dreiköpfigen Unterschenkelstreckers
2. Kniescheibe
3. Kniescheibenband
4. Schienbeinhöcker
5. Äußerer und

5 a. Innerer Knorren

6. Kapselfett
7. Gemeinsamer Zehenstrecker
8. Langer Wadenbeinmuskel
9. Großer Schienbeinmuskel
10. Zweiköpfiger Wadenmuskel
11. Schollenmuskel
12. Dreiköpfiger Unterschenkelstrecker (mittlerer)
13. Äußerer und
14. Innerer Kopf
15. Schenkelbinde
16. Zweiköpfiger Schenkelbeuger
17. Schneidermuskel
18. Schlanker Muskel
19. Halbhäutiger Muskel
20. Halbsehniger Muskel
21. Gänsefuß
22. Schienbein
23. Wadenbeinköpfchen

Tafel 31

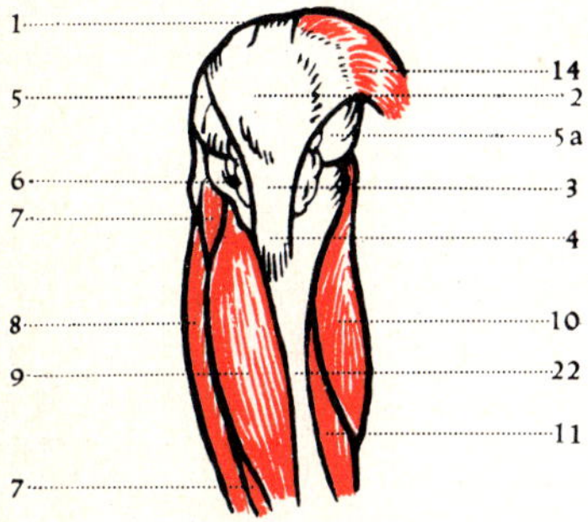

1
14
5
2
5 a
6
3
7
4
8
10
9
22
11
7

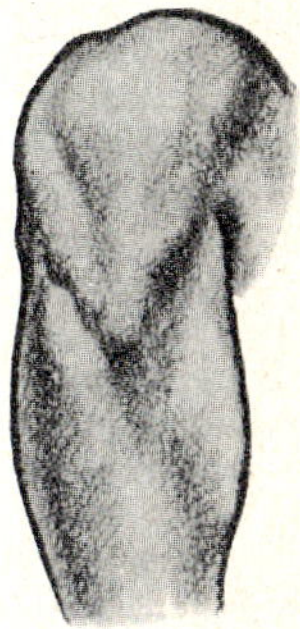

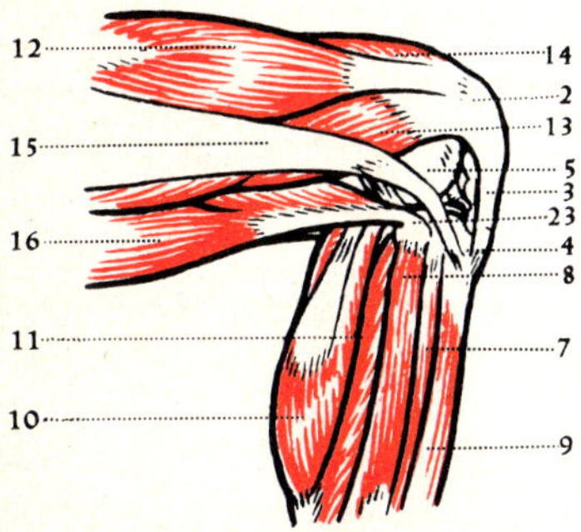

12
14
2
13
15
5
3
23
16
4
8
11
7
10
9

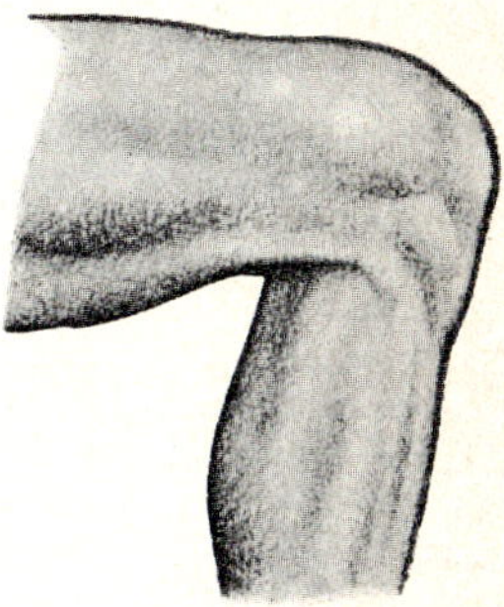

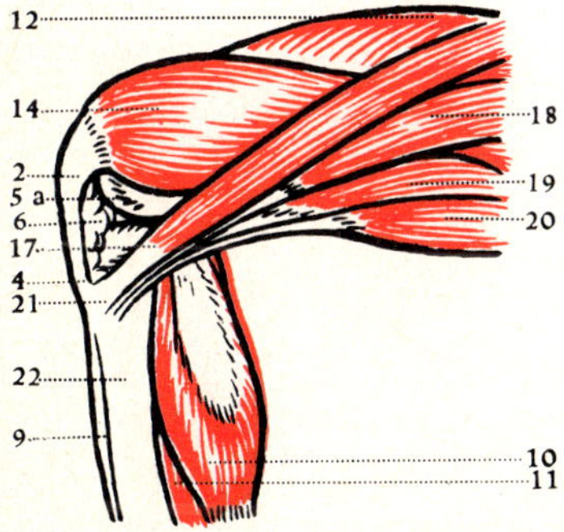

12
14
18
2
5 a
19
6
20
17
4
21
22
9
10
11

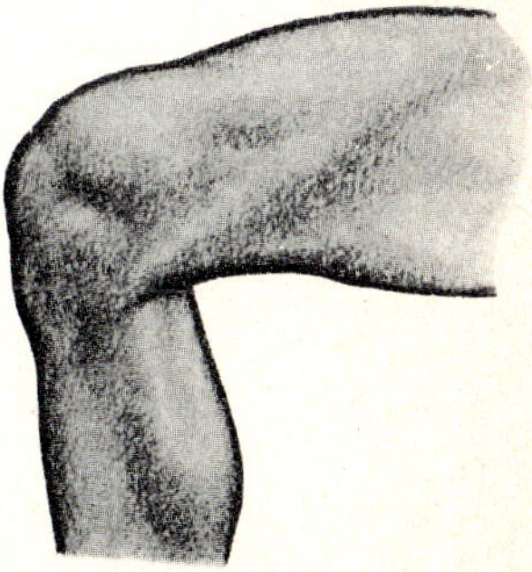

Tafel 32

Fuß in verschiedenen Stellungen

1. Wadenbeinmuskel
2. Langer Zehenstrecker (Sehne)
3. Langer Großzehenstrecker (Sehne)
4. Vorderer Schienbeinmuskel (Sehne)
5. und
5 a. Ringband
6. Kurzer Wadenbeinmuskel (Sehne)
7. Dritter Wadenbeinmuskel (Sehne)
8. Gemeinsamer kurzer Zehenstrecker
9. Abzieher der kleinen Zehe
10. Kurzer Großzehenstrecker
11. Zwischenknochenmuskel
12. Inneres Seitenband
13. Hinterer Schienbeinmuskel
14. Abzieher der Großzehe
15. und
15 a. Langer Wadenbeinmuskel (Sehne)
16. Kurzer Wadenbeinmuskel (16 a. Sehne)
17. Achillessehne
18. Gemeinsamer kurzer Zehenstrecker
19. Langer Großzehenbeuger
20. Gemeinsamer langer Zehenbeuger

Tafel 32

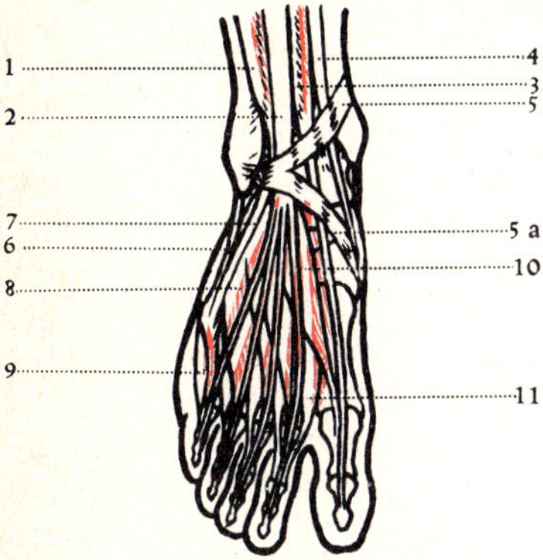
1
2
7
6
8
9
4
3
5
5 a
10
11

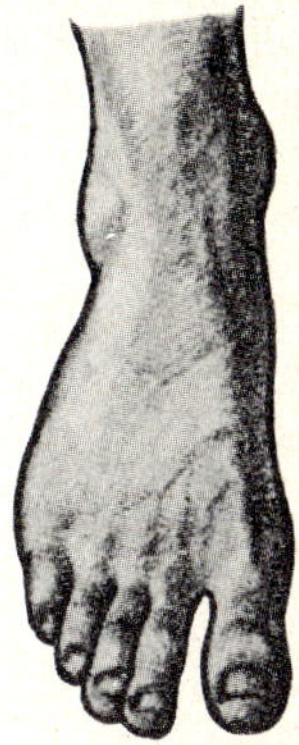

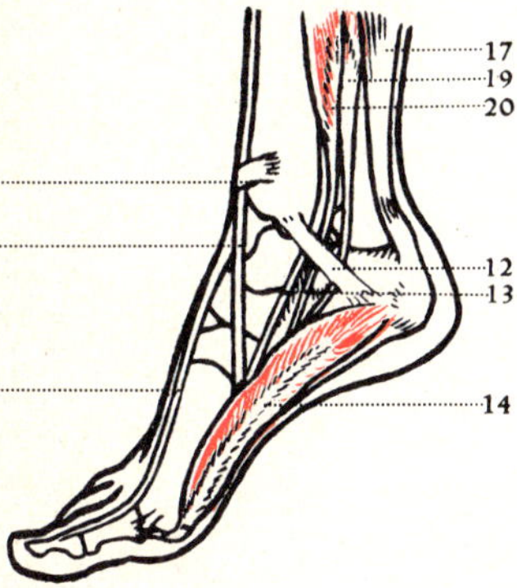
17
19
20
5
4
12
13
3
14

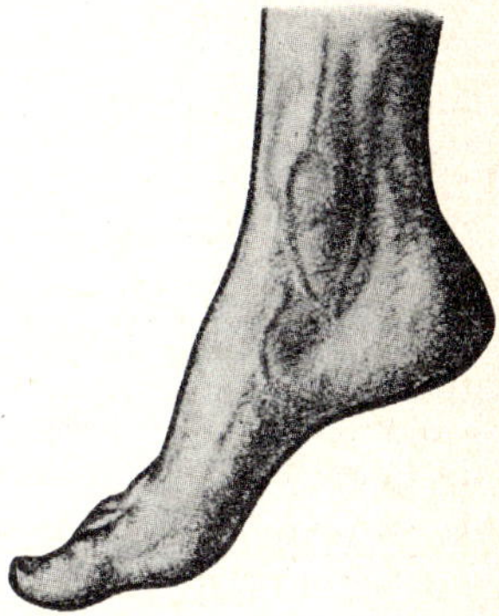

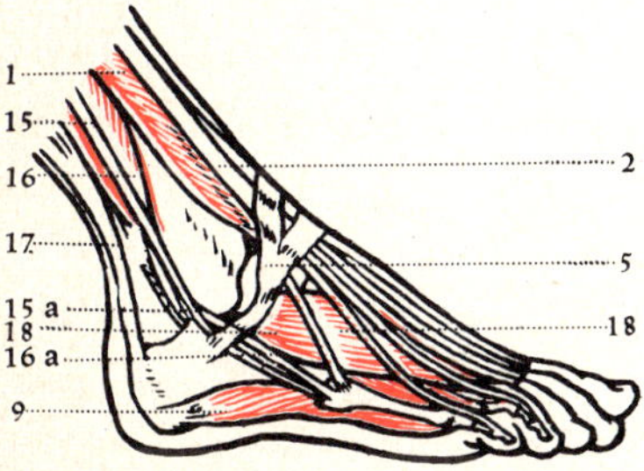
1
15
16
17
15 a
18
16 a
9
2
5
18

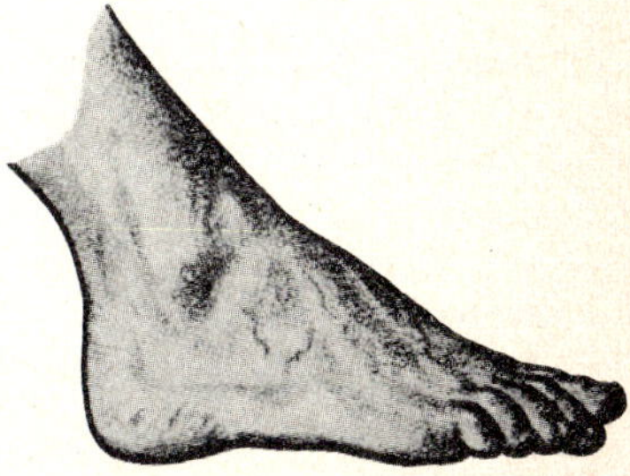

Register

Lyrik vom Barock bis zur Goethezeit

Interpretation von
Michael Hofmann und Thomas Edelmann

Oldenbourg

Zitate sind halbfett gekennzeichnet.

Die Deutsche Bibliothek – CIP-Einheitsaufnahme
Hofmann, Michael:
Lyrik vom Barock bis zur Goethezeit / Michael Hofmann ;
Thomas Edelmann. Hrsg.: Klaus-Michael Bogdal ;
Clemens Kammler. – München : Oldenbourg-Schulbuchverl., 2002
(Oldenbourg-Interpretationen ; Bd. 95)
ISBN 3-486-88697-5

Bei den Zitaten, Gedichten, Literaturangaben und Materialien im Anhang ist die neue Rechtschreibung noch nicht berücksichtigt.

1. Auflage 2002
Druck 06 05 04 03 02
Die letzte Zahl bezeichnet das Jahr des Drucks.

Umschlagkonzept: Mendell & Oberer
Typografisches Gesamtkonzept: Gorbach GmbH, Buchendorf
Lektorat: Ruth Bornefeld, Annabella Beyer
Herstellung: Almut Richter
Satz: jürgen ullrich typosatz, Nördlingen
Druck: Appl, Wemding

ISBN 3-486-**88697**-5

Inhalt

Einführung

Die vorliegende Darstellung zur deutschen Lyrik vom Barock bis zur Goethezeit bietet einen Überblick über einen langen und von sehr heterogenen Tendenzen bestimmten Zeitraum. Zwischen dem Dreißigjährigen Krieg und dem Zeitalter Napoleons ist vieles geschehen; insbesondere haben sich die Grundzüge dessen entwickelt, was wir heute als den Beginn der Moderne bezeichnen.

Die Aufklärung und die Französische Revolution sind geprägt von dem Versuch, alle Lebensverhältnisse, insbesondere natürlich die politischen Zustände, nach den Maßstäben der Vernunft und der Selbstbestimmung zu verändern. Das Bürgertum tritt hervor mit dem Anspruch, an die Stelle einer Autorität von Gottes Gnaden das Naturrecht und die Volkssouveränität zu setzen. Nicht mehr die Einbindung des Einzelnen in metaphysische, religiöse oder ständestaatliche Ordnungen prägt das Selbstverständnis des Menschen, sondern dessen Anspruch auf Emanzipation, Mündigkeit und Glücksstreben. Dass die emanzipatorischen Ansprüche des aufgeklärten Subjekts in eine Unterdrückung der Natur, des Weiblichen und der außereuropäischen Gesellschaften umzuschlagen drohte, war schon Thema der Literatur und Publizistik des späten achtzehnten Jahrhunderts. So wird die Modernisierung immer schon von einem Prozess der Selbstkritik begleitet, der sich insbesondere im geschriebenen Wort artikulierte. Bei aller Kritik an Aufklärung, Moderne und Fortschritt, die sich angesichts der Krisen unserer Zeit geradezu von selbst versteht – man vergegenwärtige sich die Chiffren Auschwitz, Hiroshima und Tschernobyl um zu ermessen, wie sehr wir die Ambivalenz des Fortschritts erfahren haben! – sind wir die Erben eines Modernisierungsprozesses, der neben der ›Wonnen‹ des Individualismus, der Emanzipation und der kollektiven Verbrüderung auch zu Verdinglichung, Vereinzelung und Entfremdung geführt hat.

Wenn wir die Geschichte der deutschsprachigen Lyrik in ihren groben Umrissen betrachten, so zeigt sich unsere enge Verbindung zu den Grundpfeilern des modernen Selbstverständnisses darin, dass unser spontanes, unreflektiertes Verhältnis von Lyrik überhaupt eng mit einer bestimmten historischen Ausrichtung dieses Phänomens verbunden ist: mit der Erlebnislyrik, die im Sturm und Drang, der Zeit des jungen Goethe, zum beherrschenden Paradigma wird. Die Vorstellung, dass sich in einem Gedicht die individuellen Erfahrungen eines einzelnen Subjekts mehr oder weniger unmittelbar aussprechen, beherrscht noch heute häufig das Verständnis von Lyrik. Dieses Denken verbindet sich bisweilen mit einem dezidierten Irrationalismus, nämlich mit der Idee, das Gedicht artikuliere auf einer emotionalen Ebene etwas, das der rationalen Artikulation nicht fähig sei, und beruht auf einer historisch sehr wirkmächtigen Interpretation eines geschichtlichen Moments, dem im Selbstverständnis deutscher Kultur lange Zeit eine überragende Bedeutung zugesprochen wurde. Gegenüber einer solchen Haltung, die viel mit der bürgerlichen Klassikerverehrung des neunzehnten Jahrhunderts zu tun hat, nehmen wir heute eine weitaus nüchternere Haltung ein, die uns zwar keineswegs daran hindert, die Gedichte des jungen Goethe als herausragende Texte der deutschen Literatur anzusehen, die sich aber weigert, diese als überzeitliche und einmalige Phänomene zu verstehen, ohne eine historische Betrachtung zu berücksichtigen.

Auch die ›Erlebnislyrik‹ zu historisieren und ihr Entstehen in einen geschichtlichen Prozess einzubinden, ist die Aufgabe einer Geschichte der deutschen Lyrik, die im Übrigen keineswegs der Meinung Vorschub zu leisten hat, deren Entwicklung hätte *notwendigerweise* zu diesem Meilenstein führen müssen. Die Geschichte der deutschen Lyrik des siebzehnten und achtzehnten Jahrhunderts ist keineswegs nur *Vorgeschichte* der Gedichte Goethes und ein wesentliches Ziel der vorliegenden Darstellung besteht darin, die Vielfalt lyrischer Formen vorzuführen, die uns aufgrund der zeitlichen und weltanschaulichen Distanz notwendigerweise fremd sind, die uns aber helfen können, das uns Vertraute – und dies mag bei den Älteren schon Goethe sein – besser zu verstehen.

Vor diesem Hintergrund ist es wichtig darauf zu verweisen, dass die uns vertraute Einteilung der literarischen Gattungen in Dramatik, Epik und Lyrik kein überzeitliches Klassifizierungsmuster darstellt, sondern selbst ein historisches Ergebnis einer Entwicklung ist, die im späten achtzehnten Jahrhundert eigentlich erst begann. ›Lyrik‹ als eigene Gattung oder gar ›Lyrisches‹ als eine spezifische Ausdrucks- und Erlebnisweise der Dichtung (wie sie der Philosoph Hegel im frühen neunzehnten und der Germanist Staiger im zwanzigsten Jahrhundert beschrieben haben) war den Autoren und den Lesern des siebzehnten und achtzehnten Jahrhunderts unbekannt, und wenn es natürlich trotzdem bereits Gedichte gab, so ist dies ein Zeichen dafür, dass diese unter anderen Gesichtspunkten konzipiert und gelesen wurden als dies im Lichte der genannten Bestimmungen der Fall ist. Es wird zu zeigen sein, dass Gedichte nicht im Sinne eines starren Konzepts der Erlebnislyrik nur subjektive Befindlichkeiten ausdrücken sollten, dass vielmehr weltanschauliche, politische, religiöse, soziale und andere Inhalte im Gedicht in einer jeweils spezifischen Form thematisiert werden konnten.

Die Erlebnislyrik des Sturm und Drang ist demgegenüber das Ergebnis einer Entwicklung, die mit den skizzierten Tendenzen der Aufklärung und der allgemeinen Modernisierung und mit einer umfassenden ›Kulturrevolution‹ (Fredric Jameson) im Zusammenhang stehen. Wie sich die Artikulation individueller Empfindungen mit der Vorstellung einer Autonomie der Literatur verbindet, ist das Ergebnis einer Entwicklung, die mit der Stärkung des autonomen Subjekts, aber auch mit einer charakteristischen Handlungshemmung des Bürgertums zu tun haben – wodurch Lyrik auch als Kompensationsmittel für die fehlenden gesellschaftlichen Aktionsmöglichkeiten erscheint.

Gerade durch den Kontrast zu solchen Formen der Emanzipation des Individuums ist aber die Lyrik des siebzehnten und (der ersten beiden Drittel des) achtzehnten Jahrhunderts von besonderem Interesse. Die Lyrik des siebzehnten Jahrhunderts bildet den Anschluss der deutschen Entwicklung an ein europäisches Stil- und Formenrepertoire, das sich im Zeitalter der Renaissance gebildet hat. Gelehrte Poesie, die in höfische Zusammenhänge eingebunden ist, wird mit Opitz auch in Deutschland zum vorherrschenden Muster. Eine solche Poesie ist in erster Linie rhetorisch bestimmt; sie trägt keine realistischen Züge, sondern befolgt vorgegebene Muster, die der jeweilige Poet in gekonnter Manier auszufüllen hat – woraus sich ergibt, dass Originalität und Authentizität keine relevanten Kriterien zur Bewertung solcher Texte darstellen. Klassizistisch ist Opitz' Stilideal, das in dieser Hinsicht noch im achtzehnten Jahrhundert – bei Gottsched, bei Wieland – Zustimmung findet. Es ist unbestritten, dass auch Goethe und Schiller aus dem Reservoir von Formen und Motiven schöpften, das Opitz für die deutsche Literatur verbindlich gemacht hat. Unterdrückt wurde durch diese gelehrte Option freilich eine volkstümliche, realistische und gesellschaftskritische Literatur, die es vor allem in der Reformationszeit sehr wohl gegeben hatte. Es überwiegt der Anspruch die deutsche Volkssprache auf das Niveau der anderen europäischen Literatursprachen (Französisch, Italienisch, Spanisch, Niederländisch) anzuheben. Die bekannten ›barocken‹ Motive von der Eitelkeit und Vergänglichkeit alles Irdischen sind beileibe nicht die einzigen Inhalte, die in der Lyrik des siebzehnten Jahrhunderts behandelt werden; arkadische und erotische Motive sind mindestens genauso häufig vertreten und stehen für die diesseitige Orientierung der Renaissance-Kultur.

Das siebzehnte Jahrhundert ist aber gerade in Deutschland kein Zeitalter einer ungezwungenen Leichtigkeit des Seins, einer uneingeschränkten Freude an den Möglichkeiten und Fähigkeiten des Menschen; vielmehr bringt die gesellschaftliche Realität des Dreißigjährigen Krieges Tod und Elend, Not und Verwüstung. Und so wurde Andreas Gryphius mit seinen berühmten Sonetten, die sich mit der Vergänglichkeit alles Irdischen, aber auch ganz konkret mit dem Elend des Volkes beschäftigen, zum repräsentativen Vertreter der barocken Lyrik – wobei die Intensität der Klage die klassizistischen Impulse von Opitz' Poetik zu überwinden beginnt.

Neben eine solchermaßen ›engagierte‹ Dichtung tritt freilich die Lyrik im Stil des spätbarocken Manierismus, die sich als ein artistisches Spiel mit den rhetorischen Möglichkeiten der deutschen Sprache präsentiert und jeglichen Bezug zur empirischen Realität zu verlieren scheint. Wenn ein moralisch-pragmatisches Urteil Hoffmanswaldau oder Lohenstein als Vertreter eines unverantwortlichen und eskapistischen Ästhetizismus zu verurteilen neigt, so ist freilich aus heutiger Sicht darauf zu verweisen, dass die virtuose Sprachbeherrschung dieser Poeten auch Respekt verdient und dass der rhetorische Überschwang sicherlich auch die Funktion hatte, die Möglichkeiten einer dichterischen Behandlung der deutschen Sprache zu demonstrieren.

Die Lyrik des achtzehnten Jahrhunderts im Zeitalter der Aufklärung distanziert sich tendenziell von einem rein rhetorischen Verständnis der Dichtung. Wenn sie mit der *Critischen Dichtkunst* Gottscheds an dem klassizistischen Poesieverständnis Opitz' anknüpft, so setzt sie doch einen ganz neuen Akzent, indem sie die Hervorbringungen der Dichtung an den Maßstäben einer rationalistisch verstandenen Vernunft misst. Brockes demonstriert den Übergang vom Barock zur Frühaufklärung, wenn in seinen Gedichten die Erscheinungen der Natur die Herrlichkeit des Schöpfers und seiner Schöpfung vor Augen führen und damit ein dezidierter Schritt zu einer diesseitigen Perspektive getan ist. Haller versucht im philosophischen Lehrgedicht die Rationalität einer ›wissenschaftlichen‹ Argumentation in einer poetischen Darlegung zu erreichen. Hagedorn und Gleim verwenden anakreontische und idyllische Muster im Sinne einer eindeutigen Option für die innerweltliche (Sinnen-)Freude und das Lob bürgerlicher Praxis.

Besonders der *Rokoko-Klassizismus* Hagedorns (der als Folge eines vorherrschenden ›Tiefsinns‹ in seiner poetischen und ›ideologischen‹ Offenheit noch lange nicht genug gewürdigt wurde) ist durch eine charakteristische Zwischenstellung gekennzeichnet: Einerseits steht er in der Formentradition von Humanismus und Renaissance, die er durch die Übernahme rhetorischer Muster und tradierter Motive bedient; andererseits ist seine Absicht klar zu erkennen, bürgerliches Selbstbewusstsein durch eine anschauliche Darstellung empirischer Gehalte zu fördern. Die beherrschende Figur der Aufklärungslyrik ist aber noch vor Hagedorn Friedrich Gottlieb Klopstock, dem es gelingt, die Intensität lyrischen Sprechens durch die Verbindung von religiöser Sprache und der Darstellung psychischer Vorgänge zu steigern. Mit dem **typisierten Ausdruck mensch-**

licher Subjektivität führt Klopstock die deutsche Lyrik in neue Dimensionen und gleichzeitig ist er in der Lage, in seinen Zeitgedichten politische Ereignisse wie die Entwicklung der Französischen Revolution in eindrucksvoller Art darzustellen.

Mit der Lyrik des jungen Goethe beginnt dann eine neue Bewegung: Der Sturm und Drang, der sich auf Klopstock beruft, aber weit über ihn hinausgeht, artikuliert individuelle Erfahrungen bürgerlicher (männlicher) Individuen und gelangt zu einer neuen Dimension des Naturverständnisses, aber auch der Liebeslyrik. Anhand der aktuellen Forschung ist aber zu zeigen, dass sich in den Gedichten des jungen Goethe das neue Weltverhältnis nicht als eine sichere Eroberung zeigt, sondern als eine prekäre und bedrohte Konstellation. Der Dichter der *Leiden des jungen Werthers* verkündet keine neue Heilslehre, sondern die ekstatische Erfahrung eines jungen Bürgers, der seine gesellschaftliche Ohnmacht in problematischen Fantasien kompensiert. Dabei gelingen sicherlich eindrucksvolle poetische Gebilde. Unsere Darstellung zeigt aber gerade in der Einbindung der Lyrik des jungen Goethe in die zeitliche Chronologie des Vorher und Nachher, dass der Subjektivismus des Sturm und Drang einerseits auch in eine Entwicklung lyrischen Sprechens eingebunden war. Andererseits konnte er aber nicht modellbildend wirken, weil sehr schnell die Notwendigkeit sichtbar wurde, die rebellierende Subjektivität formal und inhaltlich zu binden.

Dies zeigt die Lyrik der Weimarer Klassik. Vor allem Goethes Gedichte der ersten Weimarer Zeit belegen das Bedürfnis ihres Autors, die überbordende Subjektivität in ethische und religiöse Zusammenhänge einzufügen. Die Gedankenlyrik Schillers, die aus den spezifischen Erfahrungen des Jüngeren mit seinem eigenen Sturm und Drang hervorgegangen ist, zeugt ebenfalls von der Absicht, in der Utopie des Ästhetischen die Widersprüche der eigenen Zeit zu überwinden, die sich aus der Entzweiung zwischen den Ansprüchen des bürgerlichen Individuums und den tatsächlichen Zuständen der Epoche ergibt. Goethe und Schiller treffen sich in dem neuen Klassizismus der *Weimarer Klassik*, der gegenüber den historischen Formen des Klassizismus (etwa bei Opitz, Gottsched und Hagedorn) die Ansprüche der Subjektivität und Innerlichkeit, die der Sturm und Drang eindrucksvoll artikuliert hatte, zu bewahren vermag und somit ganz neue Dimensionen erschließt.

Die Zusammenarbeit von Goethe und Schiller zeigt sich unter anderem in der gemeinsamen Arbeit an verschiedenen Balladen. Bei aller Betonung einer mühsam gewonnenen Übereinstimmung zeigen sich in der Interpretation dieser Texte freilich auch die unterschiedlichen Orientierungen der beiden Dichter. Schiller verwendete die popularisierende poetische Form im Anschluss an die Dichtungsvorstellungen der Aufklärung bei aller ästhetischen Durchformung primär zur Propagierung außerliterarischer (durchaus moralischer) Lehren. Goethe zeigt dagegen besonders seine Fähigkeit, Stimmungen und spezifische Situationen anschaulich zu vermitteln und in einer gewissen poetischen Vieldeutigkeit zu belassen.

Die Sonderstellung Goethes in der Geschichte der deutschen Lyrik manifestiert sich in Meisterwerken, die sich jeder konventionellen Erwartung entziehen: so in der Verbindung von individuellem Erleben, erotischer Schilderung und klassischem Kunstverständnis in den *Römischen Elegien* und in der bedeutendsten Gedichtsammlung des Spätwerks, dem *West-östlichen Divan*. Im souveränen artistischen Spiel mit tradierten Formen und Motiven der europäischen wie der asiatisch-orientalischen Literatur wird das poetische Genie Goethes sichtbar, das in dieser Hinsicht mit den Manieristen konkurrieren könnte. Gleichzeitig zeigt seine orientalisierende Liebeslyrik einen hohen Grad an Expressivität und Intensität, der an die Erhebungen des Sturm und Drang denken lässt. Eine ungewöhnliche Synthese bieten somit die Gedichte des *Divan*, indem sie sowohl die Bedeutung von Tradition und Intertextualität als auch den Stellenwert der originellen Erfindung demonstrieren. Diesen Reichtum an Formen, Konzepten und Positionen bietet auch die gesamte deutsche Lyrik des siebzehnten und achtzehnten Jahrhunderts, deren Vielfalt die folgenden Ausführungen zu skizzieren suchen.

Ausdrücklich sei betont, dass die vorliegende Darstellung keinen Anspruch auf Vollständigkeit erhebt. Vielmehr legen wir Wert auf eine exemplarische Darstellungsweise, welche den Stellenwert des jeweiligen Textes in der hier skizzierten historischen Entwicklung bestimmt. Dass Texte von Goethe zahlenmäßig den größten Rang einnehmen, beruht nicht auf einer unkritischen Klassikerverehrung, sondern hängt mit der Erfahrung zusammen, dass seine Gedichte auch heutigen (gerade jüngeren) Rezipienten noch in besonderem Maße zugänglich sind. Dennoch ist es von entscheidender Bedeutung, auch Goethes Leistungen im Rahmen einer historischen Entwicklung zu sehen, als deren zweifellos herausragendes Glied seine lyrische Produktion erscheint. Das Bewusstsein für diese historische Entwicklung zu schärfen ist die Absicht dieses Buches.

1 Die Lyrik des siebzehnten Jahrhunderts

1.1 Überblick

Die Literatur des siebzehnten Jahrhunderts wird nach einem allgemeinen Konsens auch als die Literatur des Barock bezeichnet, obwohl diese Zuordnung umstritten und auch nicht in Bezug auf alle Aspekte dieser Periode zutreffend ist. Der Begriff stammt vom portugiesischen *BAROCCO* (= schiefrunde Perle), der im französischen Sprachraum des sechzehnten Jahrhunderts in die Sprache der Juweliere übernommen wurde (*BAROQUE*). Er bezeichnet also ursprünglich **etwas Unangemessenes und Schiefes, Schwülstiges oder Exzentrisches**[1], was darauf verweist, dass der Stil des siebzehnten Jahrhunderts in der klassizistischen Orientierung einer späteren Periode als übertrieben und normwidrig angesehen wurde. So lehnte eine an einem restriktiv interpretierten Normideal der Weimarer Klassik orientierte Literaturbetrachtung die vermeintliche ›Unform‹ des Barock nachdrücklich ab. Eine positivere Bewertung der Epoche ergab sich erst gegen Ende des neunzehnten Jahrhunderts und sie ging von der Kunstgeschichte aus. Kunsthistoriker wie Heinrich Wölfflin (1864–1945) rechtfertigten den antiklassizistischen Aspekt eines so definierten Barockstils dadurch, dass sie eine antithetische Entwicklung geschlossener und offener Formen postulierten (*RENAISSANCE UND BAROCK*, 1888; *KUNSTGESCHICHTLICHE GRUNDBEGRIFFE*, 1915). Und die Zeit des Expressionismus erkannte in der Periode des Barock eine verwandte Epoche:

> **Die Entdeckung des Barock traf [...] in eine durch Krieg und Revolution, Hunger und Verarmung gesellschaftlich erschütterte und seelisch aufgewühlte Zeit, der die Kriegsnot und die Wehklage, die philosophische Grübelei und die religiöse Schwärmerei des 17. Jahrhunderts vertraut erscheinen konnte.**[2]

Diese Hinwendung zu einer anti-klassizistischen Vorliebe für die Epoche des Barock konnte freilich auch irrationalistische und nationalistische Züge annehmen. Wegweisend erscheinen dagegen auch heute noch die Anregungen Walter Benjamins, der in seiner (abgelehnten) Habilitationsschrift *URSPRUNG DES DEUTSCHEN TRAUERSPIELS* den anti-klassizistischen Charakter der barocken Allegorie herausstellte und darüber hinaus die kritischen Implikationen dieser Einsicht in überzeugender Weise zu illustrieren wusste.

Die Problematik der Anwendung des Barock-Begriffs auf die Literatur des siebzehnten Jahrhunderts liegt jedoch nicht nur in dessen schillerndem

Gehalt, sondern auch in der Tatsache, dass die literarischen Strömungen und Texte gar nicht alle dem so pointiert definierten Verständnis von *Barock* entsprechen. Es lässt sich vielmehr eine breite klassizistische Strömung erkennen, die in der Poetik von Martin Opitz (1597–1639) ihren repräsentativen Vertreter findet. Wenn wir uns trotzdem der Konvention anschließen, die Literatur des siebzehnten Jahrhunderts formelhaft als die Literatur des Barock zu bezeichnen, so geschieht dies mit dem Blick darauf, dass es sich hier lediglich um eine Sprachregelung und nicht um eine essenzialistische Wesensbestimmung handelt:

> **Dank der Arbeit am Gegenstand, die in den letzten Jahren geleistet wurde, kann der, der heute *Barock* sagt, die Assoziationen eines viel komplizierter strukturierten semantischen Feldes hervorrufen, setzt er sich nicht mehr zwangsläufig dem Vorwurf aus, in der homogenisierenden und pauschalisierenden Art und Weise zu denken, in der die deutsche Geistesgeschichte ihre Epochenbegriffe modelliert hat.[3]**

Die Anerkennung der klassizistischen Strömung des siebzehnten Jahrhunderts ermöglicht auch die unabdingbare Integration der deutschen Literaturentwicklung in die europäische. Während nämlich bestimmte Vertreter der geistesgeschichtlichen Forschung zu Beginn des 20. Jahrhunderts dazu neigten, den barocken Stiltypus mit seiner Grundkategorie des ›Malerischen‹ einer nordischen oder germanischen Mentalität zuzuordnen[4], betont die neuere Forschung, dass der Ausgangspunkt der deutschen Literatur des siebzehnten Jahrhunderts in der *europäischen* Formtradition von Humanismus und Renaissance liegt. Deshalb seien selbst die Beschwörung der Eitelkeit alles Irdischen oder die schwülstige Verwendung ausgesuchter Metaphern im Kontext einer übernationalen Entwicklung zu betrachten. Grundlegend für alle Texte der Literatur des siebzehnten Jahrhunderts ist damit auch ein rhetorischer Grundzug, der jede Form der lyrischen Rede als die Ausschmückung eines vorgegebenen Schemas begreift und somit die Interpretation von Gedichten über die Kategorie des Erlebnisses fragwürdig macht.

Martin Opitz verfolgte in seinem *Buch von der deutschen Poeterey* (1624) das Ziel den Anschluss einer deutschen Dichtersprache an die Entwicklung der führenden europäischen Literatursprachen voranzutreiben. Er stellte sich damit eine ähnliche Aufgabe wie die zahlreichen Sprachgesellschaften des siebzehnten Jahrhunderts. Ausgehend von der ›Fruchtbringenden Gesellschaft‹, dem so genannten ›Palmen-Orden‹ zu Weimar, bildeten sich unter anderem in Nürnberg, Straßburg, Lübeck und Königsberg Vereinigungen, in denen sich Adelige und bürgerliche Gelehrte und Schriftsteller um die Förderung der deutschen Sprache bemühten. Opitz empfahl die Anknüpfung an europäische Dichtungstraditionen, wie sie in der Literatur der Renaissance und des Humanismus, nicht zuletzt auch in der neulateinischen Dichtung, vorhanden waren. Am einflussreichsten erwiesen sich in diesem Zusammenhang die Schäferdichtung und der Petrarkismus, eine Form der Liebesdichtung, die platonische Elemente aufwies und das Lob der Geliebten, aber auch die Klage über die Zurückweisung durch sie als wesentliche Elemente beinhaltete. Im Bereich der deutschen Poesie erschien Opitz die Überlieferung des Minnesangs einer Anknüpfung würdig, nicht aber die Literatur des sechzehnten Jahrhunderts mit ihrer satirischen und zum Teil ›grobianischen‹ Tradition. Speziell in der Lyrik wandte sich Opitz gegen die handwerklich gebundene Tradition des Meistersangs. Das Interesse an einer Kultivierung und Anhebung der deutschen Dichtersprache auf ein europäisches Niveau bedingte eine Ablehnung volkstümlicher, realistischer und gesellschaftskritischer Elemente und eine Koalition zwischen gelehrter Poesie und aristokratischer Formkultur.

Der freie und derbe Knittelvers, der einen unregelmäßigen Wechsel von Hebungen und Senkungen (und insbesondere mehrere Senkungen nach einer Hebung) aufwies, wurde von Opitz abgelehnt. In der Verslehre wirkte er dadurch traditionsbildend, dass er sich für den alternierenden Vers und insbesondere für den Jambus einsetzte. Die Übertragung romanischer Formen auf die deutsche Literatur zeigt sich in Opitz' Bevorzugung des Sonetts und des Alexandriners, eines jambischen Sechshebers mit einer Zäsur nach der dritten Hebung, der bis weit ins achtzehnte Jahrhundert hinein zu einem der geläufigsten deutschen Versmaße wurde.

Der Klassizismus von Opitz' weist noch nicht solche Züge auf, die in einem engeren Sinne als barock zu bezeichnen sind: Weder optiert er auf der inhaltlichen Ebene für eine Dichtung, die ein dualistisches Weltbild vertritt, die Vergänglichkeit des Irdischen betont und auf die Erlösung des Menschen im Jenseits hofft, noch zeigt sich eine manieristische Tendenz, die auf ein sich verselbstständigendes Spiel mit den tradierten Motiven und Formen setzt. Und doch ist zu erkennen, dass die großen weltanschaulichen Gedichte Gryphius' sich der Form des Sonetts und des Alexandriners bedienen; und doch ist offensichtlich, dass die manieristischen Experimente Hoffmannswaldaus und Lohensteins auf dem Fundament von Opitz' Poetik aufbauen. Opitz' eigene Position ist in Theorie wie in dichterischer Praxis keineswegs originell. Während seine Poetik geradezu als eine Kompilation europäischer Vorbilder anzusehen ist, geht es ihm in seinen Gedichten darum, für die tradierten Formen der europäischen Literatur eine geeignete literarische Sprache zu finden. Opitz' Stilideal ist dabei die Klarheit und Eleganz der Diktion, die sich jedes Pathos und jeder stilistischen Bemühtheit enthält (und insofern der Klischeevorstellung des ›barocken Menschen‹ in eklatanter Weise widerspricht). Es verwundert nicht, dass die Wendung der Aufklärung gegen den barocken ›Schwulst‹ bei Opitz anknüpfen konnte, der etwa von Johann Christoph Gottsched (1700–1766) in der *Critischen Dichtkunst* von 1720 lobend erwähnt wurde. Und es erscheint auch folgerichtig, dass der Sturm und Drang als eine anti-klassizistische Bewegung, der es um die möglichst unmittelbare Wiedergabe von Gefühlen und persönlichen Einstellungen ging, den Versuch unternahm, die normativen Entscheidungen Opitz' zurückzunehmen, was sich in der Option für freie Rhythmen (und in der Wiederaufnahme des Knittelverses, zum Beispiel in den Eingangsversen des *Faust*) manifestierte.

Lyrik kann im Verständnis von Opitz und seiner Zeit folgerichtig nicht der möglichst ungekünstelte Ausdruck authentischer subjektiver Empfindung sein. Gedichte sind vielmehr kürzere poetische Gebilde, die in einem bestimmten Traditionszusammenhang stehen und häufig anlässlich bestimmter Anlässe vorgetragen werden. *Gelegenheitsdichtung* in einem gesellschaftlichen und repräsentativen Sinne erscheint als typisch für die Literatur des siebzehnten Jahrhunderts, einer Periode, die auch in Deutschland durch die Konsolidierung des Absolutismus gekennzeichnet ist. Die Verspätung der deutschen Entwicklung etwa im Vergleich zu Frankreich und England zeigt sich freilich auch darin, dass der Absolutismus sich nicht im Hinblick auf den Zentralstaat entwickelt, dass vielmehr mit großer Berechtigung von einem Absolutismus der Territorialstaaten gesprochen werden kann. Herrscherlob und höfische Gelegenheitsdichtung finden aber gerade in diesem Rahmen eine als legitim empfundene Pflege – und zwar insbesondere dann, wenn die Unterstützung des jeweiligen Herrschers durch die konfessionelle Parteinahme des Dichters mit begründet ist.

Die erste Hälfte des siebzehnten Jahrhunderts ist freilich durch die Verwüstungen und das Elend gekennzeichnet, die der Dreißigjährige Krieg über Deutschland gebracht haben. Die Einschätzung erscheint plausibel, dass dieser entscheidende Umstand dafür gesorgt hat, dass sich die Diesseitsbejahung eines renaissancehaften Denkens in ein Krisenbewusstsein und in eine Hinwendung zum Jenseits umgekehrt hat, die einem populären Verständnis des Barock vertraut erscheinen. Dieses Phänomen kann als ein Zeichen dafür verstanden werden, wie wesentliche historische Erfahrungen und Veränderungen der Mentalität auch in Dichtungsformen zum Ausdruck kommen, die von ihrer Konzeption her primär nicht zu realistischer Wiedergabe menschlicher Erfahrungen bestimmt sind. Im Übrigen ist darauf zu verweisen, dass die Weltbejahung der Renaissance schon allein deshalb nicht so nachhaltige Wirkungen in deutscher Mentalität und Literatur entfalten konnte, weil Luthers Kampf um die Reformierung der Kirche auch mit seiner Opposition gegen den römischen Papst als ein Kampf gegen die italienische Renaissance begriffen werden konnte. Freilich ist zu berücksichtigen, dass die deutsche Literatur sehr wohl Zeugnisse einer positiven Bewertung des irdischen Lebens aufweist, die einer bestimmten problematischen Tradition als undeutsch erscheinen mochten. (Bedenkt man die verhängnisvolle Wirkung, die von Luthers ›Zwei-Reiche-Lehre‹ in der Zeit der NS-Herrschaft ausging, so erscheint es doppelt wichtig, die Übereinstimmungen der deutschen Entwicklung mit der gesamteuropäischen zu betonen und die Existenz eines deutschen ›Sonderwegs‹ auch in diesem Punkt zu problematisieren.)

Während Opitz' poetologische Normierung im weiteren Verlauf des siebzehnten Jahrhunderts weitgehend akzeptiert wurde, konnten sich doch in dem von ihm vorgegebenen formalen Rahmen divergierende inhaltliche und weltanschauliche Positionen artikulieren. Paul Fleming (1609–1640) schuf etwa eine sprachlich und poetisch durchaus eigenständige Dichtung, die sich konsequent an einer stoizistischen Haltung orientierte und dabei christliche Gehalte weitgehend aussparte (mit diesen aber durchaus kompatibel erschien). Die Beharrung auf der Beständigkeit und Konstanz des Ich, die für die stoische Position kennzeichnend ist, demonstriert zweierlei: einerseits die Krisenhaftigkeit der äußeren Existenz und damit der historischen Umstände des siebzehnten Jahrhunderts, andererseits die Entwicklung der menschlichen Subjektivität als des konstitutiven Prinzips der Neuzeit:

> Die Ethik des Neostoizismus war eine Philosophie der Krise. Verkündet wurde die Botschaft von der sittlichen Integrität des vernunftgeleiteten Individuums angesichts *öffentlicher Übel* [...]. Attraktiv war das System nicht zuletzt deshalb, weil es sich – trotz unübersehbarer Divergenzen in seiner Axiomatik – im Hinblick auf den metaphysischen Dualismus von Geist und Sinnenwelt sehr gut mit christlichen Denktraditionen in Einklang bringen ließ.[5]

Nicht zu verkennen ist auch die kompensatorische Funktion der neostoizistischen Haltung, die im Rahmen des sich herausbildenden absolutistischen Systems bei dem gelehrten Bürgertum mögliche sittliche Kompromittierungen ausgleichen konnte, die durch die Konzentration der Macht an den Höfen drohten:

> In der Tat wurde der Neostoizismus gerade deshalb vor allem für die akademisch gebildete Schicht des absolutistischen Beamtenapparates zur herrschenden Ideologie, weil er, sofern sich die politische Ordnung nur als Vernunftordnung definierte, das Prinzip von Herrschaft und Gehorsam bestätigte. Im stoischen Schicksalsbegriff ließ sich das Ungreifbare auch politischer ›Notwendigkeiten‹ einkleiden. Für ein Bürgertum, das die

> Entwicklung des absolutistischen Verwaltungsstaates zwar bejahte, aber sich beständig mit dem Konflikt von Moral und Macht konfrontiert sah, erlaubte die neostoische Ethik zugleich jene innere mentale *Reservation*, in der sich die eigene sittliche Integrität von widriger Wirklichkeit unberührt fühlen durfte.[6]

Trotz dieser ideologischen Komponente trägt das stoizistische Ideal in einer übergreifenden Perspektive dazu bei, den Prozess der Entfaltung bürgerlicher Subjektivität vorzubereiten und voranzutreiben, der für die Ideengeschichte des achtzehnten Jahrhunderts charakteristisch sein wird. Frühe Neuzeit und Aufklärung stehen so in einem dialektischen Verhältnis; das Ideal der *constantia* stabilisiert das individuelle Selbst in einer Epoche, die den realen Individuen permanent Gewalt antut:

> In diesem Entschluß zur constantia konstituieren sich die Individuen als autonome Subjekte, die, um nicht länger ein Spielball der Umstände zu sein und sich aus der realen Heteronomie zu befreien, die objektive Unbeständigkeit zu überwinden und durch subjektive Anstrengung jene objektive Beständigkeit der Welt zu reproduzieren suchen, welche diese seit dem Ausgang des Mittelalters durch sozialgeschichtliche Umwälzungen verloren hat. Im barocken Ideal der constantia, welches durch die pessimistische Weltauffassung hervorgetrieben wird, ist also verborgen, was die Aufklärung des 18. Jahrhunderts im spezifisch bürgerlichen Ideal des frei über sich selbst bestimmenden Subjekts offen und optimistisch auf ihre Fahne geschrieben hat.[7]

Das stoizistische Ideal wird im Verlauf des achtzehnten Jahrhunderts einer Transformation unterzogen werden und eine moralisierende und empfindsame Tönung bekommen, wodurch es freilich in einen entschiedenen Gegensatz zur diesseitig orientierten Kultur der adeligen Welt gerät. Das Ideal des *Carpe diem*, das epikureisch getönte Modell einer maßvollen Freude an den Gaben des Lebens, das in der Tradition des Horaz ebenfalls zu den Grundmustern der europäischen Lyrik gehört, erscheint im Gegensatz zu dem neostoizistischen Modell gefälliger und unproblematisch. Martin Opitz' Gedicht »Ach Liebste, laß vns eilen« repräsentiert diese Richtung der Lyrik des siebzehnten Jahrhunderts, die in ihrer beinahe hedonistischen Perspektive sozialgeschichtlich auf einer Identifikation des Bürgertums mit der Adelskultur beruht. Das empfindsame Bürgertum des achtzehnten Jahrhunderts wird diese Adelskultur als unmoralisch ablehnen, während die Frühaufklärung noch mit der Herausbildung eines bürgerlichen Rokokoklassizismus eine Synthese von bürgerlicher Mentalität und aristokratischer Sinnenfreude anstrebt.

Weit von diesen Entwicklungen entfernt und ganz vom Geiste einer auch im engeren Sinne barocken Weltanschauung erfüllt, erscheint die Lyrik des Andreas Gryphius (1616–1664). Der sicherlich bedeutendste

Poet des siebzehnten Jahrhunderts geht von den klassizistischen Prämissen der Poetik Opitz' aus, überschreitet aber deren Grenzen durch eine eindrucksvolle Intensivierung des poetischen Sprechens, durch die ein durchaus überzeugendes Pathos erreicht wird. Die religiöse Inbrunst der Gedichte ist keineswegs das Zeichen einer rückwärts gewandten Gesinnung des Autors, der durch Studien und Dozententätigkeit an der Universität Leiden und durch eine Bildungsreise nach Frankreich und Italien mit den fortgeschrittensten Entwicklungen seiner Zeit in Kontakt kam. Trotz dieser Aneignung des humanistischen, die religiösen Grenzen überschreitenden Wissens – Gryphius war ein Anhänger des kopernikanischen Weltbildes – überwiegt in seinen Dramen und Gedichten die Einsicht in die Vergänglichkeit des Menschen und der Welt und die Hoffnung auf eine Erlösung des Menschen im Jenseits. Konstitutiv für diese Weltauffassung sind sicherlich die Erfahrungen des Dreißigjährigen Krieges, die Gryphius entscheidend prägten und denen er in ergreifender Weise Ausdruck verlieh.

Trotz einer gewissen Affinität zu den stoizistischen Auffassungen seiner Zeitgenossen verleiht Gryphius in seinen Gedichten einem christlichen Welt- und Menschenbild Ausdruck, und in seiner Klage über die Verwüstungen des vom Krieg zerrütteten Deutschland klingt immer wieder auch die Sorge um das Seelenheil der Menschen in dem vermeintlichen Religionskrieg an. Das Sonett mit Alexandrinern wird von Gryphius in meisterhafter Weise verwendet um sein dualistisches Weltbild zum Ausdruck zu bringen. Im Gegensatz zu Flemings Stoizismus führt die konsequente Entwertung des Irdischen und Endlichen bei Gryphius auch zu einer radikalen Infragestellung der Bedeutung des sprechenden Subjekts: **Mir grauet vor mir selbst, mir zittern alle Glieder/ Wenn ich die Lipp' und Nas' und beider Augen Kluft/ Die blind vom Wache sind, des Atems schwere Luft/ Betracht**[8], heißt es in seinem Gedicht »An sich selbst«. Alle Gegenstände seiner Lyrik werden in das religiöse Weltbild integriert ohne einen eigenen Wert zu gewinnen:

> Auch da, wo Gryphius von der ›Welt‹, z. B. von der Natur, zu sprechen scheint, geht es um ihre heilsgeschichtliche Bedeutung und um das Seelenheil des einzelnen. [...] die Betrachtung der Dinge dieser Welt lenkt die Gedanken auf den Menschen und seine heilsgeschichtliche Bestimmung. Die Naturgegenstände und -elemente haben verweisenden Charakter, sind ›Sinnbilder‹, deren Bedeutung häufig in der Tradition der christlich-allegorischen Naturauslegung zu suchen ist.[9]

Die Intensität der rhetorischen Sprache und die konsequente Umsetzung der Einsicht in die Vergänglichkeit des Irdischen führen dazu, dass Gryphius trotz der formalen Anknüpfung an Opitz' Poetik die Grenzen von dessen Klassizismus in spektakulärer Weise sprengt. Seine religiös inspirierte Emphase ermöglicht es, dass seine Gedichte für die deutsche Lyrik das Modell einer unversöhnlichen Opposition gegen eine unvollkommene Wirklichkeit und gegen jeglichen Kompromiss mit den Verhältnissen in der Welt darstellen. Spätere Epochen werden auf diesen barocken Ton der trostlosen Klage auch dann noch zurückgreifen, wenn die religiöse Substanz des klagenden Subjekts längst zerbrochen ist. Jede Anthologie von Gedichten gegen den Krieg bedient sich mindestens eines Textes dieses Dichters, wobei allzu leicht von der Tatsache abstrahiert wird, dass das Elend des Krieges für ihn nur ein Exempel für die Hinfälligkeit und Vergänglichkeit alles Irdischen darstellte.

Die Vielfalt der Barock-Epoche zeigt sich anschaulich, wenn wir Gryphius' Texte mit den Gedichten seines im selben Jahr geborenen schlesischen Landsmanns Christian Hoffmann von Hoffmannswaldau (1616–1679) vergleichen. Obwohl dieser die meisten seiner Texte bereits in den vierziger Jahren des siebzehnten Jahrhunderts schrieb, wird er in den Literaturgeschichten unter dem Stichwort *Spätbarock* (wenn nicht sogar *Verfallszeit*) eingeordnet. Dies erklärt sich dadurch, dass eine intensive Rezeption erst mit einer von Benjamin Neukirch im Jahre 1695 posthum veranstalteten Ausgabe von Hoffmannswaldaus Gedichten einsetzte:

> **Anders als zahlreiche Dichter bürgerlicher Herkunft, die im Gelehrten- und Dichterruhm ein Vehikel des gesellschaftlichen Aufstiegs erblickten, dachte der Patrizier Hoffmannswaldau zunächst nicht an eine Verbreitung der Texte durch öffentlichen Druck. Eine ständisch und regional begrenzte Öffentlichkeit wurde durch zirkulierende Abschriften der Texte erreicht. Erst als unrechtmäßige Drucke erschienen, entschloß sich Hoffmannswaldau zu einer Auswahlausgabe (*Deutsche Übersetzungen und Gedichte*, 1679), die jedoch einen Teil seiner »Lust-Gedichte«, d. h. in erster Linie seiner weltlichen Oden, nicht enthielt, da ihr Verfasser befürchtete, sie möchten zu ›ungleichem‹, d. h. unbilligem Urteil Anlaß geben.[10]**

Hoffmannswaldau behandelt zwar auch die typisch barocken Themen (Vergänglichkeit des Irdischen, Nähe zum Tod); es ist jedoch auffällig, dass in seinem dichterischen Werk eine positive Haltung zum irdischen Leben überwiegt und dass konsequenterweise die sinnliche Liebe zum beherrschenden Gegenstand seiner Gedichte wird. Der Vorwurf der Unmoral verfolgt diesen Autor deshalb in der Geschichte der Rezeption seiner Lyrik ebenso beharrlich wie die Klage über den angeblich übertriebenen Gebrauch von ausgesuchten Metaphern und Bildern. Der Schwulst-Vorwurf, der Hoffmannswaldau wie seinen berühmten Landsmann Daniel Caspar von Lohenstein (1635–1683) trifft, wird zum Ausgangspunkt einer auf Opitz zurückgreifenden klassizistischen Erneuerung der deutschen Literatur, die von Gottsched zu Beginn des achtzehnten Jahrhunderts überdies mit rationalistischen Argumenten begründet wird. Aus heutiger Sicht erscheint freilich die moralisierende Kritik ebenso unangemessen wie die poetisch-stilistische. Zu erkennen ist vielmehr, dass Hoffmannswaldau von der rhetorischen Orientierung ausgeht, welche die Poetik Opitz' kennzeichnet, und eine ausgeprägte Freude an einem artistischen Spiel mit ausgefallenen Bildern und Metaphern entwickelt. So zeigt sich von einer ganz anderen Orientierung her, aber doch ähnlich wie bei Gryphius, eine Überwindung der klassizistischen Poetik durch die Intensivierung von Tendenzen, welche dieser innewohnen.

Das artistische Spiel gewinnt bei Hoffmannswaldau einen Selbstzweck; es kommt ihm nicht auf eine realistische Schilderung typischer menschlicher Verhältnisse und auch nicht auf die Originalität des Gegenstandes an. Vielmehr geht es in diesen Gedichten darum, das Staunen des Lesers und Rezipienten dadurch auszulösen, dass ein vorgegebenes Schema in unerwarteter und origineller Weise ausgefüllt wird. Aus der Sicht einer Moderne des zwanzigsten Jahrhunderts bereitet sich in dieser Dichtung der Ästhetizismus des *l'art pour l'art* vor, der eine spezifische Ausprägung dichterischer Subjektivität in der literarischen Moderne darstellt. Dass eine solche Haltung mit den erwähnten neostoizistischen Tendenzen des siebzehnten Jahrhunderts nicht notwendigerweise in einem Widerspruch stehen muss, liegt darin begründet, dass hier ähnlich wie bei Fleming die Literatur die Funktion erhält, das Subjekt zu stabilisieren. Es behauptet sich als Träger der Dichtung, während sein Status in den empirischen Erfahrungen der realen Geschichte des siebzehnten Jahrhunderts durchaus prekär erscheint. Interessant ist auch, dass Hoffmannswaldau bei aller Offenheit gegenüber den freizügigen Perspektiven der Libertins auch ganz andere Töne kennt und persönlich durchaus ein frommer Lutheraner war.

Dessen ungeachtet weisen die *manieristischen* Züge seiner Poesie Verbindungen zur italienischen Literatur des sechzehnten Jahrhunderts auf. Als Ehrenname für Hoffmannswaldau wurde der Titel **schlesischer Marin** gewählt und war bezogen auf den Dichter Giambattista Marino (1569–1625), der gemeinsam mit Torquato Tasso (1544–1595) als typischer Vertreter des literarischen Manierismus gilt. Der Manierismus – der Begriff wird häufig auch unhistorisch als Sammelbegriff für anti-klassizistische Perioden der Kunst- und Kulturgeschichte verwendet, und zwar besonders für spätzeitliche Epochen – ist durch eine dezidierte Wendung gegen das klassizistische Maß und durch die Suche nach ausgefallenen und unerwarteten Metaphern und Bildern gekennzeichnet. Während Torquato Tasso eine melancholische Grundstimmung mit einer sentimentalistischen Religiosität verband, galt Marino

> [...] als Freigeist, poète libertin – und als solchen schätzten ihn in Frankreich gleichgesinnte Schriftsteller. Er war ein hochgebildeter Mann, in klassischer und moderner Literatur belesen [...]. Er debütierte mit einer Gedichtsammlung, *La Lira* (*Die Leier*; 1602/1614), die die traditionelle Vorherrschaft Petrarcas brechen sollte; er [...] erfand eine Manier, scharfsinnig aufgefaßte Themen in gesuchter und prächtiger Sprache poetisch zu behandeln, mit der er seinerseits Schule machte: Ein großer Teil der Lyrik des 17. Jahrhunderts ist *marinistisch* [...]. Seit dem 18. Jahrhundert war es sogar üblich, die poetische Manier Marinos als Ausgeburt des schlechten Geschmacks zu tadeln – auf eine Weise, die gelegentlich den Verdacht zuläßt, daß die Tadler zwar den Stil des Dichters schalten, aber eigentlich seine Moral meinten.[11]

Zu diesen Tadlern gehörte in Bezug auf Hoffmannswaldau der Rationalist Gottsched, der eine enge Bindung von Literatur und Moral propagierte und vor diesem Hintergrund die formale und (vermeintliche) weltanschauliche Libertinage mit scharfen Worten geißelte: **Hofmannswaldau und Lohenstein aber sind [...] in die Fußstapfen der geilen Italiener getreten, die ihrer Feder so wenig, als ihren Begierden, ein Maaß zu setzen wissen.**[12] Wenn uns eine solche Bewertung heute eher amüsiert, so sollte sie uns ein Anlass sein der Traditionen deutscher Lyrik zu gedenken, die sich gegenüber den Anregungen gerade des romanischen (welschen) Europa öffnen und eine artistische und tendenziell sensualistische Spielart der Poesie pflegen. Diese wurden nämlich gerade häufig in einer Mischung aus Spießermoral und Chauvinismus als undeutsch abgelehnt und sie passen auch nicht in ein Bild des siebzehnten Jahrhunderts, in dem dieses als die Zeit eines gotischen oder germanischen Barock erscheint. Deutlich wird vielmehr, dass die deutsche Dichtung des siebzehnten Jahrhunderts wichtige Anregungen der europäischen modernen Literaturen aufnahm, die sich etwa in Italien (nach der heutigen Begriffsbildung) als *Renaissance*, *Barock* und *Manierismus* darboten.

Die deutsche Literatur hat in einem verspäteten Prozess nahezu gleichzeitig diese Tendenzen nachgeholt und eingedeutscht. Während Opitz' Sprachreform und deutsche Poetik den Standard der europäischen Renaissance-Poesie in die deutsche Sprache übertrugen, stehen Gryphius und Hoffmannswaldau für die originelle Entwicklung eines deutschen Barock (im engeren Sinne) und Manierismus (oder Marinismus). Die Literatur des Barock (als Sammelname für die Literatur des siebzehnten Jahrhunderts) in Deutschland erweist sich so als wesentlich reicher und europäischer als dies eine klischeehafte Wahrnehmung zu erkennen vermag. Es erscheint insofern plausibel, dass die Dichter (Klopstock und andere), die ein borniertes rationalistisches Poesie-Verständnis in der zweiten Hälfte des siebzehnten Jahrhunderts zu überwinden versuchten, mit dem Vorwurf des ›Neo-Barock‹ konfrontiert wurden. Grundlegende Voraussetzung für eine angemessene Einschätzung der historischen Bedeutung, welche der deutschen Lyrik des siebzehnten Jahrhunderts zukommt, ist deshalb die Berücksichtigung ihrer europäischen Dimension, die eine spezifisch deutsche Ausprägung keineswegs ausschließt, aus heutiger Sicht aber jegliche Form von literarischer Deutschtümelei obsolet erscheinen lässt. Das vermeintlich unmoralische und schwülstige so genannte Spätbarock von Hoffmannswaldau (dessen Texte – wie erwähnt – höchstwahrscheinlich vor der Jahrhundertmitte geschrieben wurden) ist jedenfalls nicht nach der Logik von Verfallsprozessen zu beurteilen. Es ist vielmehr ein Beispiel für eine vielleicht überraschende Kreativität und artistische Beweglichkeit der deutschen Sprache in einer Epoche, die vielen heute noch lediglich als ein dunkles Anhängsel des Mittelalters gilt.

Abschließend sei eine bekannte Parodie Hoffmannswaldaus zitiert, in dem dieser die marinistische Suche nach ungewöhnlichen Bildern ironisch-übertreibend charakterisiert:

> Amanda liebstes Kind / du brustlatz kalter herzen /
> Der liebe feuerzeug / goldschachtel edler zier /
> Der seuffzer blasebalg / des traurens lösch=papier /
> Sandbüchse meiner pein / und baumöhl meiner schmertzen /
> Du speise meiner lust / du flamme meiner kertzen /
> Nachtstülchen meiner ruh / der Poesie clystier [...]
> Der zungen honigseim / der hertzens marcipan /
> Und wie man sonsten dich mein kind beschreiben kann.[13]

Peter André Alt kommentiert:

> Daß die hier parodierten Formen – die statische Antithetik des Alexandriners, der Hang zum entlegenen Vergleich, die hyperbolische Häufung von Kostbarkeitsmetaphern und exotischen Bildern – zum selbstverständlichen Stilarsenal barocker Lyrik zählen, bestätigt ein Blick auf Texte ihrer führenden Vertreter [...]. Andererseits schloß die Vorliebe für opulente Metaphern und preziöse Wortwahl parodistische Elemente keineswegs aus, wie das hier angeführte Beispiel zeigt. Es gehört zur häufig hervorgehobenen *Distanzhaltung* der barocken Lyrik, daß sie ihr Stilinventar reflektiert nutzt und ihre Formensprache als variables Inventar versteht, das man in unterschiedlichen Funktionen einsetzen kann.[14]

Das artistische Spiel, das durch Selbstparodie auf die eigene Spielhaftigkeit verweist, gehört somit auch zu den Möglichkeiten der Lyrik des siebzehnten Jahrhunderts. Wir begegnen hier einer Haltung, die uns sehr modern erscheinen mag – ja sogar postmodern, wenn man darunter die spielerische Infragestellung der Ermächtigung des neuzeitlichen Subjekts versteht. Die manieristische Übertreibung, die zur Zielscheibe der rationalistischen Kritik des achtzehnten Jahrhunderts wurde, wies ein poetisches Potenzial auf, das wahrscheinlich erst wieder bei Wieland, beim späten Goethe, bei Heine und – in Deutschland überhaupt viel zu selten genutzt wurde.

1.2 Textbeispiele

Der beherrschende Einfluss von Martin Opitz' Dichtungsreform prägt Sprache und Form der hier zu präsentierenden Textbeispiele der Lyrik des siebzehnten Jahrhunderts. Die Option für den alternierenden Vers (mit der Bevorzugung des Jambus) sowie die Pflege von Alexandriner und Sonett vermitteln eine formale Orientierung, die auch bei divergierenden inhaltlichen Gegenständen gewahrt bleibt. Es lässt sich sogar feststellen, dass in diesem formalen Sinne eine Kontinuität der Dichtung des siebzehnten und achtzehnten Jahrhunderts zu erkennen ist, die erst mit Klopstock und dem Sturm und Drang endet. Will man in Bezug auf Goethezeit und Romantik, aber auch in Bezug auf die Lyrik des neunzehnten Jahrhunderts (und sogar bestimmte Formen des zwanzigsten) ein Bild von regelmäßigen deutschen Versen zeichnen, so stellt die Lyrik des siebzehnten Jahrhunderts einen entscheidenden Ausgangspunkt dar. Bezeichnend ist, dass der Sturm und Drang, wenn er gegen die rationalistische Poetik auf historische Vorbilder zurückgreift, diese in vorbarocken Kontexten (Meistersang, Ritterzeit) sucht. Wenn etwa Goethes *Faust* mit den Knittelversen des berühmten nächtlichen Monologs einsetzt, so geht der junge Stürmer und Dränger auf der Suche nach einem ›authentischen‹ versifizierten Sprechen hinter die rhetorische Formkunst des Barock zurück. Und auch im *Götz von Berlichingen* erleben wir den Kampf eines der letzten Ritter gegen die sich bildende höfische Welt, die in der Kultur des Barock ihren adäquaten Ausdruck fand. Erst der ältere Goethe – der selber ein freilich nach-barocker Höfling wurde – konnte der auf Repräsentation und Formstrenge setzenden Haltung des Barock ein geläutertes Verständnis entgegenbringen.

Im Folgenden soll es aber zunächst darum gehen, einen konkreten Eindruck von den formalen und inhaltlichen Möglichkeiten der Lyrik des siebzehnten Jahrhunderts zu vermitteln.

1.2.1 Martin Opitz: »Ach Liebste, laß vns eilen«

Ach Liebste / laß vns eilen /
Wir haben Zeit:
Es schadet das verweilen
Vns beyderseit.
Der Schönen Schönheit Gaben
Fliehn fuß für fuß,
Das alles was wir haben

Verschwinden muß.
Der Wangen Ziehr verbleichet /
Das Haar wird greiß /
Der Augen Feuer weichet /
Die Brunst wird Eiß.
Das Mündlein von Corallen
Wird vngestalt /
Die Händ' als Schnee verfallen /
Vnd du wirst alt.
Drumb laß uns jetzt geniessen
Der Jugend Frucht /
Eh' als wir folgen müssen
Der Jahre Flucht.
Wo du dich selber liebest /
So liebe mich /
Gieb mir / das / wann du giebest /
Verlier auch ich.[15]

Das Gedicht enthält auf der inhaltlichen Ebene ein klares Plädoyer für die Verwirklichung weltlicher Freuden. Es wendet den Gedanken, dass es darauf ankomme, die günstige Gelegenheit beim Schopfe zu ergreifen, auf den Bereich der Liebe an. Die Berufung auf die Occasio, die als Göttin dargestellte Gelegenheit, gewinnt damit einen erotischen Bezug. Die rhetorische Orientierung des Gedichts zeigt sich in dessen klarem Aufbau: Eine Einführung, die als Anrede an die Geliebte gestaltet ist und die These vorträgt (1 bis 8), wird gefolgt von einer Beispiel-Reihung (9 bis 16), die anschaulich darstellt, was geschehen würde, wenn die Geliebte die Gelegenheit verstreichen ließe. Der letzte Teil des Gedichts (17 bis 24) umfasst die Schlussfolgerung, die Conclusio, mit der Bekräftigung, dass das gegenseitige Geben und Nehmen zum rechten Zeitpunkt das adäquate Verhalten darstelle. Das liedhafte Gedicht verläuft leicht und beschwingt mit abwechselnd drei- und zweihebigen Jamben und Kadenzwechsel (weibliche werden durch männliche Versschlüsse abgelöst).

Reizvoll erscheint zu Beginn des Gedichts die zweite Zeile, die einen geradezu paradoxen Einsatz mit sich bringt, denn **Wir haben Zeit** könnte auch auf die Verschiebung einer Begegnung hinweisen, will aber ganz im Gegenteil die Notwendigkeit unterstreichen, die vorhandene Zeit angemessen zu nutzen. Auffällig ist, dass die diesseitig orientierte Hinwendung zur Lebenslust mit der Warnung vor der Vergänglichkeit alles Endlichen und Körperlichen verbunden wird. Die barocke Einsicht in die Eitelkeit alles Irdischen führt gerade nicht zu einer Hinwendung zur Transzendenz, sondern bewirkt

> […] eine verdoppelte Intensität seiner Aufforderung zum Liebesgenuß: Was das Gesetz der occasio ohnehin verlangt, das fordert das Gesetz des Verfalls mit unabweisbarer Notwendigkeit. Das Carpe diem [›Pflücke den Tag‹, Aufforderung zum Lebensgenuss nach dem römischen Dichter Horaz, M. H.] und das Memento mori [die ›barocke‹ Aufforderung, an die Vergänglichkeit und den Tod zu denken, M.H.] gehören aufs engste zusammen und rechtfertigen sich gegenseitig. Das Liebeslied wird zur Todesmahnung, das Vanitas-Gedicht begründet die Bereitschaft zum Genuß des Lebens.[16]

Die beiden abschließenden Zeilen bieten wie der Anfang eine zum Nachdenken anregende Formulierung, indem darauf verwiesen wird, dass die Geliebte gerade deshalb die Gelegenheit ergreifen solle, weil ihr Zögern, das auf der Furcht beruhen könnte, sie würde geben, ohne selbst etwas zu erhalten, als unbegründet bezeichnet wird. Die Liebe wird vielmehr als ein Verhältnis dargestellt, das durch gegenseitiges Nehmen und Geben gekennzeichnet ist. Ja, es lässt sich sogar behaupten, dass im Liebesakt eine paradoxe Logik vorwaltet, nach welcher derjenige, der uneingeschränkt gibt, umso reicher belohnt wird. Dieser Gedanke wird uns in Goethes Liebeslyrik des *West-östlichen Divan* im poetischen Dialog zwischen Hatem und Suleika wieder begegnen.

Opitz' Gedicht ist unschwer als ein Beispiel von Liebeslyrik zu verstehen, die frei von persönlicher Empfindung und individuellem Ausdruck ist. Es handelt sich also keineswegs um Erlebnisdichtung, sondern um eine Art von rhetorisch meisterhaft formulierter poetischer Rede, die mit dem Versuch einer Überredung oder Überzeugung argumentiert und für den eigenen Entschluss wirbt. Logischer Aufbau und sprachliche Eleganz machen aus diesem Gedicht ein **Meisterstück rhetorischer Dichtkunst**.[17]

1.2.2 *Paul Fleming: »Herrn Pauli Flemingi der Med. Doct. Grabschrifft,«*

so er ihm selbst gemacht in Hamburg, den XXIIX. Tag deß Mertzens m. dc. Xl. auff seinem Todtbette drey Tage vor seinem seel: Absterben

Ich war an Kunst / und Gut / und Stande groß und reich.
Deß Glückes lieber Sohn. Von Eltern guter Ehren.
Frey; Meine. Kunte mich aus meinen Mitteln nehren.
Mein Schall flog überweit. Kein Landsmann sang mir gleich.
Von reisen hochgepreist; für keiner Mühe bleich.
Jung / wachsam / unbesorgt. Man wird mich nennen hören.
Bis daß die letzte Glut diß alles wird verstören.
Diß/ Deütsche Klarien* / diß gantze danck' ich Euch.
Verzeiht mir / bin ichs werth / Gott / Vater / Liebste / Freunde.
Ich sag' Euch gute Nacht / und trette willig ab.

* Klarien: Musen (nach einem Beinamen des Apoll)

Sonst alles ist gethan / bis an das schwartze Grab.
Was frey dem Tode steht / das thu er seinem Feinde.
Was bin ich viel besorgt / den Othem auffzugeben?
An mir ist minder nichts / das lebet / als mein Leben.[18]

Das Selbstbewusstsein und der Stolz des hier Sprechenden beruhen auf seinen Leistungen als Künstler, als Dichter. Das Gedicht hat die Form einer Grabinschrift, eines Epitaphs, die im siebzehnten Jahrhundert in vielfältigen Zusammenhängen, nicht zuletzt auch mit parodistischen Zielsetzungen, verwendet wurde.[19] Zu den Leistungen eines Dichters, den man **wird [...] nennen hören**, gehörte im siebzehnten Jahrhundert auch die Befolgung formaler Regeln, wie FLEMING es hier mit der Form des Sonetts demonstriert. Das ganz regelmäßig gebaute Gedicht, das wie alle Sonette aus zwei Quartetten und zwei Terzetten besteht, folgt dem Reimschema ABBA ABBA CDD CEE; es besteht aus Alexandrinern, das heißt aus sechshebigen Jamben mit einer Zäsur in der Mitte. Zu erkennen ist außerdem ein weitgehend regelmäßiger Kadenzwechsel. Im Gegensatz zu Gryphius' Gedichten wird der Alexandriner hier von FLEMING nicht in den Dienst antithetisch strukturierter Aussagen gestellt; er erscheint vielmehr fließend, die Zäsur häufig eher andeutend als verstärkend.

Die neostoizistische Betonung der Unabhängigkeit und Selbstständigkeit des sprechenden Ich (das in der Fiktion seine eigene Grabschrift formuliert) vollendet sich in dem Ideal der Selbstherrschaft (Autarkie), deren Voraussetzung freilich – wie das Gedicht nicht verschweigt – eine materielle Unabhängigkeit ist (**Kunte mich aus meinen Mitteln nehren**). Die ersten beiden Strophen, die Quartette, geben einen teilweise stichwortartigen Lebensabriss, in dem darauf verwiesen ist, dass das Selbstbewusstsein des Sprechers vor allem durch dessen poetische Leistungen begründet ist (wir erkennen hier den bereits angedeuteten Zusammenhang zwischen der stoizistischen Position, wie sie FLEMING vertritt, und der spielerisch-artistischen Haltung bei Hoffmannswaldau). Die beiden Terzette ziehen aus der Skizzierung des Lebensweges die Schlussfolgerung, die besagt: Dieses Ich kann getrost und gefasst in den Tod gehen, da es ein geglücktes Leben geführt hat. **Es fehlen die Formeln pathetischer Desillusionierung, die Topoi einer negativen Anthropologie oder die verbalen Gesten eines weltfeindlichen Transzendentalismus. Nicht Glaube und Gnade sichern das Unsterbliche des Menschen, sondern die Gewißheit eines gelungenen Lebens.**[20] Die Immanenz des Lebens wird nicht zugunsten einer Jenseitshoffnung überwunden (auch wenn diese sich in der Wendung **ich trette willig ab** andeutet, die an die barocke Formel des Welttheaters denken lässt). Unsterblichkeit erlangt der Dichter vielmehr im Nachruhm, der die Spur seines Lebens in den folgenden Jahrhunderten verbreiten soll. Vor diesem Hintergrund kann der Tod als ein heroischer Akt begriffen werden:

> Weil der Tod so kein ohnmächtiges Erleiden ist, sondern ein letzter Akt des souveränen Willens, kann er auch künstlerisch gestaltet werden. Noch die artistische Meisterleistung der Grabschrift manifestiert die Freiheit und die Fähigkeit des Menschen, der sich vor allem als Dichter verstanden wissen wollte. Die ästhetische Fügung bestätigt den ungeschmälerten Selbstbesitz; sie indiziert einen ethischen Wert.[21]

Es erweist sich, dass FLEMINGS dichterische und weltanschauliche Position auf der Hochschätzung des Individuums basiert, wie sie Humanismus und Renaissance propagiert hatten. Der Einzelne ist zwar – wie das Gedicht zeigt – in soziale Hierarchien eingeordnet (**Gut und Stande** sowie **Gott, Vater, Liebste, Freunde**); durch die Dichtung, durch die künstlerische Produktion gewinnt er aber eine Freiheit und Unabhängigkeit, welche die Gebundenheit an die empirischen Zwänge überwinden soll. Diese Position vermag auch zu erklären, warum in dem poetischen Lebensabriss des Dichters die geschichtliche Erfahrung des Dreißigjährigen Krieges mit keinem Wort erwähnt wird.

1.2.3 Andreas Gryphius: »Threnen des Vatterlandes«/Anno 1636

Wir sind doch nunmehr gantz /ja mehr denn ganz verheret!
Der frechen völcker schaar/ die rasende posaun
Das vom blutt fette schwerdt,/ die donnernde Carthaun*
Hat aller schweis/ und fleis/ und vorrath auff gezehret.
Die türme stehn in glutt/ die kirch ist vmbgekehret.
Das Rahthaus ligt im graus/ die starcken sind zerhawn,
Die Jungfrauwn sind geschändt/ vnd wo wir hin nur schawn
Ist fewer/ pest/ und todt der hertz vndt geist durchfehret.
Hier durch die Schantz und Stadt/ rint alzeit frisches blutt.
Dreymall sindt schon sechs jahr als vnser ströme flutt
Von so viel leichen schwer/ sich langsam fortgedrungen.
Doch schweig ich noch von dem was ärger als der todt,
Was grimmer den die pest/ vndt glutt und hungers noth
Das nun der Selen schatz/ so vielen abgezwungen.[22]

Die Literatur des siebzehnten Jahrhunderts ist nicht realistisch, das heißt: Es geht den Dichtern dieser Zeit nicht um eine angemessene dichterische Wiedergabe empirischer Wirklichkeit. Literatur ist nicht auf reale, empirische Situationen bezogen, sondern befolgt bestimmte Schemata, die standardisierte menschliche Erfahrungen bearbeiten (seien es weltliche wie in der diesseitig orientierten Lyrik von Opitz, die Todeserfahrung im stoi-

* Carthaun(e): schweres Geschütz

schen Geiste Flemings oder die Interpretation irdischen Geschehens in einer heilsgeschichtlich orientierten Auslegung der Welt). ANDREAS GRYPHIUS häuft in seinen Gedichten intensive Bilder an, die eine ungeheure Vorstellungskraft voraussetzen. Aber alle diese Bilder werden herangezogen um bestimmte Ideen über die Welt und das Leben der Menschen zu illustrieren. Die Erfahrungen von Leid und Vergänglichkeit sind insofern Zeichen (Allegorien) für die Endlichkeit des Menschen und für dessen Bedürfnis nach Erlösung von den Qualen des irdischen Daseins.

In der epochalen Geschichte der Entwicklung der neuzeitlichen Subjektivität steht GRYPHIUS – ähnlich wie die Reformation und der ganz anders argumentierende französische Skeptiker Michel de Montaigne, ähnlich wie der Jansenismus – für eine Phase der Beschränkung und Bescheidung, für ein Atemholen zwischen der Renaissance und der Aufklärung. Gegen eine schrankenlose Herrschaft des Menschen über die Welt (die in der Entwicklung der Philosophie des René Descartes zur Zeit des Dreißigjährigen Krieges gedanklich legitimiert wird) entwickelt GRYPHIUS in der Nachfolge Luthers die These von der Angewiesenheit der menschlichen Existenz auf die göttliche Gnade: von der Unfähigkeit des Menschen mit seinen eigenen Kräften die Welt angemessen zu gestalten.

Um diese Position ästhetisch überzeugend zu illustrieren, beschwört GRYPHIUS die Schrecken des Dreißigjährigen Krieges, die *er* als ein Symptom für diese Schwäche des Menschen begreift, auf eine so eindringliche und eindrückliche Weise, dass *wir* als heutige Leser das Gedicht »Threnen des Vatterlandes« auch ganz anders verstehen können: als ein Gedicht über die Schrecken des Krieges, über die Unmenschlichkeit und Sinnlosigkeit der Gewalt, die sich aller möglicher ideologischer Rechtfertigungen bedient und doch nur Leid und Elend erzeugt. *Uns* als Vertreter der Moderne des einundzwanzigsten Jahrhunderts, die wir den Völkermord an den europäischen Juden erlebten und die Möglichkeit einer atomaren Vernichtung der gesamten Menschheit in barocken Fantasien imaginieren könnten, ist der Verweis auf die notwendige Selbstbegrenzung des Menschen durchaus plausibel, auch wenn uns die religiöse Emphase eines GRYPHIUS fehlen mag.

Der Aufbau des Gedichts entspricht in überraschender Weise dem von uns ausgewählten Text von Opitz, der sich aber einem ganz anderen Thema widmet (als regelmäßiges Sonett mit dem Reimschema ABBA ABBA CCD EED, dem Alexandriner und dem Kadenzwechsel ähnelt es in der äußeren Form dem Epitaph Flemings). Die erste Zeile bringt als Einführung eine Diagnose der augenblicklichen Situation, die These von der völligen Verlassenheit und Hilfsbedürftigkeit des Menschen. Die folgenden Verse bis zum Ende des ersten Terzetts sind als eine Beispiel-Kette zu verstehen, die uns anschauliche Exempel zu der These von der **Verheertheit** des Menschen liefert. Das abschließende Terzett bietet eine Zusammenfassung (Conclusio) und eine Steigerung in einem, indem einerseits darauf verwiesen wird, dass der Verlust des **Selen schatz[es]** – das heißt der religiös verstandenen Seligkeit – noch schlimmer ist als das physische Leiden und der physische Tod, den der Krieg gebracht hat, während andererseits eben das physische Elend als ein Bild der Gottesferne des Menschen verstanden werden kann.

Zu erkennen ist, dass die rhetorische Intensität und das expressive Pathos der Klage paradoxerweise zu einer fast naturalistisch anmutenden Bildlichkeit führt, die über alle ideologischen Abgründe hinweg die bleibende Aktualität des Gedichts ausmacht. Dabei bewahrt das Gedicht freilich die aus der rhetorisch gebotenen Ordnung her rührende Logik der Argumentation: Zuerst werden die Verursacher des Leidens (zum Teil mit personifizierten Dingen) bezeichnet (**der frechen völcker schaar, die rasende posaun**), danach die Opfer (**die starcken** und **die Jungfrawn**), dann betonen aneinander gereihte Substantive die Intensität des Leides (**fewer/ pest/ und todt**) und schließlich wird die zeitliche Dauer des Blutvergießens unterstrichen (**dreymall sechs jahr**). Für dieses Gedicht gilt somit, was Volker Meid als allgemeine Charakteristik von Gryphius' Lyrik hervorhebt: **Durch die Intensivierung der rhetorischen Mittel, eine Vorliebe für Asymmetrie und ein Überspielen der Starrheit der vorgegebenen Formen (Metrik, Versform) erzielt Gryphius ein Pathos der Rede, dessen Wirkung durch die Wahl greller und harter Ausdrücke (*Zentnerworte*) noch gesteigert wird.**[23]

Gryphius erzielt mit der Häufung bedeutungsstarker Substantive eine intensive rhetorische Wirkung, welche die Grenzen des von Opitz verteidigten klassizistischen Maßes sprengt (und welche im Übrigen einem bei Klopstock zu beobachtenden Phänomen entspricht, das dort mit dem Ausdruck **Machtwörter der Dichtung** bezeichnet wird). Dies zeigt folgende Passage eines anderen Gedichtes:

Ach! Und weh!
Mord! Zetter! Jammer! Angst! Creutz! Marter! Würmer! Plagen!
Pech! Folter! Hencker! Flamm! Stanck! Geister! Kälte! Zagen!
Ach vergeh![24]

Die Eindringlichkeit des religiös inspirierten Sprechens gewinnt einen poetischen Wert, der auch aus heutiger Sicht und nicht nur in historisierender Perspektive gewürdigt werden kann, weshalb das Gedicht »Threnen des Vatterlandes« in den verschiedensten Situationen häufig zitiert wurde. So auch in einer nationalen Perspektive, z. B. in der Exillyrik des Kommunisten Johannes R. Becher, der damit aber ein peripheres Moment von Gryphius' Text in einseitiger Form betonte.

1.2.4 Andreas Gryphius: »Es ist alles eitell«

Du sihst/ wohin du sihst, nur eitelkeit auff erden.
Was dieser heute bawt/ reist jener morgen ein:
Wo itzund städte stehn/ wird eine Wiesen sein,
Auff der ein schäffers kind wird spilen mitt den heerden.
Was itzund prächtig blüht sol bald zutretten werden.
Was itzt so pocht vndt trotzt ist morgen asch und bein.
Nichts ist das ewig sey/ kein ertz kein marmorstein.
Itzt lacht das gluck uns an/ bald donnern die beschwerden.
Der hohen thaten ruhm mus wie ein traum vergehn.
Sol denn das spiell der zeitt/ der leichte Mensch bestehn.
Ach! was ist alles dis was wir für köstlich achten,
Als schlechte nichtikeitt/ als schaten staub und windt.
Als eine wiesen blum/ die man nicht wiederfindt.
Noch will was ewig ist kein einig mensch betrachten.[25]

Dies wohl bekannteste Gedicht von GRYPHIUS artikuliert das, was man in einem klischeehaften und trivialisierten Verständnis als barocke Weltanschauung zu bezeichnen pflegt. Wir haben gezeigt, dass die Einsicht in die Vergänglichkeit alles Irdischen und der kompensatorische Bezug auf transzendente Instanzen keineswegs repräsentativ für die Lyrik des siebzehnten Jahrhunderts ist – auch wenn dieser Text natürlich innerhalb von deren Entwicklung einen repräsentativen Platz einnimmt.

Vor allem in formaler Hinsicht – so zeigt ein Blick in die anderen Textbeispiele – steht dieses Gedicht ganz in der Tradition der Zeit. GRYPHIUS pflegt auch hier die Form des Sonetts, er befolgt das Reimschema ABBA ABBA CCD EDD und verwendet zur Auflockerung den Kadenzwechsel. Die Zäsur des Alexandriners dient in diesem Gedicht an markanten Stellen zur Akzentuierung antithetischer Aussagen (**Was dieser heute bawt / reist jener morgen ein** oder **Itzt lacht das gluck uns an / bald donnern die beschwerden**). Von der rhetorischen Tradition bestimmt erscheint die Anordnung des Gesprochenen: Wir finden im ersten Vers eine Einführung, eine These mit einem allgemein gültigen Satz; die folgenden Zeilen enthalten anschauliche Beispiele zur Bestätigung dieses Satzes. In der zweiten Zeile des ersten Terzetts stoßen wir auf eine rhetorische Frage, die zur Übertragung des bisher Gesagten auf eine andere Ebene führen soll (auf die des Menschen). Der letzte Vers des gesamten Gedichts bringt in der Form einer Conclusio die Konsequenz, die aus dem Gesagten zu ziehen ist und die implizit bereits das ganze Gedicht prägt: die Notwendigkeit von der Nichtigkeit und Vergänglichkeit des Irdischen zu der Haltbarkeit und Solidität des **Ewigen** überzugehen.

In nicht so spektakulärer Weise, aber doch in deutlicher Akzentuierung zeigt sich hier eine ähnliche Parallelität wie in dem Gedicht »Threnen des Vatterlandes«: Der Reiz des Gedichts liegt darin, dass die eigentlich nur als Exempel für die These statuierten Bilder eine poetische Anschaulichkeit entfalten, die potenziell einen Eigenwert gewinnt. Für Gryphius steht die dichterische Einbildungskraft ganz im Zeichen der religiös inspirierten Aussage des Gedichts, weshalb es ihm auch niemals einfiele, seine Person und sein dichterisches Können in besonderer Weise herauszustellen (wie wir dies bei Fleming beobachten konnten). Für *uns* als Rezipienten, die in einem ganz anderen historischen Kontext leben und denken, kann sehr wohl der poetische Eigenwert des Gedichts im Vordergrund stehen.

Und auch dessen Gehalt kann im Verlauf seiner Wirkungsgeschichte neue Dimensionen entfalten. Es ist evident, dass wir die Mahnung über die Vergänglichkeit des Menschen als einen kritischen Einwurf gegen die Vorstellungen der Selbstermächtigung des neuzeitlichen Subjekts deuten können, die im Verlauf der Geschichte der Neuzeit nur allzu oft katastrophische Wirkungen gezeitigt haben. Gryphius' Biografie und Gesamtwerk legen eine solche Interpretation im Übrigen nahe: Der Autor des Gedichts »Es ist alles eitell« war nämlich – wie wir angedeutet haben – kein weltflüchtiger Einsiedler, keine eifernder Asket, sondern ein weltgewandter Universitätslehrer und Ratsherr, der sich dem Engagement in der vergänglichen Welt keineswegs entzog. Dass das siebzehnte Jahrhundert eine Epoche der Krise war, in der sich menschliches Machtstreben mit der Unsicherheit konfessioneller Bruderkämpfe verband, zeigt sich freilich deutlich in Gryphius' Gedichten, der es sich versagte, in elitärer Weise von den Problemen seiner Zeit zu abstrahieren.

1.2.5 Christian Hoffmann von Hoffmannswaldau: »Vergänglichkeit der Schönheit«

Es wird der bleiche tod mit seiner kalten hand
Dir endlich mit der zeit umb deine brüste streichen.
Der leibliche corall der lippen wird verbleichen;
Der schultern warmer schnee wird werden kalter sand /
Der augen süsser blitz / die kräfte deiner hand /
Für welchen solches fällt / die werden zeitlich weichen /
Das haar / das itzund kann des goldes glantz erreichen /
Tilgt endlich tag und jahr als ein gemeines band.
Der wohlgesetzte fuß / die lieblichen gebärden /
Die werden theils zu staub / theils nichts und nichtig werden /
Denn opfert keiner mehr der gottheit deiner pracht.
Diß und noch mehr als diß muß endlich untergehen /
Dein hertze kann allein zu aller zeit bestehen /
Dieweil es die natur aus diamant gemacht.[26]

Hoffmannswaldau, der Manierist und ›Marinist‹, ist ein Spieler – er spielt mit den ihm vorgegebenen Konventionen und Traditionen, die er scheinbar genau befolgt, denen er aber besondere Effekte zu entlocken weiß. Im Sinne des von Marino verkörperten Stilideals der ›argutezza‹, der witzigen Spitzfindigkeit, kulminiert sein Gedicht in der besonderen Pointe eines ›concetto‹, eines in überraschender Zuspitzung verwendeten Begriffs, mit dem die besondere Wirkung dieses scherzhaften Spiels erreicht wird.

Es ist auffällig, dass Hoffmannswaldau in inhaltlicher und formaler Hinsicht die Konventionen der Zeit befolgt. Der Titel des Gedichts verrät, dass der Dichter in einem ersten Zugriff genau das Thema behandelt, das wir in Gryphius' »Es ist alles eitell« bemerkten: die Vergänglichkeit alles Irdischen (Vanitas), die in diesem Falle am Beispiel der Schönheit einer (jungen) Frau akzentuiert wird. Wie Hoffmannswaldau in diese barocke Aussage Ideen des Neostoizismus (die wir bei Fleming untersuchten) und die Lehre der Occasio, des rechten Augenblicks (die wir in ihrer Anwendung auf eine erotische Situation bei Opitz beobachteten), hineinspielen lässt, wollen wir sofort demonstrieren. Zunächst aber ist zu zeigen, wie das Gedicht in formaler Hinsicht genau den Spielregeln der Poetik des siebzehnten Jahrhunderts folgt:

> Den Vorschriften, die Martin Opitz 1624 für deutsche Sonette aufgestellt hat, folgt Hoffmannswaldau genau. Die vierzehn Verse gliedern sich den Reimen nach in das Oktett aus zweimal vier und das Sextett aus zweimal drei Versen; zunächst wird Blockreim (abba abba), dann Schweifreim (ccd eed) verwandt; die Reimgeschlechter (männlich und weiblich) wechseln einander ab. Nicht minder vorschriftsmäßig hat Hoffmannswaldau die Wahl des Versmaßes getroffen. Statt des in Sonetten weniger üblichen Vers commun bedient er sich des Alexandriners: aus sechs Jamben mit Zäsur nach dem dritten Fuß. Freilich behandelt Hoffmannswaldau dieses Maß mit sehr viel leichterer Hand als unter seinen Altersgenossen besonders Andreas Gryphius [...].[27]

Hoffmannswaldau neigt dazu, die Zäsur des Alexandriners mit seinen zum Teil prosaähnlichen Sätzen zu überspielen, wodurch es ihm gelingt, die Starrheit des Schemas zu überwinden. Aber auch in der rhetorischen Orientierung des Gedichts steht er getreu in der Tradition des siebzehnten Jahrhunderts:

> Die Form des Sonetts prägt wesentlich den Charakter des Gedichts. Im Unterschied zu ›Arien‹ und ›Oden‹, Liedern aus beliebig vielen Strophen in ein und demselben Maß, ist das Sonett zum Gesang weder geeignet noch bestimmt. Im festen Rahmen der vierzehn Zeilen läßt sich nur *sprechen*; ja es ist darin im Grunde nur für *einen* Gedanken Raum. Und dieser Gedanke gliedert sich der Ordnung gemäß, die mit dem Reimschema des Sonetts gegeben ist, am besten in ›protasis‹, den ›Vorsatz‹, und ›apodosis‹, den Nachsatz. Es vollzieht sich also eine Argumentation – dazu bestimmt, den Adressaten für eine Meinung zu gewinnen oder zu einem Handeln zu bewegen.[28]

Das uns bereits vertraute Schema der rhetorischen Anordnung des Gesprochenen begegnet uns also auch in diesem Sonett wieder. Die einleitende These geht von der Macht des Todes aus, die in der Lage ist jegliche Schönheit zu vernichten. Die argumentatio liefert die uns bereits ebenfalls geläufige Kette von Beispielen, welche die einleitende These bestätigen sollen, und der Schlusssatz zieht eine weiterführende Konsequenz aus dem Gesagten. Es ist aber festzustellen, dass HOFFMANNSWALDAU das Schema zwar äußerlich befolgt, durch wesentliche Elemente seines Textes jedoch in Frage stellt und schließlich unterminiert, sodass zurecht auch von einer Parodie des Vergänglichkeits-Motivs gesprochen werden kann.

Warum? Zunächst fällt auf, dass in deutlichem Kontrast etwa zu Gryphius' Gedichten die Beschreibung der weiblichen Schönheit einen Eigenwert gewinnt. Denn wenn auch deren Vergänglichkeit vor Augen geführt wird, so ist doch deutlich, dass die sinnliche Fülle und die Lieblichkeit dieser vergänglichen Schönheit den Sprechenden in besonderem Maße entzücken und dass er diese Entzückung zu vermitteln sucht. Die besondere marinistische Pointe des Gedichts liegt aber in der letzten Zeile: **Dieweil es** [das Herz, M. H.] **die natur aus diamant gemacht.** Dies kann zunächst im Sinne der neostoizistischen Tendenz verstanden werden (die in diesem Punkt freilich der christlichen Position im Sinne Gryphius' vehement widerspricht): Der Kern der Persönlichkeit des Menschen ist unvergänglich, steht nicht unter dem Gesetz der Vergänglichkeit, das lediglich für das Äußere des Menschen, für seinen Körper gilt. Dann würde die Botschaft des Gedichtes lauten: Stütze dich nicht auf die vergängliche Schönheit des Leibes, sondern bewahre die inneren Werte deiner Seele, die ein unvergängliches Dasein haben. Schon diese Position steht in deutlichem Kontrast zu der, die sich in Gryphius' Formulierung artikuliert, nach welcher der Mensch **Schatten, Staub und Wind** sein soll. Zwar unterstreicht HOFFMANNSWALDAUS Gedicht nach dieser Lesart die Scheinhaftigkeit des Körperlichen; er fände aber in dem persönlichen Kern des Menschen etwas Konstantes, das, hart wie ein Diamant, der Vergänglichkeit trotzen würde (während Gryphius gerade auch die Vergänglichkeit von **Erz** und **Marmorstein** hervorhebt).

Aber noch eine andere Lesart ist möglich. Stimmt man dieser zu (wofür vieles spricht), so erscheint das Gedicht als eine noch radikalere Umkehrung des *Memento mori* und als ein Plädoyer für das *Carpe diem*, für die Lebenslust, die gerade angesichts der Vergänglichkeit einen besonderen Wert gewinnt (womit HOFFMANNSWALDAU in einer freilich viel raffinierteren Form dem Gehalt von Opitz' »Ach Liebste, laß vns eilen« nahe kommt). Wenn nämlich die Rede von der diamantenen Härte des Herzens in parodistischer Anlehnung an die petrarkistische Tradition veranschaulicht, dass die Geliebte den Zuflüsterungen des Sprechers nicht zu folgen geneigt ist, wenn also die Härte des Herzens die mangelnde Bereitschaft zum erotischen Abenteuer meint, dann erscheint das Vanitas-Sonett in ein erotisches verwandelt. Denke daran, so meint der Sprecher in diesem Falle, dass du irgendwann sterben musst, und lass dich lieber von mir umarmen als von dem ›Knochenmann‹ Tod, dessen kalte Hand kein Entzücken hervorzurufen vermag:

> Unter ›dem Schein stoizistischer Ostentation‹, der die Schönheit angesichts ihrer Vergänglichkeit auf die Tugend zu verpflichten sucht, redet auch dieses Gedicht, im Hinblick auf dieselbe Vergänglichkeit, vielmehr der ›erotischen Passio‹ das Wort. Nur darum soll sich die Schöne der Hinfälligkeit ihrer Reize vergewissern, um daraus die Lehre zu ziehen, daß ihr nichts als der Genuß der Jugend bleibt.[29]

Ein geistreiches Spiel treibt HOFFMANNSWALDAU also mit seinen Lesern, von denen er erwartet, dass sie mit den Mustern der Lyrik des siebzehnten Jahrhunderts selbstverständlich vertraut sind. Der Effekt seines Gedichts lebt von den intertextuellen Bezügen, die dessen Sinngehalt stützen. Die Überschrift des Gedichts erweckt beim Leser die Erwartung eines Vanitas-Gedichts, wie es in Gryphius' Werk in mustergültiger Weise vertreten ist. Der Schlusssatz scheint diese Orientierung zugunsten einer Option für das tugendhafte Herz als den Kern der menschlichen Persönlichkeit aufzugeben und sich einer Position anzunähern, wie sie Fleming in seinem Epitaph vertreten hat. Der ›eigentliche‹ Sinn des Schlusssatzes führt jedoch zu einer Umkehrung der beiden Paradigmen, die zitiert wurden, und lässt auch in einer Wendung gegen die petrarkistische Tradition das Plädoyer für die sinnliche Lust hervortreten.

Aber auch nicht in dieser inhaltlichen Perspektive erschöpft sich das Gedicht; vielmehr gewinnt es in seinem Bezug zu dem Rezipienten den Charakter eines Plädoyers für das geistreiche Spiel mit den dichterischen Formen, indem der Sprecher ein überlegenes Einverständnis mit dem Rezipienten anstrebt. Wenn beide so im artistischen Spiel souverän die Freiheit des Spielenden genießen, stehen sie gewissermaßen über allen ideologischen und weltanschaulichen Fronten, die das Jahrhundert prägen. Diese relative Autonomie des Artistischen konnte am Ende des siebzehnten Jahrhunderts, zur Zeit der Veröffentlichung des Gedichts, noch nicht auf ein verständnisvolles Publikum hoffen. Erst über Jahrhunderte hinweg können wir als die Zeitgenossen der Postmoderne in diesem artistischen Spiel das Potenzial einer Literatur erkennen, die in ihrer ironischen Distanz eine Freiheit gegenüber den Verstrickungen der historischen Krisen gewährt. Die Vorwürfe der moralischen Fragwürdigkeit und der stilistischen Manieriertheit sind für den heutigen Betrachter obsolet, der gerade im Spiel mit den intertextuellen Bezügen in HOFFMANNSWALDAUS Gedicht eine bemerkenswerte dichterische Potenz zu erkennen vermag.

2 Die Lyrik des achtzehnten Jahrhunderts

2.1 Überblick

Das achtzehnte Jahrhundert ist die Zeit der Aufklärung. Die *Vernunft* wird zum Maßstab des Handelns erhoben und auch in der Dichtung wird die Rationalität zu einem wichtigen Kriterium für die Beurteilung dichterischer Erzeugnisse. Während aber die Frühaufklärung sich darum bemüht, die überkommenen rhetorischen Grundsätze der Poetik mit den Ansprüchen von Vernunft und Moral zu versöhnen, und dabei häufig einem bornierten Rationalismus verfällt, entwickelt sich das Selbstverständnis der Aufklärung weiter: Aufklärung wird, wie Kant 1784 im Rückblick formuliert, zum **Ausgang des Menschen aus seiner selbst verschuldeten Unmündigkeit**[30]. Emanzipation und Kritik sind die entscheidenden Stichworte, die mit Voltaire und Diderot in Frankreich und mit Lessing in Deutschland die Diskussion beherrschen. Die Emanzipation des *Bürgertums* wird zu dem Prozess, der sich im achtzehnten Jahrhundert vollzieht, und bürgerliche Subjektivität wird zum Träger und auch zum Gegenstand aufklärerischen Denkens und Dichtens. Entgegen landläufiger Vorstellungen sind das achtzehnte Jahrhundert und mit ihm die Literatur der Aufklärung damit nicht durch das Vorherrschen eines bornierten und dogmatischen Rationalismus gekennzeichnet. Vielmehr lässt sich eine Grundtendenz erkennen, die zwar von der Überzeugung ausgeht, dass die literarischen Programme und Prinzipien vor der Instanz einer kritischen Vernunft bestehen müssen, dabei aber einem einseitigen Rationalismus durch eine Differenzierung des Vernunftbegriffs zu entgehen versucht. Insofern sind im Laufe des achtzehnten Jahrhunderts Konzeptionen gefragt, die auch das ›Andere der Vernunft‹ in einem offenen Verständnis von Rationalität zu integrieren vermögen, ohne einem unreflektierten Irrationalismus zu verfallen.

Ausgangspunkt, aber nicht schon Vollendung der Aufklärung ist vor diesem Hintergrund die rationalistische Grundlegung der Literaturtheorie, die in Deutschland untrennbar mit dem Namen Johann Christoph Gottscheds (1700–1766) verbunden ist. So war im Rückblick auf die Entwicklung des achtzehnten Jahrhunderts (wie etwa in Goethes Autobiografie *Dichtung und Wahrheit*) einerseits der Anspruch einer präskriptiven und normierenden Poetik einem beißenden Spott ausgesetzt und die kreativen Entwicklungen der Dichtung erschienen als Dokumente einer Emanzipation von der rationalistischen Festlegung. Andererseits ist doch zu betonen, dass Gottscheds Ziel, die Literatur mit den Postulaten des vernünftigen Denkens zu versöhnen, eine entscheidende Voraussetzung für eben diese Entwicklung der Aufklärungsliteratur darstellte. Auch da, wo sich die Literatur der Aufklärung in Opposition gegen die Regelpoetik Gottscheds entwickelte, profitierte sie von den Klärungen und Bestimmungen des so scharf kritisierten Leipziger Professors für Philosophie und Poetik.

Geistesgeschichtlich ist dessen Versuch, die Poetik neu zu fundieren, indem er nicht mehr die Rhetorik, sondern die Grundsätze der Philosophie (der **Wahrheit**, wie er sie verstand) als deren Grundlagen darstellte, von entscheidender Bedeutung. Denn wenn die Literatur der Aufklärung dazu beitragen soll, den Menschen aus seiner selbst verschuldeten Unmündigkeit zu befreien, muss sie Bezüge zur Wahrheit und zur Praxis herstellen, und dies kann nur gelingen, wenn sie den Anspruch aufrecht erhalten kann, vor dem Richtstuhl der kritischen Vernunft zu bestehen. Wo sich wie in der Weimarer Klassik, bedingt durch problematische geschichtliche Erfahrungen (Verlauf der Französischen Revolution), eine Kluft zwischen Literatur und Praxis, zwischen Schönheit und Wahrheit auftut, ist der Geltungsbereich aufklärerischer Literatur im engeren Sinne verlassen. Schillers Briefe *Über die ästhetische Erziehung des Menschen* (1795) belegen diesen Ablösungsprozess im Verlauf ihres Argumentationsganges und markieren so einen epochalen Einschnitt.

Entscheidend für den Verlauf der Literaturgeschichte des achtzehnten Jahrhunderts ist aber die Art und Weise, wie sich die Opposition gegen die bornierte rationalistische Poetik formierte. In getrennten und miteinander konkurrierenden, wenngleich sich auch berührenden Modellen zeigen sich spätestens um 1750 Tendenzen das rationalistische Modell zu erweitern und zu ergänzen. Indem der Anspruch der rationalistischen Poetik zurückgewiesen wird, entwickeln sich die Bedingungen für eine Autonomie des Literarischen, indem diesem ein spezifischer Erkenntnis-, Ausdrucks- und Reflexionswert zugesprochen wird, den die Philosophie in ihrer Formulierung des rationalen Wissens nicht aufweist. Gegen den objektivistischen Rationalismus der Regelpoetik klagen die Schriftsteller und Dichter um 1750 den Stellenwert des Subjektiven und die Bedeutung des Natürlichen ein (wobei die Vieldeutigkeit des Naturbegriffs Raum für verschiedene Strömungen lässt).

Eine Höherbewertung der Sinnlichkeit gegenüber dem Verstand und der Vernunft hat die sensualistische Tendenz der Aufklärung auf ihre Fahnen geschrieben, die im Laufe des achtzehnten Jahrhunderts in verschiedenen Erscheinungsformen eine hervorragende Bedeutung erlangt. Die *Anakreontik* mit ihrer formal und inhaltlich streng an antiken Vorbildern orientierten Feier des Weines und der Liebe tritt mit Friedrich von Hagedorn (1708–1754) und Johann Wilhelm Ludwig Gleim (1719–1803) sehr früh auf, erhebt keinerlei theoretischen Anspruch und ist doch bei aller Formelhaftigkeit und bei dem offensichtlichen Kompensationscharakter, den die beschwingten Lieder haben, eine deutliche Kritik an dem intellektualistischen Menschenbild des Rationalismus.

Auf der philosophischen Ebene wird der Sensualismus durch die Einführung der Ästhetik als philosophischer Disziplin gefördert, als deren Urheber Alexander Gottlieb Baumgarten (1714–1762) anzusehen ist. Es ist für die Logik der Entwicklungstendenzen des achtzehnten Jahrhunderts bezeichnend, dass Baumgarten als Schüler Christian Wolffs (1679–1754) auftritt, dass er demnach ganz im Rahmen der rationalistischen Schulphilosophie argumentiert, aber mit seiner Aufwertung der ›niederen‹ Erkenntnisvermögen befreiend wirkt und damit dazu beiträgt, die Literatur aus den Fesseln der philosophischen Schemata zu befreien. Wenn die philosophische Reflexion die Literatur (und die Kunst überhaupt) als die Darstellung einer vollkommenen sinnlichen Erkenntnis verstehen konnte, so lag darin ein Ansporn für diese, einen eigenen Zugang zur Wirklichkeit zu reklamieren, der von dem reinen Denken der Philosophie nicht besetzt wurde. Die sensualistische Perspektive gehört seit der Mitte des Jahrhunderts zu den wichtigen Ausdrucksformen, mit denen es möglich wird, Subjektivität jenseits der rationalistischen Dogmen darzustellen und zu artikulieren.

Während in der sensualistischen Perspektive die Subjektivität der Menschen als Sinnlichkeit und damit vor allem als äußerliche Sensation interpretiert wird, stellt die *Empfindsamkeit* das Gefühl und damit die innere Empfindung des Menschen in den Mittelpunkt ihrer anthropologischen Konzeption. Die Empfindsamkeit wendet sich mit moralisierender Emphase gegen die potenzielle ethische Indifferenz des Sensualismus. Das Selbstverständnis und die Selbsterfahrung des Menschen lassen sich in der Perspektive der Empfindsamkeit nicht über die objektivistischen Begriffe der Schulphilosophie darstellen, sondern artikulieren sich im menschlichen Gefühl und in dessen Versprachlichung (die sich im Unsagbarkeitstopos häufig als indirekte Umschreibung des eigentlich nicht Formulierbaren präsentiert). Die empfindsame Emotion begreift sich als unmittelbar moralisch, als moralisches Gefühl, das sich gegen jede verstandesmäßige Bestimmung und insbesondere gegen die zynische Unmoral der Aristokraten wendet.

Insofern ist die Empfindsamkeit Ausdruck des bürgerlichen Selbstverständnisses und dabei ähnlich wie die Anakreontik offensichtlich Ausdruck eines Kompensationsbedürfnisses: Die von der gesellschaftlichen Praxis mehr oder weniger ausgeschlossene Subjektivität kultiviert die Innerlichkeit des Gefühls und zelebriert ihre (vermeintliche oder wirkliche) moralische Überlegenheit gegenüber denen, die sich in eben dieser Praxis betätigen (und sich dabei ›die Hände schmutzig machen‹). Das bürgerliche Trauerspiel und der empfindsame Roman sind literarische Konsequenzen dieses Selbstverständnisses und zeigen, dass die eben skizzierte Kompensationsthese diesem Ausdruck bürgerlicher Kultur und bürgerlichen Selbstverständnisses nicht ganz gerecht wird. Das Verdienst der Empfindsamkeit liegt nämlich zweifelsfrei darin, ein Vokabular und literarische Formen bereitgestellt zu haben, in denen sich Emotionen und eine gefühlsmäßige Selbstreflexion des Subjekts sprachlich artikulieren können. Wie der Pietismus, auf den sich die Empfindsamkeit insbesondere wegen ihres auf die immanente (bürgerliche) Welt bezogenen Gestus keineswegs zurückführen oder reduzieren lässt, hat sie damit der Bewusstwerdung und Gestaltung menschlicher Subjektivität den Weg gebahnt. Ohne sie wäre die Lyrik Goethes, die unser Verständnis von Gedichten immer noch stark bestimmt, nicht denkbar.

Als Repräsentant einer empfindsamen Kultur, die weit über den Bereich der Literatur hinausgreift, ist Christian Fürchtegott Gellert (1715–1769) anzusehen, der als Leipziger Professor für Beredsamkeit einer der Lehrer Goethes war und der sich neben seinen epischen und dramatischen Texten besonders für die Briefkultur als eine privilegierte Ausdrucksform der empfindsamen Subjektivität einsetzte. Gegenüber der ebenfalls das Gefühl bejahenden späteren Bewegung des Sturm und Drang ist die Empfindsamkeit mit ihrer Betonung der ›Zärtlichkeit‹ jeglichem betont männlichen Aktivismus abhold, was die Hochschätzung eines stilisierten Weiblichkeitsideals erklärt.

Als eine wichtige Gegenposition zu dem dogmatischen Rationalismus Gottscheds ist auch die Poetik der Schweizer anzusehen. Johann Jakob Bodmer (1698–1783) und Johann Jakob Breitinger (1701–1776) exponierten sich in den vierziger und fünfziger Jahren im Literaturstreit als Verfechter des Wunderbaren, des Erhabenen und des Neuen in der Poesie und gaben damit vielen jüngeren Dichtern das Signal zu einem Ausbruch aus den engen Grenzen der rationalistischen Poetik. Aus heutiger Sicht ist freilich zu bemerken, dass sie in wesentlichen Punkten mit dem so harsch bekämpften Gegner übereinstimmten, gingen sie doch wie Gottsched von der Philosophie Wolffs aus, hielten am Dogma der Naturnachahmung fest und optierten keineswegs für einen blanken Irrationalismus in der Poesie. Indem sie sich aber gegen Gottscheds ›Verbot‹ wandten, religiöse und damit auch wunderbare Gegenstände in der Literatur zu behandeln (wobei ihr wichtigster Impuls aus der Verteidigung von John Miltons (1608–1674) biblischem Epos *Paradise lost* (1667) stammte), erweiterten sie den Spielraum der dichterischen Subjektivität. Ähnliches gilt auch für ihre Inanspruchnahme der Kategorie des Erhabenen, die sie nicht primär auf die Darstellung höfischer Gestalten bezogen, sondern im Kontext einer religiösen Poesie diskutierten.

Der aufklärerische Impuls dieser Position zeigt sich in der dichterischen Ausgestaltung dieses Programms, die Friedrich Gottlieb Klopstock (1724–1803) mit seinem biblischen Epos *Der Messias* seit 1751 verwirklichte. Denn die Thematisierung des hohen religiösen Gegenstandes führt nicht wie im Barock zu einer Erniedrigung des endlichen Subjekts, sondern zu dessen Erhebung in der Erfahrung der göttlichen Größe. Die menschliche Subjektivität setzt sich noch nicht absolut, wie dies in bestimmten Tendenzen des Sturm und Drang und der Romantik zu beobachten ist; sie wird sich aber in der dichterischen Evozierung des Absoluten ihres Ranges bewusst. Der Dichter begreift sich als Sänger der Erlösungsbotschaft, die für alle Menschen, ja selbst für den bereuenden Teufel Abbadona gilt; die Literatur bekommt einen quasi-religiösen Wert, der sie über die nüchternen Gedankenketten der Schulphilosophie weit hinaushebt. Auf der anderen Seite steht diese begeisterte Subjektivität für ein Gegenmodell zu einer aufklärerischen Unterwerfung der Welt unter die Gesetze eben des Subjekts und für die Fähigkeit, das ganz Andere aufzunehmen und in dieser Aufnahme die eigenen Ansprüche zu überwinden.

Eine andere wichtige Tendenz der literarischen Aufklärung, die mit der Person Gotthold Ephraim Lessings (1729–1781) verknüpft ist, steht in einer deutlichen Distanz zu den schwärmerischen Tendenzen einer heiligen Poesie. Gegenüber dem dogmatischen Rationalismus Gottscheds setzt sich Lessing nicht durch eine Abwendung von rationalistischen Grundsätzen ab, sondern vielmehr durch eine entscheidende und folgenreiche Neudeutung des Vernunftbegriffs. Lessing sieht im Prinzip der Rationalität nicht die Verfügung über einen gesicherten Schatz uneingeschränkt gültigen Wissens; er fasst die *Suche nach der Wahrheit* vielmehr als einen unabschließbaren Prozess, der methodisch abgesichert sein muss, aber niemals zum *Besitz* der Wahrheit führen kann. Die kritische Abhandlung wie andere literarische Gattungen, vor allem das Drama, das er in besonderem Maße pflegt, dienen nach seiner Auffassung nicht zur Illustration und Veranschaulichung von zweifelsfrei feststehenden Einsichten und Wissensstrukturen; sie ermöglichen es vielmehr, wichtige Fragen des menschlichen Wissens und der menschlichen Existenz nach verschiedenen Seiten hin zu untersuchen.

Die Komödie zum Beispiel hat in Lessings Augen nicht wie die von Gottsched propagierte sächsische Typenkomödie die Aufgabe, Abweichungen von einem vermeintlich unverrückbaren vernünftigen Denken und Handeln zu verlachen. Vielmehr geht es Lessing schon in seinen Jugendkomödien darum, die Borniertheit eines dogmatischen Wissens und einer illusionären Sicherheit in der komischen Darstellung zu entlarven. An die Stelle des eindeutigen Wissens tritt ein Perspektivismus, der sich der Tatsache bewusst ist, dass ein und derselbe Gegenstand von verschiedenen Seiten her beleuchtet werden kann. Lessing ist Rationalist, aber er konzipiert ein pluralistisches Vernunftkonzept, das sich nicht mit vermeintlich endgültigen Resultaten begnügt, sondern die Teilhabe an dem offenen Prozess der Wahrheitsfindung zur Grundlage einer großzügigen Intersubjektivität erklärt. Dieser Perspektivismus hat unmittelbare ethische Konsequenzen, indem er die Toleranz nicht zu einem abstrakten philanthropischen Prinzip erhebt, sondern vielmehr aus dem unabschließbaren Ringen endlicher Subjekte um die Wahrheit hervorgehen lässt.

Dass die realen gesellschaftlichen und politischen Verhältnisse, dass die Zustände des aufgeklärten Absolutismus weit davon entfernt waren, diesem aufgeklärten Ideal einer gemeinsamen Bemühung um die Wahrheit zu entsprechen, war Lessing immer bewusst. Es wurde ihm aber noch einmal eindringlich vor Augen geführt, als der Hamburger Hauptpastor Goeze im Streit um die *Fragmente eines Ungenannten*, die bibelkritischen Texte von Samuel Reimarus (1694–1768), die Lessing als Wolfenbütteler Bibliothekar anonym veröffentlicht hatte, die öffentliche Diskussion unterbinden wollte. Goeze brachte mit Erfolg die staatliche Obrigkeit dazu, seinen Kritiker Lessing (dem es im Sinne einer intersubjektiv vermittelten und koordinierten Wahrheitssuche darum ging, eine rationale Diskussion über Reimarus' Thesen anzuregen, die mit seinen Auffassungen gar nicht übereinstimmten) zum Schweigen zu bringen. Lessings Drama *Nathan der Weise*, das die Fortsetzung dieses Streits auf einer anderen Kanzel darstellt, ist vor diesem Hintergrund als ein Höhepunkt der deutschen Aufklärungsliteratur zu bewerten, weil in ihm die Aufgabe des literarischen Diskurses dahingehend bestimmt wird, dass in diesem die verschiedenen Aspekte der Wahrheitssuche in einer Weise vorgeführt werden können, die jeder anderen Form der Darstellung von Wissen und Nichtwissen überlegen ist.

Bei allem Gegensatz zwischen den Positionen Lessings und Klopstocks (die hier als Modelle für Konzepte heiliger Poesie und unabschließbarer Wahrheitssuche exemplarisch skizziert wurden) zeigt sich eine Gemeinsamkeit in der Entwicklung der aufklärerischen Literatur: Im Unterschied zur rationalistischen Unterordnung der künstlerisch-literarischen Darstellung unter den Wahrheitsanspruch des philosophisch-wissenschaftlichen Diskurses wird der Literatur jetzt eine eigene Dignität zugesprochen, indem ihr eine spezifische Erkenntnisleistung zugetraut wird, die von anderen Formen des Wissens nicht in Anspruch genommen werden kann. Der literarische Diskurs ist nicht mehr die Veranschaulichung einer im Übrigen schon feststehenden nicht-literarischen Wahrheit, sondern bringt eine Textkonstellation hervor, die in spezifischer Weise Wahrheit auszudrücken vermag. Die Logik des literarischen Textes besteht bei Lessing darin, dass er die Wahrheitssuche des endlichen Subjekts in Szene zu setzen vermag (und dies nicht nur, aber auch und insbesondere auf der Bühne). Die Expressivität des literarischen Textes erkennt Klopstock darin, dass hier die Stellung des endlichen Subjekts im Angesicht des göttlichen Erhabenen ausgedrückt werden kann. Damit führt die Literatur der Aufklärung nicht nur zu der Idee einer Autonomie der Literatur, sondern dazu, die Artikulation menschlicher Subjektivität (auch in verschiedensten Spielarten und Deutungen) zur spezifischen Aufgabe des literarischen Diskurses zu erklären. Lessing und Klopstock stimmen bei aller Verschiedenheit auch darin überein, dass sie die endliche Subjektivität immer noch als typisierte und nicht als individuelle konzipieren, was die Scheidungslinie zwischen der Literatur der Aufklärung und der des Sturm und Drang und der Goethezeit markiert.

So ist der Sturm und Drang durch eine Neufassung des Individualitätsbegriffs und durch eine normative Inanspruchnahme einer bestimmten Naturvorstellung gekennzeichnet; so versucht die Weimarer Klassik neue Synthesen in humanistischer Perspektive (*Iphigenie*) und bricht konsequent mit aufklärerischen Wirkungskonzepten (*Wallenstein*). So radikalisiert die Romantik die Poetik des Fragments und die Überwindung einer rationalistischen Logik durch die Stiftung einer progressiven Universalpoesie. Dass in allen diesen Entwicklungen *auch* aufklärerische Impulse fortwirken, ist evident; die spezifische Religiosität der aufklärerischen heiligen Poesie und die skeptisch-kritische Position der aufklärerischen Dramatik und Epik bei Lessing und Wieland zeigen deutlich die Eigenart der Literatur des achtzehnten Jahrhunderts und damit der Aufklärung im engeren und eigentlichen Sinne.

Der Beginn des achtzehnten Jahrhunderts ist durch eine Wendung gegen die rhetorischen Traditionen des Barock gekennzeichnet. Die Entwicklung eines modernen Weltbildes und der beginnende Verlust einer traditionellen repräsentativ-höfischen Öffentlichkeit bedingen eine Abwendung von dem als Schwulst empfundenen Stilideal des Barock und von den höfischen (und großbürgerlichen) Gelegenheitsgedichten. Ausdruck dieses Geschmackswandels ist ein allgemeines Bedürfnis nach Stilsenkung, nach den rhetorischen Prinzipien der Klarheit, Deutlichkeit und Angemessenheit sowie die Bevorzugung einer natürlichen Schreibweise, welche die zum Teil konventionalisierten, zum Teil bewusst artifiziellen und originellen Metaphern der

Barockliteratur zu überwinden versucht. Hauptgegenstand der allgemeinen Kritik ist das Sonett, das als formalistisches Gebilde empfunden wird und nach allgemeiner Auffassung lediglich schematisierte Formen und Aussagen zu transportieren imstande ist. Im Laufe des Jahrhunderts wendet sich diese Kritik auch gegen den **klappernden** deutschen Alexandriner und mit Klopstock beginnt der Versuch eines deutschen Hexameters und des reimlosen freien Verses, wodurch sich ganz neue poetische Möglichkeiten ergeben. Eine Krise des lyrischen Sprechens ergibt sich freilich zu Beginn des achtzehnten Jahrhunderts aufgrund der Tatsache, dass durch die Stilsenkung die Unterscheidung zwischen Poesie und Prosa schwierig wird. Darüber hinaus ist die Gefahr einer Instrumentalisierung der Poesie als Dienerin der pragmatischen Intentionen einer rationalistischen Frühaufklärung zu erkennen. Nach dem Bilderrausch des Barock befindet sich die Lyrik jetzt in einer schweren Krise, weil ihre spezifische Leistung nicht zu erkennen ist.

Johann Christian Günther (1695–1723) repräsentiert den Übergang von der Barocklyrik zum Ausdruck natürlicher Empfindungen. Günthers Gedichte machen die Subjektivität zur Grundlage der Selbsterfahrung und nehmen damit Elemente der späteren Subjektivierung der Lyrik vorweg. Aber nicht seine Gedichte wurden paradigmatisch für den weiteren Verlauf des achtzehnten Jahrhunderts, sondern Barthold Heinrich Brockes' (1680–1747) Versuch, die Erkenntnisse der neuen Naturwissenschaft mit dem traditionellen christlichen Weltbild zu verbinden. Brockes' Texte sind zwar auch, aber nicht *nur* Lehrgedichte; es kündigt sich auch das Bestreben an, die Thematisierung von auserwählten Gegenständen mit dem Ausdruck der Entzückung des Subjekts (und der demütigen Unterwerfung unter das Erhabene) zu verbinden. Charakteristisch für die Dichtung der Frühaufklärung sind der argumentative Charakter dieser Poesie und ihr logisch-prosanaher Sprachduktus. Ebenso typisch ist die Aufnahme sensualistischer Elemente, die aber ausdrücklich nicht zu einer skeptischen Infragestellung des überlieferten Glaubens führen, sondern vielmehr durch die Affizierung der unteren Seelenvermögen auch zum Gefühl von der Schönheit und Größe der von Gott geschaffenen Welt beitragen sollen. Während sich barocke Elemente noch insofern erkennen lassen, als die Naturerfahrung der Gedichte häufig noch emblematische Züge annimmt (demnach also die sich abzeichnende empiristische Orientierung durch eine symbolisch-allegorische Deutung der Naturphänomene verdeckt wird), zeigt Brockes seine aufklärerische Modernität: Er hebt die Nützlichkeit und die Schönheit der Natur hervor und zieht so dezidiert das **irdische Vergnügen in Gott** einer Hinwendung zu einem transzendenten Jenseits vor.

Brockes' Hauptwerk besteht in seiner umfangreichen Gedichtsammlung *Irdisches Vergnügen in Gott*, die zwischen 1721 und 1748 in mehreren Auflagen in Hamburg erschien. Brockes betrachtete sich selbst als Gelegenheitsdichter, führte eine geachtete Existenz als Ratsherr und war vermögend und glücklicher Familienvater. Kurz: ein Biedermann in der dem achtzehnten Jahrhundert geläufigen Bedeutung, die sich auf die Fähigkeit zu vernünftigem und praktischem Denken bezieht, aus heutiger Sicht freilich durch eine gewisse Beschränktheit gekennzeichnet ist. In seinen zum Teil sehr langen Gedichten legte er größten Wert auf die sprachliche Wiedergabe visueller Eindrücke und damit auf die detaillierte Beschreibung von Naturgegenständen, Pflanzen und Tieren. Wie der Titel seines Werkes anzeigt, geht es Brockes um eine dezidierte Hinwendung zum Diesseits, um eine literarische Darstellung von Phänomenen der empirischen Welt. Diese wird freilich nicht als Selbstzweck aufgefasst, sondern führt den über die Schönheit der Welt entzückten Dichter zu einem Lob Gottes, der als Schöpfer dieser Pracht angesehen wird. Im Übergang vom Barock zur Frühaufklärung, für den Brockes' Texte stehen, finden sich letzte Überlegungen zur Eitelkeit des Irdischen angesichts der Größe und Macht Gottes. Es überwiegt aber eine andere Haltung, die angesichts der Schönheit der Schöpfung und damit im Blick auf ein akzeptiertes Diesseits den Schöpfer preist. Im Kontext der zeitgenössischen Philosophie zeigt sich Brockes damit als ein Vertreter der Physikotheologie, einer Richtung, die den Versuch unternahm, zwischen den Erkenntnissen der sich entwickelnden Naturwissenschaften und der traditionellen Theologie zu vermitteln:

> **Die Physikotheologie stellt eine der erfolgreichsten Harmonisierungsideologien der Frühaufklärung dar; sie bewahrte einerseits das traditionelle christliche Weltbild, rezipierte aber andererseits die neuen naturwissenschaftlichen Erkenntnisse und bekämpfte so wirkungsvoll, nämlich ›modern‹, die »Atheisten«.[31]**

Unser Textbeispiel, das Gedicht »Gedanken bei der Section eines Körpers«, zeigt, dass ausgerechnet der auf den ersten Blick sicherlich nicht erfreuliche Anblick einer Frauenleiche zum Anlass wird, die Schönheit der Schöpfung zu preisen und die Herausforderung des Atheismus zurückzuweisen. Hier zeigt sich in der beschwörenden Ablehnung die Bedrohung des früh-aufklärerischen Weltbildes, die durch die Aushöhlung überkommener Sinnvorstellungen im Widerspruch gegen die religiösen Überzeugungen des Christentums gegeben ist. Dabei liegt der Akzent in Brockes' Lyrik aber nicht auf der räsonierenden Darlegung, sondern in der Versenkung ins Detail. Der Erfolg seines immer wieder neu aufgelegten und erweiterten Buches beruhte neben der ideologischen Beruhigung hauptsächlich auf seiner sprachlichen Fertigkeit, die sich in den Naturbeschreibungen manifestiert. Wie es Brockes gelingt, visuelle Eindrücke zu versprachlichen, möge die folgende Passage, die Beschreibung eines **Gold-Käfers**, verdeutlichen:

Durchs Auge ward mein Herz gerührt/
Als ich mit höchster Lust erblickte/
Wie ihm Smaragd und Gold den glatten Rücken schmückte;
Und ich bewunderte sein wandelbares Grün/
Das bald wie Gold/bald wie Rubin/
Und bald aufs neu Smaragden schien/
Nachdem der Fürst des Lichts auf seine Theilchen stral'te/
Und die verschied'ne Fläche mahlte.[32]

Im Vergleich zur Erlebnisylrik der Goethezeit fällt auf, dass die Empfindungen des lyrischen Ich (wenn dieser anachronistisch erscheinende Ausdruck erlaubt ist) vollständig von den objektiven Gegebenheiten des Naturphänomens abhängen. Das Ich sucht nicht die äußere Natur um seine Gefühle und Stimmungen zu spiegeln, sondern versenkt sich mit dem Ethos eines Naturforschers in die Gegenstände, um aus ihnen die beschworene **Lust** zu gewinnen, die sich aus der reinen Rezeptivität dieses Ichs entwickelt. Wenn sich etwas in Brockes' Texten der Instrumentalisierung der Dichtung im Sinne der physikotheologischen Weltanschauung entzieht, so ist es die Freude am sinnlichen Detail, die als ein Vorbote der sensualistischen Tendenzen der späteren Aufklärung erscheint. Zwar ist die sinnliche Wahrnehmung bei Brockes noch im Dienste der rationalistischen Theorie funktionalisiert, zwar interessiert er sich nicht für das Einzelphänomen, für das Partikulare als solches; aber dennoch lässt sich bei ihm bereits erkennen, wie die Literatur in ihrer Orientierung am sinnlichen Detail die Einengungen und die Heteronomie eines bornierten Rationalismus überwinden wird.

Ebenfalls in Hamburg lebte und wirkte Friedrich von Hagedorn, der bedeutendste Lyriker und Dichter der Frühaufklärung. Die Abwendung von den metaphysisch-religiösen Elementen des Barock wurde von ihm in seinen anmutigen, kurzen, klassizistisch-schnörkellosen Gedichten vollzogen, die im Stile des *Rokoko* eine kultivierte Sinnenfreude propagierten und in leichtem Tone den Deutschen demonstrierten, was man unter scherzhafter Dichtung verstehen konnte. Hierbei konnte er an die weltliche Dichtung des Barock (Opitz) anknüpfen. Alle bedeutenden Dichter der späteren Aufklärung, insbesondere Klopstock, Wieland und Lessing, haben Hagedorn verehrt und auch von ihm gelernt; noch Goethe äußert sich in *Dichtung und Wahrheit* denkbar positiv. Neben das Lied treten in seinem Werk das (kurze) Lehrgedicht, das Epigramm und die Fabel. Auch wenn Hagedorn sich dem Geiste der Zeit entsprechend einer didaktischen Wirkung nicht verschloss, so betonen doch insbesondere seine Fabeln den Eigenwert des Poetischen und preisen das Vergnügen, das sich aus der Kunst des Fabulierens entwickelt. Die positive Bewertung der Sinnlichkeit bereitet die sensualistischen Tendenzen der Aufklärung vor. Auch wenn sich seine Gedichte häufig tradierter Muster bedienen (etwa der Schäferdichtung oder dem anakreontischen Schema folgen), so liegt doch in der dezidierten Parteinahme für das Vergnügen und den Sinnengenuss ein deutliches Moment von Emanzipation von den rationalistischen Postulaten der Normpoetik.

Vor diesem Hintergrund verwundert es nicht, dass Hagedorn trotz der klassizistischen Orientierung seiner Sprache gute Beziehungen zu den Schweizern pflegte; der sittenstrenge Bodmer war sogar bereit das Leichtfertige in Hagedorns Poesie zu übersehen, weil es doch in einer so gefälligen Form gegen die Instrumentalisierung der Dichtung im Namen einer rationalistisch verstandenen Vernunft protestierte. Dabei ist zu beachten, dass das Gefällige und Scherzhafte dieser Dichtungsart keineswegs eine unkritische Geisteshaltung mit sich brachte. Vielmehr zeigt sich in der Wendung gegen heroische und äußerliche Normsysteme (Ehre) eine dezidierte Kritik an aristokratischen Denk- und Verhaltensmustern und eine in der Kultur der Hansestadt Hamburg gewachsene lebensbejahende Bürgerlichkeit, die nicht – wie sonst in Deutschland häufig zu beobachten – durch schwärmerisch-empfindsame Distanz von der Welt gekennzeichnet war. Dass auch das bürgerlich-kapitalistische Tauschprinzip gegenüber der Macht der sinnlichen Liebe an seine Grenzen stößt, zeigt das scherzhafte, im Milieu der Schäferdichtung angesiedelte Gedicht »Die Küsse«:

Als sich aus Eigennutz Elisse
Dem muntern Coridon ergab,
Nahm sie für einen ihrer Küsse
Ihm anfangs dreißig Schäfchen ab.

Am andern Tag erschien die Stunde,
Daß er den Tausch viel besser traf.
Sein Mund gewann von ihrem Munde
Schon dreißig Küsse für ein Schaf.

Der dritte Tag war zu beneiden:
Da gab die milde Schäferin
Um einen neuen Kuß mit Freuden
Ihm alle Schafe wieder hin.

Allein am vierten ging's betrübter,
Indem sie Herd und Hund verhieß
Für einen Kuß, den ihr Geliebter
umsonst an Doris überließ.[33]

Die einfache Sprache und Versform, die Scherzhaftigkeit der Behandlung und das Unproblematische des Gegenstandes bilden einen denkbar scharfen Kontrast zu bestimmten Dichtungsformen des Barock, aber auch zu den sich entwickelnden Tendenzen der Empfindsamkeit. Dabei ist jedoch keine forcierte Frivolität zu erkennen; die rokokohafte Tändelei schließt eine gefühlvoll-sympathetische Einstellung gegenüber dem Dargestellten nicht aus. Aus diesem Befund erklärt sich wohl, warum sowohl die enthusiastische (Klopstock), scherzhaft-frivole (Wieland) als auch die analytisch-kritische Aufklärungsdichtung (Lessing) Hagedorn positiv rezipieren konnten.

Eine bedeutende Wirkung entfalteten in der ersten Hälfte des achtzehnten Jahrhunderts didaktisch orientierte Dichtungsformen, die seit der Subjektivierung des Dichtungskonzepts im Sturm und Drang und der Wendung zur Autonomie von Kunst und Dichtung in der Weimarer Klassik und der Romantik aus dem Kanon der Gattungslehre verschwunden sind. Die Lehrdichtung im engeren Sinne, die im Rahmen eines klassizistischen Dichtungskonzepts allein schon deshalb eine besondere Dignität aufwies, weil sie sich auf antike Vorbilder (Lukrez, Vergil, Horaz) berufen konnte, bemühte sich im Wesentlichen um eine Vermittlung aufklärerischen Gedankenguts. Hier spielten philosophische Theoreme ebenso eine Rolle wie die neuen Erkenntnisse der Naturwissenschaften. Aber auch einzelwissenschaftliche Ergebnisse und poetologische Einsichten wurden vermittelt. Offensichtlich ist der pragmatische und popularisierende Charakter der Lehrgedichte, mit deren Hilfe es gelingen sollte, einem nicht oder nicht ausreichend gebildeten Publikum die genannten Erkenntnisse und die daraus abzuleitenden Zusammenhänge verständlich zu machen.

In dieser pragmatischen Ausrichtung, die selbstverständlich auch auf die ethisch-moralische Belehrung zu beziehen ist, trifft sich die Lehrdichtung mit der Intention der moralischen Wochenschriften, die sich ihrerseits auch der Lehrdichtung bedienten. Elemente des Lehrgedichts finden sich auch – wie gezeigt – in Brockes' »Irdischem Vergnügen in Gott«; lehrhafte Momente enthält die beschreibende Dichtung, die in Albrecht von Hallers (1708–1777) »Die Alpen« (1792) und Ewald von Kleists (1715–1759) »Der Frühling« (1749) ihre von den Zeitgenossen besonders geschätzten Modelle fand. Es war Lessing, der in seiner *Laokoon*-Schrift (1766) der deskriptiven wie der didaktischen Poesie eine Art Todesstoß versetzte, indem er die Dichtung auf die Darstellung von Handlungen und inneren Vorgängen der menschlichen Psyche verpflichtete. Diese späte Abrechnung ändert aber nichts an der Bedeutung der Lehrdichtung in den Jahren vor und um 1750. Philosophische Probleme traktierte der schwermütige Albrecht von Haller in seinem »Unvollendeten Gedicht über die Ewigkeit« (1736) und in »Über den Ursprung des Übels« (1739) ebenso wie Johann Peter Uz (1720–1796) in seiner »Theodicee« (1756).

Gerade in Hallers Fragment gebliebenem Gedicht »Über die Ewigkeit«

zeigt sich die Problematik der Lehrdichtung, durch welche diese im Laufe der Fortentwicklung des aufklärerischen Denkens in eine schwere Krise geriet: Wenn es um die Vermittlung gesicherter und nicht zu bezweifelnder Erkenntnisse ging, so musste gerade einer skeptischen Wahrheitssuche mit ihrem Misstrauen gegen die metaphysischen Systeme eine Dichtungsform unangemessen erscheinen, bei der vermeintlich objektiv gültige Sätze in dogmatischer Form vorgetragen wurden. Hallers Text fällt dadurch aus dem Rahmen, dass innerhalb dieser eigentlich objektivistischen und unlyrischen Dichtungsart eine subjektive Betroffenheit mitschwingt, welche die enthusiastische Bewegtheit, aber auch die melancholische Stimmung des Sprechenden zum Ausdruck bringt. So lautet die erste Strophe von Hallers »Unvollkommener Ode über die Ewigkeit«:

Ihr Wälder! wo kein Licht durch finstre Tannen strahlt
Und sich in jedem Busch die Nacht des Grabes mahlt:
Ihr hohlen Felsen dort! wo im Gesträuch verirret
Ein trauriges Geschwärm einsamer Vögel schwirret:
Ihr Bäche! die ihr matt in dürren Angern fließt
Und den verlohrnen Strom in öde Sümpfe gießt:
Erstorbenes Gefild' und Grausen-volle Gründe!
O daß ich doch bey euch/ des Todes Farben fünde!
O nährt mit kaltem Schaur/ und schwarzem Gram mein Leyd!
Seyd mir ein Bild der Ewigkeit![34]

Hier zeigt sich deutlich, dass das Schema des Lehrgedichts durch die Intensität der Trauer und Melancholie des lyrischen Ichs (von dem hier im Gegensatz zu den meisten Lehrgedichten bereits mit einem gewissen Recht gesprochen werden kann) infrage gestellt wird. Die Ode ist deshalb **unvollkommen**, weil die beabsichtigte Theodizee nicht gelingen will; der Anlass des Gedichts, der deutlich ausgesprochen wird (**Mein Freund ist hin**), bekommt ein stärkeres Gewicht als die didaktische Absicht. Haller selbst setzt an den Beginn seiner Ode auffälligerweise folgende Anmerkung:

Auf daß sich niemand an den Ausdrücken ärgere
Worinnen ich von dem Tode als einem Ende des Wesens
Oder der Hoffnung spreche
So berichte
Daß alle diese Reden Einwürfe haben seyn sollen
Die ich würde beantwortet haben
Wann ich fähig wäre
Diese Ode zu Ende zu bringen.[35]

Hier zeigt sich im Kleinen die von uns skizzierte Entwicklungstendenz der Aufklärungsdichtung: Während das rationalistische Schema die dichterische Form nur als eine gefällige Einkleidung einer außerliterarisch feststehenden Wahrheit versteht, wird die subjektive Wahrheitssuche, der es eher um die Intensität des Fragens als um den Erwerb vermeintlich sicherer Wahrheit geht, charakteristisch für eine literarische Aufklärung. Das philosophierende Subjekt wird dabei langfristig zu einem individuellen Subjekt, das existentielle Erfahrungen artikuliert, die sich nur noch poetisch aussprechen lassen, und von dieser Tendenz kann man bei Haller schon Spuren erkennen (auch wenn offensichtlich das ›Erlebnis‹ nicht Ausgangspunkt des lyrischen Sprechens ist, sondern vielmehr der Eindruck entsteht, die Naturbilder würden gesucht, um eine Empfindung oder einen Gedanken zu ›illustrieren‹).

Eine entschiedene Abkehr von der barocken Vanitas-Tradition ist in der anakreontischen Lyrik zu beobachten, die von den vierziger bis zu den sechziger Jahren im Gefolge von Hagedorns *Oden und Liedern* (1742 ff.), unter anderem von Johann Nikolaus Götz (1721–1781), Johann Wilhelm Ludwig Gleim, Christian Felix Weiße (1726–1804), aber auch von Lessing und Goethe gepflegt wurde. Im Jahre 1554 war eine von dem französischen Humanisten Stephanus herausgegebene Sammlung erschienen, die sechzig antike Gedichte enthielt, die unter dem Namen Anakreons publiziert wurden. Charakteristisch für diese Gedichte ist der begrenzte Motivkreis: Wein, Liebe, Natur, Aufruf zu Geselligkeit und Vergnügen und (in den modernen Varianten) Ansätze zu einer Selbstreflexion des Dichters. Deutlich ist der Spielcharakter dieser Lyrik, in der kunstvolle Varianten eines beschränkten Motivkreises und überlieferter Formen präsentiert werden. Das Spielerische und die Freude am Kleinen (Lessing nannte seine Liedersammlung aus dem Jahre 1753 *Kleinigkeiten*) sind Ausdruck einer literarischen Rokokokultur, zu der auch der leicht frivole Charakter dieser Dichtung und der gesellige Ton dieser Lieder passen. Bei den anakreontischen Gedichten steht die Fiktionalität des Dargestellten im Vordergrund; ausdrücklich zurückgewiesen wird der Gedanke, es handele sich um Zeugnisse wirklichen Erlebens. Lässt sich hieraus folgern, dass der anakreontischen Lyrik eine kompensatorische Funktion zukomme, dass es sich bei den Fantasien von Wein und Liebe um eine Flucht aus einer eher spießbürgerlichen Wirklichkeit handele, so ist doch auf der anderen Seite darauf zu verweisen, dass wir es gleichzeitig mit einer deutlichen Parteinahme für die sensualistische Tendenz der Aufklärungsdichtung zu tun haben. Die anakreontische Lyrik ist gekennzeichnet von der Ablehnung einer rationalistischen und rigoristischen Missachtung der menschlichen Begierden und dem Versuch, zu einer Kultivierung, nicht zu einer Verdrängung der Sinnlichkeit beizutragen. So setzt sie eine deutliche Parallele zu den Bemühungen um eine philosophische Rehabilitation der Sinnlichkeit in der Begründung der Ästhetik durch Baumgarten. Darüber hinaus ist die Betonung des Scherzhaften und Verspielten gerade in Verbindung mit dieser Apologie der Sinnlichkeit ein deutlicher Etappenschritt hin zu der Idee einer Autonomie der Kunst.

Demgegenüber steht freilich die antiheroische, auf Mäßigung im Vergnügen ausgerichtete und gegen die wollüstige Befriedigung der Begierden zu Felde ziehende Perspektive der anakreontischen Dichtung, die weitgehend übereinstimmt mit der allgemeinen aufklärerischen Tendenz der Zeit. Zielscheibe des Spotts der Anakreontiker waren dagegen die Rationalisten und die Pietisten, insofern diese sich in einer bornierten Sinnenfeindlichkeit trafen. In formaler Hinsicht betonen die anakreontischen Gedichte den Rhythmus, verzichten auf den Reim, bevorzugen eine durchgängige Einfachheit in Sprache und Syntax, wodurch Wiederholungen und Antithesen zu wichtigen Stilmitteln werden. Der Gefahr einer eher quälenden Monotonie wird durch den Versuch begegnet, den Blick auf die Nuance zu konzentrieren, welche die Kunstfertigkeit des jeweiligen Dichters demonstrieren kann. Das poetische Modell der Anakreontiker identifizierte sich mit dem Ideal der Grazie, in dem die Ungezwungenheit, Leichtigkeit und Verspieltheit der Bewegung zum Ausdruck kam. Diese Vorgabe wirkte intensiv auf die literarische Produktion Wielands, der sie durch eine Konfrontation mit den Normen der Empfindsamkeit erweiterte, und auf Schillers Ästhetik, dessen Theorie der Anmut hier eine ihrer Wurzeln hat.

Die Jahrhundertmitte, insbesondere aber der Zeitraum des Siebenjährigen Krieges, brachte insofern einen Einschnitt in der Geschichte der Lyrik, als die anakreontische Poesie fast ganz verstummte. Die zweckfreie Poesie und die private Geselligkeit, die sich jedem höheren Zweck verweigerten, gerieten ganz offenbar in eine Krise, die sich gerade an der Person Gleims ablesen lässt. Diesen erfasst eine starke patriotische Begeisterung und er schreibt *Preussische Kriegslieder in den Feldzügen 1756 und 1757* (1758), wobei es sich um Rollenlyrik handelt, bei der Gleim als ein Grenadier der preußischen Armee spricht. Neuen Ernst und gleichzeitig die Suche nach einer (freilich künstlich erzeugten) Naivität bezeugen diese Gedichte – und eine entschiedene Abkehr von den Scherzen und der zweckfreien Artistik der anakreontischen Lieder. Es scheint, als ob die Geselligkeitsutopie um Wein und Liebe jetzt als ein substanzloser Ästhetizismus angesehen wird. Vor allem wird das Bedürfnis spürbar, die über das Individuum hinausreichende Gemeinschaft als ein normativ ausgezeichnetes Ganzes zu erleben, die deutsche Nation (für die Preußen als der größte Staat des Deutschen Reiches einsteht) als Bezugspunkt zur Dichtung zu setzen (vgl. unser Textbeispiel).

Eine Verbindung zwischen der patriotischen und der religiösen Lyrik ist darin zu sehen, dass im Rahmen des Säkularisierungsprozesses, der das achtzehnte Jahrhundert prägt, religiöse Gehalte auf weltliche Gegenstände bezogen werden. So ist die Wendung Gleims von der scherzhaften Anakreontik zur patriotischen Kriegslyrik als ein Versuch zu deuten, der Lyrik ernste, substanzielle Gehalte zuzuweisen und damit ihre Bedeutung zu unterstreichen.

Ähnliches lässt sich allgemein von der ernsten Ode sagen. Diese stellt insbesondere mit Klopstock das wichtigste Paradigma der Zeit ab 1750 dar und kann als Gegenpol zur Anakreontik begriffen werden. Einflüsse des Pietismus und der Empfindsamkeit spielen eine entscheidende Rolle, wobei sich eine Wendung gegen die Künstlichkeit und Rhetorik der konventionellen Poesie und ein Plädoyer für den Versuch ergibt, unmittelbar die Gefühle eines Subjekts zu artikulieren. In Opposition zu Gottscheds Poetik und auch zur scherzhaften Lyrik der Anakreontiker beruft sich die ernste Odendichtung auf eine Poetik des Erhabenen, die in Breitingers »Critischer Dichtkunst« (1740) unter Berufung auf die antike Abhandlung des Pseudo-Longinus (Übersetzung durch Boileau: »Traité du sublime ou du merveilleux dans le discours«, 1674) ausgearbeitet wurde. Dabei wurde der Gegensatz zwischen dem Schönen (das Gottsched ins Zentrum seiner Poetik gestellt hatte) und dem Erhabenen in der Weise pointiert, dass es sich beim Erhabenen um große und ehrwürdige Gegenstände handele, die häufig im Zusammenhang des Religiösen und Wunderbaren diskutiert wurden. Große Helden (wie im Theater Corneilles) wurden weniger als erhabene Gegenstände angesehen, sondern eher solche, die dazu angetan waren, das Subjekt zu erheben und zu begeistern.

Diese Verbindung von objektiver Größe des Gegenstandes und der durch diesen bewirkten Erhebung des Subjekts steht im Zentrum von Klopstocks Odentheorie und -praxis. Es geht ihm darum, dass der Odendichter in einer eigentümlichen, der assoziativen Logik des Affekts folgenden Unordnung (**beau désordre**) die Bewegung ständiger Entzückung nachzeichnet. Die tendenzielle Subjektivierung der Kategorie des Erhabenen (die erst bei Kant und Schiller definitiv vollzogen wird) bewirkt eine wirkungsästhetische Strategie, bei der es darum geht, den Rezipienten zu überwältigen und die Entzückung des sprechenden Subjekts auf die Zuhörenden zu übertragen. Da die Intensität des Erlebens und Empfindens nicht beliebig lange beibehalten werden kann, steht die relative Kürze der Texte sowie die Plötzlichkeit und Lebhaftigkeit, mit der die Bilder und Empfindungen auf den Zuhörer einströmen, im Mittelpunkt der Überlegungen zur ernsten Odendichtung. Von **Machtwörtern** spricht Klopstock, die besonderen Eindruck auf die Rezipienten machen sollen (was an Gryphius' **Zentnerworte** erinnert), von **Darstellung**, nicht Nachahmung der realen Gegenstände, denn diese werden nicht in irgendeiner Weise reproduziert. Vielmehr sollen die emotionale Aneignung, Aufarbeitung und Verarbeitung eines Sujets dieses in seiner Bedeutung für die Subjekte vorführen (und damit in gewisser Weise erst konstituieren).

Die emotionalen Potenzen der Gegenstände und deren Lebendigkeit werden so in der ernsten Ode ans Licht gebracht. Auf diese Weise kann Klopstock eine spezifische Eigenart des lyrischen Sprechens begründen, die sich von der Diskursivität des philosophischen Sprechens ebenso unterscheidet wie von der Prosa der Alltagssprache. Gerade in formaler Hinsicht eröffnete Klopstock dabei dem deutschen Vers neue Wege. Während er für den *Messias* den Hexameter in die deutsche Versgeschichte einführte, erweiterte er die spezifische Ausdruckskraft des jeweiligen Gedichtes durch die Einführung des Freien Rhythmus:

> Klopstock übernahm zunächst und variierte dann eine Anzahl antiker Strophen, ging zur Erfindung eigener Strophen über und löste sich schließlich von der Strophe, indem er an der Vierzeiligkeit der Versgruppen zwar festhielt, die Gruppen aber nicht mehr durch ein gemeinsames metrisches Muster miteinander verband. (Schließlich gab er hier und da sogar die Vierzeiligkeit auf.) Die Tendenz zur Individualisierung, die in der Erfindung eigener Strophenformen zum Ausdruck kommt, überträgt sich vom ganzen Gedicht auf die einzelne Strophe, die dadurch zur Scheinstrophe wird. Die Gestalt eines einzelnen Verses wiederholt sich also nicht von Strophe zu Strophe. Der Eingangsvers der ersten Scheinstrophe kann ausnehmend knapp, der Eingangsvers der zweiten ausnehmend breit sein usf. Die Formtypen, die so entstehen, vom überlieferten antiken Muster und dessen Variation über die frei erfundene Strophe zum scheinstrophischen und schließlich zum unregelmäßig gegliederten freirhythmischen Gedicht ergeben nicht eine Folge, in der die freiere Form die gebundnere jeweils ersetzt, sondern die Typen verteilen sich unchronologisch über das ganze lyrische Werk. Klopstock entscheidet also, welche der verschiedenen Formen im besonderen Fall die geeignetste ist.[36]

Wenn hiermit der Erlebnislyrik der Goethezeit vorgearbeitet wird und sich unser heutiger Begriff des Lyrischen andeutet, so ist doch ein wesentlicher Unterschied zu betonen: Zwar wird in der ernsten Ode die emotionale Potenz der dargestellten Gegenstände für die menschliche Subjektivität hervorgehoben; es geht jedoch keineswegs um die Artikulation *individueller* Gefühle und um die Darstellung von *individueller* Subjektivität. Keine Individualisierung des Ausdrucks der Leidenschaft ist zu erkennen, sondern eine vorbildlich-repräsentative Anempfindung allgemein verbindlicher Wahrheiten. Dies sollte aber keineswegs als ein Defizit verstanden werden; eine teleologische Betrachtung, welche bestimmte historische Positionen dogmatisch zum Maßstab erhebt, wird den historischen Phänomenen nicht gerecht. Klopstocks Leistung besteht ohne Zweifel darin, dass er gerade im Bereich der Lyrik sprachliche Möglichkeiten bereitstellte, mit denen sich die subjektive Erfahrung hoher Gegenstände darstellen lässt. Die spezifische Form poetischer Subjektivität zeigt sich in der berühmten Ode

»Der Zürchersee«, wobei gerade hier die Verbindung zum und die Distanzierung vom persönlichen Erlebnis gezeigt werden kann, weil uns Berichte von der realen Überquerung des Gewässers durch Klopstock und seine Freunde im Sommer 1750 erhalten geblieben sind. Eben nicht das individuelle Erlebnis, sondern die zu verallgemeinernde Erfahrung einer wahrhaft repräsentativen Subjektivität wird hier artikuliert:

Jetzo nahm uns die Au in die beschattenden
Kühlen Arme des Walds, welcher die Insel krönt;
Da, da kamest du, Freude!
Volles Maßes auf uns herab!

Göttin Freude, du selbst! dich, wir empfanden dich!
Ja, du warst es selbst, Schwester der Menschlichkeit,
Deiner Unschuld Gespielin,
Die sich über uns ganz ergoß![37]

Nicht die individuelle, an den konkreten Anlass gebundene Freude wird hier lyrisch evoziert; das einmal empfundene Gefühl wird vielmehr zu einem Exempel einer im allgemeinen angemessenen Reaktion des menschlichen Subjekts auf die Schönheit der Natur, die wiederum auf die Macht und die Güte des Schöpfers verweist. Vor diesem Hintergrund ist auch die distanzierende Bezugnahme auf die anakreontische Dichtung zu verstehen, deren spezifische Art, Freude und Lebensgenuss zu artikulieren, von Klopstock im Gegensatz zu einigen seiner eifernden Bewunderer gar nicht abgelehnt wird. Deren Verzicht auf jegliche philosophische, metaphysische oder irgendwie ideologische Legitimierung der angenehmen Empfindung muss dem Odendichter aber doch als Ausdruck eines zu ›trivialen‹ Bewusstseins erscheinen:

Lieblich winket der Wein, wenn er Empfindungen,
Beßre sanftere Lust, wenn er Gedanken winkt,
Im sokratischen Becher
Von der thauenden Ros' umkränzt;

Wenn er dringt ins Herz, und zu Entschließungen,
Die der Säufer verkennt, jeden Gedanken weckt,
Wenn er lehrt verachten,
Was nicht würdig des Weisen ist.[38]

Die Stürmer und Dränger konnten von dieser lyrischen Sprache Anregungen aufnehmen. Es blieb vor allem dem jungen Goethe vorbehalten, gerade in der sprachlichen Artikulation des Naturerlebnisses das Modell einer individuellen und subjektiven Erfahrung hervorzubringen (die dabei ihren fiktionalen Charakter bewahrt). Dass die lyrische Sprache Klopstocks mit ihrer dem Lobe des Schöpfers gewidmeten Naturfrömmigkeit durchaus in der Lage war, gesellschaftliche und politische Gegenstände zu thematisieren, erweist sich in den Zeitgedichten zur Französischen Revolution. In deren Anfangsphase zeigte sich Klopstock als ein begeisterter Anhänger der radikalen Umwälzung. Es ging ihm in seinen Gedichten darum, den Deutschen das Vorbild der Franzosen vor Augen zu führen und die Passivität des eigenen Volkes zu beklagen (»Sie, und nicht wir«). Wie sich aufklärerischer Anspruch, hohe Sprache und politisches Engagement zu einem überzeugenden lyrischen Gebilde verbinden, demonstrieren Klopstocks Zeitgedichte aus dem Umfeld der Französischen Revolution (vgl. unser Textbeispiel).

Klopstocks Lyrik steht an einem entscheidenden Wendepunkt, der sowohl das Verständnis des Gedichts als auch das Selbstverständnis des Dichters betrifft. Indem bei ihm das Gedicht nämlich einerseits zum privilegierten Ort der Thematisierung religiöser Gehalte wird, andererseits weltliche Gegenstände mit einer sich der religiösen Sprache bedienenden Begeisterung präsentiert werden, gewinnt der Dichter im Sinne der antiken Vorstellung des *poeta vates* (des Dichters als Sehers) eine quasi-religiöse Funktion. Im Zuge der Säkularisierung religiöser Gehalte verliert die christliche Lehre in der Folgezeit ihre unbezweifelbare normative Bedeutung, sodass sich die Vorstellung entwickeln kann, die Dichtung selbst habe eine quasi-religiöse Bedeutung und der Dichter gewissermaßen seherische Fähigkeiten. Die Romantik und die Dichtung der Moderne (Hölderlin, George, Rilke) werden gerade der Lyrik die Fähigkeit zusprechen, absolute Wahrheiten in einer Welt zu artikulieren, in der die religiöse Tradition in eine schwere Krise geraten ist. Den Umschlag von der religiösen Dichtung zur Aufladung der Dichtung mit quasi-religiöser Bedeutung markiert eine bekannte Passage aus Goethes *Leiden des jungen Werthers*. Als Werther und Lotte im Gewitterregen aus dem Tanzsaal heraustreten, genügt die Nennung des Namens Klopstock durch Lotte um die beiden Liebenden in eine schwärmerische Stimmung zu versetzen. Während also im Sturm und Drang die gemeinsame Kenntnis der Dichtung eine Verbindung zwischen den Menschen stiftet, ist in Klopstocks »Frühlingsfeier« das Gewitter ein *Ausdruck* für Macht und Größe des christlichen Gottes:

Aber itzt werden sie [die Lüfte, M. H.] still; kaum athmen sie!
Die Morgensonne wird schwül!
Wolken strömen herauf!
Das ist sichtbar der Ewige,
Der kömmt!
Nun fliegen, und wirbeln, und rauschen die Winde!
Wie beugt sich der bebende Wald!
Wie hebt sich der Strom!
Sichtbar, wie du es Sterblichen seyn kannst,
Ja, das bist du sichtbar, Unendlicher![39]

Die emotionale Ausdruckskraft und die rhythmische und metrische Beweglichkeit von Klopstocks Versen zeigen, dass gegenüber den rhetorischen und konventionellen Gesetzen folgenden Gedichten des Barock und der Frühaufklärung etwas ganz Neues einsetzt, das zu einer tief greifenden Wandlung des Verständnisses von Lyrik insgesamt führen wird. Der Sturm und Drang, Hölderlin und die Romantik werden die Anregungen Klopstocks aufgreifen, wobei sich ein dynamischer Innovationsprozess entwickelt, der den großen Neuerer in atemberaubender Schnelligkeit als altmodisch erscheinen lässt. Und wenn Klopstocks Gedichte aus heutiger Sicht auch antiquiert erscheinen mögen, so kann doch in der literaturgeschichtlichen Perspektive seine Bedeutung für die Entwicklung der deutschen Lyrik kaum überschätzt werden.

2.2 Textbeispiele

2.2.1 Barthold Hinrich Brockes: »Gedanken bei der Section eines Körpers«

Kaum warf ich meinen Blick auf das zerstückte Weib,
kaum sah ich den zum Theil vom Haupt entblößten Leib,
Ich kunnte kaum so bald die blutgen Muskeln schauen,
Als mich ein widriges und ekelhaftes Grauen
Den Augenblick befiel. Allein es hatte kaum
Der kluge Carpser angefangen;
Er ließ uns kaum so bald die weisen Wunder sehn,
Die von der bildenden Natur daran geschehn:
So macht die Regung gleich weit süßrer Regung Raum.

Furcht, Grauen, Ekel war den Augenblick vergangen;
Mich nahm Bewundrung erst, darauf Erstaunen ein,
Dem folgt Erniedrigung und Ehrfucht allgemach,
Und diesem auf dem Fuß Lob, Brunst und Andacht nach.
Es fing ein helles Feur von einer heilgen Lust
In meiner, Gott zum Ruhm, mit Dank erfüllten Brust,
Zur Ehre des, der hier so wunderbar
Des Körpers Wunderbau gefüget, an zu brennen.
Ich wußte selber nicht, wie mir zu Muthe war.
Den Menschen giebet sich der Schöpfer hell und klar
Am allerdeutlichsten am Menschen zu erkennen.

Es scheint, ob könne man in diesen Wunderwerken,
In diesem Meisterstück der bildenden Natur,
Von unserm Schöpfer selbst hier eine helle Spur,
Ganz überzeuglich klar und gleichsam sichtbar merken.
Ach! Rief ich, lasst denn hier an diesem Schauplatz schreiben:
Hier kann kein Atheist ein Atheiste bleiben.[40]

Dieses Gedicht ist für die literaturgeschichtliche Perspektive gerade deshalb in besonderer Weise interessant, weil sich an ihm der Übergang vom

Barock zur Frühaufklärung in exemplarischer Weise studieren lässt. In formaler Hinsicht bietet Brockes eine weitgehend konventionelle, den tradierten Regeln folgende Dichtung. Zwar fügt sich die Weitschweifigkeit seines Vortrags (innerhalb der Sammlung *Irdisches Vergnügen in Gott* ist dies eines der kürzeren Gedichte!) nicht der pointierten Form des Sonetts; dennoch hat das Gedicht eine weitgehend regelmäßige Form: Brockes pflegt den Alexandriner (sechshebige Jamben mit der Zäsur nach dem dritten Versfuß) mit Kadenzwechsel und Reimen. Dass die Strophen keine regelmäßige Länge haben, zeigt freilich, dass die Aussageabsicht und der Gehalt des Gedichts wichtiger erscheinen als die formale Ordnung. Während im siebzehnten Jahrhundert die Gedichte im Wesentlichen formale Schemata erfüllen sollen, steht jetzt in aufklärerischer Perspektive die Intention des Sprechenden im Vordergrund. Abweichungen von der Ordnung des Alexandriners werden je einmal in der ersten und zweiten Strophe toleriert; es scheint sogar, dass sie mit Absicht eingefügt werden um die Aufmerksamkeit des Rezipienten in besonderem Maße zu erregen. Vor allem in der zweiten Strophe werden die Zäsuren des Alexandriners genutzt um die Steigerungen im Fluss der Argumentation zu betonen (**Mich nahm Bewundrung erst, darauf Erstaunen ein**). Und wie in einem Epigramm fasst der letzte Vers des Gedichts dessen Botschaft dergestalt zusammen, dass der Alexandriner und die Wiederholung des (im Gedicht wohl auch bei Brockes fremd erscheinenden) Wortes **Atheist** sie besonders einprägsam machen.

Zeigt sich so formal die Nachfolge der barocken Poetik, die im Wesentlichen respektiert und nur in Nuancen überschritten wird, so erkennt man inhaltlich einen ähnlichen, wenn auch anders nuancierten Befund. Brockes wählt als Gegenstand seines Gedichts eine weibliche Leiche und somit ein Bild, das in den Texten des Barock als allegorisches Bild für die Vergänglichkeit der Schönheit und die Eitelkeit alles Irdischen verwendet wurde. Und es geht ihm nicht wie etwa Hoffmannswaldau in dessen parodistischer Inanspruchnahme des Motivs darum, die Vanitas-Thematik, das *Memento mori* im Sinne einer diesseitsbejahenden Lebenskunst umzufunktionieren. Nein, Brockes hat einen anderen Paradigmenwechsel im Sinn: Er beabsichtigt die allegorische Sicht auf den Körper tendenziell durch eine naturwissenschaftliche zu ersetzen. Das Grauen und der Ekel, die den Sprecher beim Anblick der Leiche befallen, entsprechen gewissermaßen der erwarteten, der typisierten Reaktion auf die Evozierung eines solchen Bildes in der barocken Tradition. In dieser soll die Anschauung die Verbindung zu einer metaphysisch-abstrakten Wahrheit ermöglichen, die aber nur allgemein die Vergänglichkeit des endlichen Phänomens betrifft.

Demgegenüber besteht die epochale Veränderung nach Brockes nur darin, dass ein naturwissenschaftlich geschulter Spezialist (**der kluge Carpser**) eine ganz neue Perspektive auf den vergänglichen Körper entfaltet. Diese bezieht sich auf die Zweckmäßigkeit des biologischen Phänomens, das somit nicht mehr in seiner Vergänglichkeit, sondern in dem angeschaut wird, was seine Funktionen als (vormals) lebendiger Körper ausmacht. **Wunder** sowie **des Körpers Wunderbau** und **in diesen Wunderwerken**: Die Wunder, die Brockes erblickt, sind keine Unterbrechungen des Naturzusammenhangs durch eine göttliche Instanz, sondern vielmehr das normale Funktionieren desselben, das dadurch Entzücken und Erstaunen verursacht, dass man es verständig betrachtet, indem man eben die Gesetze dieses Funktionierens nachvollzieht. Die Größe Gottes wird also nicht mehr wie im Barock (vor allem im ›barocken‹ Barock eines Gryphius) im Kontrast zur Verächtlichkeit und Kleinheit des Menschen und alles Irdischen verdeutlicht. Vielmehr zeigt sich in der Größe und Schönheit des Endlichen und des Menschen die Größe Gottes als des Schöpfers. Der Sprechende als Exemplar der Gattung Mensch kann seinen eigenen Wert dadurch erkennen, dass er sich als **Meisterstück der bildenden Natur** begreift, wodurch sich eine ganz andere Perspektive als die Demut des Geschöpfes angesichts seiner Endlichkeit ergibt. Deutlich ist auch die ideologische Zwischenstellung der Physikotheologie: Die sich bildende naturwissenschaftliche Forschung wird sich zu einem gefährlichen Feind der Religion entwickeln, erscheint hier in der frühaufklärerischen Kompromissformel aber gerade als deren Verbündete, indem die Einsicht in die Gesetze der Natur gerade zum Bollwerk gegen den Atheismus werden soll.

Der Hamburger Brockes zeigt mit diesem Gedicht das Selbstbewusstsein eines aufstrebenden Bürgertums, das sich gerade in den Handelsstädten mit gutem Kontakt nach England frei entwickeln und die Erkenntnisse der pragmatischen Wissenschaften nutzen konnte. Er zeigt auch die Bereitschaft dieses Bürgertums, zwischen den neuen Erkenntnissen und Bestrebungen einerseits und den Mächten der Tradition andererseits einen Kompromiss herzustellen, der aber – Begünstigung des regionalen Faktors in der freien Hansestadt! – nicht auf die Unterwerfung des Bürgertums hinauslief (wie dies etwa in Preußen häufig der Fall war).

Ein literarisch-ästhetisches Phänomen, das sich bei Brockes andeutet, aber durch das ›ideologische Projekt‹ des Autors daran gehindert wird, seine Wirkung zu entfalten, ist der Bereich des Erhabenen. Naturphänomene, die sich dem Verständnis des Menschen entziehen und dadurch Furcht, Grauen, vielleicht auch Abscheu und Entsetzen auslösen, kommen auch bei Brockes vor, entwickeln aber noch nicht die Sprengkraft, die sie bei Haller und in der theoretischen Reflexion bei Bodmer und Breitinger im Hinblick auf eine Kritik der Ästhetik des Schönen entwickeln werden. Wie Brockes mit dem Hässlichen als einer Extremform des Erhabenen umgeht, zeigt der Eingang des Gedichts, wo zunächst unangenehme Empfindungen evoziert werden. Aber diese vergehen bezeichnenderweise, nachdem der Sezierer seine Arbeit aufgenommen hat. Die verständige Aktivität des naturwissenschaftlich gebildeten Arztes ermöglicht das Verständnis der Phänomene, sodass der Widerwille verschwindet und auch diese sinnliche Erfahrung in den Dienst des Gotteslobes genommen werden kann. So gelingt es, einem relativ weiten Bereich der phänomenalen Welt gerecht zu werden, ohne die synthetisierende Perspektive aufgeben zu müssen, die als Basis der Dichtung anzusehen ist. Dass diese zunächst so beliebte Naturdichtung wegen ihres gänzlichen Verzichts auf die Gestaltung einer individuellen und persönlichen Empfindung bereits ab 1750 als borniert erschien, verwundert nicht, deutet aber darauf hin, dass sich neue poetische Modelle entwickeln, die der relativen Originalität von Brockes' Ansatz keine Gerechtigkeit mehr widerfahren lassen.

2.2.2 Friedrich von Hagedorn: »Die Alster«

Befördrer vieler Lustbarkeiten,
Du angenehmer Alsterfluß!
Du mehrest Hamburgs Seltenheiten
Und ihren fröhlichen Genuß.
Dir schallen zur Ehre,
Du spielende Flut,
Die singenden Chöre,
Der jauchzende Mut.

Der Elbe Schiffahrt macht uns reicher,
Die Alster lehrt gesellig sein!
Durch jene füllen sich die Speicher,
Auf dieser schmeckt der fremde Wein.
In treibenden Nachen
Schifft Eintracht und Lust,
Und Freiheit und Lachen
Erleichtern die Brust.

Das Ufer ziert ein Gang von Linden,
In dem wir holde Schöne sehn,
Die dort, wann Tag und Hitze schwinden,
Entzückend auf- und niedergehn.
Kaum haben vorzeiten
Die Nymphen der Jagd
Dianen zur Seiten
So reizend gelacht.

O siehst du jemals ohn Ergetzen,
Hammonia, des Walles Pracht,
Wann ihn die blauen Wellen netzen
Und jeder Frühling schöner macht?
Wann jenes Gestade,
Das Flora geschmückt,
So manchen Najade,
Gefällig erblickt?

Ertönt, ihr scherzenden Gesänge,
Aus unserm Lustschiff um den Strand!
Den steifen Ernst, das Wortgepränge
Verweist die Alster auf das Land.
Du leeres Gewäsche,
Dem Menschenwitz fehlt!
Oh fahr in die Frösche,
Nur uns nicht gequält!

Hier lärmt in Nächten voll Vergnügen
Der Pauken Schlag, des Waldhorns Schall,
Hier wirkt bei Wein und süßen Zügen
Die rege Freiheit überall.
Nichts lebet gebunden,
Was Freundschaft hier paart.
O glückliche Stunden!
O liebliche Fahrt![41]

Rokoko als Fortentwicklung des Barock mit einer deutlichen Wendung gegen die Vanitas-Thematik und einer Vorliebe für das Zierliche und das Verspielte – mit diesem Terminus kann dieses Gedicht von Hagedorn in angemessener Weise charakterisiert werden. Spielerisch, verspielt erscheint auch der Rokoko-Klassizismus des Gedichts, der sich deutlich von dem Klassizismus der Weimarer Klassik unterscheidet, wenn dieser wie etwa in Goethes *Iphigenie* grundlegende Fragen menschlichen Verhaltens und humanistischer Orientierung berührt. Ein typisch deutsches Vorurteil gegen die Frivolität, Oberflächlichkeit und den mangelnden Ernst der in diesem und anderen Gedichten zu Tage tretenden Haltung erscheint insofern als schwach begründet, als die ›Carpe-diem‹-Thematik – wie gezeigt – ein gut eingeführtes traditionelles Motiv der europäischen Dichtung darstellt und ein Gedicht wie das vorliegende auch als Etüde innerhalb eines mit festen Spielregeln fixierten Spiels gelten konnte.

Aus heutiger Perspektive erscheint dieses Gedicht Hagedorns ambivalent. Wir erkennen eine Spannung zwischen dem überlieferten Schema der ›Carpe-diem‹-Dichtung und dem historisch Neuen, dem einmaligen Gehalt, der den spezifischen historischen Ort dieses Gedichts anzeigt. Ohne jeden Zweifel haben wir es nämlich – wenn wir dieses Gedicht mit seinen Vorbildern etwa bei Opitz vergleichen – mit einer dezidierten *Verbürgerlichung* der Feier des Diesseits zu tun. Nicht eine höfische Gesellschaft vergnügt sich hier an einem *locus amoenus* an dem Kontrast zwischen der höfischen Etikette und dem ungezwungenen Landleben. Vielmehr wird deutlich, dass aktive Hamburger Kaufleute die Muße und die materiellen Voraussetzungen für die **Lustbarkeiten** schaffen, um deren Lob es in dem Gedicht geht: **Der Elbe Schiffahrt macht uns reicher,/Die Alster lehrt gesellig sein!/Durch jene füllen sich die Speicher,/Auf dieser schmeckt der fremde Wein.** Innerhalb der bürgerlichen Fraktion ist das Plädoyer für die Lebensfreude freilich auch nicht unumstritten, wendet es sich doch gegen die Idee einer innerweltlichen Askese, die Max Weber vor allem im Calvinismus als Grundlage für das kapitalistische Leistungsprinzip bestimmt hat. Während auch im Pietismus Leistungswille und Triebfeindlichkeit eine Allianz eingehen konnten, setzt sich der Hamburger Großbürger HAGEDORN dafür ein, dass die Bürger Formen des Vergnügens und des Müßiggangs pflegen, die gemeinhin dem Adel vorbehalten schienen.

Und doch – so müssen wir beginnen um der angesprochenen Ambivalenz des Gedichts gerecht zu werden: Es ist nicht eigentlich von der Alster die Rede. Trotzdem verwendet HAGEDORN motivisch und sprachlich Versatzstücke aus der Tradition um die Freuden des diesseitigen Lebens zu schildern. Da erinnern die Schönen der Alster an Diana und ihre Nymphen, da ist von Flora und den Najaden die Rede, und da lässt der Sprechende den **steifen Ernst** in die Frösche fahren – eine Anspielung auf eine Stelle aus den *METAMORPHOSEN* des Ovid, **wo erzählt wird, wie eine Schar lykischer Bauern der Latona das Wasser trübte, worauf die erzürnte Göttin die groben Bauern in Frösche verwandelte.**[42] Die Beschreibung der Natur folgt ähnlichen Mustern. Nicht die Charakterisierung einer individuellen, einmaligen Landschaft, nicht die Abschilderung empirisch wieder erkennbarer Orte und Plätze findet sich, sondern der Rekurs auf konventionelle Bilder und Motive:

> **Wenn Hagedorn *Natur* beschreiben will, dann sieht er nicht aus dem Fenster seiner Poetenstube, sondern in die Bücher. Was in Hinsicht auf die Frösche so offensichtlich ist, färbt auch die Verwendung der anderen Bilder; Elbe und Alster sind ebenso feststehende Bilder mit konventionalisierten Bedeutungen, die wenig Spielraum für individuelle Varianten geben. Nur im Rahmen dieser Konventionen kann das jeweils Besondere gezeigt werden.**[43]

Dass HAGEDORN im Rahmen dieses Schemas durchaus originell und kreativ wirken konnte, zeigt der sprachliche flüssige und gefällige Lauf des Gedichts ebenso wie die Wortwahl und der souveräne Umgang mit dem metrischen Schema:

> […] auch hier hält sich das Gedicht (allerdings teilweise virtuos) an die Konventionen der Zeit und erhebt keinen Anspruch auf eine besondere Originalität. Alle Strophen gehorchen (nach der Weise des Lieds) demselben Schema: in der ersten Strophenhälfte handelt es sich jeweils um einen alternierenden, vierhebigen Vierzeiler mit Kreuzreim und wechselnden männlichen und weiblichen Zeilenverschlüssen; sie hat beschreibenden Charakter. Die zweiten Strophenhälften sind komplizierter: zeilenweise isoliert, lesen sie sich als auftaktige Daktylen mit abschließendem Trochäus; zieht man aber jeweils zwei Verse zusammen, dann ergibt sich ein (auftaktiges) Zeilenpaar mit jeweils drei Daktylen, die durch eine betonte Silbe abgeschlossen sind. Raffiniert im Sinne einer virtuosen Ausnutzung der Möglichkeiten wird diese Konstruktion dadurch, daß diese die Zeilenform auflösende metrische Struktur der die Zeilenform stabilisierenden (kreuzweisen) Reimordnung entgegenläuft. Auf diese Weise kommt der schwingende, wiegende Rhythmus zustande, der dem Text einen so eigentümlichen Reiz gibt und dem Text so angemessen ist.[44]

So ist HAGEDORNS Stellung in der Geschichte der deutschen Lyrik treffend charakterisiert: Er steht in der Tradition des im siebzehnten Jahrhundert in Deutschland eingeführten Klassizismus, behandelt diesen aber so virtuos und kreativ, dass es ihm gelingt, die Anliegen und Bedürfnisse des nach vorn drängenden Bürgertums in einer spezifischen Weise auszudrücken. So stellt er ein Bindeglied zwischen dem Barockklassizismus und der neuen Lyrik dar, die mit dem Sturm und Drang ihren Anfang nimmt. Zurecht spricht deshalb Goethe mit großer Hochachtung von HAGEDORN, dem größten lyrischen Talent der ersten Hälfte des achtzehnten Jahrhunderts in Deutschland.

2.2.3 Johann Wilhelm Ludwig Gleim: »Bei Eröffnung des Feldzuges. 1756«

Krieg ist mein Lied! Weil alle Welt
Krieg *will*, so *sei* es Krieg!
Berlin sei Sparta, Preußens Held
Gekrönt mit Ruhm und Sieg!

Gern will ich seine Taten tun,
Die Leier in der Hand;
Wenn meine blut'gen Waffen ruhn
Und hangen an der Wand.

Auch stimm' ich hohen Schlachtgesang
Mit seinen Helden an,
Bei Pauken- und Trompetenklang,
Im Lärm von Roß und Mann;

Und streit', ein tapf'rer Grenadier,
Von *Friedrichs* Mut erfüllt!
Was acht' ich es, wenn über mir
Kanonendonner brüllt?

Ein Held fall' ich; noch sterbend droht
Mein Säbel in der Hand!
Unsterblich macht der Helden Tod,
Der Tod für's Vaterland!

Auch kömmt man aus der Welt davon
Geschwinder wie der Blitz;
Und wer ihn stirbt, bekommt zum Lohn
Im Himmel hohen Sitz!

Wenn aber ich, als solch ein Held,
Dir, Mars nicht sterben soll,
Nicht glänzen soll im Sternenzelt:
So leb' ich dem Apoll!

So wird' aus *Friedrichs* Grenadier
Dem Schutz, der *Ruhm* des Staats:
So lern' er deutscher Sprache Zier,
Und werde sein *Horaz*.

Dann singe *Gott* und *Friederich*,
Nichts kleiner's, stolzes Lied!
Dem Adler gleich erhebe dich,
Der in die Sonne sieht![45]

Nicht von **Haß und Wasser** wollte der Anakreontiker Gleim in den vierziger Jahren singen, und jetzt gibt er, wir schreiben das Jahr 1758, *Preussische Kriegslieder in den Feldzügen 1756 und 1757 von einem Grenadier. Mit Melodien* heraus. Er versteckte sich also hinter der fiktiven Verfasserschaft eines wirklichen Grenadiers, der als Zeitzeuge – so die Fiktion – die verschiedenen Kriegsgesänge verfasst haben soll. Der Siebenjährige Krieg, den Preußen unter Friedrich II. gegen die übermächtig erscheinende Allianz Österreich-Ungarn, Frankreich und Russland angezettelt hatte und der Preußens Rolle als (kleinste) europäische Großmacht sichern sollte – dieser Krieg, der eine halbe Million preußischer Soldaten das Leben kostete, löste in Deutschland eine Welle patriotischer Begeisterung aus, weil sich viele von der Stärkung des größten deutschen Staates eine Konsolidierung des nationalen Gedankens erhofften. Der Halberstädter Kanonikus Gleim begeisterte sich insbesondere für den preußischen König und empfand das dringende Bedürfnis, den anakreontischen Tändeleien zu entsagen und seine Lyrik einer substanziellen, einer gar nicht mehr scherzhaften Angelegenheit zu widmen.

Der vorliegende Text ist also einerseits ein Beispiel für eine unselige Tendenz – für die problematische Bereitschaft vieler Dichter ihre poetischen Fähigkeiten in den Dienst machtpolitischer Interessen zu stellen. Er ist aber andererseits ein Symptom für einen neuen Trend, der in die Zukunft weist:

Die Lyrik wird jetzt primär nicht mehr so verstanden, dass es in ihr darum ginge, vorgegebene Schemata mit rhetorisch überzeugenden Mitteln auszufüllen. Im Zentrum steht die Idee, dass ein Gedicht die Empfindungen und Gefühle eines Menschen ausdrückt und dessen Verbundenheit mit zentralen Normen und Werten zeigt. Im Hintergrund von GLEIMS erstaunlicher patriotischer Begeisterung ist zu erkennen, **wie die pietistische Gefühlskultur, ausgebaut über ihre literarische Säkularisation, den Boden für den neuen Patriotismus bereitet.**[46]

Die Entwicklung, die zu Klopstocks religiös inspirierter Lyrik führt, ist also auch in GLEIMS Wandlung vom rokokohaften Tändler zum strammen Kriegslyriker zu erkennen: Die Subjektivierung der Lyrik sucht neue, ernsthafte und substanzielle Gehalte und GLEIM findet diese in dem Lob des preußischen Krieges. Auch die Autorenfiktion ist bezeichnend für neue Entwicklungen: Nicht mehr die Kunstfertigkeit des gebildeten und geschickten Poeten soll für die Qualität des Gedichts bürgen, sondern die Zeugenschaft des einfachen Mannes, der das Herz auf dem rechten Fleck trägt und so authentisch seine Erlebnisse beschreiben kann. An dieser Fiktion beteiligen sich GLEIMS Freunde und Kollegen, so der preußische Odendichter Ramler und – widerwillig – der skeptische Sachse Lessing, der in seinem Lustspiel *MINNA VON BARNHELM* eine sehr distanzierte Auffassung von den vermeintlichen Großtaten Friedrichs vertritt.

In formaler Hinsicht haben wir es mit einem Musterfall der kunstfertigen Herstellung eines naiven und kunstlosen Textes zu tun. Gegen den französisch geprägten Klassizismus – Frankreich gehörte zu Preußens Gegnern! – setzt GLEIM auf Anregung Klopstocks die englische Chevy-Chase-Strophe, in der sich drei- und vierhebige Jamben abwechseln, wobei die Verse stets einen männlichen Versausgang haben:

> **Nach der zweiten Zeile wird zumeist eine deutliche Zäsur in der Gedankenführung der Strophe gesetzt. Die Strophenform begünstigt das stilisierte knappe und gedrängte Sprechen (mit oftmaligen Auslassungen von Konjunktionen, Artikeln, Pronomina und Modalverben), das volkstümlich und ›authentisch‹ anmuten soll. Zugleich ermöglicht die überschaubare Anlage der Strophe die kalkulierte rhetorische Gestaltung mit Antithesen, Chiasmus und Parallelismus, Anaphern und Figuris etymologis.**[47]

Dass die Naivität des fiktiven Autors selbst nur eine fingierte ist, erweisen die Anspielungen des Textes auf die Antike, besonders die Parallelisierung zwischen Friedrich und Augustus auf der einen und Horaz und Grenadier/fiktivem Autor auf der anderen Seite. Dass der fiktive Autor zugleich Kämpfender und Schreibender ist, sagt etwas über die Kompensationsbedürfnisse des tatsächlichen Verfassers, der zu Hause am warmen Ofen saß und vermeintlich authentische Literatur über den Krieg produzierte. Dass die Perspektive **vom Kanapee** (Jörg Schönert) eine Verharmlosung der tatsächlich grauenhaften Kriegswirklichkeit mit sich bringt, ergibt sich nicht nur aus einer kritischen Spekulation aus heutiger Perspektive, sondern auch und vor allem aus Ulrich Bräkers Lebensbericht *Der arme Mann im Tockenburg* (1789). Bräker hat selbst die Schlacht bei Losowitz miterlebt, wo nach Gleims Meinung Gott donnerte, und er schreibt **Geschichte von unten**, welche die Barbarei des Krieges vermittelt, die in Gleims Poetisierung verdeckt und verdrängt wurde.

Bemerkenswert bleibt Gleims Gedicht aus literaturgeschichtlicher Perspektive aber nicht nur dadurch, dass er eine unheilvolle Tradition kriegsverherrlichender Lyrik begründete, sondern durch die deutlich werdende Tendenz, die Übungen des formalen Spiels und der konventionalisierten lyrischen Sprechweise zu verlassen und ernste, ja existenzielle Anliegen des Subjekts zum Gegenstand des Gedichts zu machen.

2.2.4 Friedrich Gottlieb Klopstock: »Der Zürchersee« (Auszüge)

Schön ist, Mutter Natur, deiner Erfindung Pracht
Auf die Fluren verstreut, schöner ein froh Gesicht,
Das den großen Gedanken
Deiner Schöpfung noch einmal denkt.

Von des schimmernden Sees Traubengestaden her,
Oder, flohest du schon wieder zum Himmel auf,
Kom in röthendem Strale
Auf dem Flügel der Abendluft,

Kom und lehre mein Lied jugendlich heiter seyn,
Süße Freude, wie du! Gleich dem beseelteren
Schnellen Jauchzen des Jünglings,
Sanft, der fühlenden Fanny gleich.

[...] Jetzo nahm uns die Au in die beschattenden
Kühlen Arme des Walds, welcher die Insel krönt;
Da, da kamest du, Freude!
Volles Maßes auf uns herab!

Göttin Freude, du selbst! Dich, wir empfanden dich!
Ja, du warest es selbst, Schwester der Menschlichkeit,
Deiner Unschuld Gespielin,
Die sich über uns ganz ergoß!

Süß ist, fröhlicher Lenz, deiner Begeistrung Hauch,
Wenn die Flur dich gebiert, wenn sich dein Odem sanft
In der Jünglinge Herzen,
Und die Herzen der Mädchen gießt.

[...] Aber süßer ist noch, schöner und reizender,
In dem Arme des Freunds wissen ein Freund zu seyn!
So das Leben genießen,
Nicht unwürdig der Ewigkeit!

Treuer Zärtlichkeit voll, in den Umschattungen,
In den Lüften des Walds, und mit gesenktem Blick
Auf die silberne Welle,
That ich schweigend den frommen Wunsch:

Wäret ihr auch bey uns, die ihr mich ferne liebt,
In des Vaterlands Schooß einsam von mir verstreut,
Die in seligen Stunden
Meine suchende Seele fand;

O so bauten wir hier Hütten der Freundschaft uns!
Ewig wohnten wir hier, ewig! Der Schattenwald
Wandelt' uns sich in Tempe,
Jenes Thal in Elysium![48]

Programmatisch beginnt KLOPSTOCKS Ode mit einer Festlegung, die für diesen Text und für sein gesamtes Schaffen zentral ist: Nicht die Natur, nicht die Gegenstände der Welt stehen im Zentrum seiner Dichtung, sondern die sich in der Empfindung vollziehende Reflexion der Gegenstände im Innern des Menschen. Wenn der Leser demnach in dem Gedicht »Der Zürchersee« eine detaillierte Beschreibung der Landschaft erwartet, die der Titel evoziert, so sieht er sich getäuscht. Die Landschaftserfahrung (deren reale Entsprechung in KLOPSTOCKS Briefen und denen seiner Freunde rekonstruiert werden kann) dient nur als Vehikel für die Empfindungen der Freude und der Freundschaft, deren Evokation den Mittelpunkt der Ode bilden. Die erste Strophe ist nach dem Prinzip der Steigerung aufgebaut – und dasselbe gilt für das gesamte Gedicht, das in der utopischen Freundschaftsvision einer elysischen Gemeinschaft gipfelt.

Die dichterische Leistung KLOPSTOCKS, das, was ihn zu dem bewunderten Poeten der Jahrhundertmitte macht, liegt in seiner Fähigkeit, den angesprochenen Empfindungen einen solchen Ausdruck zu verleihen, dass deren Intensität plausibel wird und dass hierdurch eine rührende Wirkung erzielt wird. Die Sprache des Gedichts ist in ihrer Entwicklung zu verstehen, wenn man sie mit KLOPSTOCKS Epos *DER MESSIAS* vergleicht, das ihn von der Jugend bis ins Mannesalter beschäftigte. Hierbei ist eine charakteristische Wechselwirkung zu bemerken: Während sich KLOPSTOCK in seinem (deutlich lyrische Akzente aufweisenden) Epos darum bemüht, den religiösen Gehalt den empfindenden Herzen seiner Zeit nahe zu bringen (was ihm so gut gelang, dass er der populärste und verehrteste Dichter dieser Epoche wurde), verwendet er in der Ode das Vokabular der religiösen Begeisterung zum Preis der durchaus weltlich zu verstehenden Freude und Freundschaft.

Der Pietismus hat mit seiner Praxis der Lebensbeschreibung und mit seinen religiösen Liedern, die als Ausdruck religiöser Innerlichkeit zu verstehen sind, entscheidend dazu beigetragen, dass die deutsche Sprache in die Lage versetzt wurde, subjektive Empfindungen und Gefühle zu artikulieren. KLOPSTOCK ist derjenige, dem es gelingt, diesen subjektiven Empfindungen – in religiösen und weltlichen Kontexten – einen poetischen Ausdruck zu verleihen. Er wendet sich damit gegen die klassizistische Tradition, die in der Dichtung primär eine an formalen Kriterien orientierte Praxis sah und sich um die rhetorisch geschickte Ausfüllung überlieferter Muster bemühte. In dem Gedicht »Der Zürchersee« verwendet er zwar selbst ein antikes Muster – die dritte asklepiadische Ode, deren metrisches Muster er dem Gedicht im Druck voranstellt –, das aber der Tradition des Alexandriners und der leichten Jambenverse entgegenwirkt. In seiner differenzierten Struktur entspricht es eher der Komplexität der zu demonstrierenden Empfindungen. Es ist evident, dass KLOPSTOCKS Lyrik für das Selbstbewusstsein und das Selbstverständnis des sich herausbildenden Bürgertums von großer Bedeutung war, zeigt sich doch hier der Kult einer Innerlichkeit, der nicht auf Standesdenken und gesellschaftliche Stellung bezogen erscheint, sondern den Wert des Einzelnen in seiner Person anerkennt.

Welche sprachlichen Mittel verwendet KLOPSTOCK um den angesprochenen Empfindungen Ausdruck zu verleihen? Zu erkennen ist zunächst der häufige Gebrauch des Komparativs, der vor allem als absoluter Komparativ das Prinzip der Steigerung verkörpert und so die wachsende Intensität der Empfindung verdeutlicht. Sodann thematisiert das Gedicht wiederholt die Empfindungen selbst (**Gedanke** auch im Sinne von **Empfindung, empfindend, fühlend**). Auch bestimmte, häufig verwendete Adjektive charakterisieren nicht die Objekte der Welt, sondern in subjektivierender Emphase die Empfindungen selbst (**süß, schön** oder **reizend**). KLOPSTOCKS Poesie verdeutlicht somit eine wesentliche Entwicklungstendenz der Aufklärung, die die Subjektivität thematisiert und reflektiert. Wie bereits angedeutet, verwendet der Autor dabei häufig Bilder aus der Bibel. Wenn gesagt wird, dass sich der **Odem** des Lenz **sanft** in die **Herzen** der Jünglinge und Mädchen ergießt, so benutzt KLOPSTOCK die Reminiszenz an die Darstellung des Pfingstereignisses im Neuen Testament, an die Ausbreitung des Heiligen Geistes an die Jünger und die staunenden Zuhörer. Die Aura des Heiligen, die in der biblischen Sprache überliefert ist, wird damit in KLOPSTOCKS Gedicht auf die menschlichen **Herzen** und ihre Beziehungen, auf die freundschaftliche Kommunikation der Menschen untereinander, bezogen. Hier kann also von einem Säkularisierungs-Phänomen gesprochen werden, von einer Übertragung einer religiösen Bedeutung auf einen weltlichen Gegenstand. Entscheidend ist dabei aber, dass in gewisser Weise die menschliche Kommunikation vergöttlicht wird, dass ihr ein quasi-religiöser Wert zugesprochen wird. Die Emphase der aus der religiösen Sphäre stammenden Sprache wertet so die Sphäre des Menschlichen auf und macht aus der menschlichen Subjektivität ein gleichsam göttergleiches Phänomen.

Wenn Klopstock die imaginierte Vereinigung mit den in ganz Deutschland verstreuten Freunden als **frommen Wunsch** bezeichnet, so ist diese Auratisierung der menschlichen Gemeinschaft explizit angesprochen. Gleichzeitig erkennen wir einen fundamentalen Unterschied zu der Lyrik des jungen Goethe und der Erlebnislyrik, die mit ihm einsetzt: Nicht das Individuum in seinem Verhältnis zur Natur oder zu einer Geliebten steht im Mittelpunkt der lyrischen Emphase, sondern ein ›Wir‹, eine gesellige Gemeinschaft von Freunden, die gemeinsam die Fahrt auf dem See macht und deren Gemeinschaft zum Gegenstand der lyrischen Apotheose wird. So ist auch festzustellen, dass die beschworenen Empfindungen noch nicht auf ein individuelles Subjekt bezogen sind. Es handelt sich vielmehr um Gefühle und **Gedanken** eines Kollektivsubjekts, wodurch ersichtlich wird, warum das Gedicht auch einen allegorischen Charakter besitzt. Die allgemeinen Empfindungen des Kollektivsubjekts können personalisiert werden (**süße Freude, Göttin Freude, fröhlicher Lenz**) und gewinnen dadurch paradoxerweise einen im Hinblick auf die individuelle Person allgemeinen Charakter.

Klopstocks literaturgeschichtliche Stellung lässt sich somit präzise bestimmen: Seine Lyrik erzielt einen Durchbruch in der Bemühung um den sprachlichen Ausdruck subjektiver Empfindungen und in der Überwindung einengender Konventionen in Form und Motivik. Seine Thematisierung von Subjektivität verbleibt aber noch auf einer abstrakten und allgemeinen Ebene, die erst im Sturm und Drang entschieden überwunden wird.

2.2.5 Friedrich Gottlieb Klopstock: »Kennet euch selbst«

Frankreich schuf sich frey. Des Jahrhunderts edelste That hub
　Da sich zu dem Olympus empor!
Bist du so eng begränzt, daß du sie verkennst, umschwebet
　Diese Dämmerung dir noch den Blick,
Diese Nacht: so durchwandre die Weltannalen, und finde
　Etwas darin, das ihr ferne nur gleicht,
Wenn du kanst. O Schicksal! das sind sie also, das sind sie
　Unsere Brüder die Franken; und wir?

Ach ich frag' umsonst; ihr verstummet, Deutsche! Was zeiget
Euer Schweigen? bejahrter Geduld
Müden Kummer? oder verkündet es nahe Verwandlung?
Wie die schwüle Stille den Sturm,
Der vor sich her sie wirbelt, die Donnerwolken, bis Glut sie
Werden, und werden zerschmetterndes Eis!
Nach dem Wetter, athmen sie kaum die Lüfte, die Bäche
Rieseln, vom Laube träufelt es sanft,
Frische labet, Gerüch' umduften, die bläuliche Heitre
Lächelt, das Himmelsgemählde mit ihr;
Alles ist reg', und ist Leben, und freut sich! die Nachtigall flötet
Hochzeit! liebender singet die Braut!
Knaben umtanzen den Mann, den kein Despot mehr verachtet!
Mädchen das ruhige, säugende Weib.[49]

Deutlich ist die rhetorische Kraft von KLOPSTOCKS Lyrik, der es darum geht, den Leser mitzureißen und zu erheben, wobei sich zeigt, dass das politische Geschehen ebenso wie die Erhabenheit der Natur eine quasi-religiöse Bedeutung gewinnen kann, weil es den Menschen tendenziell aus seiner Bindung an die Endlichkeit befreit. Die Metaphorik des Gewitters, die auch in dem Gedicht »Die Frühlingsfeier« eine zentrale Funktion hat (vgl. S. 54), kann somit zwanglos von einem im engeren Sinne religiösen Kontext auf die Sphäre des Politischen bezogen werden. Die Auratisierung des Menschlichen, seine Aufladung mit einer quasi-religiösen Bedeutung, die in dem Gedicht »Der Zürchersee« auf die Gemeinschaft der Freunde bezogen war, wird also hier mit der politischen Befreiung durch die französische Revolution verbunden. Der **Wie**-Vergleich, der die zweite Hälfte des Gedichts bestimmt, zeigt die rationale, argumentative Struktur von KLOPSTOCKS poetischem Sprechen. Dadurch unterscheidet er sich von der Erlebnislyrik der Klassik und Romantik, deren Zeitgenosse der späte KLOPSTOCK gleichwohl war.

Auf der anderen Seite verbindet den Dichter mit den nachfolgenden Lyrikern, dass die Naturbilder nicht um ihrer selbst willen aneinander gereiht werden, sondern immer mit dem Ziel, die Wirkung auf die menschliche Empfindungsfähigkeit und damit auf die Subjektivität des Menschen darzustellen. Wesentlich erscheint aber, dass wir es hier mit einem Vertreter deutscher Innerlichkeit zu tun haben, der keineswegs auf politische Reflexionen verzichtet und die Befreiung des Menschen nur von einer religiösen oder geistigen Veränderung erwartet. Eine bei Luther einsetzende und etwa bei dem Schiller der *ÄSTHETISCHEN BRIEFE* (1775) zu beobachtende Tendenz die Welten der Innerlichkeit und der Politik radikal zu trennen, ist bei KLOPSTOCK nicht zu erkennen. Er ist kein **Unpolitischer** im Sinne des frühen Thomas Mann.

Die Parteinahme für die Französische Revolution in deren früher Phase hat KLOPSTOCK freilich nicht daran gehindert, deren weitere Entwicklung kritischer zu sehen. Hatte er 1790 noch gesungen: **Hätt' ich hundert Stimmen; ich feyerte Galliens Freyheit / Nicht mit erreichendem Ton, sänge die göttliche schwach**[50], so verurteilte er später ohne jeden Vorbehalt die Terreur und den **Erobrungskrieg** der revolutionären Armee: **Aber, weh uns! Sie selbst, die das Unthier zähmten, vernichten / Ihr hochheilig Gesetz, schlagen Erobererschlacht.**[51]

Im Sturm und Drang und in der Weimarer Klassik wird in der Regel Politisches nicht unmittelbar thematisiert; vielmehr werden Poesie und Ästhetik als Gegenmodelle zum politischen Geschehen ins Feld geführt. Die Dichtung der Aufklärung – und dies zeigt noch der späte KLOPSTOCK – war mit einer solchen Trennung der ästhetischen und der politischen Sphäre keineswegs immer einverstanden.

3 Die Lyrik des Sturm und Drang

3.1 Überblick

Mit Goethes und Herders Straßburger Aufenthalt im Jahre 1770 und den (im Nachhinein) berühmten so genannten Friederike-Gedichten beginnt nach allgemeiner literaturwissenschaftlicher Übereinstimmung eine ganz neue Strömung in der Geschichte der deutschen Lyrik. Auch wenn wesentliche ideologische Prämissen der älteren Forschung und wesentliche Elemente einer bürgerlichen Goethe-Rezeption aus heutiger Sicht fragwürdig und abwegig erscheinen, so muss doch festgestellt werden, dass Goethe neue Maßstäbe gesetzt hat, mit denen sich die spätere lyrische Produktion auseinander setzen musste – gleichgültig, ob dies in affirmativem oder kritischem Sinne geschah. Eine nüchterne Betrachtung wird sich freilich davor hüten, die Lyrik des jungen Goethe zum alleinigen Maßstab lyrischen Sprechens in deutscher Sprache zu machen. Eine *Historisierung* der betreffenden Texte ist im Rahmen einer literaturgeschichtlichen Betrachtung selbstverständlich. Sie erscheint im Übrigen schon aus dem Grunde angezeigt, dass Goethe bereits mit dem Beginn seiner Weimarer Zeit (1775) neue Paradigmen des lyrischen Sprechens entwickelte. Die Dialektik der Epochenschwellen führt darüber hinaus zu der Erkenntnis, dass es einen Nullpunkt in der historischen Entwicklung nicht gibt und dass somit auch die radikalste Innovation nur in ihrem Bezug zur Überlieferung zu verstehen ist. Im Bereich der Lyrik heißt dies, dass der Sturm und Drang und mit ihm der junge Goethe auf dem Formen- und Motivrepertoire des siebzehnten und achtzehnten Jahrhunderts aufbaut, dass er andere historische Modelle in polemischer Absicht heranzieht und dass damit aus heutiger Sicht ein besseres Verständnis seiner Texte gewährleistet ist, wenn man diese im Kontext ihrer historischen Einbindung betrachtet.

Diese Überlegungen gelten nicht nur für die Lyrik, sondern für die Dichtung des Sturm und Drang als Ganzes. Sie ist ein Teil der gesamteuropäischen Bewegung der Aufklärung und radikalisiert wesentliche Impulse dieser Bewegung, deren bürgerliche Elemente sie akzentuiert und (auch selbstkritisch) zuspitzt. Wenn Kant im Jahre 1784, das heißt gut ein Jahrzehnt nach dem explosionsartigen Durchbruch des Sturm und Drang, Aufklärung als den Ausgang des Menschen aus der selbst verschuldeten Unmündigkeit bestimmt, so gilt diese Definition ohne jede Einschränkung auch für die Anliegen des Sturm und Drang. Schon die Philosophie der Aufklärung hatte nicht nur die Vernunft zur kritischen Instanz zur Beurteilung aller gegebenen Zustände und Meinungen erhoben, sondern hatte die Rationalität auch an die menschliche Subjektivität gebunden und damit die objektivistische Weltdeutung von Antike und Mittelalter durch eine Tendenz zur Subjektivierung abgelöst.

Die erkenntnistheoretische Interpretation der Subjektivität, wie sie der französische Philosoph Descartes in seiner berühmten Formel **cogito, ergo sum** (**ich denke, also bin ich**) bereits im siebzehnten Jahrhundert verbindlich gemacht hatte, entwickelte sich zu einem anthropologischen Individualismus, der die Mündigkeit des Einzelnen mit seiner konkreten Emanzipation (im religiösen, politischen und wirtschaftlichen Sinne) verknüpfte. Im achtzehnten Jahrhundert verband sich dieser Individualismus mit dem erstarkenden bürgerlichen Bewusstsein, das darauf beharrte, dass der Einzelne nicht wegen seiner Geburt (etwa in einem Adelsgeschlecht), sondern aufgrund seiner naturrechtlich gegebenen Würde als Mensch die gleichen Rechte haben sollte wie alle anderen Menschen. Diesen Anspruch und diese Würde des Individuums stellt auch der Sturm und Drang in das Zentrum seiner Bemühungen; nur zieht er aus diesen gesamt-aufklärerischen Prämissen andere Schlussfolgerungen als die Rationalisten der ersten Hälfte des achtzehnten Jahrhunderts, aber auch als die kritischen Aufklärer Lessing und Wieland.

Wesentlich erscheint zunächst der antihöfische Impuls des Sturm und Drang. Das Plädoyer für die natürliche Expressivität des unverwechselbaren Individuums steht in einem unversöhnlichen Gegensatz zu den durch Konvention und Etikette bestimmten Verhaltensweisen der höfischen Welt. Die Welt des Absolutismus, die das siebzehnte und (in ihrer Verfeinerung, aber auch in ihrer modernistischen Perfektionierung als so genannter ›aufgeklärter Absolutismus‹) das achtzehnte Jahrhundert bestimmte, stößt bei den jungen Originalgenies auf scharfe Ablehnung. Dass die anti-absolutistische Revolte in Deutschland zu keiner politischen Entladung führte, ist ein Teil der deutschen Misere. Dies zeitigte freilich günstige Folgen für die Literatur, weil der Sturm und Drang gerade aus der Distanz zur Praxis heraus zu einer imaginären Revolte im Felde der Literatur wurde.

Im Bereich der Dichtung vollzog sich eine dezidierte Wendung gegen die Literaturformen, die als unmittelbarer Ausdruck der höfischen Mentalität erschienen. Insbesondere richtete sich die scharfe Kritik gegen das klassizistische Theater, das seine Blütezeit im Frankreich Ludwigs XIV. hatte, und gegen die klassizistische Lyrik, die mit ihrer rhetorischen und formal-artistischen Orientierung den Barockklassizismus des siebzehnten Jahrhunderts beherrscht und auch noch die rationalistische Poetik Gottscheds bestimmt hatte. Die Revolte verstand sich als eine Wendung zu unmittelbarer Natürlichkeit und als ein grundsätzlicher Einspruch gegen

Rhetorik und Formalismus, was aber den heutigen nüchternen Betrachter nicht über die Tatsache hinwegtäuschen sollte, dass die Natürlichkeit des neuen lyrischen Sprechens selbst eine mit spezifischen rhetorischen Mitteln erzeugte und die vermeintliche Unmittelbarkeit des Gedichts eine künstlich hergestellte ist. (Diese Überlegungen sind unabhängig von der Einschätzung des dichterischen Schaffensprozesses, der durchaus spontan sein, aber dennoch so analysiert werden kann, dass die Gesetze der Produktion erkennbar werden.)

Gegen die klassizistische Regelpoetik setzen die Autoren des Sturm und Drang einen polemischen und radikalisierten Genie-Begriff. Während etwa Gottsched die Überzeugung vertrat, ein Genie sei daran zu erkennen, dass es in seinen Werken die Regeln der Dichtung minutiös befolge, befand Lessing im Unterschied dazu, ein Genie sei ein Künstler, der unbewusst den Anforderungen der Regeln entspreche. Der Sturm und Drang dagegen proklamiert die völlige Freiheit des Genies von jeder Regelpoetik und behauptet, das Genie selbst setze die Regeln im Prozess seines Schaffens. Jeder künstlerische Schaffensprozess soll individuell und unverwechselbar und somit gegenüber verallgemeinernden und abstrakten Regelwerken souverän sein.

Diese Genieästhetik ist die Anwendung und Zuspitzung des aufklärerischen Individualismus im Bereich der Kunst. Sie erweist sich auch als eine Konsequenz aus der Subjektivierung des religiösen Empfindens im Pietismus und auch aus der Apotheose des Gefühls in der Empfindsamkeit. An die Stelle einer dogmatischen und häufig bornierten Rationalität tritt für den Sturm und Drang die Macht des Gefühls, ohne dass die Bewegung dadurch – wie es eine unheilvolle deutsche Tradition wollte, welche die so genannte deutsche Bewegung gerade als Wendung gegen die französische Aufklärung begriff – irrationalistische Züge annahm. Die Hochschätzung des Gefühls erscheint vielmehr im Gefolge der Empfindsamkeit konsequent zur Tendenz der Aufklärung zu einer Subjektivierung im erkenntnistheoretischen, anthropologischen und ästhetischen Sinne. Auch die Spätaufklärung (das heißt die Vertreter des Sturm und Drang, die sich von bestimmten spektakulären Zügen dieser Bewegung distanzieren) propagiert die Emanzipation des **ganzen Menschen** und überwindet damit eine rationalistische Dichotomie zwischen Vernunft/Verstand und Gefühl. Dennoch resultiert daraus als ein wesentliches Element dieser auf Gefühl und Intuition setzenden Impulse des Sturm und Drang eine anti-klassizistische Tendenz, die auch das vermeintlich klassische ›Maß‹ verachtet und in der Rezeption der Antike auf vorklassische Autoren setzt (Homer, Pindar).

Dass die Stürmer und Dränger nicht als kompromisslose Gegner der französischen Aufklärung verstanden werden können, liegt darin begründet, dass sie wesentliche Impulse von der Hof- und Zivilisationskritik Jean-

Jacques Rousseaus (1712–1778) empfingen. Die neuere Rousseau-Forschung ist sich darüber einig, dass die Wendung des Genfer Polemikers gegen die Welt seiner Zeit und sein Plädoyer für eine neue Unmittelbarkeit und Natürlichkeit, die er im Bereich der Kultur insgesamt, insbesondere aber in den Sphären von Pädagogik, Politik und menschlichem Zusammenleben propagierte, als eine Kritik der Aufklärung *im Geiste der Aufklärung* zu verstehen sind. Was Rousseau freilich zeigen konnte, war, dass die Berufung auf die Natur nur noch dann legitim und fruchtbar erscheinen konnte, wenn sie radikal mit den konventionellen Naturbildern brach, die mit den Traditionen der Schäferdichtung und der Anakreontik verbunden waren. Für die deutsche Literatur bedeutete die Hinwendung zur Natur eine pantheistische Perspektive, die sich aus der Philosophie Baruch Spinozas (1632–1677) ableiten ließ. Die säkularisierten religiösen Impulse, die sich aus den pietistischen Einflüssen ergaben, konnten auf die Natur projiziert werden, wodurch besonders Naturerfahrungen intensiv sprachlich dargestellt wurden. Aber auch die Liebeslyrik lebte von diesen religiösen Traditionsbeständen und die Entwicklung einer Kunstreligion, das heißt einer Übertragung religiöser Gehalte und Haltungen auf die Kunst selbst, die in der Romantik ihren Höhepunkt erlebte, hatte ihren Ursprung im Sturm und Drang.

Historische Vorbilder sucht aber auch eine literarische Bewegung, die sich von den Normen und Regeln der tradierten Literatur lösen will. Der Sturm und Drang erblickt in William Shakespeare (1564–1616) das bewunderte Vorbild, den Theaterautor, der den Weg zu einem anti-klassizistischen Drama gewiesen hatte. Die fortwährende Berufung auf Shakespeare, die als anti-klassizistischer Schlachtruf verstanden wird, geht auf Anregungen führender Aufklärer (Lessing, Wieland) zurück, radikalisiert sich aber in der Ablehnung des Verses im Drama und in der Ablehnung der normgerechten Aufteilung der Theaterstücke in Akte. Die Literatur des siebzehnten Jahrhunderts konnte bei der Wendung gegen den Klassizismus, der mit dem Namen Gottscheds verbunden war, nicht Pate stehen, weil sich Gottsched im Wesentlichen auf die Poetik Opitz' gestützt hatte, die ihrerseits im siebzehnten Jahrhundert kanonische Bedeutung erlangt hatte. So werden die Zeit des Mittelalters und das sechzehnte Jahrhundert als die Periode der letzten Ritter zu Vorbildern für eine in Mentalität und Sprache von den konventionellen Verfeinerungen des höfischen Klassizismus freie Denkhaltung und Dichtung.

In Goethes Drama *Götz von Berlichingen* (1773) verbindet sich die Rebellion gegen die sich ausbildende höfische Welt mit einer natürlichen Sprache, die vor den (berühmt-berüchtigten) Grobianismen nicht Halt macht und als natürlicher Ausdruck eines rebellischen Freiheitswillens verstanden werden kann. Wesentlich für diese Konzeption von Goethe und für die poetischen Vorstellungen des Sturm und Drangs insgesamt sind die

Vorstellungen Johann Gottfried Herders (1744–1803), der in Straßburg mit Goethe zusammen trifft. Herder propagiert eine Rückkehr zur natürlichen Sprache, die er – und dies ist ein wesentlicher Impuls, der über die Ideen der Aufklärung und des Klassizismus entschieden hinausgeht – in der Poesie der Völker entdeckt. Nicht die formale Meisterschaft und das artistische Können des gelehrten Dichters, des poeta doctus, der das große Leitbild des siebzehnten Jahrhunderts gewesen war, verbürgen für Herder die Qualität einer poetischen Leistung. Vielmehr ist es die ursprüngliche poetische Schaffenskraft des Volkes, die nicht durch die Bildung des individuellen Autors bedingt ist, sondern durch die kollektive Verarbeitung von Erfahrungen und sich in der Volkspoesie artikuliert.

Für die deutsche Dichtung bedeutet dies in Herders Sinne auch eine Rückbesinnung auf die eigene nationale Tradition (im Volkslied, im Minnesang, aber auch in der germanischen Mythologie), wobei dieser Position kein nationalistischer Charakter innewohnt. Denn Herder ist der Überzeugung, dass alle Völker eine jeweils verschiedene, individuelle poetische Kraft besitzen (weshalb er die slawische Dichtung fördert und auch den außereuropäischen, vor allem den asiatischen Kulturen gerecht zu werden vermag). Als Manifest der Bewegung des Sturm und Drang kann vor diesem Hintergrund die Sammlung *Von deutscher Art und Kunst* (Straßburg 1773) gelten. Sie enthält unter anderem einen Beitrag von Goethe über deutsche Baukunst (mit einer enthusiastischen Beschreibung des Straßburger Münsters) und Aufsätze von Herder über Shakespeare und Ossian. Ossian war die Fälschung des Schotten J. Macpherson, der 1760 bis 1763 angeblich alte Gesänge aus den Highlands herausgegeben hatte, die er einem Barden namens Ossian zugeschrieben hatte.

Hier zeigt sich, dass die Begeisterung für das unverfälschte nationale Erbe nicht auf Deutschland beschränkt war und dass diese Begeisterung die modernen Zeitgenossen in die Lage versetzte, in einer vermeintlich ursprünglichen und natürlichen Sprache eigene Texte zu produzieren. Der schottische Barde gehört auch zu den Lieblingslektüren von Goethes Romanheld Werther, der kurz vor seinem Freitod seiner Geliebten Lotte aus dem Ossian vorliest und damit eine schwärmerische Stimmung erzeugt, die eine problematische Situation heraufbeschwört.

Mit dem *Götz* und dem *Werther* (1774) sind die Werke genannt, welche die Zeitgenossen mit der Bewegung des Sturm und Drang und insbesondere mit dem Genie Goethes verbinden. Beide Texte verdeutlichen eindrucksvoll und nachhaltig, dass der Individualismus und der Geniekult des Sturm und Drang keineswegs auf eine unproblematische und unkritische Verherrlichung einer unabhängigen Subjektivität zu reduzieren sind. Götz scheitert in seinem Kampf gegen die sich ausbildende Welt des höfischen

Absolutismus und Werther kann den Absolutismus des Gefühls nicht in einer Welt leben, die von höfischen und bürgerlichen Konventionen geprägt ist. Der Sturm und Drang ist eine Bewegung junger Männer – Goethe, Herder, Lenz und ein paar andere –, und er ist der Ausdruck einer enthusiastischen und rebellischen Stimmung, in der keine verlässlichen Verhaltensmodelle propagiert werden können. Insofern ist Goethes Wandlung zum Klassiker nicht vor jeder unvoreingenommenen Betrachtung als Rückschritt oder als Anpassung an problematische gesellschaftliche Verhältnisse zu verstehen; insofern muss die Dichtung des Sturm und Drang nicht a priori als ein neues normatives Modell verstanden werden, an dem sich alle spätere Dichtung zu orientieren habe. Die kritische Reflexion über die Gefährdung der im Drama und im Roman dargestellten revoltierenden oder sich verweigernder Subjekte bietet aber bereits einen wichtigen Impuls für die Betrachtung der Sturm-und-Drang-Gedichte Goethes. Diese sind ebenfalls nicht als problemfreie Manifestationen einer ungebundenen Subjektivität, sondern zumindest auch als Antwort auf eine krisenhafte Konstellation zu deuten.

Ein entscheidendes Stichwort zum Verständnis des Neuen, das mit Goethes Straßburger Lyrik einsetzt, ist der Begriff der Erlebnislyrik. Die positivistische Germanistik des neunzehnten Jahrhunderts und eine populäre Überlieferung wollten den Terminus biografistisch verstehen, indem sie behaupteten, die Gedichte seien der unmittelbare Ausdruck von konkret Erlebtem. Außerdem reduziere sich eine Deutung der Texte im Wesentlichen auf eine Rekonstruktion der biografischen Ausgangssituation. Einen elaborierten Begriff des Erlebnisses finden wir bei Wilhelm Dilthey, der mit seiner im Jahre 1906 publizierten Aufsatzsammlung *Das Erlebnis und die Dichtung* eine äußerst einflussreiche Richtung der geisteswissenschaftlich definierten Germanistik begründete:

> Unter *Erlebnis* verstand Dilthey nicht ein im Leben des Autors identifizierbares Ereignis, von dem ausgehend ein literarisches Werk in seinem Sinn und Sein erklärt werden könnte wie eine Wirkung durch ihre Ursache. Diltheys Interesse war nicht biographisch-kausalorientiert, sondern – auch vor aller Applikation auf Goethe – erkenntnistheoretisch. Ihm ging es an beiden Polen des Verhältnisses von Literatur und Leben um das Entstehen und Verstehen von Sinn; für diese Prozesse und ihre Relation steht der Erlebnisbegriff. Der Mensch *erlebt* die Welt, insofern er – im Unterschied zur wissenschaftlichen Bearbeitung experimentell gewonnener Daten – seine Erfahrungen durch einen Bezug auf sein Inneres und sein ganzes Leben bestimmt, d. h. ihnen Bedeutung gibt. *Erlebnisse* sind Sinngebilde.[52]

Das Kunstwerk ist also nur ein Spezialfall einer allgemein menschlichen Tendenz, die darin besteht, Erfahrungen und Begegnungen mit der Außenwelt und anderen Subjekten in einem sinnbildenden Prozess zu totalisieren, das heißt zu einem kohärenten Ganzen zu machen, das die Identität des Individuums stiftet. Dichtung und Kunst allgemein sind exponierte Formen dieser Sinnstiftung. Sie sind also Ausdrucksphänomene, die nicht spezifischen ästhetischen Gesetzen folgen, sondern Elemente einer anthropologischen Grundgegebenheit sind. Für das Verständnis des dichterischen Schaffens sind demnach die allgemeinen Gesetze der Psychologie maßgebend. Die Analyse von Literatur kulminiert in einer Rekonstruktion des Schaffensprozesses, die der psychologischen Analyse der menschlichen Sinnstiftung entspricht. **Es handelt sich um eine explizit psychologische Produktionsästhetik, die in einfachen Anwendungsformen für das Verständnis der Gedichte des jungen Goethe als Erlebnis- oder Ausdrucksdichtung grundlegend wurde.**[53] Dieses literaturwissenschaftliche Paradigma wurde in der ersten Hälfte des zwanzigsten Jahrhunderts gerade in seiner Anwendung auf Goethes Lyrik zu einem kanonischen Modell. Der Begriff Erlebnislyrik wurde allgemein gebräuchlich. So gliederte zum Beispiel Günther Müller in seiner 1925 erschienenen *Geschichte des deutschen Liedes vom Zeitalter des Barock bis zur Gegenwart* sein historisches Material, indem er zwei **Haltungen** unterschied:

> Einem ›Vorwiegen der Distanzhaltung‹ (1570–1750) folgt ein ›Vorwiegen der Ausdruckshaltung‹ (1750–1890). Diese Opposition ist eine Historisierung des Erlebnisbegriffs. Mit ›Distanzhaltung‹ wird eine Liedpraxis charakterisiert, die in der artistisch-rhetorischen und insofern distanzierten Bearbeitung des Erlebten ihre Aufgabe begreift. [...] In der ›Ausdruckshaltung‹ wird der Abstand zwischen Erlebnis und Werk aufgehoben. An die Stelle einer vom rhetorischen Wortverständnis geleiteten, distanzierten Bearbeitung des Erlebten tritt dessen innerlich notwendiger Ausdruck.[54]

Auch wenn die von Müller im Rückgriff auf Dilthey vorgenommene Unterscheidung nicht rundweg als falsch zurückgewiesen werden kann, so zeigen sich doch wesentliche Mängel seines Zugangs: Die Interpretation der als Ausdruck verstandenen Erlebnislyrik beruht auf dem Prinzip der Einfühlung, das heißt auf dem Nachempfinden des Erlebnisses, dessen Ausdruck das Gedicht sein soll. Eine formale Analyse erscheint vor diesem Hintergrund als unnötig, ja verfehlt.

> Wenn das Wort – so der Schwerpunkt von Müllers Analysen – allein die Aufgabe hat, das dem Erlebnis Gemäße zu sagen, dann kann man eine sprechende Seele verstehen, aber nicht mehr die Form sehen, die es für seine Aussprache gewählt hat. Sie ist der blinde Fleck der Analysen. Die spezifische Formtradition, in die sich das Sprechen stellt, unterwirft sie auch Bedingungen, die nicht mehr psychologisch zu verstehen sind.[55]

Eine weitere problematische Dimension des auf Dilthey zurückgehenden

Erlebnisbegriffs ist darin zu erkennen, dass die Betonung des Prinzips der Sinnstiftung dazu führt, das Problematische und Krisenhafte, das sich gerade in den lyrischen Texten des jungen Goethe zeigt, zu verdrängen und somit zu durchgängig affirmativen Deutungen zu gelangen. Die Konstituierung eines homogenen und potenziell konfliktfreien bürgerlichen Individuums erscheint als eine Konstruktion der geisteswissenschaftlichen Germanistik, welche die Grundlagen ihrer eigenen Bürgerlichkeit in den vermeintlichen Gründungstexten des jungen Goethe erkennt und ausdrücklich bejaht. Gegenüber diesen affirmativen Bestrebungen hat die neuere Forschung die inneren Spannungen und auch die anti-bürgerlichen Akzente dieser Lyrik akzentuiert. Zugleich bezog sie Goethes Texte in die Formtradition des siebzehnten und achtzehnten Jahrhunderts mit ein. Dass sich Individualität und Subjektivität in der Lyrik des Sturm und Drang aussprechen, wird damit nicht bestritten. Es muss aber gezeigt werden, dass es sich um konstruierte und durch die dichterische Formung geprägte Individualität und Subjektivität handelt.

Gerhard Kaiser hat in seiner *Geschichte der deutschen Lyrik von Goethe bis Heine* (1988) eine Revision des Erlebnisbegriffs vorgeschlagen, die einerseits wesentliche Elemente der traditionellen Bestimmungen aufgreift, andererseits aber dezidiert von einer *Werkästhetik* ausgeht. Damit ist eine Analyse der literarischen Texte gemeint, die nicht mehr als Ausdruck von Erlebnissen begriffen, sondern als deren Funktion es angesehen wird, Erlebnisse zu stiften: **Das Erlebnisgedicht vergegenwärtigt keine dem Gedicht vorausgehenden Erlebnisse, es schafft das Erlebnis, das es ausspricht**[56]. Im Zentrum der Analysen steht der Text, der in seinen formalen und sprachlichen Eigenheiten zu untersuchen ist. Es gibt keine Unmittelbarkeit des dichterischen Erlebnisses; dieses ist vielmehr **erschrieben**[57]. Zu fragen ist also, wie die lyrischen Texte des Sturm und Drang mit der rhetorischen und artistischen Tradition des Klassizismus brechen, aber ohne die naheliegende Idee, die neuen Gedichte seien gewissermaßen ohne Rhetorik und Artistik entstanden, sie seien unmittelbare Natürlichkeit, unmittelbarer Selbstausdruck des dichterischen Erlebnisses.

In der Einleitung zum Lyrik-Band des *Goethe-Handbuchs* (1996) plädiert Terence James Reed für eine gelassene Position, die sich vom Biografismus ebenso fernhält wie von einer dogmatisch ›anti-biografistischen‹ Haltung:

> **Zugegeben: mit dem Phänomen *Erlebnislyrik* wurde in der früheren Kritik und Literarhistorie Unfug getrieben, das Schöpfertum beweihräuchert, Philologie durch Hagiographie ersetzt […]. Beim Drang weg von der Legende des Erlebnisdichters hat man sichtbarlich die Zeugnisse nicht ernstlich geprüft, auf denen sie beruhte. Beweismaterialien zu ignorieren ist aber**

> noch unzulässiger, als sie zu romantisieren. So wurde das alte Klischee der Erlebnislyrik einfach gegen das neue eines immer nur berechnenden lyrischen Schaffens ausgewechselt. Heutige Skepsis mag sich bei solcher Annahme wohler fühlen; es geschieht aber um den Preis einer Zuschneidung des Vergangenen auf modernes Maß.[58]

Kein Tabu beschränkt demnach die heutige Forschung, die Texte des Dichters, der sein Werk in *DICHTUNG UND WAHRHEIT* als **Bruchstücke einer großen Konfession** bezeichnet hat, im Kontext von dessen Biografie zu sehen. Der Schwerpunkt der Analyse bezieht sich aber auf die jeweiligen Texte, die sich – wie alle anderen literarischen Produkte –, nachdem sie publiziert sind, von dem Zugriff ihres Autors lösen und als sprachliche Gebilde der Deutung zugänglich sind. Jede heutige Interpretation, die sich ihrer eigenen historischen Stellung bewusst ist und sich damit den Erfahrungen des zwanzigsten Jahrhunderts stellt, betreibt im Bewusstsein ein unreflektiertes bildungsbürgerliches Selbstverständnis zu verlieren, *Dekonstruktion*. Das heißt, jede Auslegung unterminiert im Umgang mit dem Text Deutungen, die in diesem affirmative Sinnstiftungen und Identitätsbildungen zu rekonstruieren suchen. Eine zeitgemäße Hermeneutik sucht nicht nach den Synthesen, welche die immanenten Probleme der Texte überwinden, sondern nach den Bruchstellen, in denen diese sich zeigen – nicht mit dem hämischen Gefühl von Zwergen, die auf den Schultern eines Riesen mehr sehen wollen als dieser, sondern indem sie die Problematik ernst nimmt, mit welcher der jeweilige Text sich auseinander setzt.

Unsere einleitenden Bemerkungen haben die Lyrik des Sturm und Drang im Großen und Ganzen mit der des jungen Goethe identifiziert. Diese Pauschalisierung muss korrigiert werden. Zunächst ist darauf zu verweisen, dass Goethes früheste Gedichte, das heißt diejenigen aus der Periode zwischen 1765 und 1769, nach allgemeinem Konsens zur Lyrik der Aufklärung zu zählen sind. Goethe übt sich in den von uns exemplarisch vorgestellten poetischen Formen des achtzehnten Jahrhunderts: Er schreibt im scherzhaften Stil des Rokoko und der Anakreontik; er dichtet im Geiste der Empfindsamkeit und im erhabenen Duktus Klopstocks.

Erst in Straßburg, nach der Begegnung mit Herder, kristallisiert sich ein neuer literarischer Ton heraus, der als Höhepunkt der Lyrik des Sturm und Drang anzusehen ist. Ein Höhepunkt, der andere und anderes überragt – insbesondere die Lyriker des Göttinger Hains, eines im Spätsommer 1772 gegründeten Bundes junger Studenten, zu dem insbesondere Friedrich Leopold Stolberg (1750–1819), Ludwig Christoph Hölty (1748–1776) und Johann Heinrich Voß (1751–1826) gehörten. In der Nachfolge Klopstocks pflegten die Mitglieder des Bundes einen schwärmerischen Freundschaftskult, dem hinsichtlich ihres lyrischen Schaffens eine Bevorzugung empfindsam getönter Oden, Lieder und Hymnen entsprach. Während Voß später vor allem durch seine Übersetzung Homerischer Epen (und vor allem durch deren gelungene Übertragung in deutsche Hexameter) bekannt und bedeutend wurde, ragte Hölty durch seine im engeren (heutigen) Sinne lyrische Produktion heraus. Auffallend erscheinen bei den Hain-Sängern ein anti-französisches Ressentiment, das zwar zum Teil als anti-höfische Haltung erklärt werden kann, aber durchaus chauvinistische Akzente aufweist, eine Schwärmerei für urtümlich germanische Traditionen und eine bornierte Abwehr gegen alles tatsächlich oder vermeintlich Frivole. Mit ihrem **Schwertergeklirr, Treuegestammel und Lastergeschrei**[59] sind viele der Texte des Göttinger Hains für heutige Leser nicht mehr akzeptabel. Auch die Hochschätzung Höltys, die bestimmten seiner Texte einen Stammplatz in deutschen Lesebüchern sicherte, ist in einer kritischen Perspektive kaum nachvollziehbar:

> Nicht nur in Höltys Elegien, sondern auch in seinen Liedern geht es nie um unverstellte Artikulation von Leidenschaften, von Liebe und Trauer. Konventionelle Empfindungen werden rührend, manchmal auch fröhlich inszeniert. Das ›Natürliche‹ von Liebe und Leidenschaft wird stilisiert, und ganz wie die Liebesgedichte bewusst auf die petrarkistische Tradition zurückgreifen, in der nicht erfüllte Liebe, sondern die ferne, idealisierte Geliebte besungen wird, so kann man sich gut vorstellen, wie zahlreiche Maigedichte im Göttinger Winter verfaßt wurden.[60]

Damit soll nicht gesagt werden, dass diese Gedichte ›schlecht‹ seien, weil sie nicht dem neuen, von Goethe eingeführten Muster entsprechen. Sie führen aber nicht über die von uns dokumentierte Tradition der Lyrik des achtzehnten Jahrhunderts hinaus. Das Gleiche gilt für die Lyrik des jungen Friedrich Schiller (1759–1805), der in seiner *Anthologie auf das Jahr 1782* eine Sammlung größtenteils von ihm selbst verfasster Gedichte herausgab. Hier zeigt sich der junge Autor als Epigone fast aller Lyriker des achtzehnten Jahrhunderts und im Vergleich mit der Lyrik des jungen Goethe als zweit- oder gar drittklassiger Gedichteschreiber.

Bedeutsam im Hinblick auf die anti-höfische Ausrichtung des Sturm und Drang und auf eine politische Ausrichtung im weitesten Sinne sind die Texte Gottfried August Bürgers (1747–1794) und Christian Friedrich Daniel Schubarts (1739–1791). Bürger bemühte sich insbesondere in seiner berühmten Ballade »Lenore« (1773) um einen volkstümlichen Ton (ganz im Sinne von Herders Überlegungen zur Volkspoesie). Mit diesem und anderen Texten war Bürger sehr erfolgreich; eine vernichtende (und insgesamt ziemlich ungerechte) Kritik Schillers an seinen Gedichten verdunkelte 1791 Bürgers Ruhm und auch sein Bild bei der **Nachwelt**. Schubart, der als kritischer Journalist von Schillers Landesherrn Karl Eugen zehn

Jahre lang auf der Festung Hohenasperg eingesperrt wurde, glänzte im Bereich der Lyrik mit anti-absolutistischen Soldatenliedern wie dem »Freiheitslied eines Kolonisten« (1775) und der apokalyptisch-barocken Fürstenschelte in »Die Fürstengruft« (1788).

Die von uns bevorzugte exemplarische Perspektive muss aber der Lyrik des jungen Goethe uneingeschränkt den Vorzug geben, wenn es darum geht, die Innovationen zu analysieren, die im Sturm und Drang den Bruch mit der lyrischen Tradition mit sich bringen.

Wesentlich erscheint die grundlegende Einsicht, dass dieser Bruch nicht nur ein formales oberflächliches Phänomen darstellt, sondern eine Problematik verdeutlicht, welche die *Modernität* der Dichtung des Sturm und Drang akzentuiert. Der Eingebundenheit des dichterischen Sprechens in eine allgemein akzeptierte Tradition und Konvention (die sich in Opitz' und Gottscheds Normpoetiken exemplarisch manifestierte) entsprach eine Integration des sprechenden Subjekts in eine übergreifende Ordnung. Dieses System verbürgte sich durch religiöse oder metaphysische Sinnstiftungen und war gesellschaftlich konstituiert. So konnte Gottsched etwa kanonische literarische Formen beschreiben, welche die Aufgabe hatten, moralische Wahrheiten zu veranschaulichen. Diese moralischen Wahrheiten fußten auf der Schulphilosophie Wolffs, die im Anschluss an Leibniz' Theorien ein umfassendes Modell der Welterklärung lieferte. Und auf politisch-gesellschaftlichem Gebiet bedeutete diese Bindung an die philosophische Wahrheit, dass die (meist von Bürgerlichen betriebene) Dichtkunst in das vom Adel und seinen Werten bestimmte politische Herrschaftssystem integriert wurde.

Die Überwindung der Normpoetik entsprach also der Freisetzung des dichterischen Subjekts wie des menschlichen Individuums, damit aber auch tendenziell einer Loslösung von den Instanzen, die in der Welt des Ancien Régime Sinnstiftungen geleistet hatten. Das bedeutet: Ungeschützt durch kollektive Vereinbarungen über Sinn und geistige wie gesellschaftliche Ordnungen steht das Ich des Sturm und Drang allein – und es muss Sinn stiften aus seiner Subjektivität heraus. Die Begegnung mit der Welt, mit der Natur, mit dem anderen Subjekt in der Liebeserfahrung vollzieht sich nicht im Rahmen einer unzweifelhaft bestehenden objektiven kosmischen, religiösen oder gesellschaftlichen Ordnung. Diese Erfahrung muss ihren Sinn aus der Fähigkeit des Subjekts beziehen, Bedeutung in die jeweilige Begegnung hineinzutragen. Der Austritt aus einem verbindlichen System der Rhetorik und der Gattungstradition entspricht somit einer Art metaphysischer Freisetzung, die als Befreiung, aber auch als Entlassung in eine Art nihilistischer Leere begriffen werden kann.

Wenn wir mit größerem Recht als vorher im Hinblick auf die Gedichte des Sturm und Drang (und der Romantik) etwa von Liebes- und Naturlyrik sprechen, weil die Liebes- wie die Naturerfahrung nicht mehr im Rahmen eines tradierten Spiels der Formen und der Wörter erfolgt, sondern tendenziell eine echte, ungeschützte Erfahrung anzeigt, so ist doch gleichzeitig zu berücksichtigen, dass die Beschreibungen der Natur oder der Geliebten häufig lediglich *Projektionen* der Selbsterfahrung des Subjekts darstellen. In einer Welt, die dem Subjekt nicht mehr durch konventionelle Zeichenordnungen vertraut ist, muss das Individuum eigene Maßstäbe setzen, die aus der Subjektivität stammen. Das ungeschützte Ich der neuen Lyrik des Sturm und Drang ist aber so immer schon gefährdet, weil seine Orientierung das Produkt seiner eigenen Anstrengungen sein muss, Erfahrungen zu machen.

Die heikle Situation des Subjekts und die Projektion von Liebes- und Naturerfahrungen erweisen sich eindrucksvoll in Goethes Roman *Die Leiden des jungen Werthers*. Die Genialität dieses Frühwerks zeigt sich darin, dass Goethe hier nicht einfach mittels der Figur des Werther selbst spricht, sondern in seinem Protagonisten bereits bestimmte Tendenzen kritisch darlegt, welche der Bewegung des Sturm und Drang immanent sind. Werther, so lässt sich feststellen, projiziert seine Erwartungen und Gefühle sowohl auf die Geliebte Lotte als auch auf die Natur. Eine wirkliche Auseinandersetzung mit der Außenwelt gelingt ihm nicht, weil er in einer schwärmerischen Subjektivität verharrt und sich so in der Welt seines Inneren einschließt. Als er Lotte zum ersten Mal begegnet (übrigens lernt er sie bezeichnenderweise als Mutterfigur kennen, als sie ihren zahlreichen Geschwistern Brot austeilt), empfindet er ein Gefühl der Harmonie und des Friedens, das er auf die Natur überträgt. Mit eindrucksvollen Worten gestaltet der Roman des Sturm und Drang diese ekstatische Naturerfahrung des problematischen Helden:

> Wenn das liebe Thal um mich dampft, und die hohe Sonne an der Oberfläche der undurchdringlichen Finsterniß meines Waldes ruht, und nur einzelne Strahlen sich in das innere Heiligthum stehlen, und ich dann im hohen Grase am fallenden Bache liege, und näher an der Erde tausend mannigfaltige Gräsgen mir merkwürdig werden. Wenn ich das Wimmeln der kleinen Welt zwischen Halmen, die unzähligen, unergründlichen Gestalten, all der Würmgen, der Mückgen, näher an meinem Herzen fühle, und fühle die Gegenwart des Allmächtigen, der uns nach seinem Bilde schuf, das Wehen des Alliebenden, der uns in ewiger Wonne schwebend trägt und erhält. Mein Freund, wenn's dann um meine Augen dämmert, und die Welt um mich her und Himmel ganz in meiner Seele ruht, wie die Gestalt einer Geliebten; dann sehn ich mich oft und denke: ach könntest du das wieder ausdrücken, könntest du dem Papiere das einhauchen, was so voll, so warm in dir lebt, daß es würde der Spiegel deiner Seele, wie deine

> Seele ist der Spiegel des unendlichen Gottes. Mein Freund – Aber ich gehe darüber zu Grunde, ich erliege unter der Gewalt der Herrlichkeit dieser Erscheinungen.[61]

Projektionen des Innern spiegeln seine Erlebnisse der Natur und der pantheistisch verstandenen All-Einheit wider und Werther ist unfähig sich gegenüber diesen Empfindungen Distanz zu verschaffen. Vergeblich versucht er in der dargestellten Situation zu zeichnen; der Gefühlszustand seines eigenen Innern überwältigt ihn und treibt ihn in eine problematische Passivität. Ein radikaler Stimmungsumschwung, der durch die scheiternde Beziehung zu Lotte bedingt ist, führt zu einem ganz anderen Naturerlebnis, das wiederum als Projektion aufgefasst werden kann:

> Wenn ich zu meinem Fenster hinaus an den fernen Hügeln sehe, wie die Morgensonne über ihn her den Nebel durchbricht und den stillen Wiesengrund bescheint, und der sanfte Fluß zwischen seinen entblätterten Weiden zu mir herschlängelt, – o! wenn da diese herrliche Natur so starr vor mir steht wie ein lackiertes Bildchen, und alle die Wonne keinen Tropfen Seligkeit aus meinem Herzen in das Gehirn pumpen kann, und der ganze Kerl vor Gottes Angesicht steht wie ein versiegter Brunnen, wie ein verlechter Eimer.[62]

Nicht verbürgt ist also, dass die Naturerfahrung das frei gestellte Subjekt zu Sinnerfahrung und Glück führt. Stumm und leblos oder auch gewalttätig und grausam kann die Natur erscheinen, die eben nicht mehr als Allegorie der Vergänglichkeit (wie im Barock), als Zeichen für die Güte der Schöpfung oder die Macht des Schöpfers (wie etwa bei Brockes und Klopstock) interpretiert werden kann.

Die Ansprüche des Subjekts im Sturm und Drang sind absolut und jedem Kompromiss gegenüber abgeneigt, woraus sich klar ergibt, dass die anti-höfische Bewegung des Sturm und Drang auch anti-bürgerliche Momente aufweist. Die Unterordnung der Ansprüche des Subjekts unter eine konventionelle Moral oder unter die Imperative einer zweckgerichteten Ökonomie, wie es der Mentalität des Bürgertums entspricht, kann nicht die Sache der Stürmer und Dränger sein. Wenn Werther so der politischen Welt gegenüber seine Vorbehalte artikuliert, so zeigt sich zweierlei: einerseits seine Unfähigkeit den Ansprüchen der Außenwelt gerecht zu werden, andererseits die Begrenztheit und Borniertheit eben dieser Außenwelt, deren formalisierte Ordnung die Bedürfnisse des Individuums unterdrückt. Zur Diskussion steht also bei dem Subjektivismus des Sturm und Drang, wie und inwieweit sich das endliche Subjekt eine eigene Welt erschaffen kann, die es nach seinen eigenen Gesetzen gestalten und in der es Sinn erfahren kann.

Als Experimente Möglichkeiten einer solchen Subjektivität zu erkunden können die Sturm-und-Drang-Gedichte Goethes verstanden werden. In formaler Hinsicht geht der junge Autor verschiedene Wege: Er benutzt teilweise überlieferte Formen und verändert sie nach seinen Bedürfnissen. Dies gilt insbesondere für das Lied, das nicht mehr (wie etwa bei Opitz und Hagedorn) überlieferte Muster variiert, sondern in den Dienst einer Artikulation individueller Erfahrungen gestellt wird. Ähnliches trifft auf die Hymne zu. Diese poetische Form, die als Preislied in religiösen Kontexten (ähnlich wie die Ode vor allem bei Klopstock) oder als heroischer Gesang verstanden wurde, wird vom jungen Goethe zur Selbstdarstellung des endlichen Subjekts als solchen verwendet und bewährt sich auch im Rahmen der Selbstreflexion des poetischen Subjekts als Lob des Schöpferischen. Die Ballade des jungen Goethe zeigt den Einfluss Herders und den Willen, im Stile der Volkspoesie zu dichten. Die Abwendung von der artifiziellen Sprache des überlieferten Klassizismus, die sich in allen Gedichten des Sturm und Drang findet, manifestiert sich in diesen volkstümlichen Texten, die noch heute bisweilen mit Volksliedern verwechselt werden (z. B. »Sah ein Knab ein Röslein stehn«) und deren Popularität sich in den häufigen Vertonungen zeigt.

Von besonderer Bedeutung für die Lyrik des jungen Goethe wird eine von Klopstock übernommene Neuerung: die Verwendung Freier Rhythmen. Durch diese Abkehr von den konventionellen Regeln der Metrik wird die Absicht, dass jedes einzelne Gedicht eine individuelle, unverwechselbare Aussage haben müsse, auf die dichterische Form übertragen. Die jeweils spezielle metrische Gliederung des Textes trägt zu seiner Ausdrucksstärke bei. Im Übrigen gelingt es Goethe, eine Sprache der Innigkeit und der Innerlichkeit zu entwickeln, die sich dem mündlichen Sprachgebrauch annähert. Er bedient sich dabei auch Elementen der Bibelsprache und erzielt durch die kreative Verwendung, Variation und Überwindung überlieferter Muster eindringliche Wirkungen.

3.2 Textbeispiele

3.2.1 Johann Wolfgang von Goethe: »Mir schlug das Herz, geschwind zu Pferde«

Mir schlug das Herz; geschwind zu Pferde,
Und fort, wild, wie ein Held zur Schlacht!
Der Abend wiegte schon die Erde,
Und an den Bergen hieng die Nacht;
Schon stand im Nebelkleid die Eiche
Ein aufgethürmter Riese, da,
Wo Finsterniß aus dem Gesträuche
Mit hundert schwarzen Augen sah.

Der Mond von seinem Wolkenhügel,
Schien kläglich aus dem Duft hervor;
Die Winde schwangen leise Flügel,
Umsausten schauerlich mein Ohr;
Die Nacht schuf tausend Ungeheuer –
Doch tausendfacher war mein Muth;
Mein Geist war ein verzehrend Feuer,
Mein ganzes Herz zerfloß in Gluth.

Ich sah dich, und die milde Freude
Floß aus dem süßen Blick auf mich.
Ganz war mein Herz an deiner Seite,
Und jeder Athemzug für dich.
Ein rosenfarbes Frühlings Wetter
Lag auf dem lieblichen Gesicht,
Und Zärtlichkeit für mich, ihr Götter!
Ich hoft' es, ich verdient' es nicht.

Der Abschied, wie bedrängt, wie trübe!
Aus deinen Blicken sprach dein Herz.
In deinen Küßen, welche Liebe,
O welche Wonne, welcher Schmerz!
Du giengst, ich stund, und sah zur Erden,
Und sah dir nach mit naßem Blick;
Und doch, welch Glück! geliebt zu werden,
Und lieben, Götter, welch ein Glück![63]

Exemplarisch und symptomatisch erscheint dieses Gedicht für die Lyrik des jungen Goethe und dessen Rezeption. Die ältere Forschung sah in ihm den unmittelbaren Ausdruck einer biografischen Erfahrung und interpretierte den Text trotz der ihm innewohnenden tragischen Akzente durchaus als ein Beispiel für die positive Selbsterfahrung des Subjekts im Sturm und Drang. Einen starken Einfluss auf die Rezeption des Gedichts hatte auch dessen Überlieferung. Goethe hat den zum Teil (wahrscheinlich schon) 1771 entstandenen und 1775 zum ersten Mal gedruckten Text 1789 und 1810 tief greifend verändert und in der modifizierten Fassung in die Ausgabe letzter Hand übernommen, die als letzter Wille des Autors zur Grundlage fast aller späteren Drucke von Goethes Werken wurde. Will man aber ein Gedicht des Sturm und Drang interpretieren, so muss man sich an die früheste erhaltene autorisierte Fassung halten (dies ist der genannte Druck von 1775).

Deutlich sind die Parallelen des Gedichts zur ambivalenten Naturerfahrung des *Werther*-Romans. Die Natur kann eine mütterlich bergende Funktion haben: **Der Abend wiegte schon die Erde**; sie kann aber auch – und dieser Eindruck überwiegt deutlich – gefährlich und bedrohlich sein:

Wo Finsterniß aus dem Gesträuche/Mit hundert schwarzen Augen sah. Bedroht erscheint das Ich in der Konfrontation mit der Natur und muss sich ihr gerüstet nähern: **wie ein Held zur Schlacht**. Bedroht und gefährdet erscheint darüber hinaus nicht nur der Weg zu der Geliebten, der durch die **tausend Ungeheuer** der Nacht führt, sondern auch die Liebe selbst, die das Ich nicht zu verdienen glaubt und die durch das Weggehen der Geliebten nachdrücklich in Frage gestellt wird. Die Ambivalenz der Naturerfahrung (liebendes Bergen, Furcht einflößendes Abweisen) entspricht der problematischen Begegnung mit der Geliebten: **Wonne** und **Schmerz** vermittelt die Liebeserfahrung, die möglicherweise nicht von Dauer ist, wie die Reaktion des Ich beweist: **Und sah dir nach mit nassem Blick.** Die beiden Schlussverse, die in der traditionellen Germanistik geradezu als epigrammhaftes Resümee des Gedichts verstanden wurden, sind demnach **eher eine Selbstbeschwichtigung angesichts der tief gefühlten Ambivalenzen, ein trotziges ›und doch‹, als der Jubelruf über das Urerlebnis einer beglückenden Liebe, als der es immer wieder gelesen worden ist.**[64] Das Ich, das sich der Konfrontation mit der Natur und der Nacht stellt, ist nicht stabil. Es zerfließt in der Begegnung mit dem Fremden; sein Versuch, aus sich selbst heraus das eigene Erleben zu bestimmen und zu ordnen, scheitert definitiv. Das Gedicht erweist sich als **Ausdruck eines radikalen Selbstzweifels des lyrischen Subjekts.**[65]

Im formalen Bereich zeigt sich das Gedicht in der Tradition des Liedes mit vierhebigen Jamben, das – wie wir gesehen haben – zu den bei Opitz kanonisierten Formen gehört. Die Freiheit, die Goethe gegenüber der metrischen Konvention bewahrt, zeigt sich aber bereits im zweiten Vers, wo er gleich am Anfang zwei Hebungen hintereinander fügt und so einen sehr ausdrucksstarken Impuls setzt. Die sprachliche Gestaltung des Gedichts zeigt ihren besonderen Akzent in einer komplementären Strategie: Die Naturphänomene werden als anthropomorphe dargestellt (vermenschlicht), die Geliebte wird als Phänomen der Natur gezeigt: **Ein rosenfarbes Frühlings Wetter**. Projektion, Fremdheit und Vertrautheit gehen so eine spezifische Mischung ein, die den Eindruck des Unheimlichen entstehen lässt. Der konventionelle Preis der Liebe, der ganz dem Stil des Rokoko entspricht, gewinnt von dort her seinen beschwichtigenden Charakter.

Exemplarisch kann gezeigt werden, dass das Gedicht »Mir schlug das Herz« nur im Rahmen einer kritischen Hermeneutik angemessen interpretiert werden kann, die nicht in einem affirmativen Sinne den Schluss des Gedichts als die totalisierende Synthese und Überwindung der im Text bearbeiteten Problematik versteht. Die Unsicherheit und Unbehaustheit des Ich muss vielmehr als charakteristisch für die epochale Situation des

Sturm und Drang angesehen werden. Das Ich hat das Heft des Handelns nicht in der Hand und sieht sich den Gewalten der Natur ebenso ausgeliefert wie den fremden Gefühlsäußerungen der Geliebten. Die Liebe *wäre* die Überwindung dieser Fremdheit und dieser Ambivalenz. Sie ist aber kein gesicherter Besitz, sondern die innerhalb der unsicheren Situation des Ich nur aufscheinende Perspektive auf eine Überwindung der Verstörung.

GOETHES spätere Bearbeitung hat diese Verstörung zum größten Teil unkenntlich gemacht, indem er die Bedrohung durch die Natur reduziert und dem männlichen Ich die aktive Rolle zugewiesen hat. Wenn der männliche Sprecher selbst es ist, der die Geliebte verlässt – und zwar im Morgengrauen, so wird das Gedicht in die konventionelle **Tradition des Taglieds eingereiht, in dem der Mann sich am Morgen nach der Liebesnacht von seiner Geliebten trennen muß.**[66] Und wenn so der Gedanke einer Schuld des Sprechenden implizit eingefügt wird, so liegt die Möglichkeit nahe, dies an das Genie des Künstlers zu binden, der um seines Schaffens willen die Geliebte verlassen und sich so schuldig machen muss.

Davon erkennen wir nichts in der ursprünglichen Fassung des Gedichts. Sie kann in einer abstrahierenden Weise als **Psychodrama der Adoleszenz**, als **Aufbruch in die Männerwelt**[67] verstanden werden. Sie kann auch darauf verweisen, dass die Aktivität der Aneignung von Welt, wie sie sich in der Begegnung mit der Natur und der Geliebten vollzieht, als ein problematischer Erkenntnisprozess verstanden werden kann, der das, was das Subjekt zu erfassen sucht, leblos zurücklässt. Diese skeptische Schlussfolgerung fällt auf die dichterische Selbstreflexion zurück, die ihre eigene Aktivität problematisiert:

> **Wie das Feuer vernichtet der Schreibende die lebendige Welt und sich selbst. Dem korrespondiert am Ende das Weggehen der Geliebten, die sich dem Blick des Mannes entzieht. So entzieht sich alles Lebendige dem es begreifen wollenden Schreiben. So verfehlt alles Schreiben die lebendige Liebe.**[68]

Nicht die unproblematische Artikulation authentischer Gefühle erkennen wir also in diesem exemplarischen Gedicht des Sturm und Drang, sondern eine skeptische Reflexion über die Möglichkeit im literarischen Medium der Befreiung des Ich gerecht zu werden. Die Liebe gewährt dem einsamen Ich diese Loslösung, das durch keine Sinn stiftenden Instanzen mehr legitimiert ist. Aber nicht eine Enttäuschung vermittelt die dekonstruierende Neu-Interpretation des historischen Textes: Sie zeigt vielmehr dessen bleibende Aktualität, die ihn uns näher erscheinen lässt als alle Texte des siebzehnten und (früheren) achtzehnten Jahrhunderts.

3.2.2 *Johann Wolfgang von Goethe: »Mailied«**

Wie herrlich leuchtet
Mir die Natur!
Wie glänzt die Sonne!
Wie lacht die Flur!

Es dringen Blüten
Aus jedem Zweig
Und tausend Stimmen
Aus dem Gesträuch

Und Freud und Wonne
Aus jeder Brust
O Erd, o Sonne!
O Glück, o Lust!

Du segnest herrlich
Das frische Feld,
Im Blütendampfe
Die volle Welt.

O Mädchen, Mädchen,
Wie lieb ich dich!
Wie blickt** dein Auge!
Wie liebst du mich!

So liebt die Lerche
Gesang und Luft,
Und Morgenblumen
Den Himmelsduft,

Wie ich dich liebe
Mit warmem Blut,
Die du mir Jugend
Und Freud und Mut

Zu neuen Liedern
Und Tänzen gibst.
Sei ewig glücklich,
Wie du mich liebst![69]

Während in dem Gedicht »Mir schlug das Herz« die Ambivalenz der Naturerfahrung des Sturm und Drang letztlich die Oberhand zu gewinnen scheint, steht das »Mailied« eindeutig für die euphorische und enthusiastische Begegnung mit der Natur. Das im Frühjahr 1771 entstandene Gedicht

* ursprünglicher Titel: Mayfest
** 1775: »blinkt«

erscheint als Musterbeispiel für die Naturlyrik, in der GOETHE persönliche und innige Töne trifft, die gegenüber der Lyrik des achtzehnten Jahrhunderts und auch noch gegenüber Klopstock eine neue Dimension vermitteln. Zunächst ist die formale Struktur des Gedichts zu untersuchen. Zu erläutern ist, wie der Eindruck einer kunstvollen Natürlichkeit und eines intensiven Sprechens entsteht. Die metrische Struktur des Gedichts ist, obwohl einfach und scheinbar kunstlos, nicht ganz einfach zu analysieren. Eine mechanische Übernahme eines bestimmten Reimschemas wird durch die komplexe erste Strophe verhindert. Die Verse sind durchweg jambisch; der zweite Vers der ersten Strophe ist jedoch als Daktylus zu verstehen, wobei die erste Silbe (**mir**) auch eine Hebung erkennen lässt. (Der vierte Vers der zweiten Strophe kann sogar als Anapäst gelesen werden.) Die Unregelmäßigkeit, die das eigentlich simple Schema des zweihebigen Jambus unterbricht, bewirkt eine Konzentration des Lesers auf die einzelnen Verse. Die Verbindung der Verse wird erleichtert durch die Möglichkeit, die unbetonte Endsilbe der geraden Zeilen mit der unbetonten ersten Silbe der jeweils folgenden als Daktylus zusammenzulesen: **so entsteht eine Art von metrischem Enjambement.**[70]

Die enge Verknüpfung der einzelnen Strophen, die den Eindruck eines im Banne des Erlebten geradezu atemlosen Sprechens hervorruft, wird dadurch gesteigert, dass einzelne Sätze die Strophengrenze überschreiten. Kurze Sätze, Ausrufe und Ellipsen erhöhen ein scheinbar spontanes, vermeintlich kunstloses Sprechen. Die Verknappung der Sprache und der fast vollständige Verzicht auf Nebensätze tragen außerdem zu diesem Eindruck bei. In semantischer Hinsicht begnügt sich das sprechende Ich mit der kurzen Evokation einzelner Naturphänomene, deren sprachliche Darstellung mit teilweise redundanten Gefühlsabstrakta verbunden wird.

Von besonderer Bedeutung für das Gedicht »Mailied« ist der Gebrauch des Personalpronomens der ersten Person im zweiten Vers der ersten Strophe. Das Leuchten der Natur wird unmittelbar in seiner Beziehung auf das sprechende Ich evoziert; ja, man könnte sagen, es werde der Eindruck erweckt, nur um dieses Ichs willen sei die Schönheit der Natur vorhanden. Die Rezeptivität dieses Ich, sein vorübergehendes Aufgehen in die passive Empfindung ist die Voraussetzung für seine dichterische Schaffenskraft, die am Schluss des Gedichts thematisiert wird. Nach einer allgemeinen Beschwörung der Natur setzt das Gedicht mit einer Abstufung der Naturbereiche von der Blume über den Vogel bis zum Menschen ein. Wenn GOETHE so die aufklärerische Vorstellung einer Kette des Seins (*chain of being*) Bezug nimmt, die von dem niedrigsten Lebewesen bis zum Schöpfer führt, so erscheint es als bezeichnend, dass eben das höchste Glied der Kette ausgespart bleibt. Das ›neue Lied‹ greift weder auf die Vorstellungen der Physikotheologie zurück, denen wir in der frühaufklärerischen Dichtung bei Brockes begegnet sind, noch nimmt es im Stile von Klopstocks Lyrik wie etwa in der »Frühlingsfeier« (mit der GOETHES Gedicht sicherlich bewusst konkurriert) das Lob der Schöpfung zum Anlass für ein Lob des Schöpfers.

Christliche Vorstellungen scheinen so durch pantheistische ersetzt zu sein, zumal der Natur wohl das kosmische Prinzip der Liebe zugrunde liegt; einer Liebe, die nicht primär dem Menschen zugeordnet wird, sondern die als eine übergeordnete Kategorie verstanden wird, welche das Sein der Natur insgesamt bestimmt. Kondensiert wird die Herrlichkeit dieser Natur im **Blütendampfe**: In diesem von GOETHE geprägten Bild werden die **Licht-Phänomene des Eingangs [...] gesteigert und erinnert. Die Tendenz zur Entkörperlichung setzt sich darin fort: die ›volle Welt‹ wird durch den Schleier dieses Dampfes erst völlig erfahrbar.**[71] Die Geliebte tritt erst spät in Erscheinung in dem Gedicht, das lange Zeit – im konsequenten Gegensatz zu den Gedichten Hagedorns und Klopstocks – das sprechende Ich allein mit den Phänomenen der Natur zeigt. Und die Geliebte präsentiert sich – wie in dem Gedicht »Mir schlug das Herz« – selbst als ein Naturphänomen. Die Formulierung, dass das Auge des Mädchens **blinkt** (und nicht **blickt** wie in der überarbeiteten Fassung von 1789, die damit die Personalität der Geliebten hervorhebt), ist deshalb von Bedeutung, weil das Blinken in Analogie zum Leuchten der Natur verstanden werden kann. Die Geliebte wird im Folgenden als eine Art Muse angesprochen, die dem sprechenden Ich die Fähigkeit **zu neuen Liedern und Tänzen** vermittelt. Das rezeptive Ich des Anfangs steigert sich also jetzt zu einer aktiven Haltung. Das scheinbar so ungekünstelt-naive Gedicht zeigt sich damit am Schluss selbst als ein konstruiertes und gewinnt ein Moment der Selbstreflexivität.

Bemerkenswert, aber auch ein bisschen sonderbar sind die letzten beiden Zeilen des Gedichts. Eine erlahmende Leidenschaft haben viele Interpreten erkennen wollen. Handelt es sich um eine Beschwörung der unendlichen Liebe angesichts einer (nicht näher explizit angesprochenen) Bedrohung? Dauert die *ewige* Liebe nur bis zu einem bestimmten Zeitpunkt? Das erscheint paradox. Oder erfahren das Ich und das Mädchen die Ewigkeit der Liebe in einem Augenblick, welcher der Zeit enthoben ist? Hier herrscht keine Eindeutigkeit; der intertextuelle Bezug erinnert aber an den trotzigen Schluss des Gedichts »Mir schlug das Herz«. Vor diesem Hintergrund erkennen wir auch im »Mailied« eine Spur von der Bedrohung und Gefährdung, der das Ich ausgesetzt ist, weil es sich ohne den Schutz und die Legitimation einer übergeordneten Instanz den Erfahrungen von Natur und Liebe stellt.

Wie dem auch sei, das Gedicht selbst reflektiert die Tatsache, dass Innigkeit und vermeintliche Natürlichkeit des scheinbar kunstlosen Sprechens, das auch Impulse von den Volksliedern empfangen hat, konstruiert sind; dass die vermeintliche Spontaneität und Emotionalität in einer Art von paradoxem Zirkelschluss von der Fähigkeit des Ich abhängen, eine Distanz zu dem Erlebnis aufzubauen. Der **Mut zu neuen Liedern** entstammt nicht dem rein rezeptiven Ich der ersten Strophen, sondern einer poetischen Instanz, die durch den Zuspruch und die Präsenz der Muse erst die schöpferische Kraft gewonnen hat. So erweist sich die Erlebnislyrik in einem ihrer berühmtesten Beispiele als Dialektik von Einfühlung und Distanz, von Emotion und Reflexion. In dieser Haltung, die auch für die *Leiden des jungen Werthers* charakteristisch ist, deutet sich bereits der Übergang von Sturm und Drang zur Weimarer Klassik an. Unerreicht bleiben wird freilich die Intensität und Frische der lyrischen Evokation von Natur und Liebe, die das Gedicht zu den Höhepunkten der deutschen Lyrik zählen lässt.

3.2.3 Johann Wolfgang von Goethe: »Prometheus«

Bedecke deinen Himmel, Zeus,
Mit Wolkendunst
Und übe, dem Knaben gleich,
Der Disteln köpft,
An Eichen dich und Bergeshöhn;
Mußt mir meine Erde
Doch lassen stehn
Und meine Hütte, die du nicht gebaut,
Und meinen Herd,
Um dessen Glut
Du mich beneidest.

Ich kenne nichts Ärmeres
Unter der Sonn, als euch, Götter!
Ihr nähret kümmerlich
Von Opfersteuern
Und Gebetshauch
Eure Majestät,
Und darbtet, wären
Nicht Kinder und Bettler
Hoffnungsvolle Toren.

Da ich ein Kind war,
Nicht wußte, wo aus noch ein,
Kehrt ich mein verirrtes Auge
Zur Sonne, als wenn drüben wär
Ein Ohr, zu hören meine Klage,
Ein Herz wie meins,
Sich des Bedrängten zu erbarmen.

Wer half mir
Wider der Titanen Übermut?
Wer rettete vom Tode mich,
Von Sklaverei?
Hast du nicht alles selbst vollendet,
Heilig glühend Herz?
Und glühtest jung und gut,
Betrogen, Rettungsdank
Dem Schlafenden da droben?

Ich dich ehren? Wofür?
Hast du die Schmerzen gelindert
Je des Beladenen?
Hast du die Tränen gestillet
Je des Geängsteten?
Hat nicht mich zum Manne geschmiedet
Die allmächtige Zeit
Und das ewige Schicksal,
Meine Herrn und deine?

Wähntest du etwa,
Ich sollte das Leben hassen,
In Wüsten fliehen,
Weil nicht alle
Blütenträume reiften?

Hier sitz ich, forme Menschen
Nach meinem Bilde,
Ein Geschlecht, das mir gleich sei,
Zu leiden, zu weinen,
Zu genießen und zu freuen sich,
Und dein nicht zu achten,
Wie ich![72]

Dieses berühmteste Gedicht des Sturm und Drang zeigt in formaler Hinsicht einen kühnen Bruch mit der Tradition des poetischen Sprechens seit dem siebzehnten Jahrhundert. Es zeigt auch eine weltanschauliche Radikalisierung, die beispiellos für die damalige Zeit war. Und doch gehen der formale und der inhaltliche Bruch mit der Konvention aus einer Auseinandersetzung mit der poetischen und der ›ideologischen‹ Entwicklung des achtzehnten Jahrhunderts hervor. In zuspitzender Kürze formuliert: GOETHE funktioniert die poetische Form der Hymne um, indem er die menschliche Subjektivität vergöttlicht und in der radikalen Religionskritik Impulse der französischen Aufklärung aufgreift – aber so, dass der religiöse Impetus poetische Funken schlägt …

In formaler Hinsicht erkennen wir einen Bruch mit der Regelpoetik in der Tradition Opitz': GOETHE verwendet unter Rückgriff auf Klopstocks

Anregungen freie Rhythmen, die also auf metrische Regelmäßigkeiten verzichten und so das Individuelle und Einzigartige der speziellen dichterischen Rede zu unterstreichen in der Lage sind. GOETHE bedient sich der Gattung der Hymne, die traditionell und – wie wir gesehen haben – spezifisch ausgeprägt bei Klopstock Höchstes und Göttliches thematisiert. Eine sich bei Klopstock ebenfalls andeutende Tendenz wird beim jungen GOETHE zugespitzt und radikalisiert: Nicht mehr der göttliche Adressat der Rede, sondern die menschliche Subjektivität als solche erlangt eine geradezu göttliche Würde und tritt an die Stelle einer transzendenten Instanz. Das Gedicht befolgt formal die Struktur der Hymne, indem es die Gottheit anredet; es gewinnt aber einen explizit blasphemischen Charakter, indem es die Existenz der Gottheit gerade bestreitet. Die semantische Figur der *Umkehrung* gewinnt eine besondere Bedeutung, indem die *Ohnmacht* der Götter und ihre Abhängigkeit von der Zuwendung betont wird, die in den Opferungen der verunsicherten Menschen zu erkennen ist. Religionskritik artikuliert sich somit in der Tradition der radikalen französischen Aufklärung (Voltaire, la Mettrie), welche die Illusionen der Religion anthropologisch erklärt und die religiösen Vorstellungen als antropomorphe Kompensationsbilder entlarvt. In der anti-religiösen Emphase des jungen GOETHE überlagern sich griechisch-antike mit christlichen Gottesvorstellungen, die gemeinsam abgelehnt werden.

Mit der dritten Strophe beginnt die Geschichte von Prometheus als die exemplarische Geschichte menschlicher Emanzipation, als die Beschreibung des **Ausgangs des Menschen aus seiner selbst verschuldeten Unmündigkeit** (so formulierte Kant ungefähr zehn Jahre nach GOETHES Gedicht). Im Zentrum des Gedichts steht die Apotheose der menschlichen Subjektivität, die sich in dem berühmten Ausruf: **Hast du nicht alles selbst vollendet, heilig glühend Herz** zeigt. Hier erkennen wir die spezifische **Arbeit am Mythos** des Gedichts, dessen **Umfunktionierung ins Humane**: Das Feuer, das Prometheus den Menschen besorgt haben soll, die **Glut** des Herdes ist hier das Feuer der menschlichen Subjektivität, deren Kern sich in der poetischen Rede eben als Feuer und Begeisterung artikuliert. Die Selbstvergötterung des Menschen ersetzt das begeisterte religiöse Sprechen durch die Feier der menschlichen Begeisterung, die sich an ihrer eigenen Produktivität, Kreativität und Emotionalität berauscht. Die götterlose Welt ist also nicht kalt und leer, sondern sie wird von dem Feuer der poetischen Begeisterung erwärmt:

> **Was der Sprecher in einem befreienden Akt der Aufhebung mythologischer Exzentrizität als eigene schöpferische Kraft ergreift, ist die affektive ›Glut‹ der poetischen Sprache, die im buchstäblichen Sinn auch im Herzen dieser Hymne brennt.[73]**

Die Schlussstrophen bieten kontrastiv die Reaktionsformen der Melancholie und der kreativen Produktivität, die sich aus der Einsicht in die Leere des Götterhimmels ergeben können, wobei die Figur des Prometheus abschließend in ihrer Option für die aktivistische Haltung des Sturm und Drang gezeigt wird.

Ein Rätsel gibt das Gedicht den Interpreten gleichwohl auf: Wie kann die Figur des Prometheus, die in einer Art Rollenlyrik den Text des Gedichts spricht, eine Instanz mit ihrer Rede ansprechen, deren Existenz sie doch leugnet? Bedeutet die Negierung der Existenz Gottes und der Götter etwa eine geheime Abhängigkeit von den göttlichen Instanzen? Viel wurde über diese Problematik spekuliert. Plausibel erscheint die Überlegung, dass die mythologische Figur Prometheus ihren eigenen Ablösungsprozess aus dem mythischen Bewusstsein darstellt und damit die mythische Rede in eine poetische umwandelt: Die Götter sind demnach nicht mehr Instanzen, an deren Existenz man glaubt, sondern poetische Chiffren zur Bezeichnung fundamentaler anthropologischer Beziehungen. Die Prometheus-Figur tritt selbst aus dem Mythos heraus und fundiert die menschliche Emanzipation und Autonomie als poetischer ›Menschen-Bildner‹. Die Hymne trägt insofern einen grundsätzlichen Konflikt aus,

> indem sie die mythologische Sprache in eine poetische transformiert. Ihre singuläre Leistung besteht darin, daß sie diese Transformation nicht stillschweigend vollzieht, sondern die poetische Erbschaft der Mythologie erst im Durchgang durch eine radikale Kritik derselben antritt.[74]

So demonstriert die »Prometheus«-Hymne auch die intellektuelle Potenz des Sturm und Drang und des jungen GOETHE. Lyrik kann damit auch im Sinne dieser Epoche keineswegs auf eine irrational-emotionale Artikulation von Gefühlen reduziert werden. Der Sturm und Drang führt mit der Religionskritik dieses Gedichts zuspitzend Tendenzen der Aufklärung fort, deren Prinzip der Subjektivität hier intensiv zur Grundlage des poetischen Sprechens avanciert.

3.2.4 Johann Wolfgang von Goethe: »Ganymed«

Wie im Morgenglanze
Du rings mich anglühst,
Frühling, Geliebter!
Mit tausendfacher Liebeswonne
Sich an mein Herz drängt
Deiner ewigen Wärme
Heilig Gefühl,
Unendliche Schöne!
Daß ich dich fassen möchte
In diesen Arm!

Ach an deinem Busen
Lieg ich, schmachte,
Und deine Blumen, dein Gras
Drängen sich an mein Herz.
Du kühlst den brennenden
Durst meines Busens,
Lieblicher Morgenwind!
Ruft drein die Nachtigall
Liebend nach mir aus dem Nebeltal.

Ich komme, ich komme!
Wohin? Ach, wohin?

Hinauf! Hinauf strebt's.
Es schweben die Wolken
Abwärts, die Wolken
Neigen sich der sehnenden Liebe.
Mir! Mir!
In euerm Schoße
Aufwärts!
Umfangend umfangen!
Aufwärts an deinen Busen,
Alliebender Vater![75]

Die Frage, wie sich die »Ganymed«-Hymne zum »Prometheus«-Gedicht verhält, hat wegen der zeitlichen Nähe und der gleichwohl sehr unterschiedlichen Ansätze der beiden Texte immer wieder das Interesse der Interpreten geweckt. Indem GOETHE in allen von ihm verantworteten Sammlungen seiner Lyrik die beiden Gedichte aufeinander folgen ließ, hat er diese Neugierde verstärkt. Darüber hinaus ist die Forschung der Ansicht, dass beide Texte zu einem Fragment gebliebenen Prometheus-Drama gehören, das in einer dialektischen Struktur die Abwendung und die Hinwendung des Protagonisten zu der Gottheit darstellen sollte. Der polare Rhythmus dieses geplanten Dramas wäre demnach **in seine komplementären Momente auseinandergetreten** [...] **um in der »Prometheus«-Hymne als ›Verselbstungs‹-Puls, in »Ganymed« dagegen als ›Entselbstigungs‹-Puls festgehalten zu werden.**[76] Im Sinne der Auffassungen des älteren GOETHE (wie sie sich unter anderem in der Autobiografie *DICHTUNG UND WAHRHEIT* artikulieren) entspräche der **Diastole** (dem symbolischen Moment des Ausatmens) die emanzipatorische Haltung des Prometheus, während die Systole (das symbolische Moment des Einatmens) der Sehnsucht des Ganymed entspräche zu verschmelzen. Und erst die Vereinigung beider Haltungen ergäbe die für die Befindlichkeit des Menschen charakteristische Synthese. Nicht unproblematisch erscheint diese Konstruktion, die primär den Zweck hatte, das Skandalon der radikalen Religionskritik in der »Prometheus«-Hymne zu verdecken. Wesentlich ist außerdem, dass das Enthusiastische des »Ganymed«-Gedichts auf einem pantheistischen Naturverständnis basiert, das ein personales Gottesverständnis im Sinne des Christentums kategorisch ausschließt. Insofern ist der vermeintliche Widerspruch zwischen diesen beiden exemplarischen Hymnen des Sturm und Drang eher ein Problem konservativer Interpreten, die sich der Tatsache verschließen, dass die scheinbar nicht-rebellische Innerlichkeit des »Ganymed«-Gedichts voraussetzt, dass sich das Subjekt von einengenden religiösen Vorstellungen emanzipiert.

Wenn man so unbefangen auf den Textbefund blickt, so fallen deutlich die inhaltlichen und sprachlichen Parallelen zum »Mailied« auf. Es geht um eine ekstatische Darstellung der Natur als Liebespartner. Kurze Verse, die bisweilen zu elliptischen Ausrufen werden, kennzeichnen das Gedicht ebenso wie die Verwendung spezifischer Ausdrücke, die eine Personifizierung der Natur ermöglichen (**Wie […]/ Du […] mich anglühst**). Das menschliche Gefühl wird – ganz im Sinne der »Prometheus«-Hymne – religiös überhöht; der Verzicht auf metrische Regeln bedeutet auch hier nicht, dass das Gedicht unmittelbarer Ausdruck von Gefühl wäre:

> Zwar entzieht G. [Goethe] seine Verse metrischen Zwängen […]. Aber er gliedert die Mitteilung seines Textes nach Versgruppen, erzeugt Emotionen durch wirksame rhetorische Figuren und fängt den Schwung der Emphase im Rhythmus der Worte auf. Paradoxerweise wird gerade durch die kalkulierte Verwendung solcher sprachlich-poetischer Mittel die unmittelbare Begeisterung des Sprechers im Gedicht vermittelbar; das musste damals als ebenso neuartig gelten wie die strikte Parallelisierung von Naturerlebnis und Liebesbegegnung, wodurch ›die Gottheit‹ sinnlich erfahren wird.[77]

Das Gedicht setzt ein mit einer Lobpreisung des Frühlings in der Tradition des Päans, eines zum Frühlingsanfang zu Ehren des Apoll gesungenen Hymnus. Indem der Frühling als Person angesprochen wird, liegt es nahe, das Naturerlebnis mit der angesprochenen Liebesbegegnung in Beziehung zu setzen. Im Fortgang des Gedichts werden einzelne Naturphänomene angesprochen (Blumen, Gras, Morgenwind, Nachtigall), die anschaulich die Hinwendung der Natur zum Ich unter Beweis stellen können. Die Bewegung des Gedichts kulminiert in der Erhebung zu dem **alliebenden Vater**, das heißt der pantheistisch verstandenen Natur in ihrer Gesamtheit, wobei die Verwendung der beiden Partizipien **umfangend umfangen** in genialer Prägnanz die Erfahrung der Vereinigung von Aktivität und Passivität, von Spontaneität und Rezeptivität ausdrücken. Naturerfahrung und Selbsterfahrung gehen in diesem Gedicht ineinander über, wobei durch die Überschrift des Textes noch eine mythische Spiegelung des Geschehens hinzugefügt wird. Die Anspielung bezieht sich auf den außerordentlich schönen

Königssohn Ganymed, den Zeus als Mundschenk der Götter in den Olymp holte. Obwohl auf diesen Inhalt der mythischen Überlieferung in dem Text des Gedichts nicht explizit Bezug genommen wird, kann man sagen, dass die mythische Rede sogar überboten wird, weil das Subjekt, das die Rolle des Ganymed übernimmt, sogar freiwillig den Aufstieg zu den Göttern versucht. Wenn somit überhaupt von einer **Entselbstigung** des Subjekts die Rede sein kann, so handelt es sich um eine, die einen freiwilligen Akt der menschlichen Freiheit darstellt und somit der Heteronomie durch einen göttlichen Willen entzogen bleibt. Im »Ganymed«-Hymnus artikuliert sich somit die gelingende Naturerfahrung der Subjektivität des Sturm und Drang, während die Schattenseite der melancholischen Verfehlung der Natur, die im *Werther* explizit und in der »Prometheus«-Hymne andeutend beschrieben wurde, hier ausgeklammert bleibt. Dass aber die Verschmelzungssehnsucht keine Grundlage für ein stabiles Weltverhältnis bieten konnte, zeigt sich in der Weiterentwicklung von Goethes Lyrik, die in der frühen Weimarer Zeit wieder eine deutliche Spannung im Verhältnis des Subjekts zu den Ordnungs- und Wertesystemen der Zeit gestaltete.

3.2.5 Johann Wolfgang von Goethe: »Auf dem See«

Und frische Nahrung, neues Blut
Saug ich aus freier Welt;
Wie ist die Natur so hold und gut,
Die mich am Busen hält!
Die Welle wieget unsern Kahn
Im Rudertakt hinauf,
Und Berge, wolkig himmelan,
Begegnen unserm Lauf.

Aug, mein Aug, was sinkst du nieder?
Goldne Träume, kommt ihr wieder?
Weg, du Traum! So Gold du bist;
Hier auch Lieb und Leben ist.

Auf der Welle blinken
Tausend schwebende Sterne,
Weiche Nebel trinken
Rings die türmende Ferne,
Morgenwind umflügelt
Die beschattete Bucht,
Und im See bespiegelt
Sich die reifende Frucht.[78]

Dieses Gedicht ist in literaturgeschichtlicher Perspektive von besonderem Interesse, weil es einerseits Goethes Anknüpfung an Klopstocks Lyrik augenfällig demonstriert (indem es wie Klopstock in seiner berühmten Ode eine Fahrt über den Zürchersee lyrisch darstellt, vgl. unsere Analyse in 2.2.4) und weil es andererseits nach übereinstimmender Auffassung der Interpreten den Übergang vom Sturm und Drang zur Weimarer Klassik einleitet.

Nach der Verlobung mit der Offenbacher Patrizierstochter Lili Schönemann im Juni 1775 ›flüchtete‹ GOETHE mit drei Freunden in die Schweiz – ein Zeichen des Selbstzweifels im Hinblick auf die eingegangene Verbindung. Die gemeinsame Fahrt über den Schweizer See vollzog sich ganz im Geiste des Freundschaftskults, den Klopstocks Gedicht poetisch zelebriert hatte. Und doch erkennen wir in GOETHES Gedicht eine fundamentale Veränderung gegenüber dem Text des gefeierten Dichters der Aufklärung. War bei diesem die Landschaft nur Staffage und wurde die Intensität des subjektiven Empfindens im Gemeinschaftserlebnis und in der allegorischen Beschwörung der Freude und der Freundschaft aufgehoben, so meldet sich bei jenem – GOETHE – ein selbstbewusstes Ich zu Wort, das sein individuelles Verhältnis zur Natur beschreibt und dem die Naturbilder zum gleichzeitig kunstvollen und (scheinbar) unmittelbaren Ausdruck seiner Empfindungen werden.

Das traditionelle GOETHE-Verständnis sieht mit plausiblen Gründen eine Entwicklung des Ich dargestellt, die mit kindlicher, ja säuglingshafter (in der Erstfassung sogar mit der Imagination der Welt eines Embryos pränataler) Erfahrung beginnt und das Erlebnis der Liebe thematisiert. Dann aber schwört das Ich einer selbstbezüglichen Innerlichkeit ab (**Weg, du Traum! So Gold du bist**) und ist in der Lage eine Erfahrung der Fülle zu machen, die als Ergebnis eines Reifungsprozesses anzusehen ist (**die reifende Frucht**). So ist das Gedicht noch geprägt von der Intensität der Gefühlsaussprache, die für die Hymnen des Sturm und Drang kennzeichnend ist. Zu beobachten ist aber auch eine reflektierende Tendenz, die in der zweiten Strophe explizit vorhanden, in der dritten aber – genialerweise – in das Naturbild integriert ist (die Spiegelung der reifenden Frucht). Das Subjekt, das hier spricht, kann gleichzeitig die Intensität seiner Erfahrung aussprechen und sich der objektiven Welt anvertrauen, die nicht mehr wie die Nabelschnur der Mutter unbegrenzte Erfüllung verheißt. Es kann aber die Gaben einer Welt erkennen, die sich dem Subjekt in der reifen Schönheit der Natur darbietet. In dieser Deutung lässt sich das Gedicht in ein geschichtsphilosophisches Schema einordnen, das von einer ursprünglichen Einheit ausgeht, eine Desillusion über die Trennungen einer sich erweiternden Welt beschreibt und eine neue Einheit in einer differenzierten Welterfahrung postuliert. Der Klassiker Schiller wird diese Vorstellung in seinen Gedichten und auch in seinen ästhetischen Schriften (insbesondere in *ÜBER NAIVE UND SENTIMENTALISCHE DICHTUNG*) veranschaulichen und systematisieren.

Kunstvoll erscheint die metrische Gestaltung des Gedichts, die in einer eindrucksvollen Analogie zu der skizzierten inhaltlichen Entwicklung steht: Die unmittelbare Einheit mit der Welt wird in leichtfüßigen Jamben beschworen (**Wie ist die Natur so hold und gut**), während die kritische Reflexion einer selbstbezüglichen Innerlichkeit in schwermütig klingenden Jamben gestaltet wird (**Goldne Träume, kommt ihr wieder?**). Die Auflösung, die neue Vertrautheit mit Natur und Leben, wird dann vor allem durch die Daktylen gestaltet, die in der dritten Strophe ein neues Fließen auch akustisch hörbar machen (**Tausend schwebende Sterne**).

Zwar ist die hier skizzierte traditionelle Deutung von GOETHES Gedicht im Hinblick auf dessen semantischen und poetischen Gehalt wie auf dessen literaturgeschichtliche Stellung gut begründet; es bleiben aber Zweifel, die sich in neuen Deutungen artikulieren, die mit dekonstruktivistischer und psychoanalytischer Perspektive an das Gedicht herangehen.[79] Deutlicher noch als die von uns zugrunde gelegte Fassung von 1789 zeigt die ursprüngliche von 1775 Bildbrüche, sodass aus rhetorischer Perspektive die Katachrese zum Ausdruck einer dichterischen Konstruktion wird, welche die Widersprüche des Dargestellten zu verbergen sucht, für den aufmerksamen Leser aber aufbewahrt. So ist das ursprüngliche Bild der Einheit in der ursprünglichen Fassung auf den Embryo bezogen, der aber befremdlicherweise an der Nabelschnur saugen soll. Das Ich, das in der ersten Strophe spricht, regrediert gewissermaßen zu einem saugenden Baby und erhebt gleichzeitig den Anspruch, bereits ein reflektierender Sprecher zu sein.

Die Selbstdisziplinierung der zweiten Strophe muss insofern nicht unbedingt überzeugen. Die neuere Forschung sieht die reflektierende Haltung des Schlusses mit Blick auf die Überlegungen des Psychoanalytikers Lacan über das **Spiegelstadium als Bildner der Ich-Funktion** keineswegs als einen idealen Endzustand, sondern selbst wiederum als eine Entwicklungsphase, die zu neuen Wegen – guten wie schlechten – führen kann. Die Krise des Sturm und Drang ist auch in diesem Gedicht noch vorhanden; das Ich arbeitet sich an der Problematik einer selbstbezüglichen Verinnerlichung ab und gewinnt aus diesem schmerzhaften Prozess einen poetischen Mehrwert. Aber dem heutigen Betrachter erscheint die poetische Inszenierung der Krise von größerem Interesse als deren klassizistische Stillstellung, die bisweilen eher auf das Konto der Interpreten und nicht so sehr auf das des Dichters ging.

4 Gedankenlyrik der Weimarer Klassik

4.1 Überblick

Der Übergang von Sturm und Drang zur Weimarer Klassik wird in den traditionellen Literaturgeschichten meist im Hinblick auf die biografische Entwicklung Goethes erläutert. In der Tat veränderte sich durch Goethes Entscheidung, als Geheimer Rat in das kleine Fürstentum Weimar zu gehen, vieles – und nicht zuletzt der Charakter seiner literarischen Produkte. Und es hat sich eingebürgert, Goethes literarische Werke zwischen seiner Ankunft in Weimar und seiner ›Flucht‹ nach Italien, also die Texte der Zeit zwischen 1775 und 1786, als frühe Klassik zu bezeichnen. Dann liegt es nahe, die eigentliche Weimarer Klassik mit Goethes Rückkehr aus Italien (1788) beginnen zu lassen und ihren Höhepunkt in der Zusammenarbeit Goethes mit Schiller zwischen 1794/95 und Schillers Tod (1805) zu sehen. Pragmatische, aber auch sachliche Gründe bringen uns dazu, in diesem Bändchen nur Goethe und Schiller als Lyriker der Weimarer Klassik zu behandeln; die bedeutende lyrische Produktion Friedrich Hölderlins, die auch klassizistische Elemente erkennen lässt, wird in dem von Thomas Gräff verfassten Folgeband (Oldenbourg Interpretation: Deutsche Lyrik von der Romantik bis zur Jahrhundertwende, Band 96) gewürdigt. Wie bereits in der Einleitung dargelegt, verwenden wir den Begriff Goethezeit ebenfalls primär aus pragmatischen Gründen, ohne die Meinung bestätigen zu wollen, das Schaffen eines Mannes konstituierte für sich allein eine ganze Epoche. Die Sonderstellung Goethes in der Geschichte der deutschen Lyrik lässt es gleichwohl gerechtfertigt erscheinen, seinen Gedichten in dieser Darstellung mehrere Kapitel zu widmen.

Jenseits aller biografischen Äußerlichkeiten steht außer Zweifel, dass der Sturm und Drang als eine äußerst produktive und innovative Phase lyrischen und vor allem auch dramatischen Schaffens doch gleichzeitig auch die Zeit einer krisenhaften Erfahrung war, welche die Situation einer auf sich selbst gestellten Subjektivität teilweise zwar euphorisch und enthusiastisch, dann aber auch in ihrer ganzen Gefährdung darstellte und gestaltete. Die Wendung des jungen Goethe und seiner Freunde gegen den formalisierten Klassizismus, wie er von Opitz und Gottsched exemplarisch vertreten wurde, war legitim und verständlich; sie hat der deutschen Literatur einen frischen Wind vermittelt, der das Formelhafte und Konventionelle einer standardisierten Rhetorik obsolet erscheinen ließ.

Auf der anderen Seite erscheint es plausibel, dass Goethe nach neuen

Orientierungen suchte, die seinem praktischen Wirken in Weimar entgegen kamen und die den Subjektivismus des Sturm und Drang durch einen reflektierten Bezug auf objektive Instanzen und Gehalte ergänzte und begrenzte. Die Wendung zum Klassizismus, die sich beim Weimarer Goethe beobachten lässt, bedeutet keineswegs eine Rückkehr zu den normativen Poetiken des siebzehnten und achtzehnten Jahrhunderts. Die Errungenschaften von Empfindsamkeit und Sturm und Drang, das heißt die Möglichkeit, in deutscher Sprache die Gefühle und Anliegen einer individuell gezeichneten Subjektivität darzustellen, werden von Goethe wie auch von Schiller in den neuen Klassizismus übernommen. Wie die französische Klassik mit Racine durch den Jansenismus eine spezifisch moderne und subjektive Komponente erhielt, so bewahrte sich die Weimarer Klassik eine (mit Schiller gesprochen) sentimentalische Nuance, ein Bewusstsein der komplexen Strukturen der menschlichen Subjektivität in ihrer modernen Ausprägung.

Als Klassik ist die Weimarer Literatur zunächst auf die Vorbildlichkeit der antiken Kunst und Kultur bezogen. Ihr Anspruch besteht darin, in Bezug auf diese Vorbildlichkeit eine neue Norm zu verwirklichen, die in der deutschen Literatur im Rückgriff auf die ehrwürdigen Vorbilder neue Maßstäbe setzt. Die spezifische Form des Bezugs auf die Antike, wie er sich in der Weimarer Klassik darstellt, ist nicht denkbar ohne das Wirken des Archäologen Johann Joachim Winckelmann (1715–1768), der mit seinen Hauptwerken *Gedanken über die Nachahmung der griechischen Werke* (1755) und *Geschichte der Kunst des Altertums* (1764), die er in Italien mit unmittelbarem Kontakt mit den antiken Kunstwerken vollendete bzw. verfasste, die bildende Kunst der Antike zu einem ästhetischen Ideal erhob. Damit prägte er auch das Menschenbild der Weimarer Klassik, das nach der ihm zugeschriebenen Ansicht von der **edlen Einfalt und stillen Größe** der griechischen Menschen (wie Winckelmann sie in den Plastiken zu erkennen glaubte) ausging. Dieses Menschenbild kann als Ideal der harmonisch ausgebildeten Persönlichkeit beschrieben werden. Goethe und Schiller verstanden es als ein Modell, das gegen die Entfremdung und Verirrung des modernen Menschen gesetzt werden könnte.

Die frei gesetzte Subjektivität des modernen Menschen, die etwa in der »Prometheus«-Hymne ihren Protest gegen die hergebrachten Ordnungen verkündete, soll nicht unterdrückt und missachtet, sondern in ein umfassendes Humanitätsideal integriert werden. In Goethes *Iphigenie* ist der Protest gegen die Götter noch wirksam, wenn die Protagonistin den Olympiern zuruft: **Rettet mich / Und rettet euer Bild in meiner Seele!** (Vers 1715 f.; HA 5, S. 54). Es ist aber Goethes Intention zu erkennen, die Götter wie die Menschen einem umfassenden Ideal unterzuordnen, wodurch die

Konfrontation und die Rebellion durch eine gegenseitige Anerkennung von Göttern und Menschen, von Fürsten und Bürgern, von Mann und Frau ersetzt werden könnte. Das Ideal einer harmonisch ausgebildeten Persönlichkeit versucht demnach die Impulse des Sturm und Drang zu integrieren; in der Ausbildung einer Gefühlskultur sollen die absoluten Ansprüche der rebellierenden Subjektivität aufgenommen werden. Auch eine politische Dimension dieser Denkfiguren lässt sich erkennen: Nach 1789 entwickelt sich sehr schnell bei Goethe und Schiller eine umfassende Skepsis gegenüber dem Versuch einer revolutionären Umwälzung der Gesellschaft, wie er sich in Frankreich vollzogen hatte. Die am Fürstenhof zu Weimar wirkenden Dichter bleiben Anhänger eines aufgeklärten Absolutismus, der durch vernünftige Maßnahmen der Politik und durch eine Kultivierung der Bürger die gewaltsamen Fehlentwicklungen vermeiden sollte, die Goethe und Schiller in den französischen Ereignissen erblickten.

Friedrich Schillers Weg zu dieser deutschen Form des Klassizismus war verschlungen und keineswegs gradlinig. In seinem Frühwerk, dessen Höhepunkte ohne Zweifel auf dem Gebiet der Dramatik liegen, hatte er – ein Jahrzehnt nach dem Straßburger Sturm und Drang beginnend – die Widersprüche seiner Epoche in einer unmittelbaren Anknüpfung an die Gedanken und die Mentalität der Aufklärung in grellen und provozierenden Bildern auf die Bühne gebracht. Eine Parallele zum Sturm und Drang ist darin zu erkennen, dass die Rebellen der frühen Stücke Schillers von einer starken Subjektivität gekennzeichnet sind, die gegen die objektiven Ordnungen der Zeit rebelliert, ohne jedoch innerhalb der gegebenen Welt einen anderen Lebensentwurf erfolgreich entwickeln zu können. Die Abstraktheit des Weltbezugs seiner frühen Stücke war eine Motivation dafür, dass Schiller sich dem Studium der Geschichte widmete. Indem er die Konflikte und Rebellionen der frühen Neuzeit untersucht (die Erhebung der Niederlande gegen Spanien, den Dreißigjährigen Krieg), gewinnt er ein realistisches Bild von den Möglichkeiten und Grenzen des Individuums, auf den Lauf der Welt im Sinne der Ideen und der Ideale Einfluss zu nehmen.

Ideen und Ideale – diese Begriffe charakterisieren zutreffend das, worauf Schillers Mentalität und Denkart gerichtet sind. Sein Idealismus entwickelte sich in seiner spezifischen Ausprägung gerade zu Beginn der neunziger Jahre, als er die Philosophie Kants intensiv studierte. Der Abwendung von der dramatischen Produktion waren Ende der Achtzigerjahre erste Gedichte einer neuen Art gefolgt, die für Schillers Klassizismus charakteristisch werden sollten. Als Schiller dann 1793 und 1794 mit der Ausarbeitung einer eigenständigen ästhetischen Theorie begann, entstanden weitere weltanschauliche Gedichte, die als poetische Manifestationen seiner Vorstellungen von Geschichtsphilosophie, Kunst und Ästhetik gelten können.

Für die Beurteilung dieser Texte ist als entscheidende Voraussetzung zu bemerken, dass sie keineswegs den Kriterien der Betrachter entsprechen, welche die Erlebnislyrik im auf den jungen Goethe bezogenen Sinne zur Norm ihrer Beurteilungen machen. Schillers klassische Gedichte sind immer Gedankenlyrik, das heißt, in ihnen herrscht ein theoretisches, diskursives Denken vor, das mit anschaulichen Bildern, vornehmlich mit solchen der griechischen Mythologie, in Beziehung gebracht wird.

Schiller selbst scheint den poetischen Wert dieser Gedichte gering einzustufen, wenn er betont, er fühle sich im Vergleich zu Goethe wie ein **poetischer Lump**. Auf der anderen Seite propagiert Schiller energisch das philosophische und gedanklich reflektierende Gedicht als dasjenige, das der modernen Kunst und Literatur angemessen erscheint. Wenn Schillers Idealismus ethische Bezüge aufweist und über die Prinzipien einer umfassenden Vernunft vermittelt ist, so erkennen wir hierin seine Eigenart im Zusammenspiel der beiden Weimarer Klassiker. Goethe seinerseits gelangt zu seiner spezifischen Form des Denkens und Dichtens über eine spezifische Form des *Naturidealismus*. In seinem Naturbegriff ist die äußere Natur ebenso integriert wie die innere des Menschen und dessen Handeln. Goethe kann den Anspruch erheben, die Gesetze dieser Natur durch eine spezifische Anschauung zu erkennen, wodurch das *Symbol* als die spezifische Leistung der Dichtung möglich wird. Schiller dagegen sieht sich als derjenige, der über die Reflexion zur Dichtung gelangt und bei dem somit die anschaulichen Bilder der Dichtung durch die diskursiven Begriffe des modernen Geistes ergänzt und begrenzt werden. Die *Allegorie*, die vom Begriff ausgeht und zu seiner dichterischen Veranschaulichung das passende Bild sucht, ist für Schillers Dichtung und insbesondere seine Lyrik charakteristisch.

Gedankenlyrik ist dem Goethe des Sturm und Drang eher fremd; selbst die »Prometheus«-Hymne mit ihrer Anklage der göttlichen Instanzen geht von der subjektiv-emotionalen Selbstvergewisserung aus. Dass Goethe in der Phase seines frühen Wirkens in Weimar Gedichte schreibt, die in relativ abstrakter Weise seinen Willen zu einer neuen weltanschaulichen Synthese und zu einer Anerkennung objektiver Normen manifestieren, ist auch ein Ausdruck einer Krise seines dichterischen Selbstverständnisses. Die spontanen, der Genieästhetik verpflichteten poetischen Erzeugungen, die bei aller Artistik und Kunstfertigkeit in der Hervorbringung eines Scheins des Natürlichen doch auch tatsächlich Ausdruck einer unkomplizierten Schaffenskraft sind, können für den Geheimen Rat in Weimar keine Modelle mehr sein (auch wenn er zu Beginn seiner Amtszeit wegen gemeinsamer genialischer Auftritte mit dem Herzog berüchtigt ist). Dass er die erste Weimarer Zeit wie eine Art Läuterung empfunden hat, zeigt sich in den Briefen und den poetischen Texten, die sich auf sein Verhältnis zu Charlotte Stein, der verheirateten Weimarer Hofdame, beziehen. Auch eine distanzierte, jeder schwärmerischen Betrachtung biografischer Einzelheiten abgeneigte Sichtweise kann nicht die Innigkeit und Intensität des Gefühlsausdrucks verkennen, die sich in dem Gedicht »An Charlotte von Stein« aus dem Jahre 1776 findet, in dem es unter anderem heißt:

> [...] Ach du warst in abgelebten Zeiten
> Meine Schwester oder meine Frau.
> Kanntest jeden Zug in meinem Wesen,
> Spähtest, wie die reinste Nerve klingt,
> Konntest mich mit einem Blicke lesen,
> Den so schwer ein sterblich Aug durchdringt;
> Tropftest Mäßigung dem heißen Blute,
> Richtetest den wilden, irren Lauf,
> Und in deinen Engelsarmen ruhte
> Die zerstörte Brust sich wieder auf;
> Hieltest zauberleicht ihn angebunden
> Und vergaukeltest ihm manchen Tag.
> Welche Seligkeit glich jenen Wonnestunden,
> Da er dankbar dir zu Füßen lag. [...][80]

Jenseits aller biografischen Betrachtung ist dieser Text zu Beginn der Weimarer Zeit ein Beleg für unsere These, dass die Epoche des Sturm und Drang primär als Auseinandersetzung mit einer krisenhaften Situation begriffen werden muss. Die frei gestellte Subjektivität ist den Gefährdungen ausgesetzt, die eine innere und äußere Natur für sie bereit hält, ohne dass eine existenzielle Sicherheit bestünde, die von einer göttlichen oder metaphysisch zu begreifenden Instanz verbürgt wurde. Die personale Begegnung mit der im Gedicht angesprochenen Schwester-Frau – der problematische platonische Charakter von Goethes Beziehung zu Frau von Stein wird hier ins Dichterische übertragen – muss dem existenziell verunsicherten Ich die Ruhe geben, die es so schmerzlich vermisst. Das Gedicht »Das Göttliche« ist ein Zeichen dafür, dass Goethe auch auf der Ebene des Dichterischen bereit ist, die Gefährdungen der frei gesetzten Subjektivität durch eine Unterordnung unter abstrakte Gesetze und unter ein sehr förmliches Verständnis des Göttlichen zu überwinden. Die größte Naturferne in Goethes lyrischem Werk zeigt sich in diesen Texten, die dem abstrakten Humanismus des *Iphigenie*-Dramas entsprechen, das Goethe erst in Italien beenden konnte.

Die italienische Reise stellt Goethes Antwort auf eine lebenspraktisch unhaltbare Situation dar. In poetischer Hinsicht bedeutet sie eine Wiedergewinnung des wesentlichen dichterischen Impulses, der in einer unmittelbaren Beziehung zwischen der Dichtung und der *Natur* zu erkennen ist.

Unter Natur ist hier sowohl die anschauliche Begegnung mit der äußeren Natur als auch die positive Bezugnahme auf die Triebe als innere Natur zu verstehen sowie die Referenz auf eine umfassende Ordnung aller Phänomene. Dieses Verhältnis von Natur und Dichtung verschafft Goethe ein naives Vertrauen in ein letztlich harmonisches individuelles Leben und in ein naturhaftes Ganzes. Charakteristischerweise ist die Lyrik der nachitalienischen Zeit im Wesentlichen keine Gedankenlyrik mehr, sondern bemüht sich um eine Synthese aus dem Ausdruck individuellen Empfindens und dem Bezug auf die klassischen Formen.

Das Sonett »Natur und Kunst«, das aus der Zeit um 1800, also aus der Periode der intensiven Zusammenarbeit mit Schiller, stammt, ist eine wiederum charakteristische Ausnahme. In der literaturgeschichtlichen Perspektive, die unsere Überlegungen bestimmt, ist dieses Gedicht ganz besonders aufschlussreich, weil Goethe in gewisser Weise seinen Frieden mit der Überlieferung des siebzehnten und achtzehnten Jahrhunderts schließt, indem er sich der seit Opitz kanonischen Form des Sonetts bedient und dabei die Perspektiven seines lyrischen Sprechens exemplarisch darlegt. Exemplarisch erscheint auch die Idee von Subjektivität, die in diesem Gedicht vertreten wird und die zu verdeutlichen vermag, warum das Gedicht einen didaktischen Charakter annimmt. Überwunden erscheint Goethe der ihm jetzt allzu kompromisslos erscheinende Subjektivismus des Sturm und Drang; überwunden erscheint aber auch der abstrakte Humanismus der frühen Weimarer Zeit, der sich im Grunde nur *gegen* die Natur artikulieren konnte. Die klassische Lyrik Goethes versucht in teilweise sehr überzeugender Weise, die emotionale Innigkeit des Sturm und Drang mit einer klassizistischen Formstrenge zu verbinden. Das Ergebnis ist ein gedämpfter, aber noch lange nicht trockener Ton, der die Anliegen des Subjekts mit objektiven Instanzen zu versöhnen sucht, ohne den Eigensinn des Individuellen zu unterdrücken.

Was für die Lyrik des Sturm und Drang gilt, lässt sich erst recht von den Gedichten der klassischen Periode sagen: dass ein naiver Begriff von Erlebnislyrik den zu untersuchenden Texten keinesfalls gerecht wird. Die Lyrik Friedrich Schillers gefällt nicht allen – und es ist unmöglich, zu ihr den unmittelbaren Zugang zu gewinnen, der auch heute noch bei vielen Gedichten Goethes erreicht werden kann. Unangemessen erscheint es aber, heute noch das konventionelle Argument nachzubeten, Schillers Lyrik sei deshalb nicht poetisch, weil sie zu sehr vom Gedanklichen bestimmt sei. Der klischeehafte Begriff von Erlebnislyrik, der dogmatisch von jedem Gedicht den Ausdruck eines unmittelbaren und individuellen Gefühls erwartet, kann erstens nicht einmal unreflektiert auf die Gedichte des Sturm und Drang und der Romantik angewendet werden, die häufig als Beispiele für dieses Verständnis von Lyrik herhalten müssen. Er verkennt zweitens die Tatsache, dass lyrisches Sprechen sehr wohl – und insbesondere in der Moderne – Anderes als individuelle Subjektivität thematisieren kann.

Die politische Lyrik (die mit Texten von Gleim und Klopstock in diesem Band vertreten ist) spricht ebenso gegen ein allzu enges Lyrik-Verständnis wie die philosophische. Schiller hat in seiner (wie bereits erwähnt insgesamt ziemlich ungerechten) Rezension von 1791 zu Bürgers Gedichten gefordert, dass die Subjektivität, die sich im Gedicht ausspreche, individuelle Züge zugunsten einer gewissen Allgemeinheit überwinden solle. Das lyrische Ich, so können wir seine Argumentation in eine uns heute geläufige Sprache übersetzen, soll nicht individuelle Befindlichkeiten und Ansichten aussprechen, sondern einen gewissen allgemeinen Standpunkt vertreten, weil nur dann Leser sich für das Gedicht interessieren können. Nicht als allgemeine Theorie der Lyrik ist Schillers Position interessant (auch wenn sie als eine Poetik der klassischen Lyrik im Sinne der Weimarer verstanden werden kann), sondern im Hinblick auf seine eigene lyrische Produktion seit den späten achtziger Jahren. In dieser werden nämlich häufig philosophische, religiöse, ästhetische und geschichtsphilosophische Fragen angesprochen, die Schiller aber nicht als akademische Erörterungen oder als Lehrgedichte im Sinne des achtzehnten Jahrhunderts empfand, sondern als dichterisch-philosophische Auseinandersetzung mit wesentlichen Fragen seiner Zeit.

Entscheidend ist in diesem Zusammenhang eine Überlegung, die das Verhältnis von dichterischer Produktion und philosophischer Theoriebildung betrifft. Während nämlich die Philosophen Schiller bezüglich seiner theoretischen Schriften häufig den Vorwurf machen, diesen mangele es wegen der dichterischen Emphase des Autors an systematischer Stringenz, wird von den Lesern der Gedichte bisweilen beklagt, diese wirkten wie die versifizierte Umsetzung bereits anders (und besser) formulierter philosophischer Theorien. Demgegenüber ist festzustellen, dass die Gedankenlyrik häufig bestimmte Thesen und Theoreme vorwegnimmt, die der philosophische Schriftsteller Schiller erst deutlich später in einer Abhandlung entwickelt. Im Übrigen ist die Verbindung von philosophischer Theorie und dichterischer Darstellung ein Ausdruck von Schillers Überzeugung, dass nur in der Kunst die Widersprüche seiner Zeit zu einer (imaginären) Versöhnung geführt werden können.

Ein kurzer Überblick mag verdeutlichen, wie sich Schillers Gedankenlyrik seit dem Ende der Achtzigerjahre entwickelt. Mit einem Fanal setzt Schillers Produktion auf diesem Gebiet ein: Das Gedicht »Die Götter Griechenlandes« (erste Fassung 1788) zeigt Schillers Wendung zum Klassizismus an, wird aber in erster Linie (ähnlich wie Goethes »Prometheus«)

als eine Abrechnung mit den christlichen Gottesvorstellungen verstanden. Betrauert wird in diesem Gedicht der Verlust des mythischen Weltbildes der Griechen, das, indem es die Götter menschlich agieren ließ, allen Dimensionen des Menschen Gerechtigkeit widerfahren ließ und insofern im Sinne des klassischen Menschenbildes die umfassende Ausbildung der menschlichen Persönlichkeit förderte. Elegisch ist die Tonlage des Gedichts, welches die Welt der modernen Naturwissenschaften als eine **seelenlose** und gottferne versteht und die Sehnsucht nach einer Welt beschwört, in welcher Mensch und Natur in einem harmonischen Verhältnis lebten:

Schöne Welt, wo bist du? – Kehre wieder,
holdes Blütenalter der Natur!
Ach! Nur in dem Feenland der Lieder
lebt noch deine goldne Spur.
Ausgestorben trauert das Gefilde,
keine Gottheit zeigt sich meinem Blick,
Ach! Von jenem lebenswarmem Bilde
blieb nur das Gerippe mir zurück.[81]

Sehnsüchtig blickt der moderne Dichter (in **sentimentalischer** Manier, wie Schiller in seiner Abhandlung von 1796 sagen wird) auf die Harmonie der Antike zurück. Es ist die Funktion der Kunst, Bilder dieser Harmonie wieder heraufzubeschwören und der entfremdeten Welt der Moderne entgegenzusetzen. Polemiken rief Schillers Gedicht deshalb hervor, weil es das Christentum und sein Gottesbild dafür verantwortlich machte, dass die Welt entzaubert und dem Zugriff der quantifizierenden Naturwissenschaften übereignet worden sei. Folgende Verse über Christus erregten bei frommen Zeitgenossen Anstoß:

Freundlos, ohne Bruder, ohne Gleichen,
keiner Göttin, keiner Ird'schen Sohn,
Herrscht ein And're in des Äthers Reichen
auf Saturnus umgestürztem Thron.
Selig, eh sich Wesen um ihn freuten,
selig im entvölkerten Gefild,
sieht er in dem langen Strom der Zeiten
ewig nur – sein eignes Bild.[82]

Aber nicht um Religionskritik oder spezieller um eine Auseinandersetzung mit dem christlichen Glauben ging es Schiller primär, sondern darum, die Funktion der Kunst in der sich bildenden Moderne zu bestimmen. Dabei ergibt sich eine charakteristische Ambivalenz, welche den elegischen Ton des Gedichts erklärt: Einerseits wird die Harmonie zwischen Sinnlichkeit und Verstand/Vernunft, zwischen Menschlichem und Göttlichem als ein

Kennzeichen einer untergegangenen Zeit verstanden, als Zeichen einer Art Kindheit des Menschen, die durch die Fortschritte des Denkens und vor allem durch die entmythologisierende Kraft des Christentums unwiederbringlich verloren erscheint. Andererseits wird darauf verwiesen, dass im **Feenland der Lieder**, in der Welt der Kunst also, die Harmonie wieder hergestellt werden kann, welche die glückliche Zeit der klassischen Antike bestimmte. Ob und wie die Schönheit als die ideale Harmonie zwischen Trieb und Vernunft, zwischen Anschauung und Denken auch das *reale* Leben der Menschen in der zeitgenössischen aufgeklärten Welt verändern kann, ist eine Frage, deren Beantwortung offen bleibt und die Schiller weiterhin umtreibt.

Schillers Gedankenlyrik hat aber nicht nur die Aufgabe, in diskursiver Sprache die Entwicklung ästhetischer und geschichtsphilosophischer Konzepte voranzutreiben. Sie ist immer auch Probe aufs Exempel, indem sie selbst die Funktion hat, eine Einheit zwischen Anschauung und Reflexion, zwischen Bild und Begriff herzustellen. Während das Gedicht »Die Götter Griechenlandes« diese Synthese am Material der Bilder des griechischen Mythos herzustellen suchte, bemüht sich Schiller in seinem längsten Gedicht »Die Künstler« (1789), die Rolle der Kunst in Geschichte und Gegenwart genauer darzustellen. Charakteristisch für Schillers Denkweise ist dabei die Verknüpfung von allgemeinen philosophischen Gedankengängen mit längeren kulturgeschichtlichen Partien. Die Kunst, so ergibt sich zunächst, hat in der Geschichte die Funktion gehabt, den Menschen aus der Bindung an die Sinnenwelt zu befreien und in der Schönheit einen Vorschein von Wahrheit aufblitzen zu lassen:

Nur durch das Morgenthor des Schönen
Drangst du in der Erkenntniß Land.
An höhern Glanz sich zu gewöhnen,
Uebt sich am Reize der Verstand.
Was bei dem Saitenklang der Musen
Mit süßem Beben dich durchdrang,
Erzog die Kraft in deinem Busen,
Die sich dereinst zum Weltgeist schwang.[83]

Im Zeitalter der Aufklärung kommt der Kunst dann aber eine neue Funktion zu, denn sie muss der einseitigen Verstandeskultur entgegenwirken, die durch den Rationalismus der Wissenschaften gegeben ist. Erst in der Versöhnung von Wahrheit und Schönheit kann sich die Aufklärung vollenden, die sonst zu der Zersplitterung und Entfremdung führt, die bereits in »Die Götter Griechenlandes« als Symptom der sich bildenden Moderne aufgezeigt worden war:

Der Schätze, die der Denker aufgehäufet,
Wird er in euren Armen erst sich freun,
Wenn seine Wissenschaft, der Schönheit zugereifet,
zum Kunstwerk wird geadelt seyn –
Wenn er auf einen Hügel mit euch steiget,
Und seinem Auge sich, in mildem Abendschein,
Das mahlerische Thal – auf einmal zeiget.[84]

Schiller schwankt zu Beginn des Jahres, das die Französische Revolution bringen sollte, zwischen Zuversicht und Skepsis: Einerseits glaubt er an die Möglichkeit, dass die sich herausbildende klassische Kunst dazu beitragen könnte, die Einseitigkeiten und Verirrungen seiner Zeit zu korrigieren und eine Epoche der Schönheit und der Harmonie herbeizuführen. Andererseits fürchtet er, dass der Widerspruch zwischen einem rationalistischen Wahrheitsverständnis und der neuen ästhetischen Kultur sich als unauflösbar erweisen wird und so eine Aufhebung der Spannung zwischen Sinnlichkeit und Verstand, zwischen Anschauung und theoretischem Bewusstsein im negativen Sinne utopisch sein würde. Mahnend erscheinen die pathetischen Worte am Beginn der Schlusspartie des Gedichts, die **an des Jahrhunderts Neige** den Menschen vor einer schwerwiegenden Entscheidung stehen sehen:

Der Menschheit Würde ist in eure Hand gegeben,
Bewahret sie!
Sie sinkt mit euch! Mit euch wird sie sich heben!
Der Dichtung heilige Magie
Dient einem weisen Weltenplane,
Still lenke sie zum Ozeane
Der großen Harmonie![85a]

Wenn die realgeschichtlichen Entwicklungen diesen Erwartungen aber nicht entsprechen, wenn die Kluft zwischen der theoretischen Kultur und der Schönheit nicht überwunden werden kann, dann deutet sich eine andere Perspektive an, eine Aufteilung der Welt in verschiedene Sphären, die keinerlei Verbindung zueinander haben:

Von ihrer Zeit verstoßen flüchte
Die ernste Wahrheit zum Gedichte,
Und finde Schutz in der Camönen Chor.
In ihres Glanzes höchster Fülle,
Furchtbarer in des Reizes Hülle,
Erstehe sie in dem Gesange
Und räche sich mit Siegesklange
An des Verfolgers feigem Ohr.[85b]

Der Chor der Camönen (italienische Quellgottheiten, die den griechischen

Musen entsprechen) steht in dieser Perspektive gänzlich außerhalb des gewöhnlichen Lebens der Menschen. Kunst ist etwas dem Alltag Fremdes und Entfremdetes (ein **Mädchen aus der Fremde** wird 1796 zu einer Allegorie der Kunst); der aufklärerische Optimismus, der mit einer kultivierenden Funktion der Kunst rechnete, scheint in Frage gestellt.

Hier nimmt die Dichtung Probleme und Einschätzungen vorweg, die erst in den folgenden Jahren aktuell werden sollen. Schiller nimmt zu Beginn der neunziger Jahre philosophische Studien auf und macht sich an die Ausarbeitung einer eigenen ästhetischen Theorie, die 1795 und 1796 mit den Abhandlungen *Über die ästhetische Erziehung des Menschen in einer Reihe von Briefen* und *Über naive und sentimentalische Dichtung* eine eindrucksvolle Formulierung findet. Das Konzept einer ästhetischen Erziehung, das sich in dem Gedicht »Die Künstler« bereits andeutete, findet unter Berufung auf die Philosophie Kants eine systematische Fassung. Ein grundlegender Zwiespalt bleibt aber bestehen, ja, verstärkt sich noch, weil sich für Schiller mit der von ihm als äußerst problematisch empfundenen Französischen Revolution die realgeschichtliche Perspektive verdüstert hat. Gerade die Befreiung, die sich auch Schiller von der politischen Revolution erwartete, hat offenbar nicht stattgefunden, und die Kunst wird jetzt mit der Aufgabe beladen, die Menschen, die sich der Freiheit noch nicht würdig gezeigt haben, für diese Aufgabe bereit zu machen. Über die Schönheit will Schiller den Menschen zur Freiheit führen – ganz im Sinne des Programms der *Künstler*. Er stellt sich wie in dem frühen Gedicht im Lauf seiner Abhandlung die Frage, ob diese Erwartung denn realistisch ist und ob nicht die Kunst allein die Freiheit des Menschen verbürgen muss. Aber nicht als Durchgangsstation zur politischen Freiheit kann dann die Freiheit der Kunst verstanden werden, sondern die Kunst stellt, **von ihrer Zeit verstoßen**, ein Exil dar, in dem auserwählte Menschen Freiheit zu erfahren vermögen.

Als Schiller sich nach der intensiven Arbeit an den theoretischen Abhandlungen erneut der Lyrik zuwendet, ist seine Position von einer deutlichen Skepsis gekennzeichnet. Auch wenn der erste Titel eines neuen großen weltanschaulichen Gedichts »Das Reich der Schatten« (1795) missverständlich ist, da Schiller das Irreale der Kunst zeigen, diese aber nicht mit dem Tod verbinden will, so zeigt sich doch erneut ein dualistisches Bild, in dem sich die Kunst und die Wirklichkeit unversöhnlich gegenüber stehen. Der spätere Titel »Das Ideal und das Leben« zeigt diese Spannung genauso deutlich wie die folgenden beiden Verse aus der ersten Strophe des Gedichts: **Zwischen Sinnenglück und Seelenfrieden / Bleibt dem Menschen nur die bange Wahl.**[86] Schiller plädiert jetzt eindeutig für eine Autonomie der Kunst, für deren dezidierte Trennung von der empirischen

Wirklichkeit. Er setzt sich aber damit dem Vorwurf aus, auf die Einflussmöglichkeiten der Kunst und der Literatur zugunsten einer idealisierenden Ästhetik zu verzichten. Dass die Hinwendung zu einer autonomen Welt der Kunst aber nicht mit einem Verzicht auf ein Engagement in der empirischen Welt einhergehen muss, zeigt der Schluss des Gedichts. Schiller verweist darauf, dass zwar der Kampf und die Konflikte aus der Welt des Ideals verbannt sind, dass aber der in den Kämpfen der Welt stehende Mensch durchaus die Verpflichtung zur Teilnahme an den Konflikten habe:

Wenn der Menschheit Leiden euch umfangen,
Wenn dort Priams Sohn der Schlangen
Sich erwehrt mit nahmenlosem Schmerz,
Da empöre sich der Mensch! Es schlage
An des Himmels Wölbung seine Klage,
Und zerreisse euer fühlend Herz!
Der Natur furchtbare Stimme siege,
Und der Freuden Wange werde bleich,
Und der heil'gen Sympathie erliege
Das Unsterbliche in euch![87]

Um das Verhältnis von Kampf und Konflikt in der wirklichen Welt einerseits und dem Frieden in der Welt des Ideals und der Kunst andererseits zu bestimmen, geht Schiller charakteristischerweise auf ein Bild aus der griechischen Mythologie zurück. Herakles als derjenige, der die Kämpfe der Welt durchgestanden hat und unter die Götter aufgenommen wurde, steht für den Durchgang durch Disharmonie und Streit und für die Gewinnung des Friedens in der ewigen Jugend des göttlichen Lebens. Anschaulich wird sein Lebenslauf wiedergegeben, der die heroische Art des Umgangs mit den Widersprüchen der Welt symbolisiert:

Tief erniedrigt zu des Feigen Knechte
Gieng in ewigem Gefechte
Einst Alcid des Lebens schwere Bahn,
Rang mit Hydern und umarmt' den Leuen,
Stürzte sich, die Freunde zu befreien,
Lebend in des Todtenschiffers Kahn.
Alle Plagen, alle Erdenlasten
Wälzt der unversöhnten Göttinn List
Auf die will'gen Schultern des Verhassten,
Bis sein Lauf geendigt ist –[88]

Herakles, der Alcid (der Enkel des Alkaios), muss den Zorn der Hera ertragen, die den Sohn ihres Gatten Zeus und der Alkmene unbarmherzig verfolgt, und er muss die berühmten Arbeiten bei seinem schlappen Vetter Eurystheus verrichten – die Arbeiten, die als Symbol der menschlichen Zivilisation gelten können. Aber nicht als solche interessieren sie in dem hier gegebenen Kontext, sondern lediglich als Kämpfe und Konflikte, die das Leben der Menschen prägen und denen sich auch der Sohn des Zeus unterworfen hat. Aber notwendig und sinnvoll erscheinen diese Kämpfe und Konflikte und sie können demnach nicht mit dem Hinweis auf den Frieden abgelehnt werden, der die Welt des Ideals kennzeichnet. Zu beachten ist, wie Schiller versucht, den Übergang zwischen der endlichen Welt des Kampfes und der göttlichen Welt des Friedens sprachlich und dichterisch zu gestalten. Es gibt nämlich eigentlich keine Vermittlung zwischen diesen beiden Sphären, die einander unverbunden gegenüber stehen, und es erscheint wie eine höhere Ironie, dass der unscheinbare Gedankenstrich am Ende der soeben zitierten Strophe die Funktion erhält, den Übergang zwischen den definitiv getrennten Sphären anzudeuten. In der folgenden, der letzten Strophe des Gedichts wird der Temporalsatz der vorherigen Strophe aufgenommen – aber wir befinden uns letztlich doch übergangslos in einer anderen Welt:

Bis der Gott, des Irdischen entkleidet,
Flammend sich vom Menschen scheidet,
Und des Aethers leichte Lüfte trinkt.
Froh des neuen ungewohnten Schwebens
Fließt er aufwärts und des Erdenlebens
Schweres Traumbild sinkt und sinkt und sinkt.
Des Olimpus Harmonien empfangen
Den Verklärten in Chronions Saal,
Und die Göttinn mit den Rosenwangen
Reicht ihm lächelnd den Pokal.[89]

Mit der Wiederholung **sinkt und sinkt und sinkt** versucht Schiller einen sprachlichen Eindruck vom Verlust der Bindung an die Endlichkeit zu vermitteln. Die Emphase dieser Befreiung von den Fesseln der Erdenschwere kann aber nicht die Tatsache verdecken, dass Schiller vor einem fundamentalen Darstellungsproblem steht. Es erscheint unmöglich, die Aufhebung der irdischen Konflikte anschaulich vorzuführen; die endliche Sprache kann nur in Kontrasten und Differenzen ausdrücken, was sich in ihrer Reichweite befindet. In *Über naive und sentimentalische Dichtung* hatte Schiller dargelegt, dass die jenseits der antiken Harmonie stehende Dichtung der Neuzeit primär die Diskrepanz zwischen der empirischen Realität und dem Ideal zeige, und zwar entweder in trauernder Haltung als Elegie oder in anklagender Attitüde als Satire. Als hypothetischen Höhepunkt einer neuen Dichtung hatte Schiller eine neue Form der Idylle postuliert, die nicht wie die herkömmliche **naive** Idylle einen Zustand der völligen Abwesenheit von Streit und Konflikt darstellen würde, sondern vielmehr die Aufhebung der Konflikte in einem Durchgang durch die Disharmonie der sentimentalischen Welt. Aber ist eine solche sentimentalische Idylle möglich? Im Anschluss an das Gedicht »Das Reich der Schatten« erwog Schiller, selbst eine solche Idylle zu schreiben, die bezeichnenderweise die Hochzeit des Herakles mit Hebe, der rosenwangigen Göttin der ewigen Jugend darstellen sollte. Aber nur zu schnell wurde sich Schiller der Unmöglichkeit bewusst, eine solche Aufhebung von Endlichkeit und Widerspruch anschaulich zeigen zu können. Die sentimentalische Idylle konnte zwar postuliert, aber nicht praktisch ausgeführt werden.

Mit dieser Erkenntnis ist aber ein wesentlicher Einschnitt in Schillers poetischer Konzeption erreicht. Zwar bemüht er sich weiterhin, die Versöhnung zwischen Sinnlichkeit und Verstand, individueller Freiheit und höherer Gesetzlichkeit darzustellen. Gleichzeitig zeichnet sich aber ein neues Programm ab, das nicht mehr in einer Versöhnung der Gegensätze besteht, sondern in deren kompromissloser Inszenierung. Die Diskrepanz zwischen Ideal und Leben wird also nicht mehr zum Gegenstand einer möglichen Aufhebung, sie prägt vielmehr die poetische Darstellung selbst. Das unerreichbare Ideal wird dadurch aber zu etwas, das dem gewöhnlichen Leben fremd ist. Eine Poetik der Harmonie wird tendenziell durch eine Poetik der Entgegensetzung abgelöst. Eine Poetik des Erhabenen tritt an die Stelle einer auf Synthese setzenden Poetik des Schönen.

Spuren einer solchen Poetik finden sich in dem letzten großen weltanschaulichen Gedicht Schillers, das wir hier in der gebotenen Kürze erwähnen. In »Der Spaziergang«, einer Elegie aus dem Jahre 1795 (zuerst unter dem lapidaren Titel »Elegie« erschienen), entwickelt Schiller aus der Begegnung mit der Landschaft ein kulturgeschichtliches Panorama, das die Epochen der menschlichen Entwicklung vor den Augen des Promeneurs Revue passieren lässt. Dezidierter als in den bisherigen Gedichten wird die Entwicklung geschildert, die von der Aufklärung zur Französischen Revolution geführt und dabei anstelle der ersehnten Freiheit eine neue Abhängigkeit erzeugt hat:

Da zerrinnt vor dem wundernden Blick der Nebel des Wahnes,
Und die Gebilde der Nacht weichen dem tagenden Licht.
Seine Fesseln zerbricht der Mensch. Der Beglückte! Zerriß er
Mit den Fesseln der Furcht nur nicht den Zügel der Schaam!
Freiheit ruft die Vernunft, Freiheit die wilde Begierde,
Vor der heil'gen Natur ringen sie lüstern sich los.
Ach, da reissen im Sturm die Anker, die an dem Ufer
Warnend ihn hielten, ihn fasst mächtig der flutende Strom,
Ins Unendliche reißt er ihn hin, die Küste verschwindet,
Hoch auf der Fluten Gebirg wiegt sich entmastet der Kahn,
Hinter Wolken erlöschen des Wagens beharrliche Sterne,
Bleibend ist nichts mehr, es irrt selbst in dem Busen der Gott.[90]

Kunstvoll verknüpft das Gedicht die Fiktion der räumlichen Vorstellung (der Spaziergänger sieht vor seinem geistigen Auge die Schifffahrts-Szene) mit der kulturgeschichtlichen Perspektive (das sprechende Ich zeichnet eine ›Dialektik der Aufklärung‹). Die Lyrik des sentimentalischen Zeitalters, wie Schiller sie versteht, wird von der Reflexion auf die Anschauung und von der Anschauung wieder auf die Reflexion zurückgeworfen. Dieses Hin und Her von Schauen und Denken kann sich zwanglos in der Fiktion des Spaziergangs entfalten, der ebenfalls zugleich dem Erlebnis der Landschaft und dem Nachdenken über das Leben und den Menschen gewidmet erscheint. Wenn Schillers Lyrik dem Vorwurf ausgesetzt wird, sie sei zu theoriebezogen und zu wenig auf Anschauung ausgerichtet, so zeigen seine besten Gedichte eine zwanglose Integration von Bild und Begriff, von Anschauung und Reflexion. Im »Spaziergang« wird das Bild des Schiffbruchs konsequenterweise auf die Problematik der aufgeklärten Gesellschaft bezogen:

Aus dem Gespräche verschwindet die Wahrheit, Glauben und Treue
Aus dem Leben, es lügt selbst auf der Lippe der Schwur.
In der Herzen vertraulichsten Bund, in der Liebe Geheimniß
Drängt sich der Sykophant, reißt von dem Freunde den Freund,
Auf die Unschuld schielt der Verrath mit verschlingendem Blicke,
Mit vergiftendem Biß tödtet des Lästerers Zahn.[91]

Die Diagnose erscheint von einem kaum zu mildernden Pessimismus bestimmt: Die von Schiller explizit und mit großem Nachdruck begrüßte Bewegung der Aufklärung hat mit ihrer Kritik an den normgebenden Instanzen, die keine Legitimation mehr besaßen, einen Zustand bewirkt, in dem jeder seinen Privatvorteil verfolgt, ohne sich an Gesetze oder moralische Werte gebunden zu fühlen. Dieser heillosen Entwicklung in der historischen Abfolge entspricht für den fiktiven Spaziergänger eine Landschaftserfahrung, die nichts mehr von Harmonie und Lieblichkeit erkennen lässt. Die Vorstellung der geschichtlichen Fehlentwicklung führt zu einer erhabenen, weil menschlichen Spuren gänzlich fremden Erfahrung von Natur:

Aber wo bin ich? Es birgt sich der Pfad. Abschüssige Gründe
Hemmen mit gähnender Kluft hinter mir, vor mir den Schritt.
Hinter mir blieb der Gärten der Hecken vertraute Begleitung,
Hinter mir jegliche Spur menschlicher Hände zurück.
Nur die Stoffe seh' ich gethürmt, aus welchen das Leben
Keimet, der rohe Basalt hofft auf die bildende Hand,
Brausend stürzt der Gießbach herab durch die Rinne des Felsen
Unter den Wurzeln des Baums bricht er entrüstet sich Bahn.
Wild ist es hier und schauerlich öd'. Im einsamen Luftraum
Hängt nur der Adler, und knüpft an das Gewölke der Welt.
Hoch herauf bis zu mir trägt keines Windes Gefieder
Den verlorenen Schall menschlicher Mühen und Lust.[92]

Abgründe tun sich auf – in der geschichtlichen Betrachtung, in der Zeitdiagnose und in der imaginierten Naturerfahrung des Spaziergangs! Nur mit einem konventionellen Kunstgriff gelingt es Schiller, den düsteren Eindruck vordergründig zu verdrängen, in den das Gedicht mündet: **es war nur ein Traum**, muss sich das verzweifelnde Ich versichern, bevor es zu einer Schlussreflexion kommt, die erneut den Rückgang zu der Kunst der Griechen als Heilmittel beschwört: **Und die Sonne Homers, siehe, sie lächelt auch uns.**[93] Aber nicht ungeschehen machen kann dieser Schluss den Einbruch der Disharmonie und die Absage an die ästhetischen Versöhnungs-Modelle, die sich in diesem Gedicht andeuten.

Unsere Textbeispiele zeigen anhand kürzerer lyrischer Texte die Spannung, aus der heraus Schillers Lyrik zu verstehen ist: In »Der Tanz« (1795/1800) beschwört Schiller im Sinne des Konzepts der ästhetischen Erziehung die Synthese aus Neigung und Gesetz, aus individueller Freiheit und kollektiver Ordnung, die sich in der Kunst – und auch in der Kunst des Tanzes – darstellt. In »Nänie« (1799), einem der schönsten Gedichte Schillers, wird die Trauer darüber artikuliert, dass das Schöne in der wirklichen Welt keinen Bestand hat, und das Klagelied als die bevorzugte Form der sentimentalischen Dichtung herausgestellt. Das populär gehaltene Gedicht »Der Antritt des neuen Jahrhunderts« (1801) zeigt die desilliusionierte Position des späten Schiller, der sich endgültig aller Hoffnungen entledigt hat, die darauf zielten, die Kunst könnte einen Einfluss auf die reale Geschichte ausüben. Wenn es heißt: **Freiheit ist nur in dem Reich der Träume** und **Das Schöne blüht nur im Gesang**, so ist dies freilich missverständlich. Schiller spricht sich nicht für eine Kunst aus, die man in Abwandlung eines bekannten Diktums von Marx als **Opium des Volkes** bezeichnen könnte; es geht ihm vielmehr darum, eine illusionslose Betrachtung der Welt zu befördern und eine gedankenlose Übertragung harmonisierender Vorstellungen aus der Sphäre der Kunst in das Reich der ›wirklichen Welt‹ zu verhindern. Im Zentrum von Schillers Spätwerk steht aber nicht mehr die Lyrik, sondern die Dramatik, die zum Paradigma seiner neuen Kunst des Erhabenen wird.

4.2 Textbeispiele

4.2.1 Johann Wolfgang von Goethe: »Das Göttliche«

Edel sei der Mensch,
Hülfreich und gut!
Denn das allein
Unterscheidet ihn
Von allen Wesen,
Die wir kennen.

Heil den unbekannten
Höhern Wesen,
Die wir ahnen!
Ihnen gleiche der Mensch;
Sein Beispiel lehr uns
Jene glauben.

Denn unfühlend
Ist die Natur:
Es leuchtet die Sonne
Über Bös' und Gute,
Und dem Verbrecher
Glänzen, wie dem Besten,
Der Mond und die Sterne.

Wind und Ströme,
Donner und Hagel
Rauschen ihren Weg
Und ergreifen,
Vorüber eilend,
Einen um den andern.

Auch so das Glück
Tappt unter die Menge,
Faßt bald des Knaben
Lockige Unschuld,
Bald auch den kahlen
Schuldigen Scheitel.

Nach ewigen, ehrnen,
Großen Gesetzen
Müssen wir alle
Unseres Daseins
Kreise vollenden.

Nur allein der Mensch
Vermag das Unmögliche:
Er unterscheidet,
Wählet und richtet;
Er kann dem Augenblick
Dauer verleihen.

Er allein darf
Den Guten lohnen,
Den Bösen strafen,
Heilen und retten,
Alles Irrende, Schweifende
Nützlich verbinden.

Und wir verehren
Die Unsterblichen,
Als wären sie Menschen,
Täten im Großen,
Was der Beste im Kleinen
Tut oder möchte.

Der edle Mensch
Sei hülfreich und gut!
Unermüdet schaff er
Das Nützliche, Rechte,
Sei uns ein Vorbild
Jener geahneten Wesen![94]

In diesem Gedicht, das 1783 entstanden ist, zeigt sich, dass das Klischee einer ›unproblematischen‹ Klassik im Textbefund keine Entsprechung findet. Denn wenn im Titel vom Göttlichen die Rede ist, so geht es in dem Text doch primär um die Bestimmung des Menschen und um die Idee, dass der Mensch sich nur dann ein Bild vom Göttlichen machen könne, wenn er die nur ihm erkennbaren ethischen Gesetze erfülle. Wenn die erste Strophe diese ethische Bestimmung formuliert, so benennt die zweite einen komplexen Sachverhalt, der in der Logik der Aufklärung als eine **Algebra des Fortschritts**[95] bezeichnet werden kann. Der Mensch soll dem Bild der Göttlichen nachahmen, das aber ausgehend von den ethischen Gesetzen *des Menschen* geschaffen wird: **Sein Beispiel [das heißt: das Beispiel des Menschen] lehr uns / Jene [das heißt: die ›höheren Wesen‹] glauben.** Der Mensch folgt also einem Ideal außerhalb seiner Reichweite, konstruiert es aber aus den menschlichen Wertmaßstäben heraus (**ahnt**). In den folgenden Strophen grenzt das Gedicht den Menschen vom Rest der Natur ab, weil dieser Gefühl und moralisches Bewusstsein in Gänze abgesprochen wird.

In dieser Argumentation erkennen wir eine Form der Selbstentfremdung Goethes, der in seinem Früh- wie in seinem späteren Werk von einem fast uneingeschränkten Vertrauen in die Güte der Natur beseelt war und aus diesem Vertrauen einen Großteil seiner dichterischen Potenz schöpfte. Schiller sollte dieses innige Verhältnis zur Natur als Symptom einer genialischen Naivität charakterisieren. Nichts von alledem in diesem Text der frühen Weimarer Zeit: Die Ausnahmestellung des Menschen wird betont (**Nur allein der Mensch; Er allein**) und sie liegt in seinem Wissen um Gut und Böse. Die **Unsterblichen** sind nach diesem Bild des Menschen konstruiert und der Mensch gilt als **Vorbild / Jener geahneten Wesen**. Deutlicher wird in Goethes Werk wohl an keiner Stelle ein ethischer Impetus ausgesprochen als in diesem Gedicht, das einer Facette von Goethes Lebenssituation der frühen achtziger Jahre entspricht. (Dass sich die Sehnsucht nach sinnlicher Erfüllung und das Bedürfnis nach einer Erholung von den Anstrengungen einer ethisch motivierten Amtstätigkeit zur selben Zeit ebenfalls poetisch artikulieren, zeigen wir in unserer Analyse des Gedichts »Wandrers Nachtlied«, vgl. 6.2.2.)

Eine gewisse Synthese zwischen der *Selbstvergottung* des Menschen in der »Prometheus«-Hymne und seiner Unterwerfung in dem Gedicht »Grenzen der Menschheit« zeigt sich in diesem Gedicht, weil die Unterordnung des Menschen unter das ethische Ideal als Selbstbestimmung erscheint, als Erfüllung dessen, was das Menschliche eigentlich ausmacht. Dass die Reduzierung des Menschen auf die Dimension des Ethischen freilich auch eine Reduzierung darstellt, wird vor allem die nachitalienische klassische Lyrik verdeutlichen.

4.2.2 *Johann Wolfgang von Goethe: »Natur und Kunst«*

**Natur und Kunst, sie scheinen sich zu fliehen,
Und haben sich, eh man es denkt, gefunden;
Der Widerwille ist auch mir verschwunden,
Und beide scheinen gleich mich anzuziehen.**

**Es gilt wohl nur ein redliches Bemühen!
Und wenn wir erst, in abgemeßnen Stunden,
Mit Geist und Fleiß uns an die Kunst gebunden,
Mag frei Natur im Herzen wieder glühen.**

**So ist's mit aller Bildung auch beschaffen:
Vergebens werden ungebundne Geister
Nach der Vollendung reiner Höhe streben.**

**Wer Großes will, muß sich zusammenraffen:
In der Beschränkung zeigt sich erst der Meister,
Und das Gesetz nur kann uns Freiheit geben.**[96]

Eine große Leistung stellt dieses um 1802 entstandene Gedicht dar, weil es die literaturgeschichtlichen Tendenzen des siebzehnten und achtzehnten Jahrhunderts, die wir in diesem Band beschrieben haben, in einer prägnanten und zwanglos erscheinenden Weise zusammenfasst und in eine individuelle, dabei aber gleichzeitig völlig regelgerechte Form bringt. Das Sonett war – wie wir gezeigt haben – von Opitz als ein modellhaftes lyrisches Gebilde ausgezeichnet und bis zur Mitte des achtzehnten Jahrhunderts als kanonische Form behandelt worden. Es galt danach aber als schematisch und als Ausdruck eines bornierten Bewusstseins. Mit der Wendung des Sturm und Drang gegen die Regelpoetik, die sich im Namen der Natur vollzog, schien die Form des Sonetts völlig überlebt zu sein. Aber in der Romantik deutet sich eine Wiedergeburt des Sonetts an und der reife GOETHE zeigt in einer souveränen Art und Weise, dass für ihn der Widerspruch zwischen

Regel und individuellem Ausdruck, zwischen Kunst und Natur nur noch eine relative Berechtigung hat.

Formal zeigt sich GOETHES ›klassischer‹ Wille zur Synthese darin, dass er ein vollendetes Sonett schreibt: Es finden sich zwei Quartette und zwei Terzette, ein regelmäßiges Reimschema (ABBA ABBA CDE CDE) und Jamben mit weiblicher Kadenz. Die Verbindung von Regel und individueller Expression zeigt sich in dem Wechsel von allgemeinen Sätzen und Äußerungen eines lyrischen Ichs, die als Bestätigung der generalisierenden Aussagen gelten können.

Die Dichtung, so die Aussage des Textes, lebt von beidem, von der Befolgung allgemeiner Regeln und Schemata und von der Lust, die individuelle **Natur** auszudrücken. Und wenn sich beides nicht immer in einem Text verbinden lässt, so kann man an eine zeitliche Abfolge denken. Dass GOETHE konkret die Einbindung der Impulse des Sturm und Drang in das klassische Dichtungskonzept im Auge hat, zeigt sich an den Vokabeln des letzten Verses der zweiten Strophe, die indirekt das **heilig glühende Herz** der »Prometheus«-Hymne zitieren und so darauf verweisen, dass die Konzentration auf die dichterische Subjektivität auch in der klassischen Kunst eine wichtige Grundlage des dichterischen Schaffens bildet. Und wenn es heißt, dass die freie Natur im Herzen **wieder glühen** dürfe, wenn sich das Ich den Regeln unterworfen habe (wenn es die notwendige Selbstdisziplin des Künstlers aufgebracht habe), so zeigt sich, dass auch das klassische Lyrikkonzept ohne die Idee einer individuellen Subjektivität in ihrer Ungezähmtheit nicht auskommt. Dennoch betonen die abschließenden Terzette die Idee der Selbstbeschränkung, die ähnlich wie das Gedicht »Das Göttliche« die Begrenzung als eine selbst gewollte und damit als einen Akt der menschlichen Freiheit konzipieren. Der reife GOETHE hat somit seinen Frieden mit der dichterischen Überlieferung gemacht, ohne sich von der rebellierenden Subjektivität und der neuen Lyrik des Sturm und Drang zu distanzieren. Dennoch überwiegt in diesem Gedicht der klassischen Periode der Gedanke einer notwendigen Begrenzung, die aber anders als in den Gedichten der frühen Weimarer Zeit nicht mehr als Ausdruck einer problematischen Selbstentfremdung erscheint.

4.2.3 Friedrich Schiller: »Der Tanz«

Siehe, wie schwebenden Schritts im Wellenschwung sich die Paare
Drehen, den Boden berührt kaum der geflügelte Fuß.
Seh ich flüchtige Schatten, befreit von der Schwere des Leibes?
Schlingen im Mondlicht dort Elfen den luftigen Reihn?
Wie, vom Zephir gewiegt, der leichte Rauch in die Luft fließt,
Wie sich leise der Kahn schaukelt auf silberner Flut,
Hüpft der gelehrige Fuß auf des Taktes melodischer Woge,

Säuselndes Saitengetön hebt den ätherischen Leib.
Jetzt, als wollt es mit Macht durchreißen die Kette des Tanzes,
Schwingt sich ein mutiges Paar dort in den dichtesten Reihn.
Schnell vor ihm her entsteht die Bahn, die hinter ihm schwindet,
Wie durch magische Hand öffnet und schließt sich der Weg.
Sieh! Jetzt schwand es dem Blick, in wildem Gewirr durcheinander
Stürzt sich der zierliche Bau dieser beweglichen Welt.
Nein, dort schwebt es frohlockend herauf, der Knoten entwirrt sich,
Nur mit verändertem Reiz stellet die Regel sich her.
Ewig zerstört, es erzeugt sich ewig die drehende Schöpfung,
Und ein stilles Gesetz lenkt der Verwandlungen Spiel.
Sprich, wie geschieht's, daß rastlos erneut die Bildungen schwanken
Und die Ruhe besteht in der bewegten Gestalt?
Jeder Herrscher, frei, nur dem eigenen Herzen gehorchet
Und im eilenden Lauf findet die einzige Bahn?
Willst du es wissen? Es ist des Wohllauts mächtige Gottheit,
Die zum geselligen Tanz ordnet den tobenden Sprung,
Die, der Nemesis gleich, an des Rhythmus goldenem Zügel
Lenkt die brausende Lust und die verwilderte zähmt.
Und dir rauschen umsonst die Harmonien des Weltalls,
Dich ergreift nicht der Strom dieses erhabnen Gesangs,
Nicht der begeisternde Takt, den alle Wesen dir schlagen,
Nicht der wirbelnde Tanz, der durch den ewigen Raum
Leuchtende Sonnen schwingt in kühn gewundenen Bahnen?
Das du im Spiele doch ehrst, fliehst du im Handeln, das Maß.[97]

Die Nähe von Goethes und SCHILLERS Vorstellungen in der Zeit ihrer intensiven Zusammenarbeit nach 1795 zeigt ein Vergleich zwischen Goethes Sonett und SCHILLERS Gedicht »Der Tanz«. Dieser 1795 entstandene und um 1800 überarbeitete Text, den wir hier in der späten Fassung präsentieren, preist die Macht der Musik und deren Fähigkeiten, die individuellen Energien des einzelnen Menschen mit einem umfassenden Gesetz zu versöhnen. Was Goethe also in dem später entstandenen Gedicht der Kunst im Allgemeinen zuschreibt, veranschaulicht SCHILLER an dem dialektischen Verhältnis, das er im Tanz erkennt, der den ungestümen Bewegungen der Paare durch die Ordnung ein **stilles Gesetz** einprägt. Ein stilles Gesetz, das heißt eines, das nicht als Zwang wirkt, sondern den Eindruck erweckt, als folgten die jeweils sich Drehenden ihrem individuellen Wollen, das in der Bewegung des Tanzes zu einer Synthese geführt wird. Gelungen erscheint dieses Gedicht, weil in ihm die beschriebene Problematik, die SCHILLERS Lyrik kennzeichnet, zu einer befriedigenden Lösung geführt wird: Das Verhältnis von anschaulicher Bildlichkeit und abstrahierender Reflexion erscheint als unproblematisch; das Bild geht zwanglos in die verallgemeinernde Aussage über.

Dies verdeutlicht ein Blick auf den gedanklichen Verlauf der Argumentation des Gedichts: In plausibel erscheinenden Bildern wird die Bewegung der Tanzenden beschrieben, bis ein erster Einschnitt erreicht ist, der in abstrakter Formulierung das Gezeigte resümiert: **Ewig zerstört, es erzeugt sich ewig die drehende Schöpfung, / Und ein stilles Gesetz lenkt der Verwandlungen Spiel.** Danach wird in abstrahierenden Wendungen, die allgemein auf das Verhältnis von Regel und Einzelwillen sowie auf politische Verhältnisse anspielen, die Musik als die des **Wohllauts mächtige Gottheit** angeführt, der die angesprochene Synthese zuzuschreiben sei.

Das Gedicht veranschaulicht damit an einem Beispiel SCHILLERS Theorie der ästhetischen Erziehung, die er 1795 in seinen berühmten *BRIEFEN* im philosophischen Diskurs formuliert hatte. Der ästhetischen Erfahrung wurde dabei die Fähigkeit zugesprochen, den Menschen von seinem egoistischen und selbstsüchtigen Wesen zu befreien und ihn dazu zu bringen, ohne Zwang den Anforderungen der Gemeinschaft Genüge zu tun. Über die Schönheit sollte der Mensch zur Freiheit geführt werden, was den Gedanken voraussetzt, dass die Kunst in der Kulturgeschichte der Menschheit die Funktion gehabt habe, den Menschen zu zivilisieren und zu verfeinern. Diese Perspektive ist auch implizit in dem Gedicht »Der Tanz« enthalten, wenn der Übergang vom **tobenden Sprung** zur milden Ordnung des Tanzes angesprochen wird.

Wie in der Abhandlung über die ästhetische Erziehung wird der Schluss des Gedichts jedoch von einem skeptischen Ton beherrscht, der auf den Zweifel zurückzuführen ist, ob die Ordnung des Tanzes überhaupt auf die Welt der Praxis übertragen werden kann. Wenn der Mensch nämlich in der Welt des Handelns das Maß flieht, das er im Tanz und in der Kunst insgesamt doch bewundert, so deutet sich eine Dichotomie an, die SCHILLERS gesamtes Spätwerk beherrschen wird: Der Freiheit, die der Mensch in der Kunst erfährt, steht die Erfahrung von Unfreiheit und Willkür gegenüber, welche das Leben beherrscht. **Ernst ist das Leben, heiter ist die Kunst**, heißt es im 1799 entstandenen Prolog der *WALLENSTEIN*-Trilogie; und damit scheinen die Hoffnungen einer befreienden Wirkung der Kunst auf die gesellschaftliche Praxis geschwunden. Nur im Bereich des Scheins gibt es die Freiheit, welche die Aufklärer und mit ihnen SCHILLER auf die menschliche Praxis und auf die menschliche Gesellschaft übertragen wollen. Dieser Befund bewahrt zwar einen melancholischen und resignativen Grundzug; er kann aber auch als ein kritisches Korrektiv für die Wirklichkeit verstanden werden, als eine utopische Illustration des menschlichen Anspruchs auf Freiheit und auf eine Ordnung, welche die Interessen des Einzelnen nicht verletzt.

Geglückt erscheint die formale Umsetzung dieses Anspruchs. Das Gedicht ist als Übernahme der klassischen Form der Elegie wie Goethes *Rö-*

MISCHE ELEGIEN aus Distichen zusammengesetzt, das heißt aus jeweils zwei zusammen gehörigen Versen, die aus einem Hexameter und einem Pentameter bestehen. Dabei ist der Pentameter durch eine Zäsur in der Mitte des Verses gekennzeichnet. Damit bilden die aus Trochäen und Anapästen bestehenden Verspaare genau die Bewegung ab, die im Gedicht als kennzeichnend für den Tanz dargestellt wird: Während nämlich im Hexameter eine Bewegung entfaltet wird, kommt sie in der Zäsur des Pentameters zur Ruhe. Die Dialektik von stürmischer Bewegung (die sich auch in dem Wechsel zwischen einer und zwei Senkungen zeigt) und milder Ruhe des Gesetzes wird also auch formal umgesetzt, ohne dass sich der Eindruck eines schematischen Fortschreitens ergeben würde. Überzeugend sind auch die Prägnanz des Gedichts und der Verzicht auf die ausufernde Rhetorik, die in manch anderen Gedichten SCHILLERS ermüdend wirkt. Klassische Gedankenlyrik zeigt somit eine gelungene Synthese aus Anschauung und begrifflicher Reflexion, aus Eigenwert des Bildes und Ordnung von Gedanken und dichterischen Formen. Dass sich das sanfte Gesetz des Tanzes aber nicht auf die menschliche Praxis übertragen lässt, ist der Stachel, der in SCHILLERS Klassizismus zu erkennen ist und der den elegischen Charakter auch dieses Gedichts prägt.

4.2.4 Friedrich Schiller: »Nänie«

**Auch das Schöne muß sterben! Das Menschen und Götter bezwinget,
Nicht die eherne Brust rührt es des stygischen Zeus.
Einmal nur erweichte die Liebe den Schattenbeherrscher,
Und an der Schwelle noch, streng, rief er zurück sein Geschenk.
Nicht stillt Afrodite dem schönen Knaben die Wunde,
Die in den zierlichen Leib grausam der Eber geritzt.
Nicht errettet den göttlichen Held die unsterbliche Mutter,
Wann er, am skäischen Tor fallend, sein Schicksal erfüllt.
Aber sie steigt aus dem Meer mit allen Töchtern des Nereus,
Und die Klage hebt an um den verherrlichten Sohn.
Siehe! Da weinen die Götter, es weinen die Göttinnen alle,
Daß das Schöne vergeht, daß das Vollkommene stirbt.
Auch ein Klaglied zu seyn im Mund des Geliebten, ist herrlich,
Denn das Gemeine geht klanglos zum Orkus hinab.[98]**

Eine Elegie ist auch dieses 1799 erschienene Gedicht in zweierlei Hinsicht: einmal aus formaler Perspektive als eine Aneinanderreihung von Distichen und schließlich in inhaltlicher Hinsicht als Klagelied über den Untergang des Schönen. Hierauf verweist auch der Titel des Gedichts, der auf das lateinische ›nenia‹ zurückgeht und somit an das Klagelied erinnert, das in Rom von den Hinterbliebenen eines Toten zur Flöte gesungen wurde. Die mythologischen Anspielungen sind allerdings den meisten heutigen Lesern kaum noch verständlich. Die für SCHILLERS Lyrik charakteristische Anhäufung dieser mythischen Bilder hat in diesem Gedicht wie in zahlreichen anderen eine genau bestimmbare Funktion, soll sie doch den zu Beginn des ersten Verses thesenartig formulierten allgemeinen Satz veranschaulichen. Die Schönheit, so ist die Überzeugung, die für SCHILLERS Spätwerk charakteristisch ist, lässt sich zwar empirisch an Personen und Phänomenen der wirklichen Welt beobachten und sie wird im Mythos als eine der den Menschen berührenden Mächte mit einer zentralen Bedeutung belegt. Sie ist aber keine Macht, welche die menschliche Praxis bestimmt und prägt. Der Mythos zeigt, dass das Schicksal über den Göttern steht, und das moderne Bewusstsein kann diese Botschaft des Mythos übersetzen, indem es die Sterblichkeit und Vergänglichkeit der Schönheit im Prozess des Lebens unterstreicht. Von besonderer Bedeutung erscheint in diesem Zusammenhang die indirekt evozierte Geschichte des Orpheus, die von der Idee ausgeht, die Schönheit des Gesangs könnte den Schrecken des Todes bannen, dabei aber doch das Scheitern des Sängers konstatieren muss. Zusammenfassend lässt sich der Gehalt der mythischen Bilder in der Einsicht fassen, dass die Vergänglichkeit des Schönen als unausweichlich angesehen werden muss.

Wesentlich ist aber der Befund, dass SCHILLERS Gedicht nicht bei dieser resignativen Einsicht stehen bleibt. Vielmehr gewinnt der Text einen poetologischen Gehalt, indem er nämlich über den Umgang der Kunst mit dieser Einsicht in die Vergänglichkeit des Schönen reflektiert. Die Kunst soll – so lässt sich erkennen – die Sterblichkeit des Schönen nicht verschweigen, sondern im Gegenteil zum Gegenstand ihrer Darstellung machen. »Nänie« ist also nicht nur ein Klagelied, sondern die poetologische Begründung eben der Gattung Klagelied, und dies ist der Grund, warum wir das Gedicht zur Weimarer Gedankenlyrik zählen.

SCHILLER spricht hier implizit aus der geschichtsphilosophischen Perspektive seiner Abhandlung *ÜBER NAIVE UND SENTIMENTALISCHE DICHTUNG* (1796), in der er als Kennzeichen der modernen Kunst die Diskrepanz zwischen der Wirklichkeit und dem Ideal hervorhob. Glaubte er in der Abhandlung noch an die Möglichkeit einer modernen Idylle, also an die Möglichkeit einer Darstellung lebendiger Schönheit in der modernen Dichtung, so lässt sich seine späte Lyrik und Dramatik von der Einsicht her verstehen, dass nur noch die Sehnsucht nach der Lebendigkeit des Schönen und damit nach der Vereinbarkeit von Wirklichkeit und Ideal ein legitimes Thema der modernen Kunst sei. Die letzten beiden Verse der »Nänie« zeigen aber in beeindruckender Weise, dass diese Bestimmung der modernen Kunst dieser nichts von ihrer Würde und Wirkung nimmt. Im Gegenteil, die poetische Kraft des Gedichts ergibt sich gerade aus der Einsicht in den

Verlust naiver Harmonien und in die Schönheit des poetischen Trauergesangs. **Herrlich** klingt die Klage **im Munde des Geliebten**; ästhetischen Genuss vermittelt die Trauer um den Verlust der Schönheit, die selber aber in schöner Weise artikuliert werden kann. Zu dieser Schönheit gehört die **sentimentalische** Inanspruchnahme der antiken Form der Elegie, deren Harmonie die ›Herrlichkeit‹ der Klage unterstreicht und eine spezifische Form der modernen Kunst ermöglicht, die bei aller formalen Anlehnung an das klassische Vorbild eine spezifische Verlusterfahrung artikuliert, aus dieser aber eine Art von poetischem Mehrwert schöpft.

5 Balladen von Goethe und Schiller

5.1 Überblick

Eine wichtige Rolle in der Rezeptionsgeschichte von Goethe und Schiller spielte lange Zeit die volkstümliche Gattung der Ballade, die – unter jeweils deutlich verschiedenen Vorzeichen – im Sturm und Drang und in der Weimarer Klassik gepflegt wurde. Für das Verständnis letzterer ist Goethes und Schillers Balladenproduktion auch insofern heute noch von besonderem Interesse, als die jeweilige poetische Eigenart der beiden Protagonisten einer deutschen Bürgerklassik gerade in ihren Beiträgen zu dieser Gattung besonders deutlich hervortritt. In Bezug auf die Ballade ergibt sich insofern eine besondere Ausgangssituation für eine neue Auseinandersetzung mit den tradierten Texten, als diese häufig in besonders klischeehafter Weise aufgenommen wurden, sodass eine besondere Anstrengung erforderlich ist um aufschlussreiche Perspektiven hinter dem Schleier von Konvention und bürgerlicher Selbstzufriedenheit zu entdecken.

Das Interesse an der Ballade entwickelte sich im Sturm und Drang im Zusammenhang mit der Hinwendung zur Volksdichtung. Um 1755 führte Gleim die aus romanischen Traditionen stammende Romanze in Deutschland ein, die spektakuläre Geschichten in einem komischen Ton vortrug, der die Distanzierung des gebildeten Dichters von der populären Form erkennen ließ. Gleichzeitig verriet sie aber – ähnlich wie die Kriegslieder des preußischen Grenadiers – die neue Vorliebe für das Naive und vermeintlich Ungekünstelte des Populären. Elemente des Bänkelsangs, also einer volkstümlichen Tradition, die in den Poetiken der gelehrten Dichtung seit Opitz verpönt war, sind in der Romanze ebenso zu erkennen wie in der Ballade, die auf die komische Behandlung der populären Stoffe verzichtete und im Sturm und Drang vor allem den Einbruch des Geheimnisvollen in die vertraute Welt der Realität darstellte. Gottfried August Bürgers Ballade »Lenore« steht für diesen Traditionsstrang, in den sich die von uns als Textbeispiele ausgesuchten Balladen aus Goethes früher Weimarer Zeit (»Der Fischer«, »Erlkönig«) einordnen lassen. In diesen wird die Ballade zur bevorzugten Dichtungsform der Konfrontation des Menschen mit einer magisch und dämonisch erscheinenden Natur. Das thematische Interesse deutet auf Goethes Intention, den einseitig rationalistischen Naturbegriff der Aufklärung zu korrigieren und in populärer Form die Ambivalenz einer Naturbegegnung zu gestalten, die bereits in der Prosa und der Lyrik des Sturm und Drang vorherrschend gewesen war.

Der entscheidende Unterschied zwischen der Ballade und der im achtzehnten Jahrhundert weit verbreiteten Gattung der Verserzählung (die als epische Vorform der Prosaerzählung und des Romans angesehen werden kann) besteht darin, dass in der Ballade weitgehend auf eine psychologische Ausdeutung des Geschehens und damit auf eine Schilderung der Innenperspektive der betroffenen Figuren verzichtet wird. Dies erscheint besonders effektvoll in den Schauerballaden des Sturm und Drang, bleibt aber auch für die späteren Balladen charakteristisch:

> Eine psychologisierende Semantik von Angst und Schauer oder gar Schuld fehlt. Die Figur ist immer in Aktion, sie reflektiert nie, und gerade dadurch erscheint sie wie getrieben. Der Rezipient seinerseits erhält ebenfalls keine Pause, kein Reflexionsangebot, das ihn aus dem Bann des Geschehens hinausführen könnte.[99]

Nach der Abwendung von den oberflächlichen Schauereffekten der Sturm-und-Drang-Ballade begünstigt die Abwesenheit psychologisierender Reflexion und der Verzicht auf die Darstellung einer individualisierten Innerlichkeit die Möglichkeit der Ballade, exemplarische Vorgänge darzustellen:

> Der Reduktion der Darstellung auf äußere Vorgänge entspricht eine ebenso balladentypische ›Neigung zu exemplarischer und im weitesten Sinne sinnbildlicher Aufbereitung‹. Die Ballade ist nicht an der Ausgestaltung der Individualität von Schicksalen interessiert. Auf eine Erklärung des Geschehens, die etwas Unverwechselbares an den Tag bringen könnte, wird verzichtet zugunsten einer emotionalen und sozialen Typisierung, mit der der Verlauf des Geschehens vorstrukturiert und ›erklärt‹ wird, wenn man unter letzterem seine leicht faßliche Zuordnung zur Typik der Figuren verstehen will.[100]

Dieser charakteristische Zug der Ballade vermag zu erklären, warum Goethe und Schiller auf dem Höhepunkt ihrer Zusammenarbeit (und damit der Weimarer Klassik) ihre Kooperation 1797/98 mit einem Balladenjahr fortsetzten, nachdem sie vorher im so genannten Xenienkampf zu einem satirisch-parodistischen Rundumschlag gegen ihre Zeitgenossen ausgeholt hatten. Jetzt ging es ihnen nicht mehr um den polemischen Kampf gegen das Mittelmaß (wie sie es verstanden), sondern darum, den eigenen klassischen Anspruch auch als einen volkserzieherischen zu bekräftigen. Und da das Volk offenbar weder mit anspruchsvollen ästhetischen Abhandlungen (wie denen von Schiller über die ästhetische Erziehung sowie über die naive und sentimentalische Dichtung) noch über die elitäre Kunstliteratur (wie in der von Schiller herausgegebenen und von Goethe mit Beiträgen unterstützten Zeitschrift ***Die Horen***) anzusprechen war, unternahmen sie den Versuch, im ***Musenalmanach für das Jahr 1798*** mit Balladen eine volkstümliche Gattung zu pflegen, die gleichwohl ein anspruchsvolles poetisch-ästhetisches Programm zu vertreten hatte.

Von besonderem Interesse erschien Goethe und Schiller die Ballade auch unter gattungstheoretischen Gesichtspunkten. Die Ballade vereint nämlich alle drei Gattungsarten der Dichtung: Sie hat epische Elemente, da sie eine Geschichte erzählt; sie wirkt dramatisch (wie die zahlreichen Dialogpartien des »Erlkönig« anschaulich demonstrieren) und lyrisch, indem sie durch die Prägnanz der doch relativ kurzen Form die Konzentration des lyrischen Gedichts erstrebt. Für Goethe verkörpert die Ballade damit eine Grundform, einen Urtypus der Dichtung, **weil hier die Elemente noch nicht getrennt, sondern wie in einem lebendigen Ur-Ei zusammen sind** (HA 1, S. 400). So wie Goethe in seinen morphologischen Studien zur Botanik auf der Suche nach der **Ur-Pflanze** war, so gewinnt die Ballade als eine elementare Form der Dichtung, aus der sich die vielfältigen Manifestationen der literarischen Formen ableiten lassen, eine besondere Bedeutung.

Goethes Balladen zeigen vor allem in den frühen Beispielen die Konfrontation des Menschen mit der inneren und äußeren Natur, und noch in den Produkten des Balladenjahrs findet sich eine offenherzige und tabufreie Darstellung der Sinnlichkeit, die provokativ wirkte und Irritationen auslöste. In »Die Braut von Korinth«, in der die Erscheinung eines weiblichen Vampirs den Zusammenhang der Gattung Ballade mit den grellen Moritaten der Bänkelsänger erkennen lässt, stellt der Handlungsverlauf die Rache der heidnischen Gottheiten mit ihrer Sinnesfreude an der sinnenfeindlichen neuen Religion des Christentums dar. Allerdings kommt der Jüngling, der die ihm versprochene Braut nur als Tote trifft, da sie, von ihren zum Christentum übergetretenen Eltern in ein Kloster geschickt, vor Kummer gestorben war, durch die unheimliche Begegnung zu Tode. Die Ballade, die auf manche Texte von Heine vorausdeutet, zeigt, indem sie die Grenzen einer klassizistischen *bienséance* berührt, ja sogar überschreitet, eine scharfe Kritik am Christentum, die den Geist von Schillers »Die Götter Griechenlandes« erkennen lässt, die eigene Position aber ganz ungeschminkt mit Bezug auf die Sphären von Erotik und Sexualität verdeutlicht.

Auch unser Textbeispiel »Der Gott und die Bajadere« verlässt – hier schon räumlich – den Bereich der klassischen Antike und behandelt die Problematik der sinnlichen Liebe an einem spektakulären Exempel, das bis heute kontrovers diskutiert wird. Demgegenüber ist die in fast allen Lesebüchern vertretene Ballade vom »Zauberlehrling« in einer unproblematischen Weise didaktisch orientiert, indem sie sich gegen eine unkontrollierte Beherrschung der Natur, vor allem aber gegen die Gefahren des Dilettantismus wendet, dabei in effektvoller Weise die Sprache der Magie benutzt und die Sorgen des verängstigten Lehrlings ausdrückt. Insgesamt wird aber deutlich, dass Goethe die Ballade als ein autonomes poetisches Gebilde versteht, das zwar bestimmte ideologische Botschaften unterstützen kann, sich aber nicht auf eine solche dienende Funktion reduzieren lässt. Die anschaulichen Welten, die in seinen Balladen geschildert werden, weisen immer ein poetisches Eigenleben auf, sodass eine Reduzierung auf bestimmte Botschaften erschwert wird.

Hier liegt aber das Problem einer angemessenen Würdigung von Schillers Balladen. Während die erwähnten Sphären des Naturmagischen und allgemein die Natur innerhalb und außerhalb des Menschen in einer umfassenden Breite Goethes Balladen prägen, nutzt Schiller die von uns bereits erwähnte Tendenz der Ballade zur exemplarischen Darstellung dazu, die in der Ballade erzählte anschauliche Geschichte auf abstrakte und allgemeine Ideen zu beziehen, auf deren Realisierung oder Verfehlung die jeweilige Handlung hinauszulaufen scheint. Wenn somit der Terminus *Ideenballade* Schillers Texte durchaus angemessen charakterisiert, so muss doch die Frage gestellt werden, ob tatsächlich die anschaulichen Elemente der Dichtung auf die Funktion zu reduzieren sind, abstrakte Konzepte zu illustrieren. In der Erörterung von Schillers Gedankenlyrik haben wir eine ähnliche Problematik aufgezeigt und darauf verwiesen, dass Schillers lyrische Texte dann gelungen erscheinen, wenn das Verhältnis von Anschauung und Begriff unschematisch, offen und produktiv gefasst ist.

Demgegenüber ist die Geschichte der Rezeption von Schillers Balladen ein Beispiel dafür, wie in der Kanonisierung literarischer Texte deren produktive Aspekte gerade verdeckt werden. Indem die Balladen zur Illustration vorgegebener konventioneller moralischer Lehrsätze missbraucht und dieses Vorgehen noch darüber hinaus zur selbstzufriedenen Bestätigung der vermeintlichen eigenen Vortrefflichkeit verwendet wurde, verloren diese poetischen Texte jeden wirklichen Wert. Ob dieser ihnen zurückgegeben werden kann, erscheint durchaus fraglich. Wenn dies überhaupt möglich sein soll, so müssen aber vor allem diejenigen Aspekte der Texte hervorgehoben werden, die sich einer reduktionistischen didaktischen Benutzung verschließen.

Als besonders berüchtigt erscheint in diesem Zusammenhang Schillers »Lied von der Glocke« (1799), das zwar nicht als Ballade verstanden werden muss, dessen Rezeptionsgeschichte aber symptomatisch für das Schicksal bekannter Gedichte des Autors ist. Misslungen erscheint hier die Herstellung eines Zusammenhangs zwischen der anschaulichen Schilderung eines konkreten Vorgangs (eben des Gießens einer Glocke, das mit großer Sachkenntnis und sehr detailliert beschrieben wird) und bestimmten abstrakt-allgemeinen Bekundungen, die gerade deshalb besonders borniert, konventionell und unfreiwillig komisch wirken, weil sie nicht durch die Verbindung mit den anschaulichen Schilderungen glaubwürdig erscheinen. Wenn aber die Beziehung zwischen sinnlich-anschaulicher Schilderung und theoretischer Reflexion (dem **ernsten Wort** und den **gute[n]**

Reden, welche die Arbeit des Glockengießens **begleiten** sollen) willkürlich erscheint, dann ist die poetische Qualität des sich so bildenden Gedichts als eher gering zu veranschlagen. Dass gerade ein solches Gedicht eine besondere Popularität erlangen konnte, hängt mit der spießbürgerlich-antirevolutionären Gesinnung zusammen, die sich in der Rhetorik der **ernsten Worte** ausspricht und die in diesem Gedicht so banal erscheinen muss, weil ihre Wertungen nicht durch künstlerische oder gedankliche Differenzierungen eingeschränkt werden.

Schiller selbst hat die Poetik seiner Balladen positiv bestimmt, indem er im Zusammenhang mit den »Kranichen des Ibycus« in einem Brief an den skeptischen Körner zustimmend Goethes Einschätzung so wiedergab:

> Er [Goethe] [...] will diese Gedichte als eine neue, die Poesie erweiternde Gattung angesehen wissen. Die Darstellung von Ideen hält er für kein Dehors der Poesie und will dergleichen Gedichte mit denjenigen welche abstrakte Gedanken symbolisieren nicht verwechselt wissen etc.[101]

Körners Einwände betreffen demgegenüber die auffällige Diskrepanz zwischen dem Stoff der Balladen, der häufig als spektakulär und geradezu sensationell erscheint, und der Hinwendung zur Idee, die gerade durch die Schilderung krasser Materialität erreicht werden soll. So herrscht zum Beispiel in der Ballade »Die Bürgschaft« geradezu eine Logik des Albtraums, wenn sich Unwetter, Räuber und Wüstenhitze dem Delinquenten in den Weg stellen, der – Beweis der Treue – zu dem Freund zurückeilt, welcher bereit war, an seiner Stelle zu sterben. In der Ballade »Der Taucher« ist ähnlich wie in unserem Textbeispiel »Der Handschuh« das Problem zu erkennen, dass sich die Freiheit und der Mut des herausragenden Individuums an Taten zeigen, die für sich genommen als sinnlos erscheinen, weil sie in der materiellen Welt keine nutzbringende Veränderung bewirken (der Sprung in die Tiefe des Meeres, das Hervorheben des Handschuhs aus der mit todbringenden Raubtieren besetzten Arena). Keineswegs kann sich bürgerliches Ethos auf die in diesen Texten positiv bewerteten Taten berufen, die gerade ihre Größe aus ihrer fehlenden Nützlichkeit beziehen. Aber diese macht auch ihre Ambivalenz aus, die Norbert Mecklenburg resümierend unterstreicht:

> Schillers Balladen, in denen es meist um Leben und Tod geht, werden von einer Dramaturgie der ›Grenzsituationen‹ gesteuert, die den Helden mit extremen Aufgaben und Entscheidungen konfrontiert, in denen er seine ›Freiheit‹ bewähren kann. Dahinter steht ein idealistisches Aktionsethos, das zwar einerseits die Wahrheit in sich enthält, daß aus der Idee ohne die Tat nichts werden könne, das aber menschliches Handeln zur reinen Tat um ihrer selbst willen zu entleeren droht. Das ist der Punkt, an dem das Pathos von Schillers Balladen leicht etwas Hohles bekommt. Andererseits gibt dieser subjektive Idealismus ihnen einen geradezu ›existentialistischen‹ Anstrich. Wenn irgendwo, dann sind sie hierin ›modern‹.[102]

Die problematische Rezeption von Schillers Balladen beruht vor diesem Hintergrund darauf, dass aus den Texten die illusionäre Behauptung einer möglichen Versöhnung von Idee und Wirklichkeit herausgelesen werden konnte, während sie bei näherer Betrachtung ganz im Sinne von Schillers Theorie in *Über naive und sentimentalische Dichtung* eher die Diskrepanz zwischen den beiden erwähnten Sphären verdeutlichen. In seinem Spätwerk wird Schiller unzweideutig mit dieser illusionären Versöhnungsästhetik brechen und mit einer Poetik des Erhabenen den Untergang des Schönen in der prosaischen Welt der Moderne gestalten (wie wir in dem Gedicht »Nänie« erkennen konnten). Seine Balladen können heute nicht mehr als Veranschaulichungen eines sich verwirklichenden Ideals gelesen werden, sondern müssen als möglicherweise unfreiwillige Darstellung einer unüberbrückbaren Kluft zwischen Ideal und Wirklichkeit verstanden werden.

5.2 Textbeispiele

5.2.1 Johann Wolfgang von Goethe: »Der Fischer«

Das Wasser rauscht', das Wasser schwoll,
Ein Fischer saß daran,
Sah nach dem Angel ruhevoll,
Kühl bis ans Herz hinan.
Und wie er sitzt, und wie er lauscht,
Teilt sich die Flut empor;
Aus dem bewegten Wasser rauscht
Ein feuchtes Weib empor.

Sie sang zu ihm, sie sprach zu ihm:
»Was lockst du meine Brut
Mit Menschenwitz und Menschenlist
Hinauf in Todesglut?
Ach wüsstest du, wie's Fischlein ist
So wohlig auf dem Grund,
Du stiegst herunter, wie du bist.
Und würdest erst gesund.

Labt sich die liebe Sonne nicht,
Der Mond sich nicht im Meer?
Kehrt wellenatmend ihr Gesicht
Nicht doppelt schöner her?
Lockt dich der tiefe Himmel nicht,
Das feuchtverklärte Blau?
Lockt dich dein eigen Angesicht
Nicht her in ew'gem Tau?«

Das Wasser rauscht', das Wasser schwoll,
Netzt' ihm den nackten Fuß;
Sein Herz wuchs ihm so sehnsuchtsvoll,
Wie bei der Liebsten Gruß.
Sie sprach zu ihm, sie sang zu ihm;
Da war's um ihn geschehn:
Halb zog sie ihn, halb sank er hin,
Und ward nicht mehr gesehn.[103]

Das 1778 entstandene Gedicht gehört zu GOETHES bekanntesten Balladen; es wurde immer wieder in Anthologien verbreitet und häufig vertont. Sehr kunstvoll verwendet GOETHE das im achtzehnten Jahrhundert – wie wir gesehen haben – zur Herstellung eines möglichst authentischen und populären Ausdrucks verbreitete Versschema der Chevy-Chase-Strophe, die in vier achtzeiligen Strophen jeweils verdoppelt auftritt. Goethe befolgt das jambische Metrum und die regelmäßigen Reime des Vorbilds, spielt aber bedeutungsvoll mit den Vorgaben, indem er zum Beispiel bedeutungstragende Wörter auf Senkungen setzt oder einen Reim auslässt und später nachholt. Im Übergang vom Sturm und Drang zur frühen Weimarer Klassik zeigt sich eine gewisse Ironie gegenüber dem volkstümlichen Ton der Ballade; das Populäre wird nicht distanzlos imitiert, sondern mit ironischer Reserve wiedergegeben.

Diese aus der formalen Analyse gewonnene Beobachtung ist auch für die Bewertung der inhaltlichen Aspekte des Textes wichtig. Dieser wurde in der traditionellen Forschung umstandslos und auch nicht gänzlich zu Unrecht dem naturmagischen Balladentyp zugeordnet, in dem die Begegnung des Menschen mit einer nicht-menschlichen Gestalt thematisiert wird. Gegenüber dem rationalistischen Naturverständnis der Aufklärung wäre somit ein differenzierter und ein sich vertiefender Naturbegriff zu erkennen. Auch wenn dies zugegeben wird, so ist doch auf die Ambivalenz zu verweisen, die das Erscheinen und Auftreten der Nixe prägt: Sie bringt dem Fischer den Tod, und ihre Äußerungen sind als Figurenrede zu interpretieren und damit als Element einer Verführungskunst, die den Fischer von seinem gewöhnlichen Leben wegführt. Die Rede der Nixe vertauscht in einer rhetorischen Umkehrung die Dimensionen von Oben und Unten: der **tiefe Himmel** findet sich in den Fluten, das Wasser wird mit der Luft identifiziert (**wellenatmend**), während der Tod mit einer Bewegung nach oben dargestellt wird (**hinauf in Todes Glut**). Problematisch erscheint überdies der narzisstische Aspekt der Verlockung, welcher der Fischer erliegt, der in den Wellen sein eigenes Bild zu suchen scheint: **Lockt dich dein eigen Angesicht / Nicht her in ew'gen Tau?** Wie im »Erlkönig« materialisiert die vermeintlich naturmagische Erscheinung somit innere Wünsche und Sehnsüchte des Menschen – und hier insbesondere des Mannes: **Das in der Ballade dargestellte Geschehen ist damit vor allem ein psychischer Vorgang; es wird erzählt, wie der Fischer narzisstische Verschmelzungswünsche erfährt und ihnen erliegt.**[104] Nicht ohne eine gewisse Ironie wird in der berühmten Zeile 31 **Halb zog sie ihn, halb sank er hin** dargelegt, dass das Begehren des Fischers und die Aktivität der Nixe zusammen den fatalen Ausgang herbeiführen.

Ein wesentlicher Aspekt des Gedichts besteht in der Frage nach dem Verhältnis des Menschen zur Natur. Auch hier birgt das Gedicht eine schillernde Vieldeutigkeit, die aber gerade aus einer vermeintlich einfachen Geschichte einen komplexen Text machen kann. In der Rede der Nixe, die durchaus plausibel erscheint, wird die Aktivität des Fischers als eine solche beschrieben, die eine Ausbeutung der Natur und eine Ausnutzung der Tiere bedeutet. Vor diesem Hintergrund kann die Verführung des Fischers als Strafe verstanden werden, als Rache der Natur an demjenigen, der sie zu einem bloßen Instrument seines Überlebens degradiert. Wenn der Mensch mit planvoller Berechnung (**kühl bis ans Herz hinan**) die Natur ausbeutet, dann versteht er sie nicht als Zusammenhalt des Lebendigen, sondern als Objekt seiner zielgerichteten Tätigkeit. Wer der Natur so begegnet, so ließe sich folgern, dem erscheint sie in ihrem dämonischen Wesen, den führt sie in den Untergang.

Die Verbindung von Eros und Tod, die sich in der verführerischen Nixe zeigt, legt einen anderen Verweis nahe, der über Heines Loreley zu den *femmes fatales* der Dekadenz führen wird. Wie in Heines Gedicht mildert jedoch die durchscheinende Ironie den Ernst des Gesagten; das Element der Projektion und die aktive Teilnahme des männlichen Ich an der Konstruktion der Eros und Thanatos verbindenden weiblichen Figur verweisen darauf, dass das verhängnisvolle Ende der jeweiligen Geschichte kein zwangsläufiges ist. Ein großes Thema von GOETHE klingt an: die Frage, wie sich der Mensch in den Naturzusammenhang einordnen kann, ohne seine Subjektivität zu verleugnen und ohne sich als Herrscher aufzuspielen.

5.2.2 *Johann Wolfgang von Goethe: »Erlkönig«*

Wer reitet so spät durch Nacht und Wind?
Es ist der Vater mit seinem Kind;
Er hat den Knaben wohl in dem Arm,
Er faßt ihn sicher, er hält ihn warm. –

Mein Sohn, was birgst du so bang dein Gesicht? –
Siehst, Vater, du den Erlkönig nicht?
Den Erlenkönig mit Kron' und Schweif? –
Mein Sohn, es ist ein Nebelstreif. –

»Du liebes Kind, komm, geh mit mir!
Gar schöne Spiele spiel' ich mit dir;
Manch' bunte Blumen sind an dem Strand;
Meine Mutter hat manch' gülden Gewand.«

Mein Vater, mein Vater, und hörest du nicht,
Was Erlenkönig mir leise verspricht? –
Sei ruhig, bleibe ruhig, mein Kind!
In dürren Blättern säuselt der Wind. –

»Willst feiner Knabe, du mit mir gehen?
Meine Töchter sollen dich warten schön;
Meine Töchter führen den nächtlichen Reihn
Und wiegen und tanzen und singen dich ein.«

Mein Vater, mein Vater, und siehst du nicht dort
Erlkönigs Töchter am düstern Ort?
Mein Sohn, mein Sohn, ich seh' es genau;
Es scheinen die alten Weiden so grau. –

»Ich liebe dich, mich reizt deine schöne Gestalt;
Und bist du nicht willig, so brauch' ich Gewalt.« –
Mein Vater, mein Vater, jetzt faßt er mich an!
Erlkönig hat mir ein Leids getan! –

Dem Vater grauset's, er reitet geschwind,
Er hält in den Armen das ächzende Kind,
Erreicht den Hof mit Mühe und Not;
In seinen Armen das Kind war tot.[105]

Die Ballade, die zu GOETHES bekanntesten Gedichten gehört, erschien 1782 als einleitender Teil zu dem Singspiel *DIE FISCHERIN*. Der Titel der Ballade geht auf einen Irrtum, einen Übersetzungsfehler von Herder zurück, der in einer Übertragung aus dem Dänischen aus dem **ellerkonge**, dem Elfenkönig, eben einen Erlkönig gemacht hatte. Mehr noch als in »Der Fischer« hält sich GOETHE hier an eine volkstümliche, einfache Form: Das Gedicht besteht aus vierhebigen Jamben mit Paarreimen und männlicher Kadenz (die es ermöglicht, die Schlusssilbe wie z. B. im letzten Vers mit besonderer Bedeutung aufzuladen). Das in der Balladen-Poetik hervorgehobene Moment der Einheit der drei Gattungen zeigt sich in diesem Gedicht besonders deutlich. Vor allem treten in der wechselnden Figurenrede die dramatischen Akzente hervor.

Das Thema der Ballade entspricht weitgehend dem von »Der Fischer«: Gestaltet wird erneut die Begegnung eines Menschen mit einem nichtmenschlichen Wesen, wobei der Projektionscharakter des Wahrgenommenen womöglich noch deutlicher wird als in dem früher entstandenen Text. Die Spannung zwischen einem aufgeklärten Naturverständnis und einer

Begegnung mit der Natur, welche dem Unheimlichen einen bedeutenden Platz einräumt, wird im »Erlkönig« nicht mehr nur angedeutet, sondern ausdrücklich thematisiert: Der Vater versucht den Sohn zu beruhigen, indem er die Visionen des Kindes auf Eindrücke zurückführt, die sich aus den im Dunkeln verzerrten Gegenständen der Landschaft erklären lassen. Im Vergleich zu dem vorigen Text ist freilich die Abwesenheit einer ironischen Distanz auffällig; die Intensität der Figurenrede erlaubt dem erzählenden Ich der Ballade keine so weitgehende Distanz, dass es sich eindeutig für eine der im Gedicht veranschaulichten Weltsichten entscheiden könnte. Der Ausgang der Geschichte schwächt im Übrigen die Position des Vaters, der mit seinen rationalisierenden Einwänden den Sohn nicht retten kann. Die Instanz des Vaters scheint gegen die Bedrohung durch die Natur machtlos zu sein.

Wie in »Der Fischer« beruhen die Visionen der problematischen männlichen Figur zu einem Großteil auf der Projektion eigener Wünsche in die Außenwelt. Vom psychologischen Standpunkt aus erscheint es durchaus gerechtfertigt, von einem Adoleszenz- und Pubertätsdrama zu sprechen. Von den zunächst harmlos erscheinenden **Spielen** verlagert sich die Vorstellung zunächst zu Erlkönigs Töchtern, dann aber zu deren Vater, der die gewalttätige Seite der erotischen Attraktion zu verkörpern scheint. Mehr als zweideutig ist diese Seite der menschlichen Existenz in dem Gedicht dargestellt; Homoerotik und Pädophilie sind in den Bildern assoziierbar, welche mit der sich ausbildenden Sexualität des Knaben einhergeht. Aber GOETHES Text macht es uns nicht zu leicht, sodass wir beruhigt das Fremde und Furcht einflößende als Ausdruck einer überhitzten Knaben-Fantasie interpretieren könnten. Vielmehr zeigt sich in der bornierten Position des Vaters dessen Unfähigkeit, das **Andere der Vernunft** in sein Weltbild zu integrieren.

> **Mit den Stimmen des Erlkönigs und den Erscheinungen der Töchter leugnet der Vater den Bereich des Unbewußten, des Begehrens, des Imaginären, des Sexus. Es hat ja auch wirklich eine kulturelle Revolution bedeutet, als Freud die Sexualität der Kinder und Heranwachsenden zum Thema machte, was zugleich ein anderes Licht auf den Komplex *Verführung* warf.**[106]

So steht der »Erlkönig« in der Tradition des *WERTHER*, indem in der Ballade problematische Erfahrungen des Subjekts ausgedrückt werden, die sich durch rationalistische Ausgrenzungsstrategien nicht unterdrücken lassen. Die poetische Wiederkehr des Verdrängten vollzieht sich dabei in einer vollendet einfachen Form, die auch heute noch ihre Anziehungskraft bewahrt, weil sie in einer Art von kunstvoller Simplizität komplexe Dimensionen des menschlichen Seins beschwört.

5.2.3 *Johann Wolfgang von Goethe: »Der Gott und die Bajadere. Indische Legende«*

Madahöh, der Herr der Erde,
Kommt herab zum sechsten Mal,
Daß er unsersgleichen werde,
Mit zu fühlen Freud' und Qual.
Er bequemt sich, hier zu wohnen,
Läßt sich alles selbst geschehn.
Soll er strafen oder schonen,
Muß er Menschen menschlich sehn.
Und hat er der Stadt sich als Wandrer betrachtet,
Die Großen belauert, auf Kleine geachtet,
Verläßt er sie abends, um weiter zu gehen.

Als er nun hinausgegangen,
Wo die letzten Häuser sind,
Sieht er mit gemalten Wangen
Ein verlornes schönes Kind.
»Grüß' dich, Jungfrau!« – »Dank der Ehre!
Wart', ich komme gleich hinaus.« –
»Und wer bist du?« – »Bajadere,
Und dies ist der Liebe Haus.«

Sie rührt sich, die Zymbeln zum Tanze zu schlagen;
Sie weiß sich so lieblich im Kreise zu tragen,
Sie neigt sich und biegt sich und reicht ihm den Strauß.

Schmeichelnd zieht sie ihn zur Schwelle,
Lebhaft ihn ins Haus hinein.
»Schöner Fremdling, lampenhelle
Soll sogleich die Hütte sein.
Bist du müd', ich will dich laben,
Lindern deiner Füße Schmerz.
Was du willst, das sollst du haben,
Ruhe, Freuden oder Scherz.«

Sie lindert geschäftig geheuchelte Leiden.
Der Göttliche lächelt; er siehet mit Freuden
Durch tiefes Verderben ein menschliches Herz.

Und er fordert Sklavendienste;
Immer heitrer wird sie nur,
Und des Mädchens frühe Künste
Werden nach und nach Natur.
Und so stellet auf die Blüte
Bald und bald die Frucht sich ein;
Ist Gehorsam im Gemüte,
Wird nicht fern die Liebe sein.

Aber sie schärfer und schärfer zu prüfen,
Wählet der Kenner der Höhen und Tiefen
Lust und Entsetzen und grimmige Pein.

Und er küßt die bunten Wangen,
Und sie fühlt der Liebe Qual,
Und das Mädchen steht gefangen,
Und sie weint zum ersten Mal;
Sinkt zu seinen Füßen nieder,
Nicht um Wollust noch Gewinst,
Ach, und die gelenken Glieder,
Sie versagen allen Dienst.

Und so zu des Lagers vergnüglicher Feier
Bereiten den dunklen behaglichen Schleier
Die nächtlichen Stunden das schöne Gespinst.

Spät entschlummert unter Scherzen,
Früh erwacht nach kurzer Rast,
Findet sie an ihrem Herzen
Tot den vielgeliebten Gast.
Schreiend stürzt sie auf ihn nieder;
Aber nicht erweckt sie ihn,
Und man trägt die starren Glieder
Bald zur Flammengrube hin.

Sie höret die Priester, die Totengesänge,
Sie raset und rennet und teilt die Menge.
»Wer bist du? was drängt zu der Grube dich hin?«

Bei der Bahre stürzt sie nieder,
Ihr Geschrei durchdringt die Luft:
»Meinen Gatten will ich wieder!
Und ich such' ihn in der Gruft.
Soll zu Asche mir zerfallen
Dieser Glieder Götterpracht?
Mein! er war es, mein vor allen!
Ach, nur eine süße Nacht!«

Es singen die Priester: »Wir tragen die Alten,
Nach langem Ermatten und spätem Erkalten,
Wir tragen die Jugend, noch eh' sie's gedacht.

Höre deiner Priester Lehre:
Dieser war dein Gatte nicht.
Lebst du doch als Bajadere,
Und so hast du keine Pflicht.
Nur dem Körper folgt der Schatten
In das stille Totenreich;
Nur die Gattin folgt dem Gatten:
Das ist Pflicht und Ruhm zugleich.

Ertöne, Drommete, zu heiliger Klage!
O nehmet, ihr Götter! die Zierde der Tage,
O nehmet den Jüngling in Flammen zu euch!«

So das Chor, das ohn Erbarmen
Mehret ihres Herzens Not;
Und mit ausgestreckten Armen
Springt sie in den heißen Tod.
Doch der Götter-Jüngling hebet
Aus der Flamme sich empor,
Und in seinen Armen schwebet
Die Geliebte mit hervor.

Es freut sich die Gottheit der reuigen Sünder;
Unsterbliche heben verlorene Kinder
Mit feurigen Armen zum Himmel empor.[107]

In diesem von Anfang an umstrittenen Text, der im Juli 1797 entstand, zeigt sich Goethes Kunstfertigkeit in einer Weise, welche die Grenzen und Dimensionen der Weimarer Klassik zu sprengen scheint. Nicht nur der exotische Schauplatz, sondern auch das unverhüllte Eintreten für eine schier grenzenlose Sinnlichkeit widersprachen dem Geschmack der Zeitgenossen. Besonders Herder zeigte sich über diesen Text und über die etwas früher entstandene Ballade »Die Braut von Korinth« schockiert.

Originell und anrührend erscheint die von Goethe gewählte äußere Form des Gedichts, das durch eine besondere Strophenform gekennzeichnet ist. Achtzeilige Folgen von trochäischen Vierhebern mit Paarreim und wechselnder Kadenz werden von jeweils drei Zeilen ergänzt, die ebenfalls vier Hebungen aufweisen, dabei aber daktylisch jeweils zwei Senkungen (und mit Ausnahme der vierten Strophe Auftakt) zeigen. Dabei dient der trochäische Achtzeiler vornehmlich zum Vorantreiben des Erzählflusses, während die daktylischen Verse herausgehoben sind und Handlungshöhepunkte oder resümierende Betrachtungen enthalten.

Worum geht es in der Ballade? Ein Gott, der auf die Erde kommt, um das Verhalten der Menschen zu prüfen, begegnet einer Bajadere, einer Tempeltänzerin, die sich als eine vorbehaltlos und unbedingt Liebende erweist. Bertolt Brecht hat in *Der Gute Mensch von Sezuan* eine ähnliche Konstellation dramatisch bearbeitet und mit seiner Konzeption des epischen Theaters verbunden. Die Provokation von Goethes Gedicht liegt darin, dass sich in diesem zwischen der sinnlichen und der geistigen Liebe keine Diskrepanz erkennen lässt. Die Bajadere, die sich als **ein verlornes schönes Kind** jedem für Geld anbietet, wird in der Begegnung mit dem Gott – ohne von dessen Göttlichkeit zu wissen – zur wahrhaft Liebenden, und zwar ohne dass von einer Überwindung der Sinnlichkeit die Rede wäre. Die Problematik des Verhältnisses von Kunst und Natur, die uns als ein Grundanliegen GOETHES begegnet ist, erscheint hier ebenso aufgelöst wie später in der geläuterten Form des Sonetts: **Und des Mädchens frühe Künste / Werden nach und nach Natur.** So widerspricht der Text christlichen Vorstellungen von der Überwindung der Sünden (wie sie in der Formulierung **Es freut sich die Gottheit der reuigen Sünder** freilich anklingen) insofern, als es offensichtlich nicht um eine Überwindung der Sinnlichkeit geht – weshalb der von Hegel zuerst angestellte Vergleich zwischen der Bajadere und der neutestamentlichen Maria Magdalena unzutreffend erscheint. Problematisch erscheint das Verhalten des Gottes, der, um sich von der Hingabe des Mädchens zu überzeugen, dieses immer strengeren und grausameren Prüfungen unterzieht und ihm **Lust und Entsetzen und grimmige Pein** bereitet. Aber auf etwas anderes wird im weiteren Gang der Handlung Wert gelegt: Als sie den Gott am Morgen tot neben sich findet, will die Bajadere wie dessen richtige Frau mit dem Leichnam zusammen verbrannt werden, was ihr die Priester verwehren wollen. Deutlich ist hier GOETHES Kritik an den auf Dogmen und Ritualen beharrenden Funktionäre der Religion, die sich nicht um das menschliche Gefühl kümmern, sondern sich auf die Kasuistik eines abstrakten Regelwerks zurückziehen. Als die Bajadere in den Tod springt, rettet sie der Geliebte, der jetzt von ihrer bedingungslosen Hingabe überzeugt ist.

Über aller Diskussion steht aus heutiger Perspektive der poetische Schwung des Gedichts und das Reizvolle in seiner Evokation des exotischen Handlungsspiels. Zwei Einwände bleiben freilich auch in der aktuellen Forschung bestehen, die sich auf den ideologischen Hintergrund der Ballade beziehen. Zunächst ist, wie Norbert Mecklenburg hervorgehoben hat, eine deutliche Unterordnung der Frau unter den Mann zu erkennen, die sich in den Prüfungen der Bajadere durch den Gott zeigt und in der Forderung nach Unterordnung ihren krassen Ausdruck findet (**Ist Gehorsam im Gemüte, / Wird nicht fern die Liebe sein**). Wenn Hartmut Laufhütte diesen Aspekt für nebensächlich hält und als Botschaft des Gedichts herausstellt, **daß die Forderungen der Humanität unabhängig von den kulturellen und historischen Voraussetzungen bestehen und daß sie immer und überall den Hemmkräften des Herkommens widerstreiten**[108], so geht er gerade der entscheidenden Frage aus dem Weg: ob nämlich der klassizistische Humanismus nicht auf Voraussetzungen beruht, die auf einer stillschweigenden Unterordnung etwa des Weiblichen basieren. Ist die Liebe, die sich auf den Gehorsam der Frau gründet, wirkliche Liebe im Sinne der humanen Botschaft oder eine spezielle Form eines Gewaltverhältnisses? In diese Richtung geht auch der kritische Einspruch Brechts. Dieser konzediert ausdrücklich, das Gedicht stelle **die freie Vereinigung**

von Liebenden als etwas Göttliches, d.h. Schönes und Natürliches dar. Er erklärt aber **einen Einspruch gegen das Opfer, das hier verlangt wird, bevor der Preis zuerteilt werden soll**[109]. Ein anderer Einwand vermutet bei GOETHE eine eurozentrische Perspektive bei der Behandlung des indischen Stoffes. Dies wird insbesondere in der Zeichnung der Bajadere deutlich, deren Verhalten in den Ruch einer moralischen Zweideutigkeit kommt, welche den hinduistischen Vorstellungen über die Gottesdienerinnen im Tempel ganz fremd ist. Wenn dies aber zutrifft, so fehlt der Leitidee des Gedichts von der Prüfung der Liebe jede Grundlage, da sie den rituellen Charakter der Handlungen, welche die Bajadere ausführt, grundsätzlich verfehlt. Nicht die vermeintliche Frivolität des Themas ist in dieser Perspektive problematisch, sondern die Unterschiebung der (in diesem Kontext als europäisch zu bezeichnenden) Vorstellung der Unmoral auf einen Bereich, der im indischen kulturellen Zusammenhang gar nicht nach diesen Maßstäben zu bewerten ist.[110]

Trotz dieser Einwände, die letztlich die Frage berühren, inwieweit GOETHE ein Bild vom ungleichen Geschlechterverhältnis verwendet und einen europäischen Blick auf die indische Kultur in ästhetisierender Absicht wirft, ist der Reiz und der poetische Gehalt des Gedichts bei einer unvoreingenommenen Lektüre kaum zu beschreiben. GOETHES Fähigkeit seine Vorstellungswelt durch die Aneignung fremdkultureller Zusammenhänge zu bereichern, erweist sich hier als besonders fruchtbar für seine poetische Variationsfähigkeit.

5.2.4 Friedrich Schiller: »Der Handschuh. Erzählung«

Vor seinem Löwengarten,
Das Kampfspiel zu erwarten,
Saß König Franz,
Und um ihn die Großen der Krone,
Und rings auf hohem Balkone
Die Damen in schönem Kranz.

Und wie er winkt mit dem Finger,
Auf tut sich der weite Zwinger,
Und hinein mit bedächtigem Schritt
Ein Löwe tritt,
Und sieht sich stumm rings um,
Mit langem Gähnen,
Und schüttelt die Mähnen,
Und streckt die Glieder,
Und legt sich nieder.

Und der König winkt wieder,
Da öffnet sich behend
Ein zweites Tor,
Daraus rennt
Mit wildem Sprunge
Ein Tiger hervor,
Wie der den Löwen erschaut,
Brüllt er laut,
Schlägt mit dem Schweif
Einen furchtbaren Reif,
Und recket die Zunge,
Und im Kreise scheu
Umgeht er den Leu
Grimmig schnurrend,
Drauf streckt er sich murrend
Zur Seite nieder.

Und der König winkt wieder,
Da speit das doppelt geöffnete Haus
Zwei Leoparden auf einmal aus,
Die stürzen mit mutiger Kampfbegier
Auf das Tigertier,
Das packt sie mit seinen grimmigen Tatzen,
Und der Leu mit Gebrüll
Richtet sich auf, da wirds still,
Und herum im Kreis,
Von Mordsucht heiß,
Lagern die greulichen Katzen.

Da fällt von des Altans Rand
Ein Handschuh von schöner Hand
Zwischen den Tiger und den Leun
Mitte hinein.

Und zu Ritter Delorges spottender Weis'
Wendet sich Fräulein Kunigund:
»Herr Ritter, ist Eure Liebe so heiß,
Wie Ihr mirs schwört zu jeder Stund,
Ei, so hebt mir den Handschuh auf.«

Und der Ritter in schnellem Lauf
Steigt hinab in den furchtbaren Zwinger
Mit festem Schritte,
Und aus der Ungeheuer Mitte
Nimmt er den Handschuh mit keckem Finger.

Und mit Erstaunen und mit Grauen
Sehens die Ritter und Edelfrauen,
Und gelassen bringt er den Handschuh zurück,
Da schallt ihm sein Lob aus jedem Munde,
Aber mit zärtlichem Liebesblick –
Er verheißt ihm sein nahes Glück –
Empfängt ihn Fräulein Kunigunde.
Und er wirft ihr den Handschuh ins Gesicht:
»Den Dank, Dame, begehr' ich nicht«,
Und verläßt sie zur selben Stunde.[111]

Dieser Text steht hier exemplarisch für SCHILLERS Balladen und deren spezifisches Verhältnis von Anschaulichkeit und Idee. Der Untertitel unterstreicht den epischen Charakter des Gedichts, das seinen Reiz durch die Spannung gewinnt, die in Bezug auf die gefährliche Aktion des Ritters entsteht. Diese Spannung wird wiederum vermittelt über die Beschreibung der **greulichen Katzen**, die sich in guter epischer Manier auf deren Verhalten in der Arena konzentriert. SCHILLER setzt im Gegensatz zu manchen seiner anderen Gedichte viele Mittel ein um den Eindruck von Monotonie und Schematismus zu vermeiden: Kürzere und längere Strophen wechseln sich ebenso ab wie Verse mit jeweils einer oder zwei Senkungen; auch das Reimschema ist sehr flexibel, indem sich regelmäßige Paar- und Kreuzreime mit einem sehr ungewöhnlichen Reimschema in der dritten Strophe treffen (hier reimt sich der sechzehnte Vers auf den ersten!). Der historische Rahmen der Ballade ist angedeutet, wird aber nicht genau präzisiert: Entscheidend ist, dass es sich um eine feudalistische Gesellschaft handelt, in welcher von den Rittern ein kavalierhaftes Verhalten gegenüber den Damen erwartet wird, in der aber vor allem eine Unterordnung der Ritter unter die höher stehenden Personen zu erkennen ist. Dass sich die Geschichte in Frankreich abzuspielen scheint, ist demgegenüber sekundär.

Entgegen dem Vorurteil, SCHILLER sei nur in der Lage, abstrakte Ideen in lyrische Verse zu pressen, zeichnet sich die Darstellung der Tiere durch Anschaulichkeit und Lebhaftigkeit aus. Dennoch ist zu erkennen, dass die sinnliche Konkretion auch in diesem Gedicht keineswegs Selbstzweck wird (wie dies bei manchen Gedichten Goethes der Fall zu sein scheint), dass sie vielmehr streng funktional auf die Gesamtstruktur der Ballade zu beziehen ist: Gerade weil die Tiere so gefährlich sind, erscheint die herausfordernde Handlung des adligen Fräuleins so verantwortungslos und der Mut des Ritters so bewundernswert. Entscheidend ist jedoch, dass die Ballade sich nicht mit dieser Darstellung einer heroischen Handlung begnügt, sondern zielsicher auf die gleichwohl überraschende Schlusswendung zusteuert. Mit einer brüsken Geste, die jeglicher höfischer Etikette widerspricht (und den Unwillen der Weimarer Hofdame Charlotte von Stein auslöste), bricht der Ritter mit der Frau, für die er sinnloserweise sein Leben aufs Spiel gesetzt hat. Er brüskiert damit die königliche Gesellschaft und deren Anspruch auf absoluten Gehorsam der Gefolgsleute, der sich hier in der Erwartung zeigt, dass der Ritter sich nur um der Ehre willen in höchste Gefahr begibt.

Die Ballade zeigt, dass der in Weimar am Hofe des Herzogs verkehrende Schiller auch in seiner klassischen Periode den rebellischen Impetus seiner Jugend nicht gänzlich verloren hat. Das Gedicht weist eine deutlich anti-feudale und anti-aristokratische Stoßrichtung auf; zeitgenössische Leser mögen sich auch an bestimmte militärische Rituale erinnert gefühlt haben, die nicht nur, aber insbesondere in der preußischen Armee üblich waren.

Eine andere Bedeutungsebene offenbart das von uns bereits diskutierte Dilemma des Idealisten Schiller: Wenn dieser zeigen will, dass das Ideal oder die reine Idee einen unmittelbaren Einfluss auf die empirischen Handlungen des Menschen gewinnen, so erkennen wir hier eine aporetische Struktur: Die reine Tat des Ritters Delorges erfordert zwar Todesmut und Selbstüberwindung, sie befördert jedoch die Realisierung des Ideals in der empirischen Welt keineswegs. Die ideelle Tat wird zu einer willkürlichen Handlung, die lediglich beweisen kann, dass der Handelnde nicht von der Furcht um seine endliche Existenz bestimmt ist; sie ähnelt dem ›acte gratuit‹ André Gides oder dem freien Entwurf des Existenzialismus. Ähnlich wie in der Ballade »Der Taucher« erscheint die Selbstüberwindung des Handelnden deshalb problematisch, weil die Handlung selbst beliebig ist und eben nur durch die Gefahr definiert erscheint. Als Ausweg aus diesem Dilemma wählt Schiller in der Geschichte vom Taucher die Berufung auf die Macht der Liebe, welche den zweiten Sprung des Waghalsigen motivieren soll. In der Ballade »Der Handschuh« wird die Rebellion des Ritters gegen die höfischen Spielregeln zur praktischen Tat, von der ein konkreter Nutzen ausgehen kann. Populär bleibt Schillers Ballade aber hauptsächlich wegen des (in einem durchaus positiven Sinne) volkstümlichen Charakters der Sprache und der Handlung.

6 Weitere Aspekte von Goethes Weimarer Lyrik

6.1 Überblick

Goethes herausragende Stellung in der Geschichte der deutschen Lyrik zeigt sich in der ungeheuren Vielfalt seiner Produktion. Auch in der Weimarer Zeit ist eine Vielzahl von Tönen, Formen und Haltungen zu beobachten, die zwar mit den Veränderungen seiner Lebenssituation zu tun haben, die aber dennoch auch heute noch Erstaunen hervorrufen, weil sie zeigen, dass Goethe über eine Fülle von Ausdrucksmöglichkeiten verfügte, die sich schwerlich in schematische Begriffe fassen lassen. Wenn die Literaturgeschichte nach einem allgemein akzeptierten Konsens die eigentliche Weimarer Klassik mit Goethes Rückkehr aus Italien beginnen lässt und die voritalienische Weimarer Zeit dennoch als **frühe Klassik** bezeichnet, so ist der nur relative Wert solcher Beziehungen deutlich. Zu erinnern ist des Weiteren daran, dass im europäischen Ausland Goethe wie auch Schiller zur gesamteuropäischen Bewegung der Romantik gezählt werden, was ein Licht auf den im engeren Sinne lyrischen Charakter von Goethes gesamter Gedichtproduktion wirft.

Berühmte Gedichte Goethes, von denen wir in den folgenden Textbeispielen einige dokumentieren, stammen gerade aus der frühen Weimarer Zeit. Die Ambivalenz von Goethes Position wird deutlich, wenn man daran denkt, dass er einerseits die meiste Zeit seines Tages den Amtsgeschäften widmet und dementsprechend in der bereits diskutierten Gedankenlyrik eine Unterordnung subjektiver Ansprüche und Bedürfnisse unter objektive Werte und Normen propagiert. Andererseits aber hält er vor allem in der schmalen restlichen lyrischen Produktion eben diese Ansprüche des Subjekts häufig in elegischer Form aufrecht und artikuliert sie. Erstaunlich erscheint die Tatsache, dass derselbe Autor in derselben Phase seines Schaffens auf der einen Seite in objektivierender Haltung die »Grenzen der Menschheit« besingt, andererseits die problematische Subjektivität seiner Figur Mignon in ergreifender Weise darstellt. Es zeigt sich, dass Goethe bei aller Annäherung an ein objektivierendes Dichtungsverständnis doch nie hinter die Erfahrungen der Empfindsamkeit und des Sturm und Drang zurückfällt. Goethes Lyrik stellt dadurch in ganz anderem Maße als Schiller den Übergang von Empfindsamkeit und Sturm und Drang zur Romantik sicher.

Elegisch erscheinen die lyrischen Gedichte aus Goethes früher Weimarer Zeit, die in der Hinwendung zur Natur eine Stabilisierung der Subjektivität suchen – eine Stabilisierung, die durch die Einordnung des Subjekts in die prosaische Welt eben doch nicht garantiert erscheint. Während die Lyrik des Sturm und Drang vor allem die Gefährdung der weltlosen Subjektivität artikulierte, zeigen die großen Gedichte des Geheimen Rats Goethe die Gefahr, dass sich die Subjektivität bei der Identifizierung mit den objektiven Ordnungen zu verlieren droht. Im Unterschied zu Schillers später entwickelter philosophischer Lyrik beeindruckt der Dichter von »Wandrers Nachtlied« dabei insbesondere durch seine Fähigkeit, mit einfachen Worten eine eindringliche Stimmung zu erzeugen.

Die Mignon-Gedichte von Goethe, die zu seinen populärsten gehören, widerlegen in eindrucksvoller Weise die konventionelle Auffassung, dass sich Rollenlyrik und Intensität des Ausdrucks widersprechen müssen. Mignon ist bekanntlich eine Romangestalt von Goethe, die in der ungedruckten Fassung von *Wilhelm Meisters theatralischer Sendung* (entstanden 1782) bereits eine wesentliche Rolle spielte. Dass Mignon und der Harfner, die romantischen Figuren des Romans *Wilhelm Meisters Lehrjahre*, in dem fertigen Werk an den Rand gedrängt wurden, weil sie dessen rationalem Geist nicht mehr entsprachen, hat die Romantiker in besonderer Weise befremdet. Um so erstaunlicher mutet die Intensität an, mit der Goethe zu Beginn der Achtzigerjahre die Ansprüche einer solchen romantischen Subjektivität zu artikulieren vermochte. Wenn die alte, biografisch orientierte Forschung in Mignons Sehnsucht nach dem **Land, wo die Zitronen blühn** Goethes eigene Italien-Sehnsucht erkennen wollte, so können wir ihr ein Stück weit folgen, indem wir bestätigen, dass sich ein sentimentalisches Verhältnis zum klassischen Süden erkennen lässt.

Ganz anders präsentiert sich der entschiedene und doch auch wiederum ganz individuelle Klassizismus des aus Italien heimgekehrten Goethe. Wenn wir von klassischer Lyrik in deutscher Sprache mit einem wirklichen Recht sprechen wollen, so gebührt diese Bezeichnung dem Goethe der *Römischen Elegien*. Auch hier geht es der modernen Forschung nicht mehr primär um die Frage nach dem autobiografischen Gehalt der Gedichte (die in der Bemühung gipfelte, die Identität der römischen Geliebten des Dichters herauszufinden), sondern darum zu zeigen, wie sich die Tendenzen der geschichtlichen Entwicklung der deutschen Lyrik mit dem klassizistischen Geist des Italien-Reisenden zu einer einmaligen Synthese verbinden. Nicht mehr die freien Rhythmen der frühen Hymnen werden jetzt verwendet; Goethe bedient sich der antiken Form der Elegie in einer meisterhaften Art und Weise, die jeden Gedanken an schematische Nachahmung verstummen lässt. Es gelingt ihm, in der Übernahme des antiken Versmaßes eine moderne Erfahrung zu versprachlichen, die in der erotischen Begegnung die Einheit von Natur und antiker Kunst erfährt und zwischen dem erotischen Erlebnis und dem Erlebnis der antiken Formen gar keinen Widerspruch erkennen lässt.

Gleichzeitig vermag es Goethe, die Ansprüche der Subjektivität, die seine Lyrik des Sturm und Drang so triumphal verkündet hatte, in dem klassizistischen Gedicht aufzubewahren: Die erotische Lyrik der *Römischen Elegien* steht nicht wie die frivolen Dichtungen des achtzehnten Jahrhunderts in einem unversöhnlichen Gegensatz zu den Ansprüchen der Innerlichkeit, die von der Empfindsamkeit verteidigt wurden. Nein, die Identität von körperlicher und geistiger Liebe wird gerade dadurch erwiesen, dass die erotische Begegnung den personalen Bezug zu der Geliebten verstärkt. Höchstes Formbewusstsein verbindet sich also in Goethes klassischer Lyrik mit der Innigkeit subjektiven Ausdrucks, die zu einer einmaligen Synthese geführt werden. Einzigartig erscheinen die *Römischen Elegien* auch deshalb, weil wir hier mit Texten konfrontiert werden, die in überzeugender Weise Modernität und Festhalten am Versöhnungsparadigma verbinden. Die Weite von Goethes künstlerischer Persönlichkeit hat es vermocht, alle wesentlichen Momente zeitgenössischer Erfahrung und Dichtung in einem konkreten literarischen Modell zu vereinen. Dass moralische Bedenken gegen diese Form der erotischen Lyrik als kleinlich und konventionell anzusehen seien, unterstrich der als so moralisch geltende Schiller, indem er die umstrittenen Goethe'schen Gedichte in seine Zeitschrift ***Die Horen*** aufnahm, die sich einem elitären literarischen Anspruch verpflichtet fühlte.

6.2 Textbeispiele

6.2.1 Johann Wolfgang von Goethe: »An den Mond«

Füllest wieder Busch und Tal
Still mit Nebelglanz,
Lösest endlich auch einmal
Meine Seele ganz;

Breitest über mein Gefild
Lindernd deinen Blick,
Wie des Freundes Auge mild
Über mein Geschick.

Jeden Nachklang fühlt mein Herz
Froh- und trüber Zeit,
Wandle zwischen Freud' und Schmerz
In der Einsamkeit.

Fließe, fließe, lieber Fluß!
Nimmer werd' ich froh,
So verrauschte Scherz und Kuß,
Und die Treue so.

Ich besaß es doch einmal,
Was so köstlich ist!
Daß man doch zu seiner Qual
Nimmer es vergisst!

Rausche, Fluß, das Tal entlang,
Ohne Rast und Ruh,
Rausche, flüstre meinen Sang
Melodien zu,

Wenn du in der Winternacht
Wütend überquillst
Oder um die Frühlingspracht
Junger Knospen quillst.

Selig, wer sich vor der Welt
Ohne Haß verschließt,
Einen Freund am Busen hält
Und mit dem genießt.

Was, von Menschen nicht gewußt
Oder nicht bedacht,
Durch das Labyrinth der Brust
Wandelt in der Nacht.[112]

Dieses wahrscheinlich zwischen 1784 und 1786 als Bearbeitung eines bereits 1776 verfassten Textes entstandene Gedicht kann in einem nicht formal gemeinten Sinne als elegisch bezeichnet werden. Sein melancholischer Charakter wird durch die metrische Form verstärkt: Trochäische Verse mit abwechselnd vier und drei Hebungen, mit männlichen Kadenzen und Kreuzreim ergeben einen ruhigen, bisweilen geradezu feierlichen Fortgang des Sprechens. Der Mond, die abendliche Naturerscheinung, gewinnt eine übertragene Bedeutung, die sich dem annähert, was der späte Goethe als symbolisch bezeichnen wird. Das anschauliche Bild vermittelt dabei intuitiv eine umfassende Totalität von Sinn, die diskursiv nicht beschrieben werden – und nicht **besessen** werden kann, wie es die Worte des Gedichts selbst ausdrücken.

In den ersten beiden Strophen wird dargelegt, dass der Mond die Schmerzen und Sorgen (**die Qual**, wie es später heißt) des sprechenden Ich zu **lösen** vermag. Wie ein Freund vermittelt das Mondlicht eine Übereinstimmung des Menschen mit der Natur, die jede Form von Entfremdung aufzulösen vermag. Die dritte, vierte und fünfte Strophe unterstreichen jedoch, dass eine solche Entfremdung gerade die gewöhnliche Existenz des Menschen bestimmt und dass ihm (in **sentimentalischer** Manier, wie von Schiller einige Jahre später formuliert) die am Anfang evozierte Einheitserfahrung lediglich als Erinnerung an einen früheren Zustand (**einmal**) gegeben ist. Dem entfremdeten Bewusstsein der vierten Strophe erscheint das

Fließen des Flusses als ein Bild der Vergänglichkeit alles Seienden und somit als ein die Melancholie verstärkender Gegenstand der Erfahrung. Demgegenüber bringt die sechste Strophe etwas Neues: Indem das Rauschen des Flusses als ein akustisches Phänomen beschworen wird, erscheint es als Vorbild für die Dichtung, die aus diesem Geräusch des Flusses **Melodien** zu entwickeln sucht. Die beiden Schlussverse bieten einen Ausblick auf eine offenbar durch die künstlerische Erfahrung vermittelte Seligkeit, die aber nicht mehr wie die imaginierte Erfahrung einer früheren Ureinheit im unmittelbaren Kontakt mit dem Sein steht, sondern auf einer Distanzierung, einem Verschließen vor der Welt beruht. Eine solche Haltung ist in der Lage, sich an dem zu erfreuen (das zu **genießen**), was der Mond vermittelt, was **so köstlich** ist, was sich aber menschlichem Wissen und menschlicher Reflexion entzieht. Das milde Licht des Mondes macht die Formen in gewissem Sinne undeutlich, führt damit aber auch zu einer Idealisierung und macht gleichzeitig die Objekte des Erkennens unwirklich.

Hierdurch wird das Gedicht zu einer Selbstreflexion der Kunst und der Dichtung, die im Bild des Mondes ihr eigenes Tun reflektiert. GOETHES Meisterschaft zeigt sich darin, dass Anschauung und Reflexion in diesem Gedicht eine Einheit bilden und keineswegs in irgendeiner Form auseinander fallen. Der Schluss des Gedichts mit seiner Option für eine Distanzierung von der Welt erlaubt noch einmal eine Bezugnahme auf GOETHES biografische Situation, der die Erfahrung machen musste, dass der Übergang von der Poesie in die politische Praxis nicht zu einer problemlosen Übertragung der dichterischen Ideale auf die konkrete Lebenswelt führte, und der sich langsam von der Welt der aktiven Politik zu distanzieren begann. Gegenüber dem bisweilen auftrumpfenden Pathos des Sturm und Drang fällt in diesem Gedicht ein gedämpfter Ton auf, der aber keineswegs auf Formen des subjektiven Sprechens verzichtet und dadurch eine wesentlich überzeugendere Wirkung entfaltet als die objektivierende Gedankenlyrik der gleichen Periode.

6.2.2 Johann Wolfgang von Goethe: »Wandrers Nachtlied«

Über allen Gipfeln
Ist Ruh,
In allen Wipfeln
Spürest du
Kaum einen Hauch;
Die Vögelein schweigen im Walde.
Warte nur, balde
Ruhest du auch.[113]

1780 ist dieses Gedicht entstanden. Wir wissen sogar genau, wann und wo, denn GOETHE ritzte die Verse mit einem Bleistift auf die Bretterwand in der

Jagdhütte auf dem Gickelhahn, einem Berg in der Nähe von Ilmenau. Goethe schrieb am selben Tag an die geliebte Charlotte von Stein: **Auf dem Gickelhahn** [...] **habe ich mich gebettet, um dem Wuste des Städgens, den Klagen, den Verlangen, der Unverbesserlichen Verworrenheit der Menschen auszuweichen.**[114] Damit wird erneut die Perspektive auf Goethes Texte verstärkt, die von biografischen Kenntnissen ausgeht und speziell in diesem Fall von einem Rückzug aus der Amtstätigkeit in die Natur und in die Dichtung spricht. Bedeutend erscheint gerade im Gegensatz zu dem modernen, von der Romantik entschlossen eingeführten Interesse am Spektakulären und Interessanten die Tatsache, dass dieses Gedicht eine Situation und eine Stimmung evoziert, in und bei der eigentlich nichts geschieht. Die Ruhe ist vollkommen; es gibt keine Bewegung, keinen Laut. Die Bewegung des Gedichts geht vom Mineralischen und Pflanzlichen über das Tierreich zum Menschen, der insofern herausgehoben erscheint, als er als das einzige Lebewesen angesprochen wird, das die Stille bewusst erfährt und dem sie zu einer mahnenden Erinnerung an die eigene Endlichkeit und Vergänglichkeit wird.

Wenn es einen Effekt gibt in diesem Gedicht, das durch die völlige Einfachheit des Sprechens besticht, so ist es die Lautmalerei des Vokals **u** und des Diphthongs **au**, die zur Wiedergabe der das Gedicht prägenden Ruhe in besonderer Weise geeignet erscheinen. Zu Recht wurde allerdings eingewandt, dass hier nicht die in den verschiedensten Varianten und Steigerungsformen bewunderte Meisterschaft Goethes die entscheidende Rolle spielt, sondern die deutsche Sprache selbst, die nun einmal die Wörter **Ruhe** und **Hauch** in ihrem Lexikon anbietet. Zu erwähnen ist noch, dass dieses Gedicht nicht nur eines von Goethes am meisten zitierten, sondern mit Sicherheit auch das am meisten parodierte ist (was freilich die Popularität unterstreicht).

6.2.3 Johann Wolfgang von Goethe: »Mignon«

Kennst du das Land, wo die Zitronen blühn,
Im dunkeln Laub die Gold-Orangen glühn,
Ein sanfter Wind vom blauen Himmel weht,
Die Myrte still und hoch der Lorbeer steht,
Kennst du es wohl? Dahin! Dahin
Möchte ich mit dir, o mein Geliebter, ziehn.

Kennst du das Haus? Auf Säulen ruht sein Dach,
Es glänzt der Saal, es schimmert das Gemach,
Und Marmorbilder stehn und sehn mich an:
Was hat man dir, du armes Kind getan?
Kennst du es wohl? Dahin! Dahin!
Möchte ich mit dir, o mein Beschützer, ziehn.

Kennst du den Berg und seinen Wolkensteg?
Das Maultier sucht im Nebel seinen Weg;
In Höhlen wohnt der Drachen alte Brut;
Es stürzt der Fels und über ihn die Flut –
Kennst du ihn wohl? Dahin! Dahin!
Geht unser Weg! o Vater, laß uns ziehn![115]

Mignon und der Harfner sind die romantischen Figuren aus GOETHES *WILHELM MEISTER*-Roman. Als GOETHE zu Beginn der Achtzigerjahre die Mignon-Gedichte schrieb, wusste er noch nicht, wie sehr die beiden Gestalten in der rationalen Welt der Turmgesellschaft, welche die 1795 fertig gestellten *LEHRJAHRE* beherrscht, als Fremdkörper erscheinen würden. Als unglückliche Geliebte Wilhelm Meisters erscheint Mignon aber schon in der frühen Fassung, der *THEATRALISCHEN SENDUNG*, und in der späteren Fassung kann ihrer nur noch im Saal der Erinnerung als Toter gedacht werden. All dies verhindert nicht, dass Mignons Lieder als Ausdruck einer schnell als romantisch bezeichneten Sehnsucht zu den populärsten GOETHE-Gedichten zählen. Die im obigen Gedicht beschriebene Sehnsucht nach Italien ist im Lichte der späteren Italienreise von GOETHE eigentlich gerade kein Ausdruck eines klassischen (oder klassizistischen) Bewusstseins: Für Mignon ist es die Sehnsucht nach der Heimat, die sie aufgrund unglücklicher Umstände verlassen musste.

Das Gedicht ist sehr regelmäßig gebaut. Drei sechszeilige Strophen weist es auf, die jeweils mit einer Frage beginnen, wobei nacheinander **das Land, das Haus** und der **Berg** angesprochen werden. Die Strophen bestehen aus regelmäßigen fünfhebigen Jamben mit Paarreim und männlicher Kadenz. Eine Sonderstellung nimmt jeweils der fünfte Vers einer jeden Strophe ein, der nach der Wiederaufnahme der Frage aus dem ersten Vers (**Kennst du es** [**ihn**] **wohl?**) eine Zäsur enthält, an die sich die beschwörenden Worte **Dahin, dahin** anschließen, die in metrischer Perspektive trochäischen Charakter aufweisen und mit denen das sprechende Ich die Dringlichkeit des Wunsches artikuliert, mit dem angesprochenen Du das anvisierte Ziel zu erreichen. Inhaltlich wird in der ersten Strophe das (namentlich nicht genannte) Land Italien durch das mediterrane Klima und die Vegetation charakterisiert, während die zweite Strophe auf die Architektur eines typischen Hauses abhebt, das durch **Säulen** und **Marmorbilder** und somit durch Elemente der klassischen und der mittelalterlichen Kunst bestimmt erscheint. In der dritten Strophe wird eine düstere Berglandschaft mit gefährlichen Übergängen und eben so gefährlichen tierischen Bewohnern beschrieben. Diese gehören offenbar nicht zu dem Ziel, sondern zu dem Weg, vielleicht über die Alpen, der zu diesem Land der Hoffnung und der Schönheit führt.

Der Unterschied zwischen den Mignon-Gedichten und GOETHES klassischer Lyrik, wie sie sich exemplarisch in den *RÖMISCHEN ELEGIEN* darstellt, besteht im Wesentlichen darin, dass die Beschreibung der Landschaft und der Gebäude hier eher einer Vision und damit der Sehnsucht des lyrischen Ich entspricht, während in der späteren Dichtung die Stadt Rom und die antiken Skulpturen Gegenstände einer unmittelbaren (sogar taktilen) Erfahrung werden. Mignon ist keine Figur einer klassischen Vollendung, sondern die heimatlos Gewordene, die durch das große Gebirge von dem Land ihrer Herkunft getrennt ist. Dass GOETHE auch fähig war, in einer Art Rollenlyrik die Schmerzen der Entfremdung auszudrücken, spricht für das hohe Maß seiner Ausdrucks- und Darstellungsfähigkeit.

6.2.4 Johann Wolfgang von Goethe: »Römische Elegie (V)«

Froh empfind ich mich nun auf klassischem Boden begeistert;
Vor- und Mitwelt spricht lauter und reizender mir.
Hier befolg ich den Rat, durchblättre die Werke der Alten
Mit geschäftiger Hand, täglich mit neuem Genuß.
Aber die Nächte hindurch hält Amor mich anders beschäftigt;
Werd ich auch halb nur gelehrt, bin ich doch doppelt beglückt.
Und belehr ich mich nicht, indem ich des lieblichen Busens
Formen spähe, die Hand leite die Hüften hinab?
Dann versteh ich den Marmor erst recht; ich denk und vergleiche,
Sehe mit fühlendem Aug, fühle mit sehender Hand.
Raubt die Liebste denn gleich mir einige Stunden des Tages,
Gibt sie Stunden der Nacht mir zur Entschädigung hin.
Wird doch nicht immer geküßt, es wird vernünftig gesprochen;
Überfällt sie der Schlaf, lieg ich und denke mir viel.
Oftmals hab ich auch schon in ihren Armen gedichtet,
Und des Hexameters Maß leise mit fingernder Hand
Ihr auf den Rücken gezählt. Sie atmet in lieblichem Schlummer,
Und es durchglühet ihr Hauch mir bis ins Tiefste die Brust.
Amor schüret die Lamp indes und denket der Zeiten,
Da er den nämlichen Dienst seinen Triumvirn getan.[116]

Diese fünfte der zwanzig von GOETHE 1795 (in den von Schiller herausgegebenen *Horen*) veröffentlichten *RÖMISCHEN ELEGIEN* ist für die poetische und geistige Haltung dieser bedeutenden Sammlung in besonderem Maße charakteristisch. Biografische Elemente liegen der poetischen Arbeit zugrunde; keineswegs kann dieses Gedicht aber – wie es die positivistische Forschung des neunzehnten Jahrhunderts meinte – als unmittelbarer *Ausdruck* eines *Erlebnisses* – und gar eines erotischen! – verstanden werden. Dies schon deshalb nicht, weil die Sammlung gar nicht in Rom geschrieben wurde, sondern zwischen dem Herbst 1788 und dem Frühjahr 1790 in Weimar entstanden ist. Der Grund, warum viele Weimarer aus GOETHES unmittelbarer Umgebung, insbesondere Herder, über die Veröffentlichung der Gedichte erzürnt waren, lag darin, dass sie diese als eine unverhüllte Beschreibung von GOETHES Beziehung zu Christiane Vulpius verstanden. Christiane war die ungebildete Papierblumenherstellerin, die GOETHE im Juli 1788 kennen gelernt und mit der er eine zunächst uneheliche intime Beziehung begonnen hatte, die eben vielen als anstößig erschien. Bei aller Stilisierung und künstlerischen Distanz, die den Text der Gedichte von den biografischen Erfahrungen trennen, bleibt die freimütige Darstellung der sexuellen Dimensionen menschlichen Erlebens ein wesentliches Element der *RÖMISCHEN ELEGIEN*.

Zunächst ist aber darauf zu verweisen, dass GOETHE in formaler und inhaltlicher Hinsicht auf antike Vorbilder zurückgreift und diese in kreativer Weise bearbeitet, sodass es möglich wird, im Durchgang durch das Alte und Antike Neues und Modernes zu gestalten. Im Formalen setzt GOETHE die auf Klopstock und insbesondere Johann Heinrich Voß zurückgehenden Bemühungen fort, antike Versmaße in die deutsche Sprache zu übertragen. GOETHE verwendet elegische Distichen, das heißt, er gestaltet eine Gedichtform, die aus Zweizeilern mit je einem daktylischen Hexameter und einem daktylischen Pentameter besteht. Dabei begreift GOETHE das Metrum freilich nicht als einen starren Zwang, sondern als einen Weg, die Erfahrung Roms, die insbesondere durch die bildende Kunst der Antike geprägt ist, sprachlich kongenial wiederzugeben. Inhaltlich stützt sich GOETHE auf die römischen Elegiker Catull, Tibull und Properz, die er als die **Triumvirn** in der fünften Elegie ausdrücklich benennt.

Ist der Bezug auf die Antike über die poetische Form und den Inhalt der Gedichte explizit unterstrichen, so ist doch darauf zu verweisen, dass es in dem Text darum geht, die *moderne* Einstellung zu der antiken Kultur zu beschreiben und zu artikulieren. Dabei erkennen wir dreierlei Erfahrungen, die zu einer beeindruckenden Einheit zusammengeführt werden: Das Erlebnis der Stadt Rom wird mit den Zeugnissen der antiken Welt zusammengebracht. Die Erfahrung beider kumuliert aber in der sexuellen Begegnung mit der Frau, die auf der Gegenwartsebene die sinnliche Erfahrung ermöglicht, die in der bildenden Kunst der Antike ihrerseits zugrunde gelegen hat. Die sinnliche Begegnung mit der Frau verdeutlicht die Formen des Marmors; die Lektüre der antiken Liebesdichtung öffnet den Reisenden für die Begegnung mit der Frau; die Stadt führt zu dem Verständnis der antiken Kultur. Natur und Kunst zeigen – wie es das spätere Sonett postuliert – eine weitgehende Einheit.

Zu betonen ist jedoch, dass sich in diesem Gedicht in unerhörter und unzweideutiger Weise die sensualistische Dimension von GOETHES Klassizismus manifestiert. Das Maß des Hexameters, **auf den Rücken gezählt**, bestimmt den Rhythmus des Liebesspiels. Wenn der Dichter Amor verstehen will, so ist die Liebesbegegnung ohne jeden Zweifel die angemessene Art, diese Belehrung zu empfangen. Während die Rokoko-Dichtung – wie wir am Beispiel Hagedorns und Gleims sahen – Sinnlichkeit zwar thematisierte, aber in den Grenzen eines tradierten Kontexts konventioneller Motive und Bilder verblieb, wird Sexualität hier als Element der Lebenspraxis des Dichters, ja als Förderung der dichterischen und kulturgeschichtlichen Kompetenz geradezu als Leitvorstellung exponiert.

In der vorbehaltlosen Integration von Sinnlichkeit und Sexualität in das klassisch-humanistische Menschenbild liegt nicht zuletzt eine psychohistorisch und mentalitätsgeschichtlich bemerkenswerte Bedeutung der *Römischen Elegien*.[117]

So ist die Sammlung zugleich ein Höhepunkt von Goethes Entwicklung eines spezifischen Klassizismus und gleichzeitig bei aller Distanz von der Rebellion des Sturm und Drang eine entschiedene Wendung gegen den Konformismus der höfischen Gesellschaft, deren führendes Mitglied er zwar selbst war, die aber seine von sinnlicher Leidenschaft erfüllte Beziehung zu Christiane nur widerwillig tolerierte. Dieser Bezug des klassischen Gedichts zur lebenspraktischen Konkretion, der trotz aller Stilisierung und aller Einbindung in poetische Formkonzepte nicht zu verkennen ist, beeindruckte auch die junge Generation der Romantiker. August Wilhelm Schlegel erklärte, die Gedichte seien **keine Ergießungen ins blaue hinein, sondern individuelle Veranlassungen sind aufs geistreichste gewandt**, und es werde **die schöne gebildete Sinnlichkeit durch edle Gesinnungen gehoben**[118]. Dies ist auch der Grund, warum die *Römischen Elegien* trotz ihres starken Engagements für die Sinnlichkeit eine ganz andere Wirkung erzielen als die frivolen Dichtungen der Libertins des achtzehnten Jahrhunderts: Keinen Widerspruch vermögen wir zu erkennen zwischen Sinnlichkeit und innerer Liebe; die Sexualität wird vielmehr als Ausdruck einer Liebe begriffen, die sich gar nicht in die Dichotomie eines Innen und Außen aufteilen lässt. Was von den Sittenwächtern und Opportunisten des Weimarer Fürstentums als Ärgernis bitter vermerkt wurde, erscheint aus heutiger Sicht als ein herausragendes Zeichen für eine Überwindung des abstrakten Humanismus, der noch in Goethes *Iphigenie*-Drama vorherrschte, und für eine machtvolle Demonstration einer umfassenden Menschlichkeit, die sich nicht durch kleinliche Moralvorstellungen einschüchtern lässt.

Epilog: Interkulturelle Begegnung und Vorschein der Moderne – Goethes »West-östlicher Divan«

Goethes späte Gedichtsammlung wird heute zu den Höhepunkten seines lyrischen Schaffens gezählt. Erstaunlich erscheint die Offenheit und die Kreativität des bereits betagten Dichters, der durch die Begegnung mit der orientalischen Poesie eine Verjüngung erlebte, die sich auch in der Liebesbegegnung mit der jungen Marianne von Willemer zeigte. Die *Divan*-Lyrik überwindet die Grenzen eines starren Klassizismus und gelangt zu einer überraschenden Synthese zwischen westlicher und östlicher Dichtung. Das Spätwerk bringt somit Goethes Beitrag zu einer Dichtung der interkulturellen Begegnung, die heute im Zeitalter von Migration und Grenzüberschreitung ein besonderes Interesse beansprucht. Wie in vielen Fällen geht einer kreativen Schaffensphase eine existenzielle und persönliche Krise voraus: Schillers Tod im Jahre 1805 und die Wirren der napoleonischen Kriege, die Goethe nicht in den Taumel der nationalen Begeisterung fallen ließen, führten zu einer Isolierung des Dichterfürsten, der zwar eine repräsentative Existenz führte, dennoch aber einen wirklichen geistigen Austausch entbehren musste.

In der *Divan*-Sammlung (erste Veröffentlichung 1814) greift Goethe auf Motive und Formelemente des persischen Dichters Hafis (14. Jahrhundert nach Christus) zurück. Goethe beschreibt seinen Prozess der Aneignung des Fremden als einen dialektischen Vorgang, der sich in zwei Stufen vollzieht: Am Anfang steht der Versuch, eigene Vorurteile und Kriterien so weit wie möglich zurückzustellen; hieran schließt sich die Bemühung an, das Fremde mit den Kräften und Fähigkeiten des Eigenen zu bearbeiten, sodass etwas ganz Neues entsteht, das als eine Mischung verschiedener kultureller Traditionen und Einflüsse anzusehen ist. Goethe wendet sich damit gegen den Umgang der Romantiker mit östlicher, vor allem indischer Philosophie und Dichtung, weil diese in seinen Augen das Fremde als Projektionsfläche für Eigenes, für eigene Ursprungsphantasien verwenden und so zu einer echten Begegnung mit dem Fremden nicht bereit sind. **Wollen wir an diesen Produktionen der herrlichsten Geister teilnehmen**, schreibt er, **so müssen wir uns orientalisieren, der Orient wird nicht zu uns herüberkommen.** (HA 2, S. 181)

In diesem Zusammenhang entwickelt Goethe eine charakteristische Übersetzungstheorie, in welcher er diejenige Art der Übertragung des Fremden als die überzeugendste bezeichnet, der es gelingt, das Fremde in der eigenen Sprache soweit wie eben möglich zu reproduzieren: **wo man die Überset-**

zung dem Original identisch machen möchte, so daß eins nicht anstatt des andern, sondern an der Stelle des andern gelten sollte. (HA 2, S. 256) Das so Übersetzte ist also nicht ein Ersatz für das Fremde, sondern bringt das Fremde in die eigene Sprache hinein, sodass die Fremdheit noch zu spüren ist:

> **denn der Übersetzer, der sich fest an sein Original anschließt, gibt mehr oder weniger die Originalität seiner Nation auf, und so entsteht ein Drittes, wozu der Geschmack der Menge sich erst heranbilden muss. (HA 2, S. 256)**

Das Dritte, das entsteht, ist nach unserer heutigen Terminologie ein hybrides Produkt; es ist nicht wirklich identisch mit dem Fremden, sondern es ist das Fremde in die eigene Sprache transponiert – und somit auch nicht mehr das Fremde. Durch einen solchen Vorgang wird aber – so Goethe zum Verdruss aller Puristen – das Eigene reicher, differenzierter und neu. Er drückt seine Befriedigung darüber aus, dass [...] **nun Ariost und Tasso, Shakespeare und Calderon als eingedeutschte Fremde uns doppelt und dreifach vorgeführt werden.** (HA 2, S. 256)

Als **eingedeutschte Fremde** lassen sich auch die Gedichte des *West-östlichen Divans* bezeichnen. Goethe war von den Dichtungen des Hafis fasziniert, die er in der Übersetzung des Orientalisten Hammer gelesen hatte. In den *Tag- und Jahresheften* berichtet Goethe von diesem Erlebnis, und er erklärt: [...] **ich mußte mich dagegen produktiv verhalten, weil ich sonst vor der mächtigen Erscheinung nicht hätte bestehen können.** (HA 10, S. 514) Hier deutet sich ein tragfähiges Modell interkultureller Begegnung an, denn die weitgehend passive Aufnahme des Fremden (die in ihrer reinen Form nur eine dogmatische Illusion darstellt) wird entscheidend ergänzt durch die aktive Bearbeitung des Fremden, durch eine Art Einverleibung, die diesem das Spezifische belässt, in der Begegnung aber etwas Neues hervorbringt.

> **Alles, was dem Stoff und dem Sinne nach bei mir Ähnliches verwahrt und gehegt worden, tat sich hervor, und dies mit um so mehr Heftigkeit, als ich höchst nötig fühlte, mich aus der wirklichen Welt, die sich selbst offenbar und im stillen bedrohte, in eine ideelle zu flüchten, an welcher vergnüglichen Teil zu nehmen meiner Lust, Fähigkeit und Willen überlassen war. (HA 10, S. 514)**

Das Ungenügen an der eigenen Realität stellt demnach die Motivation dar für die Begegnung mit dem Fremden, bei der auf die vorbehaltlose Öffnung eine aktive Auseinandersetzung folgt.

Welche Stellung nehmen die *Divan*-Gedichte im Gesamtwerk des Lyrikers Goethe ein? Goethe gelingt es, auf einer anderen Stufe als in der klassischen Lyrik der *Römischen Elegien* eine neue Synthese von Kunst und Natur zu erreichen. Die Gedichte des *Divan* sind sehr deutlich an formalen Vorgaben des Hafis orientiert, die sie nicht einfach nachahmen, sondern kreativ verarbeiten. Ein spielerischer Zug lässt sich erkennen, der als eine artistische Auseinandersetzung mit anderen Texten und mit normativen Vorgaben sowohl an die Lyrik des Barock als auch an die Experimente der Postmoderne denken lässt. Der spielerische Charakter der orientalisierenden Dichtung durchbricht dabei die Begrenzungen einer klassizistischen Poetik:

»Lied und Gebilde«

Mag der Grieche seinen Ton
Zu Gestalten drücken,
An der eignen Hände Sohn
Steigern sein Entzücken;

Aber uns ist wonnereich
In den Euphrat greifen,
Und im flüss'gen Element
Hin und wieder schweifen.

Löscht' ich so der Seele Brand,
Lied, es wird erschallen;
Schöpft des Dichters reine Hand,
Wasser wird sich ballen. (HA 2, S. 16)

Die kunstvolle Einfachheit dieser Verse beeindruckt auch und gerade den heutigen Leser. Goethe bringt Gedanken und Empfindungen in eine anspruchslos erscheinende Form und zeigt gerade durch die versteckte formale Virtuosität seine Meisterschaft. Die Liebeslyrik der *Divan*-Sammlung steht ebenbürtig neben den besten Gedichten etwa der *Römischen Elegien*. Goethe verwendet konventionelle Bilder der orientalischen und der europäischen Dichtung und dennoch erkennen wir eine Innigkeit des Tons, die das Singuläre einer besonderen Erfahrung zu vermitteln scheint.

»Hatem«

Nicht Gelegenheit macht Diebe,
Sie ist selbst der größte Dieb;
Denn sie stahl den Rest der Liebe,
Die mir noch im Herzen blieb.

Dir hat sie ihn übergeben,
Meines Lebens Vollgewinn,
Daß ich nun, verarmt, mein Leben
Nur von dir gewärtig bin.

Doch ich fühle schon Erbarmen
Im Karfunkel deines Blicks
Und erfreu' in deinen Armen
Mich erneuerten Geschicks.

»Suleika«

Hochbeglückt in deiner Liebe
Schelt' ich nicht Gelegenheit;
Ward sie auch an dir zum Diebe,
Wie mich solch ein Raub erfreut!

Und wozu denn auch berauben?
Gib dich mir aus freier Wahl;
Gar zu gerne möchte' ich glauben –
Ja, ich bin's, die dich bestahl.

Was so willig du gegeben,
Bringt dir herrlichen Gewinn,
Meine Ruh', mein reiches Leben
Geb' ich freudig, nimm es hin!

Scherze nicht! Nichts von Verarmen!
Macht uns nicht die Liebe reich?
Halt' ich dich in meinen Armen,
Jedem Glück ist meines gleich. (HA 2, S. 63 f.)

Goethe greift hier Topoi auf, die uns schon in der Lyrik des siebzehnten Jahrhunderts begegnet sind: Die Gelegenheit, die Occasio, soll ergriffen werden um die Freuden der Liebe nicht zu versäumen; der Liebende ist ein Empfangender, auch wenn er gibt. Die Anregungen durch die orientalische Poesie ermöglichen Goethe damit über die freien Rhythmen des Sturm und Drang hinweg einen Rückgriff auf Formtradition und Motivik der europäischen Renaissance und des Barock. Der Kontakt mit dem Fremden ermöglicht einen neuen Zugang zu dem Eigenen, wobei die Intensität der Sprache sicherlich eine Errungenschaft von Empfindsamkeit und Sturm und Drang darstellt. Die Entdeckung, dass Marianne von Willemer, Goethes junge Freundin, einige Suleika-Gedichte selbst verfasst hat, gehört zu den erstaunlichsten Vorgängen im Umfeld von Goethes dichterischer Produktion. Es erweist sich, dass die Freude am artistischen Spiel durchaus lebensweltlich mit einer intensiven emotionalen Bindung einhergehen kann.

Wie sich die Öffnung zum Fremden und der Vorgang von dessen **Eindeutschung** konkret vollziehen kann, zeigt das folgende Gedicht:

»Liebliches«

Was doch Buntes dort verbindet
Mir den Himmel mit der Höhe?
Morgennebelung verbindet
Mir des Blickes scharfe Sehe.

Sind es Zelte des Vesires,
Die er lieben Frauen baute?
Sind es Teppiche des Festes?
Weil er sich der Liebsten traute?

Rot und weiß, gemischt, gesprenkelt
Wüßt' ich Schönres nicht zu schauen;
Doch wie, Hafis, kommt dein Schiras
Auf des Nordens trübe Gauen?

Ja, es sind die bunten Mohne,
Die sich nachbarlich erstrecken
Und, dem Kriegesgott zum Hohne,
Felder streifweis freundlich decken.

Möge stets so der Gescheute
Nutzend Blumenzierde pflegen,
Und ein Sonnenschein wie heute,
Klären sie auf meinen Wegen! (HA 2, S. 14)

Mit einem sinnlichen Eindruck beginnt das Gedicht, der nicht genau identifiziert werden kann. Die Öffnung gegenüber dem Fremden zeigt sich in dem Versuch, das Gesehene näher zu bestimmen. Die **liebliche** Erscheinung wird mit den Bildern des Orient in Beziehung gebracht, die Goethe aus den Gedichten des Hafis bekannt sind. Aber eine solche Schönheit passt nicht in die prosaische Umgebung des Thüringer Landes. Der für seine blühende und fruchtbare Landschaft bekannte Ort Schiras am Persischen Golf ist die Geburtsstadt des Hafis, und das lyrische Ich kann eine solche Pracht, die sich in den poetischen Schilderungen des orientalischen Dichters niederschlägt, in der trüben Landschaft des deutschen Mittelgebirges kaum anzutreffen hoffen. Aber es sind doch die heimatlichen Blumenfelder, **die um Erfurt sich erstrecken** (wie es in einer früheren Fassung hieß), und sie erinnern also an die Blüten und Früchte eines morgenländischen Paradieses. Sie tun dies, obwohl noch vor kurzem Napoleons Truppen Krieg und Verwüstung über das Land gebracht haben.

Das lyrische Ich, das die Realität der Heimat als prosaisch und düster empfindet, assoziiert beim Anblick eines undeutlich wahrgenommenen Lieblichen also die sinnliche Vielfalt der orientalischen Dichtung. Es wird durch diesen Gedanken an das Fremde dazu gebracht, verborgene oder missachtete Schönheiten des Eigenen neu zu entdecken – und dies gerade in dem Moment, in dem sich die Schönheit der Natur der Katastrophe des historischen Prozesses entgegenstellt. Die Erfurter Mohnblumen sind aber in diesem Naturgedicht mehr als einfache deutsche Blumen: Es handelt sich um eingedeutschte orientalische Schönheiten. Der Reiz des Eigenen wird erst durch eine Art Verfremdung bewusst gemacht; durch den Umweg über die fremde Schönheit wird die eigene erst erfahrbar. Das Subjekt der Dichtung hatte sich **orientalisiert**, als es glaubte, die Zelte des Wesirs und die Teppiche des Festes zu sehen; es hatte sich den fremden Bildern geöffnet. Die Reflexion auf die geografischen Verhältnisse führte aber zu einer Wiederannäherung an die eigene Erfahrungswelt, deren verborgener Reiz gerade eben in der Vergleichbarkeit mit dem Fremden liegt, wie das Gedicht zeigt. Das Eigene gewinnt eine neue Dimension, indem sein potenzieller Bezug zu dem Fremden deutlich wird, wobei sich in dieser interkulturellen Verknüpfung ein Gegenmodell konstituiert gegen die kriegerische Vereinnahmung der Landschaft im geschichtlichen Prozess des nachrevolutionären Krieges. So steht die Verbindung von Eigenem und Fremdem in der **lieblichen** Naturerfahrung für einen gewaltfreien Austausch zwischen den Kulturen, bei dem die Natur des Eigenen mit den kulturellen Eigenschaften des Fremden in Beziehung gebracht wird.

»Selige Sehnsucht«

**Sagt es niemand, nur den Weisen,
Weil die Menge gleich verhöhnet,
Das Lebend'ge will ich preisen,
Das nach Flammentod sich sehnet.**

**In der Liebesnächte Kühlung,
Die dich zeugte, wo du zeugtest,
Überfällt dich fremde Fühlung,
Wenn die stille Kerze leuchtet.**

**Nicht mehr bleibest du umfangen
In der Finsternis Beschattung,
Und dich reißet neu Verlangen
Auf zu höherer Begattung.**

**Keine Ferne macht dich schwierig,
Kommst geflogen und gebannt,
Und zuletzt, des Lichts begierig,
Bist du, Schmetterling, verbrannt.**

**Und so lang du das nicht hast,
Dieses: Stirb und werde!
Bist du nur ein trüber Gast
Auf der dunklen Erde. (HA 2, S. 18 f.)**

Dieses berühmte Gedicht, das nach unserem heutigen Geschmack zu den bedeutendsten von Goethe gezählt werden darf, verbindet in exemplarischer Weise europäische und orientalische Form und Ideenwelt. Es kann auch als ein Modell der interkulturellen Begegnung gelesen werden. Die Bilder der Kerze und des Schmetterlings, die das Gedicht prägen, stammen ebenso aus der Dichtung des Hafis wie der Gedanke, dass das Ich bereit sein müsse, seinen eigenen Untergang zu akzeptieren. In poetologischer Perspektive ließe sich darüber hinaus der Gedanke einer vorbehaltlosen Öffnung gegenüber dem Fremden in die Deutung des Gedichts mit einbeziehen. So wie Goethe von der Faszination durch die Dichtung des Hafis sprach und die Gefahr beschwor, vor dieser nicht bestehen zu können, so zeigt er die Notwendigkeit, das Eigene aufzugeben, um sich ganz dem Fremden zu öffnen. Aber durch die Hinwendung zu dem Fremden kommt es zu einer Art Neugeburt. Genauso wie der Blick auf die Erfurter Mohnfelder erst dann eine bereichernde Erfahrung darstellt, wenn das lyrische Ich **Liebliches** nur noch vom Fremden erwartet, genauso muss das Lebendige seinen Tod in Kauf nehmen, um eine neue Erfahrung zu konstituieren. Die Auslöschung des Ich, sein Verzicht auf das Eigene ermöglichen also eine Weiterentwicklung, ein Werden, das durch die Hinwendung zum Anderen bewirkt wird. Der Untergang des Schmetterlings kann als Voraussetzung für einen Neuanfang gedeutet werden, für eine Neuinterpretation des Eigenen in der Erfahrung des Fremden.

Nicht die Reinheit eines abendländischen Weltbildes in der Abgrenzung etwa vom orientalischen Anderen bewirkt also in Goethes Augen eine Überwindung der Krise dieses europäischen Denkens und Handelns (die sich für ihn in den postrevolutionären Kriegen manifestiert). Das, was Goethe das Lebendige nennt, ist vielmehr durch einen ständigen Austausch mit dem Fremden gekennzeichnet. Der *West-östliche Divan* ist gerade deshalb eine der bedeutendsten Gedichtsammlungen der deutschen Literatur, weil er als **eingedeutschtes Fremdes** deren Grenzen erweitert und sich dem interkulturellen Austausch geöffnet hat.

Nicht zu verkennen ist freilich auch in dieser Sammlung die von uns bereits im Zusammenhang mit der Ballade »Der Gott und die Bajadere« beobachtete Tendenz Goethes, die fremden Bilder einer ästhetisierenden Intention zu unterwerfen und sie zu einer Verklärung des düsteren Eigenen zu verwenden. Somit verklärt er die schlechte westliche Realität mithilfe der orientalischen Bilderpracht. Die **Orientalisierung** des lyrischen Ich ist ein rein *ästhetisches* Phänomen, das eine unmittelbare Konfrontation mit dem Fremden vermeidet.

Trotz dieser Bedenken kann der *West-östliche Divan* als Goethes Vermächtnis angesehen werden. Die Gedichtsammlung weist auf das Neue, die bald kommende lyrische Moderne hin, bedient sich aber gleichzeitig in souveräner Manier der Traditionen der deutschen Lyrik, die im siebzehnten und achtzehnten Jahrhundert entwickelt wurden. Die Dialektik von Tradition und Erneuerung, die in diesem Band im Hinblick auf die Entwicklung dieser Lyrik nachgezeichnet wurde, manifestiert sich hier noch einmal in eindrucksvoller Weise. Die moderne Lyrik hat sich in der Auseinandersetzung mit diesen Traditionen und dem von uns beschriebenen Formenbestand herausgebildet.

Unterrichtshilfen

1 Didaktisch-methodische Aspekte

Anders als bei der Lyrik der Gegenwart, die oft auf den ersten Blick hermetisch wirkt und so einen Entschlüsselungsehrgeiz herausfordert, erscheinen viele Gedichte von der Barock- bis zur Goethezeit auf einer unmittelbaren Verständnisebene leicht zugänglich. Eine eingehendere Interpretation kann in den Augen von Schülern daher zu einer quälenden Pflichtübung werden, die zu Tage fördert, was eigentlich keiner wissen will. Um das Erkenntnisinteresse zu wecken, empfiehlt sich eine gegenüber neueren Gedichten genau umgekehrte Vorgehensweise: Es gilt nicht, das Fremde vertraut, sondern das scheinbar Vertraute fremd werden zu lassen.

So werden die Bilder des Kriegsgrauens in Gryphius' Gedichten nicht als Wiedergabe persönlicher Betroffenheit, sondern als rhetorisch durchgebildete Exemplifizierung einer religiösen Weltsicht deutlich. Die Erfahrung, ein erstes vorläufiges Textverständnis revidieren zu müssen, zwingt die Schüler zu einem Perspektivenwechsel, einer Grundvoraussetzung, historische Zusammenhänge herstellen zu können.

Auch das »Mailied« wird erst im historischen Kontext, d. h. hier im Zuge der Entwicklung hin zu einem individuellen lyrischen Sprechen, in seiner Besonderheit erkennbar. Vor dem Hintergrund von Markenbiografien erhält die Lenkung der Aufmerksamkeit auf einen persönlichen Ton große Bedeutung. Die Vielfalt der lyrischen Produktion Goethes, die in sich Gegensätzliches vereint (z. B. »Prometheus«, »Das Göttliche« etc.) konfrontiert die Schüler mit einer unabschließbaren Bewegung der Gedanken, Worte und Bilder, die dazu anleitet, mit Komplexität und Widersprüchlichkeit umgehen zu lernen und sie nicht gewaltsam durch Etikettierung zu reduzieren. Goethes Aneignung der Antike (»Römische Elegie V«) besticht durch ihre lebendige, sinnliche Frische, insofern er ihr nicht in musealer Distanz begegnet, sondern sie mit seinem eigenen (Er-)Leben in eine direkte Verbindung bringt.

Die Schillers Dichtung prägende Diskrepanz zwischen Ideal und Wirklichkeit, die selbst in deren scheinbarer Versöhnung immer durchscheint, ist von einer wieder zunehmenden Relevanz für eine jugendliche Wahrnehmung der Welt, sodass die auch bei vielen Literaturwissenschaftlern berüchtigte ›Lyrik‹ Schillers nicht auf unüberwindbare Verständnisbarrieren stoßen muss.

Moderne Betrachtungsperspektiven (Problematisierung des männlichen Herrschaftsanspruches über die Frau in »Der Gott und die Bajadere«, Narzissmus in »Der Fischer«) verschaffen den sowieso zugänglichen Balladen der Klassiker einen zusätzlichen Resonanzboden.

2 Themenvorschläge für Sequenzen und Unterrichtsreihen

Die Lyrik des siebzehnten und achtzehnten Jahrhunderts lässt sich didaktisch auf unterschiedliche Art für Unterrichtsreihen aufbereiten. Die folgende Übersicht stellt in exemplarischer Form thematische Verknüpfungsmöglichkeiten für die in den Einzelinterpretationen ausführlicher behandelten Gedichte dar.

Autor	Gedichttitel	Didaktische und thematische Aspekte	Weitere Verknüpfungsmöglichkeiten
Martin Opitz (Kap. 1.2.1)	»Ach Liebste, laß vsn eilen«	Rhetorische Überformung des Gedichtes, erotische Wendung des memento-mori-Gedankens	Geschichte erotischer Lyrik, Eros und Thanatos
Paul Fleming (Kap. 1.2.2)	»Grabschrifft«	Autarkie des dichtenden Menschen	Gesellschaftliche Stellung des Künstlers im Barock u. a. Epochen
Andreas Gryphius (Kap. 1.2.3)	»Threnen des Vatterlandes«	Leid des Menschen als Beleg seiner Gottesferne	Literarische Darstellungen des Krieges, Gotteserfahrung im Zeitalter des Barock und im Spiegel seiner Literatur
Andreas Gryphius (Kap. 1.2.4)	»Es ist alles eitell«	Vergänglichkeit als existenzielle menschliche Erfahrung	Vergänglichkeit als Thema der Literatur, Porträt von Gryphius
Christian Hoffmann v. Hoffmannswaldau (Kap. 1.2.5)	»Vergänglichkeit der Schönheit«	Parodierung des *vanitas*-Motivs, Manierismus, Allegorie als Stilmittel	Manierismus als literarisches und künstlerisches Phänomen, die *carpe diem*-Tradition
Barthold Hinrich Brockes (Kap. 2.2.1)	»Gedanken bei der Section eines Körpers«	Vereinbarkeit naturwissenschaftlicher und religiöser Paradigmen, Brockes als Grenzgänger zwischen Barock und Aufklärung	Wertigkeit menschlicher Körperlichkeit im literarischen Bewusstsein, Naturwissenschaft und Literatur
Friedrich von Hagedorn (Kap. 2.2.2)	»Die Alster«	Gleichzeitigkeit von bürgerlichem Selbst- bzw. Standesbewusstsein und sinnlicher Lebensfreude, Mittelbarkeit der Naturbegegnung	Literarische Formulierungen der Lebenslust, Naturdichtungen (Brockes, Haller, Klopstock, Goethe)

Autor	Gedichttitel	Didaktische und thematische Aspekte	Weitere Verknüpfungsmöglichkeiten
Johann Wilhelm Ludwig Gleim (Kap. 2.2.3)	»Bei Eröffnung des Feldzuges. 1756«	Kriegsbegeisterung als Ungenügen am tändelnden Spiel der Anakreontik, unreflektierte Vaterlandsliebe	Autoren und ihre Haltung zum Krieg (z. B. G. Heym, W. Borchert, P. Handke, H. M. Enzensberger)
Friedrich Gottlieb Klopstock (Kap. 2.2.4)	»Der Zürchersee« (Auszüge)	Naturbeschreibung als Selbstdefinition, religiös-erhabene Bildlichkeit in der Darstellung seelischer Befindlichkeiten	Klopstock in seiner literaturgeschichtl. Rolle, Freundschaft in der Literatur (z. B. Schiller, Hölderlin, Hesse)
Friedrich Gottlieb Klopstock (Kap. 2.2.5)	»Kennet euch selbst«	Reaktionen dt. Dichter auf die Franz. Revolution (Klopstock, Goethe, Schiller)	Bilder Deutschlands und der Deutschen (Klopstock, Heine)
Goethe (Kap. 3.2.1)	»Mir schlug das Herz, geschwind zu Pferde«	Sturm und Drang zwischen Selbststilisierung und Selbstverzweiflung	Der Goethe des Sturm und Drang, Goethes Naturauffassung
Goethe (Kap. 3.2.2)	»Mailied«	Individualisierung des Naturerlebnisses, Wirkung von Spontaneität als Resultat künstlerischen Kalküls	Die Geliebte als Inspirationsquelle des Künstlers, Unmittelbarkeit der Literatur (Naturalismus, Dadaismus, Expressionismus)
Goethe (Kap. 3.2.3)	»Prometheus«	Lit. Anverwandlung eines Mythos, Prometheus als Projektionsfigur für Goethes künstlerisches Selbstverständnis	Prometheus in der deutschen Literatur, Facetten des Genie-Begriffs im Sturm und Drang, Goethes Hymnen
Goethe (Kap. 3.2.4)	»Ganymed«	Pantheismus, Liebe und Gegenliebe, die enge Verbindung des Genies zu einem höheren Sein	Götterlieblinge, literarischer Pantheismus, Goethes Gottes- bzw. Vaterbild
Goethe (Kap. 3.2.5)	»Auf dem See«	Goethes Anknüpfung an Klopstock, Darstellung eines Reifungsprozesses, verborgene Brüche	Goethe zwischen Sturm und Drang und Klassik

Autor	Gedichttitel	Didaktische und thematische Aspekte	Weitere Verknüpfungsmöglichkeiten
Goethe (Kap. 4.2.1)	»Das Göttliche«	Mensch und Gott, Abwertung der Natur, ethische Dimensionierung menschl. Lebens	Goethes Naturauffassung, Verpflichtung des Menschen zum Guten? (z. B. Kant, Nietzsche, Th. Mann, Watzlawick, T. Dorst)
Goethe (Kap. 4.2.2)	»Natur und Kunst«	Goethes klassische Poesie-Konzeption Anverwandlung der Form des Sonetts	Geschichte des Sonetts (Barock, Klassik, Expressionismus), literaturgeschichtliche Prominenz des Begriffspaars Natur – Kunst
Schiller (Kap. 4.2.3)	»Der Tanz«	Tanz als Veranschaulichung einer Harmonie von Individualität und allgemeiner Ordnung, Schillers Zweifel an der Kompatibilität der Welten des Spiels und des Handelns	Schillers Ästhetik (ÄSTH. ERZIEHUNG, ÜBER DAS ERHABENE), Tanz als literarisches Motiv (Schiller, Nietzsche, Expressionismus)
Schiller (Kap. 4.2.4)	»Nänie«	Vergänglichkeit der Schönheit, Ideal und Wirklichkeit, Metatheorie der Poesie	Vergänglichkeit als literarisches Motiv (Barock, Hofmannsthal, Heym, Benn) Geschichte der Elegie, Schillers Erhabenheitstheorie
Goethe (Kap. 5.2.1)	»Der Fischer«	Verknüpfung von Thanatos und Eros, Narzissmus des Fischers, Rache der Natur	Die *femme fatale* in der dt. Literatur (Heine, Wedekind, H. Mann), Naturballaden
Goethe (Kap. 5.2.2)	»Erlkönig«	Ungenügen einer rationalist. Naturbetrachtung, Natur als Projektionsfläche menschl. Befindlichkeiten, repressiver Umgang mit erwachenden sexuellen Wünschen	Pubertätskonflikte (z. B. Wedekind, Torberg, Rothmann)
Goethe (Kap. 5.2.3)	»Der Gott und die Bajadere. Indische Legende«	Ideale Verschmelzung sinnlicher und	Goethes Anverwandlung fremdländischer

Autor	Gedichttitel	Didaktische und thematische Aspekte	Weitere Verknüpfungsmöglichkeiten
		geistiger Liebe, patriarchalisches Herrschaftsverhältnis zwischen den Liebenden, Goethes Eurozentrismus	Kultur (vgl. *West-östlicher Divan*), Götter und Menschen (z. B. Schiller, Hölderlin, G. Heym, Brecht)
Schiller (Kap. 5.2.4)	»Der Handschuh. Erzählung«	Rebellion gegen die höfische Etikette, Nutzlosigkeit der heroischen Tat als Spiegel von Schillers Zweifel an einem unmittelbaren Einfluss des Ideals auf die empirische Wirklichkeit	Die höfische Gesellschaft (z. B. Lenz, Goethe, Jean Paul, Keller), Schillers Idealismus
Goethe (Kap. 6.2.1)	»An den Mond«	*sentimentalische* Melancholie des Olympiers Goethe, Parallelen zwischen dem **Nebelglanz** des Mondes und der Kunst	Schillers Begriffe des *Sentimentalischen* und *Naiven*, Gedichte als ihre eigene Metatheorie (z. B. Schiller, Hölderlin, Benn, Celan, Huchel, Grünbein)
Goethe (Kap. 6.2.2)	»Wandrers Nachtlied«	Vergänglichkeit, Sehnsucht des Menschen nach der Natur als einem Versprechen absoluter Entspanntheit	Natur und Tod bei Goethe
Goethe (Kap. 6.2.3)	»Mignon«	romantische Italiensehnsucht aus einem Gefühl der Entfremdung	Italienbilder Goethes und der Romantiker
Goethe (Kap. 6.2.4)	»Römische Elegie (V)«	Synthese von sinnlicher Liebeserfahrung und unmittelbarer Begegnung mit der Antike, bewusstes Aufgreifen eines antiken Versmaßes	Antikenrezeption (Romantik, Klassik, Moderne), Sinnlichkeit in der dt. Literatur (Barock, Rokoko, Sturm und Drang, Klassik)

Die folgende Übersicht vermittelt einen Eindruck von den Möglichkeiten, einzelne Gedichte in epochenübergreifende Reihen einzugliedern.

Thematischer Gegenstand	**Vorschläge zur Textauswahl (Titel in Kurzfassung)**
Eine kurze Geschichte der Lyrik vom Barock bis zur Goethezeit	Gryphius, »Threnen des Vatterlandes« (1.2.3); Brockes, »Section eines Körpers« (2.2.1); Hagedorn, »Die Alster« (2.2.2); Goethe »Mailied« (3.2.2); Goethe, »Natur und Kunst« (4.2.2); Schiller »Nänie« (4.2.4); Goethe, »Römische Elegie (V)« (6.2.4)
Natur und Kunst	Goethe, »Mailied« (3.2.2); Goethe »Natur und Kunst« (4.2.2); Schiller, »Der Tanz« (4.2.3); Schiller, »Nänie« (4.2.4); Goethe, »Der Gott und die Bajadere« (5.2.3); Goethe, »An den Mond« (6.2.1); Goethe, »Römische Elegie (V)« (6.2.4)
Mensch und Gott/Götter	Paul Fleming, »Grabschrifft« (1.2.2); Andreas Gryphius, »Threnen des Vatterlandes« (1.2.3); ders., »Es ist alles eitell« (1.2.4); Brockes, »Section eines Körpers« (2.2.1); Klopstock, »Zürchersee« (2.2.4); Goethe, »Prometheus« (3.2.3); Goethe, »Ganymed« (3.2.4); Goethe, »Das Göttliche« (4.2.1); Goethe, »Der Gott und die Bajadere« (5.2.3)
Eine Geschichte der Konstitution des Ich	Paul Fleming, »Grabschrifft« (1.2.2); Gryphius, »Es ist alles eitell« (1.2.4); Hoffmannswaldau, »Vergänglichkeit der Schönheit« (1.2.5); Brockes, »Section eines Körpers« (2.2.1); Hagedorn, »Alster« (2.2.2); Klopstock, »Zürchersee« (2.2.4); Goethe, »Mailied« (3.2.2); Goethe, »Prometheus« (3.2.3); Goethe, »Ganymed« (3.2.4); Goethe, »Das Göttliche« (4.2.1); Goethe, »An den Mond« (6.2.1); Goethe, »Römische Elegie (V)« (6.2.4)
Natur	Hagedorn, »Alster« (2.2.2); Klopstock, »Zürchersee« (2.2.4); Goethe, »Mir schlug das Herz« (3.2.1); Goethe, »Mailied« (3.2.2); Goethe, »Ganymed« (3.2.4); Goethe, »Auf dem See« (3.2.5); Goethe, »Das Göttliche« (4.2.1); Goethe, »Der Fischer« (5.2.1); Goethe, »Erlkönig« (5.2.2); Goethe, »An den Mond« (6.2.1)
Mythos/Antike	Hagedorn, »Alster« (2.2.2); Gleim, »Eröffnung des Feldzuges« (2.2.3), Klopstock, »Zürchersee« (2.2.4); Goethe, »Prometheus« (3.2.3); Goethe, »Ganymed« (3.2.4); Schiller, »Nänie« (4.2.4); Goethe, »Römische Elegie (V)« (6.2.4)

Thematischer Gegenstand	Vorschläge zur Textauswahl (Titel in Kurzfassung)
Metapoesie/ Künstlerselbstverständnis	Paul Fleming, »Grabschrifft« (1.2.2); Klopstock, »Zürchersee« (2.2.4); Goethe, »Mailied« (3.2.2); Goethe, »Prometheus« (3.2.3); Goethe, »Ganymed« (3.2.4); Schiller, »Nänie« (4.2.4); Goethe, »An den Mond« (6.2.1); Goethe, »Römische Elegie (V)« (6.2.4)
Gefährdung des Ich/Melancholie	Gryphius, »Threnen des Vatterlandes« (1.2.3); Gryphius, »Es ist alles eitell« (1.2.4); Goethe, »Mir schlug das Herz« (3.2.1); Goethe, »Auf dem See« (3.2.5); Goethe, »Fischer« (5.2.1); Goethe, »Erlkönig« (5.2.2); Goethe, »An den Mond« (6.2.1); Goethe, »Wandrers Nachtlied« (6.2.2); Goethe, »Mignon« (6.2.3)
Körperlichkeit und Sinnlichkeit	Opitz, »Ach Liebste« (1.2.1); Hoffmannswaldau, »Vergänglichkeit der Schönheit« (1.2.5); Brockes, »Section eines Körpers« (2.2.1); Hagedorn, »Die Alster« (2.2.2); Goethe, »Mir schlug das Herz« (3.2.1); Goethe, »Mailied« (3.2.2); Goethe, »Ganymed« (3.2.4); Schiller, »Der Tanz« (4.2.3); Goethe, »Erlkönig« (5.2.2); Goethe, »Gott und Bajadere« (5.2.3); Goethe, »Römische Elegie (V)« (6.2.4)
Vergänglichkeit	Opitz, »Ach Liebste« (1.2.1); Paul Fleming, »Grabschrifft« (1.2.2); Gryphius, »Threnen des Vatterlandes« (1.2.3); Gryphius, »Es ist alles eitell« (1.2.4); Hoffmannswaldau, »Vergänglichkeit der Schönheit« (1.2.5); Brockes, »Section eines Körpers« (2.2.1); Gleim »Eröffnung des Feldzuges« (2.2.3); Schiller, »Nänie« (4.2.4); Goethe, »Fischer« (5.2.1); Goethe, »Erlkönig« (5.2.2); Goethe, »Gott und Bajadere« (5.2.3); Goethe, »Wandrers Nachtlied« (6.2.2)
Politik/Gesellschaft	Gryphius, »Threnen des Vatterlandes« (1.2.3); Gleim, »Eröffnung des Feldzuges« (2.2.3); Klopstock, »Kennet euch selbst« (2.2.5); Goethe, »Prometheus« (3.2.3); Schiller, »Handschuh« (5.2.4)

3 Unterrichtssequenz für die Sekundarstufe II

Die folgende Unterrichtssequenz ist dem Leitgedanken verpflichtet, die Gedichte in historische Entwicklungszusammenhänge einzuordnen. Sie ist daher auf die Sekundarstufe I nicht übertragbar, was eine frühe Thematisierung einzelner der interpretierten Gedichte keineswegs ausschließt.

Es wäre eine unzumutbare Überforderung, wollte man die Schüler/innen in einem Parforceritt durch zwei Jahrhunderte deutscher Dichtung in all ihren unzähligen Facetten hetzen. Um trotzdem eine Kontextualisierung der Epochen zu erreichen, bietet sich ein Vorgehen behutsamer Verzahnung an. So könnte man zusätzlich zur Lyrik des siebzehnten Jahrhunderts die Gedichte Brockes', Klopstocks (»Zürchersee«) und Hagedorns besprechen, um Konstanten und Entwicklungslinien zu erarbeiten. In einer weiteren Reihe müssten diese Gedichte der beginnenden Aufklärung, des Rokoko und der Empfindsamkeit wiederum in einen Zusammenhang mit der Lyrik des Sturm und Drang gebracht werden. Wollte man den Übergang vom Sturm und Drang zur Klassik veranschaulichen, böte sich entweder an, vom »Mailied« ausgehend (über »Auf dem See«) zu den klassischen Formulierungen der Wechselbeziehung zwischen Natur und Kunst zu gelangen, oder aber die unterschiedlichen Haltungen Goethes zu den Göttern bzw. dem Göttlichen in den Blick zu nehmen. Die Balladendichtung Goethes und Schillers führt zurück zu den Bedingungen ihrer Annäherung und Koalition, die sich an den Gedichten »Natur und Kunst« sowie »Nänie« gut nachvollziehen lassen.

Die übrigen hier angeführten Gedichte der Weimarer Klassik sind in Reihen mit übergeordneten thematischen Gesichtspunkten zu integrieren.

Die für den Leistungskurs vorgesehenen Stunden (insgesamt 5 LK-Addita, d.h. 8 Stunden) sind als Ergänzung zur Grundkurssequenz (die insgesamt 13 Stunden umfasst) gedacht.

Verwendete Abkürzungen:

GA = Gruppenarbeit
GK = Grundkurs
KRef = Kurzreferat
LK = Leistungskurs
SV = Schülervortrag
LV = Lehrervortrag
PA = Partnerarbeit
PRO = Produktionsorientierte Themen- oder Aufgabenstellung
UG = Unterrichtsgespräch
StA = Stillarbeit
TA = Tafelanschrieb

Stunden	Thema	Didaktische Aspekte (Inhalte/Ziele)
1. GK	Rhetorische Verwendung menschlicher Leiderfahrung: Andreas Gryphius, »Threnen des Vatterlandes«	1. Grauen vor dem 30-jährigen Krieg in unterschiedlichen Darstellungsweisen 2. Gryphius' Verzicht auf Unmittelbarkeit in der Schilderung der Kriegsereignisse 3. rhetorischer Charakter des Dichtens bei Gryphius (Aufbau: These mit anschließenden Beispielen) 4. Sonett 5. Leid des Menschen als Exemplifizierung seiner Gottesferne
2. GK	Vielfalt der Lebensauffassungen innerhalb des Barock: Andreas Gryphius, »Es ist alles eitell«; Paul Fleming, »Grabschrifft«	1. Grabinschriften als Deutungen des eigenen Lebens 2. Gryphius' Mahnung einer Hinwendung zu Gott als einzigen Weges aus menschlichem Elend 3. der Begriff der Eitelkeit als Kristallisationspunkt der antithetischen Struktur des Gryphius-Gedichtes 4. Flemings Ideal der Autarkie des dichtenden Menschen als Gegenpol zu Gryphius' Verflüchtigung seines künstlerischen Ichs

LK-Additum 1

Stunden	Thema	Didaktische Aspekte (Inhalte/Ziele)
1. LK	Raffiniertes und parodierendes Spiel mit den überkommenen Regeln barocker Dichtung: Hoffmannswaldau, »Vergänglichkeit der Schönheit«	1. Übereinstimmung Hoffmannswaldaus mit Gryphius' *vanitas*-Motiv bis zur überraschenden Pointe im letzten Vers 2. parodierende Absicht Hoffmannswaldaus 3. Deutung der Schlusszeile im Sinne von Flemings »Grabschrifft« 4. Eine alternative Deutung der Schlusszeile: Umdeutung der *vanitas*-Mahnung in eine Mahnung zu größerer Bereitwilligkeit in eroticis: Verschärfung des parodistischen Gesamttons

Methodische Realisierung/ Verlauf	Hausaufgabe
1. Lektüre des Gedichtes ohne das letzte Terzett, direkt im Anschluss Lektüre eines Auszugs aus Alfred Döblins *Wallenstein* (Mat. 1) Einstieg: Vergleichen Sie die Kriegsdarstellung in dem Gedicht und in dem Prosatext. 2. UG (Konzentration auf das Gedicht): Wer ist mit **wir** gemeint? Warum sagt Gryphius nicht **ich**? 3. PA: a. Gliedern Sie das Gedicht. Wie ist es aufgebaut? b. Bestimmen Sie das Metrum. 4. UG: Wenn es dem Dichter nicht um den unmittelbaren Ausdruck seines Leids geht, worum geht es ihm dann? (Diktat der letzten drei Verse als Grundlage zur Beantwortung der Frage) 5a. KRefs: Dreißigjähriger Krieg, Barockliteratur, Barock in der Kunst 5b. (A): Gedichtvortrag (Videoclip) in zwei Varianten: Kriegsschilderung mit dem Pathos unmittelbarer Betroffenheit oder aus der Distanz eines Hinweisens auf Gott	PRO: Schreiben Sie einen Dialog zwischen Döblin und Gryphius über den Krieg.
1. Einstieg: titel- und autorlose Lektüre beider Gedichte. Welches der beiden Gedichte ist als Grabinschrift vorstellbar? 2. UG: Worin besteht die Gemeinsamkeit der Gryphius-Gedichte »Es ist alles eitell« und »Threnen des Vatterlandes«? Welche Unterschiede gibt es? Was genau ist mit **Eitelkeit** gemeint? 3. StA: Mit welchen stilistischen Mitteln veranschaulicht Gryphius dem Leser die **Eitelkeit**? Beschreiben Sie den rhetorischen Aufbau des Gedichtes. 4. UG, TA: Warum könnte Gryphius nicht der Autor der »Grabschrifft« sein? 5. UG: Inwiefern ist auch Flemings Lebenshaltung eine Reaktion auf die Umstände seiner Zeit?	Interpretieren Sie schriftlich eines der beiden Gedichte.

Methodische Realisierung/ Verlauf	Hausaufgabe
1. Einstieg: Lektüre des autorlosen Gedichtes. Kann Gryphius der Autor des Gedichtes sein? 2. UG: Wie würde Gryphius auf das Gedicht Hoffmannswaldaus reagieren? 3. StA: Vergleichen Sie den letzten Vers mit Flemings »Grabschrifft«. 4. UG: Assoziationen zu ›Herz aus Diamant‹. Welche alternative Deutung des Schlussverses ist denkbar? 5a. – StA: Vergleichen Sie »Vergänglichkeit der Schönheit« mit Opitz' »Ach, Liebste, laß uns eilen« a. inhaltlich und b. im Hinblick auf die Bilder.	Worin besteht Hoffmannswaldaus Manierismus? (A) PRO: Verfassen Sie Assoziationen Hoffmannswaldaus zu Flemings »Grabschrifft«.

Stunden	Thema	Didaktische Aspekte (Inhalte/Ziele)
1. LK		5. Allegorie als typisches Stilmittel des Barock 6. Hofmannswaldau als ein Vertreter des literarischen Manierismus
2. LK	Grenzgänge zwischen Barock und Aufklärung: Barthold Hinrich Brockes, »Gedanken bei der Section eines Körpers«	1. Brockes' Etablierung einer naturwissenschaftlichen Sicht als Überwindung des Ekels vor dem vergänglichen Leib 2. Brockes' barocke Demutsgeste vor Gott mittels einer nichtbarocken, auf naturwissenschaftlicher Erkenntnis beruhenden Begeisterung für die Schönheit und Zweckmäßigkeit des Diesseits 3. Verkapselung der Berufung auf die Naturwissenschaft gegen eine religionskritische Verwendung

GK – Fortsetzung

Stunden	Thema	Didaktische Aspekte (Inhalte/Ziele)
3. GK	Vorrang der Seelen- vor der Naturbeschreibung: Friedrich Gottlieb Klopstock, »Der Zürchersee« (Auszüge)	1. Spiegelung und Potenzierung der schönen Natur in der sie betrachtenden schönen Seele 2. Vorrang der Seelen- vor der Naturbeschreibung 3. religiöse Konnotation der empfindenden Seele 4. Selbstermächtigung der Seele zur Umschiffung der sie umgebenden Natur/Klimax gegenüber erster Strophe 5. Von Brockes zu Klopstock: Verlagerung von der Bewunderung Gottes zu einer Bewunderung der empfindenden Seele

Methodische Realisierung/ Verlauf	Hausaufgabe
– KRef: Zum Begriff des Manierismus – UG: Inwiefern zeigt sich in Hoffmannswaldaus Verwendung der Bilder sein Manierismus? 5b. GA (A): Schreiben Sie eine Parodie zu Flemings Grabinschrift und setzen Sie sie darstellerisch um.	
1. Einstieg: Assoziationen zu dem Gedichttitel »Gedanken bei der Section eines Körpers« 2. UG: Vergleichen Sie Brockes' Gedicht mit den Assoziationen. Welche Gefühlsregungen werden in dem Gedicht thematisiert und wie werden sie begründet? 3. GA zu folgenden Arbeitsaufträgen: a. Stellen Sie sich vor, Gryphius läse am Abend Brockes' Gedicht. Geben Sie seine Empfindungen auf eine von Ihnen selbst gewählte Art wieder. b. Stellen Sie sich vor, Hoffmannswaldau läse am Abend Brockes' Gedicht. c. Benn schrieb zu Beginn des 20. Jahrhunderts das Gedicht »Schöne Jugend«. Stellen Sie sich vor, er läse Brockes' Gedicht. d. Stellen Sie sich vor, Sie wären zusammen mit einem anderen Freund regelmäßig bei einem Anatomen zu Besuch. An einem Abend lesen Sie das Gedicht, das schon immer in einem Rahmen an der Wand hing: Brockes' »Gedanken bei der Section eines Körpers«. PRO: Schreiben Sie ein Gespräch der drei Freunde. 4. Vorstellung der GA-Ergebnisse, wobei die Zuhörer als Brockes oder Gryphius etc. Fragen stellen können.	Erläutern Sie Brockes' literaturgeschichtliche Stellung als Grenzgänger zwischen Barock und Aufklärung, indem sie sein Gedicht mit Texten aus Barock und/oder Aufklärung vergleichen.

Methodische Realisierung/ Verlauf	Hausaufgabe
1. Einstieg: OHP-Folie mit der ersten Strophe: Themen, Sprache, Bedeutung des Komparativs, Erwartungen der Schüler formulieren lassen 2./3. Lektüre des vollständigen Gedichtes PA: a. Unterstreichen Sie mit unterschiedlichen Farben die Seelen- und Naturbeschreibungen. b. Unterstreichen Sie alle Belege religiösen Sprechens oder Anklänge daran. Auswertung. 4. UG: Vergleichen Sie die letzte Strophe mit der ersten. 5. UG: Vergleichen Sie Klopstocks Gedicht mit den »Gedanken bei der Section eines Körpers«.	Erläutern Sie die Religiosität in Klopstocks »Zürchersee«.

LK-Additum 2

Stunden	Thema	Didaktische Aspekte (Inhalte/Ziele)
3. LK	Goethes Anknüpfung an Klopstock: »Auf dem See«	1. unmittelbare Bezugnahme Goethes auf Klopstocks Freundschaftskult und Beseelung der Natur 2. individuelle Wahrnehmung der Natur bei Goethe 3. Widerspiegelung eines menschlichen Reifungsprozesses 4. Lacans Spiegelstadium als Interpretationsfolie
4. LK	Lyrische Schlachtgesänge: Johann Wilhelm Ludwig Gleim, »Bei Eröffnung des Feldzuges. 1756«; Friedrich Gottlieb Klopstock, »Kennet euch selbst«	1. Inanspruchnahme der Lyrik für politische Anliegen 2. unreflektierte Vaterlandsbegeisterung Gleims 3. Klopstocks Bewunderung Frankreichs für den Kampf um die Freiheit 4. Klopstocks Aufforderung zur Gewalt mit Blick auf eine friedlichere, glücklichere Zukunft

GK – Fortsetzung

Stunden	Thema	Didaktische Aspekte (Inhalte/Ziele)
4. GK	Rokoko: Friedrich von Hagedorn, »Die Alster«	1. Beschwörung von Lebensfreude 2. eine durch literarische Topoi vermittelte Naturdarstellung 3. Verbürgerlichung der Feier des Diesseits 4. Widerspiegelung heiterer Geselligkeit im Rhythmus des Gedichts
5. GK	Die Individualisierung lyrischen Sprechens: Johann Wolfgang von Goethe, »Mailied«	1. Vermenschlichung der Natur und Naturhaftigkeit des Menschen 2. Persönlichere und unmittelbarere Begegnung mit Natur und Geliebter als bei Hagedorn 3. Widerspiegelung der Unmittelbarkeit des Sprechens im Rhythmus des Gedichtes 4. Selbstreflexion künstlerischen Tuns als Gegenbewegung zum Eindruck unbegrenzter Spontaneität: die Wirkung von Spontaneität als Ergebnis künstlerischen Kalküls

Methodische Realisierung/ Verlauf	Hausaufgabe
1. Einstieg: Vorlesen der Szene aus dem *Werther*, in der der Name Klopstocks eine Seelengemeinschaft zwischen Werther und Lotte stiftet; Schüleräußerungen 2. SV: Vortrag des Gedichts »Auf dem See« 3. UG: Ähnlichkeiten und Unterschiede zu Klopstocks »Zürchersee« 4. PA: Gliederung des Gedichts, Charakterisierung der einzelnen Strophen 5. UG: Lektüre und Diskussion einer modernen Interpretation des Gedichtes (Mat. 2)	Lernen Sie »Bei Eröffnung des Feldzuges. 1756« oder »Kennet euch selbst« auswendig (pro Schüler/in 6–8 Zeilen, genaue Festlegung durch die Lehrkraft).
1. Einstieg: LV: Siebenjähriger Krieg, Gleims anakreontische Vergangenheit, Klopstocks Bezugnahme auf die Französische Revolution 2. GA: Erarbeitung einer szenischen Darstellung eines der beiden Gedichte 3. Vorführung und Besprechung 4. UG: Gegenüberstellung Klopstocks und Gleims (TA)	Interpretieren Sie schriftlich eines der beiden Gedichte.

Methodische Realisierung/ Verlauf	Hausaufgabe
1. SV: Vortrag des Gedichts 2. UG: Wie stellen Sie sich den Schreiber des Gedichtes vor? 3. PA: Wie werden Natur und Mensch beschrieben? Wer spricht? Was erfährt man über den/die Sprechenden? 4. UG: Vergleichen Sie »Die Alster« mit Klopstocks »Zürchersee« und Brockes »Section eines Körpers«. 5. KRef: Literarisches Rokoko	Charakterisieren Sie Hagedorn als Vertreter des Rokokos. Beziehen Sie den Rhythmus des Gedichtes in Ihre Überlegungen mit ein.
1. SV: Vortrag des Gedichts 2. UG: Würde einem Verliebten Goethes »Mailied« oder »Die Alster« besser gefallen? 3. StA: Wie werden Mensch und Natur im »Mailied« beschrieben? 4. UG: Wie verhält sich die letzte Strophe zum übrigen Gedicht? Welches neue Thema wird angeschlagen? 5. Inwiefern handelt es sich beim »Mailied« um ein spontan verfasstes Gedicht oder nicht?	Untersuchen Sie die metrisch-rhythmische Struktur des Gedichts. (A) PRO: Schreiben Sie das »Mailied« in einen Song um.

Stunden	Thema	Didaktische Aspekte (Inhalte/Ziele)
6. GK	Das Überspielen seelischer Not: Johann Wolfgang von Goethe, »Mir schlug das Herz, geschwind zu Pferde«	1. die innere Situation des lyrischen Ichs 2. Spiegelung existenzieller Verunsicherung in der Wahrnehmung der Natur und im Verhältnis zur Geliebten 3. Kontrast zum Einssein des lyrischen Ichs mit sich selbst im »Mailied« 4. die beiden Schlussverse als selbstbeschwörende Umdeutung der inneren Situation des lyrischen Ichs 5. Unkenntlichmachung der inneren Verstörung in der späteren Fassung
7./8. GK	Arbeit am Mythos: Johann Wolfgang von Goethe, »Prometheus«; »Ganymed«	1. Zeus als tyrannischer Unterdrücker (»Prometheus«) und **alliebender Vater** (Ganymed) 2. Prometheus als Verkörperung des rebellischen Künstler-Genies im Sturm und Drang 3. Ganymed als Verkörperung des Götterlieblings, der diese Liebe selbst erzwingt 4. Prometheus und Ganymed als zwei Facetten eines Genies: Rebellion gegen alle Zwänge und Bewusstsein eigener Übereinstimmung mit einem höheren Sein

LK-Additum 3

Stunden	Thema	Didaktische Aspekte (Inhalte/Ziele)
5. LK	Goethes Misstrauen gegen die Natur in seinem Gedicht »Das Göttliche«	1. Ehrfurcht vor den Göttern und ihrer Unerkennbarkeit 2. Unempfindlichkeit des Natürlichen für das Moralische 3. Abgrenzung des auf das Moralische verpflichteten Menschen von dem nur Natürlichen 4. Unterordnung des Menschen unter das ethische Ideal als ein Akt der Selbstbestimmung, nicht als eine bedingungslose Unterordnung unter das Göttliche 5. Schwierigkeiten des gegenwärtigen Menschen mit moralischem Pathos

Methodische Realisierung/ Verlauf	Hausaufgabe
1. Einstieg: Lektüre des Gedichts ohne die beiden Schlussverse; Imagination einer Rollenbiografie des lyrischen Ichs in der Gegenwart 2. PA: a. Welche Gefühle hat das lyrische Ich gegenüber der Natur? b. Welche Gefühle hat das lyrische Ich gegenüber der Geliebten? 3. UG: Vergleichen Sie das lyrische Ich in »Mir schlug das Herz, geschwind zu Pferde« mit dem im »Mailied«. 4. PRO: Schreiben Sie zwei Schlusszeilen zu Goethes Gedicht. Diktat der originalen Schlusszeilen. UG: Passen die beiden Schlusszeilen zu dem Gedicht? Begründen Sie Ihre Meinung. 5. Lektüre der zweiten Fassung. UG: Vergleichen Sie die frühe Gedichtfassung (S. 83 f. dieses Bandes) mit der späten (Mat. 3). Welche Tendenz liegt der Änderung zugrunde?	Lesen Sie »Prometheus«, »Ganymed« sowie zwei Lexikonartikel zu den beiden mythischen Figuren. Bereiten Sie sich darauf vor, eines der beiden Gedichte vortragen zu können (nicht auswendig).
1. Einstieg (SV): Vortrag beider Gedichte 2. UG: Stammen »Prometheus« und »Ganymed« von demselben Autor? Begründen Sie Ihre Meinung. 3. GA zu folgenden Arbeitsaufträgen: a. Charakterisieren Sie Zeus in beiden Gedichten. b. Charakterisieren Sie das lyrische Ich in »Prometheus« sowie seine Art des Sprechens. c. Charakterisieren Sie das lyrische Ich in »Ganymed« sowie seine Art des Sprechens. d. Welche Züge des Prometheus-Mythos greift Goethe auf, welche lässt er weg? Was interessiert Goethe an Prometheus? e. Welche Züge des Ganymed-Mythos greift Goethe auf, welche lässt er weg? Was interessiert Goethe an Ganymed? 4. UG: Auswertung der GA 5. LV: Der Geniebegriff im Sturm und Drang 6. Inwiefern spiegeln sich im »Prometheus« und im »Ganymed« Genievorstellungen wider?	Interpretieren Sie schriftlich eines der beiden Gedichte.

Methodische Realisierung/ Verlauf	Hausaufgabe
1. Einstieg: Mit welchen Gefühlen läse Goethes Prometheus »Das Göttliche«? 2. UG: Welche Attribute werden dem Göttlichen zugeschrieben? 3. StA: Entspricht das Naturverständnis in diesem Gedicht dem Ganymeds? UG: Wie wird der Mensch von der Natur abgegrenzt? 4. StA: Wie ist das Verhältnis zwischen dem Menschen und dem Göttlichen? 5a. PRO: Schreiben Sie eine parodierende Fortführung der ersten Strophe.	Erläutern Sie Goethes Haltung zum Göttlichen (an mehr als einem Gedicht).

Stunden	Thema	Didaktische Aspekte (Inhalte/Ziele)
5. LK		
GK – Fortsetzung		
9. GK	Goethe, »Natur und Kunst«	1. Goethes gleichnamiges Sonett als Formulierung einer gegenseitigen Steigerung von Natur und Kunst 2. Veranschaulichungen eines Zusammenwirkens von Natur und Kunst 3. das Gedicht als praktische Umsetzung seiner eigenen Poetik 4. Wandlungen in Goethes Einschätzung des Verhältnisses von Natur und Kunst
10. GK	Natur und Kunst bei Schiller: »Nänie«	1. Mythische Figuren als Exempel der These vom unvermeidlichen Untergang des Schönen in der Wirklichkeit 2. »Nänie« als elegische Klage über das Klagen: das Gedicht als seine eigene Metatheorie 3. Kunst (Gesang) als einzige (trügerische?) Versöhnung mit einer heillosen Wirklichkeit (stärkere Akzentuierung dieser Diskrepanz bei Schiller als bei Goethe) 4. Abweichung von der Hoffnung der *Ästhetischen Briefe*, durch die Kunst werde der Mensch auf eine Verwirklichung des Ideals vorbereitet
11. GK	Ehrenkodex der höfischen Gesellschaft als grausame Entstellung des Gedankens von der intelligiblen Freiheit des Menschen: Schiller, »Der Handschuh. Erzählung«	1. überraschendes Ende der Ballade 2. menschenverachtende Haltung der höfischen Gesellschaft gegenüber der menschenehrenden Haltung in der Gemeinschaft der Götter (»Nänie«) 3. Mut des Ritters gegenüber den wilden Tieren als Behauptung intelligibler Freiheit gegenüber der Übermacht des Sinnlichen 4. Abkehr des Ritters von der höfischen Gemeinschaft, die ein hohes Ideal einer niedrigen Gesinnung dienstbar macht

Methodische Realisierung/ Verlauf	Hausaufgabe
5b. (A): Lektüre eines Auszugs aus Watzlawicks *Anleitung zum Unglücklichsein* (Mat. 4) UG: Auf welche Problematik im Umgang mit den Gedanken des Goethe-Gedichts weist Watzlawick hin?	
1. Einstieg: Bilden Sie einen Satz, in dem die Begriffe Natur und Kunst vorkommen. – Lektüre des Gedichts – UG: Welche Begriffe sind dem Feld der Kunst, welche dem der Natur zuzuordnen? – StA: Formulieren Sie in eigenen Worten, wie Goethe hier das Verhältnis zwischen Natur und Kunst sieht. 2. UG: Suchen Sie Beispiele für **Und das Gesetz nur kann uns Freiheit geben?** 3. StA: Analysieren Sie die Metrik des Gedichts. 4. StA: Versuchen Sie, ausgehend von Goethes Gedicht, das Klassische zu definieren. 5. KRef: Das klassische Programm (Schillers Vorrede zu den ***Horen***)	
1. Einstieg: Lehrervortrag über die relevanten Mythen. Lektüre des Gedichtes. UG: Worin besteht die Gemeinsamkeit der genannten Mythen? 2. UG: Welche Bedeutung hat der Titel (Klagelied) für das Gedicht? 3. – StA: Lesen Sie das Gedicht unter dem Titel »Natur und Kunst«. Was wäre dem Begriffsfeld »Natur«, was dem Begriffsfeld »Kunst« zuzuordnen? Formulieren Sie das Verhältnis von Natur und Kunst aus der Perspektive dieses Schiller-Gedichtes. – UG: Vergleichen Sie Schillers Position mit der Goethes. 4. Lektüre eines Auszugs aus Schillers *Ästh. Briefen* (Mat. 5) – UG: Welche Rolle weist Schiller der Kunst hier zu? – StA: Vergleichen Sie Schillers Funktionsbestimmung der Kunst in den *Ästhetischen Briefen* und in »Nänie«.	Interpretieren Sie Schillers Gedicht »Der Tanz«. Vergleichen Sie das Gedicht mit »Nänie«.
1. Einstieg: Lektüre der Ballade 2. GA mit folgenden Arbeitsaufträgen: a. Ist Ritter Delorges ein Held? b. Ist Ritter Delorges als Star eines Werbefilms denkbar? c. Vergleichen Sie die höfische Gesellschaft im »Handschuh« mit der Gemeinschaft der Götter in »Nänie«. d. Parodieren Sie Schillers »Handschuh«. 3. Präsentation der Ergebnisse (gemeinsamer Arbeitsauftrag für alle Gruppen: Präsentieren Sie Ihre Ergebnisse auf eine möglichst kreative Art und Weise.) 4. UG: Wie schätzt Schiller das Verhältnis von Ideal und Wirklichkeit im »Handschuh« ein?	Vergleichen Sie »Handschuh« und »Nänie« im Hinblick auf das Verhältnis von Ideal und Wirklichkeit.

LK-Additum 4

Stunden	Thema	Didaktische Aspekte (Inhalte/Ziele)
6. LK	Zwischen Wesenserweiterung und Wesensverengung: Goethe, »Der Fischer«	1. Der Fischer wird von einer Todessehnsucht bestimmt. 2. Die Nixe erhält die Attribute einer Verführerin, die in dem Fischer narzisstische Verschmelzungswünsche weckt. 3. Der Tod des Fischers ist auch eine Strafe für sein einseitig auf Herrschaftsausübung fixiertes Verhältnis zur Natur. 4. Narcissus stirbt an der Unerfüllbarkeit seiner Liebe zu sich selbst, Goethes Fischer (jedenfalls z. T.) an der Vorstellung von der Erfüllung dieser Liebe im Tod.

GK – Fortsetzung

Stunden	Thema	Didaktische Aspekte (Inhalte/Ziele)
12. GK	Verdrängte Natur: Goethes »Erlkönig«	1. Der Vater versucht die Ängste seines Kindes rational zu erklären. 2. In die Angst vor dem Erlkönig geht die erwachende Sinnlichkeit des Jungen ein. 3. Goethe kritisiert die Unempfindlichkeit und Engstirnigkeit des einseitig auf seine Rationalität vertrauenden Vaters. 4. wie im »Fischer«, Doppeldeutigkeit der Natur zwischen realer Bedrohung und Projektion innerer Befindlichkeiten

LK-Additum 5

Stunden	Thema	Didaktische Aspekte (Inhalte/Ziele)
7. LK	Das Menschliche im Sinnlichen: Goethe, »Der Gott und die Bajadere. Indische Legende«	1. Zum Ideal fehlt der Liebe zwischen Gott und Bajadere die Aufhebung des Herrschaftsverhältnisses. 2. Das Natürliche wird zum entscheidenden Maßstab des Menschlichen. 3. Mit dem Natürlichen wird auch das Sinnliche nobilitiert.

Methodische Realisierung/ Verlauf	Hausaufgabe
1. Einstieg: Was ist das Faszinierende daran, auf eine Wasserfläche zu schauen? Lektüre des Gedichtes. UG: Warum stürzt sich der Fischer in den Tod? 2. StA: Welche Argumente führt die Nixe für den Selbstmord an? Wie kann man ihr Sprechen charakterisieren? 3. UG: Welches Bild von der Natur entsteht in der Nixe? Welches Verhältnis hat der Fischer zur Natur? 4a. Lektüre des Auszugs aus dem Narcissus-Mythos (Mat. 6) UG: Vergleichen Sie Narcissus mit Goethes Fischer (TA). 4b. (A): Stellen Sie einen Videoclip oder ein Feature her zu dem Thema ›Eros und Thanatos‹.	Lesen Sie Goethes »Erlkönig« und markieren Sie die unterschiedlichen Sprecher.

Methodische Realisierung/ Verlauf	Hausaufgabe
1. Einstieg: Lesen des Gedichtes mit verteilten Rollen; UG: Wie reagiert der Vater auf die Ängste seines Kindes? 2. StA: In welchen Bildern begegnet der Erlkönig dem Jungen? Was verraten die Bilder über die Angst des Jungen? 3. UG: Wie sieht Goethe den Vater? 4. UG: Vergleichen Sie das Naturverständnis in dieser Ballade mit dem im »Fischer«. 5. GA (PRO): Schreiben Sie die Ballade zu einem Hörspiel um.	Lesen Sie die Ballade »Der Gott und die Bajadere. Indische Legende«.

Methodische Realisierung/ Verlauf	Hausaufgabe
1. Einstieg: Assoziationen zu **eine ideale Liebe.** UG: Ist die Liebe zwischen dem Gott und der Bajadere eine ideale? 2./3. PA: a. **Und des Mädchens Künste/ Werden nach und nach Natur.** Vergleichen Sie das Verhältnis von Kunst und Natur mit dem in Goethes Sonett » Natur und Kunst«. b. Vergleichen Sie »Der Gott und die Bajadere« mit »Das Göttliche«. 4. PRO: a. Gestalten Sie eine Buchillustration zu »Der Gott und die Bajadere«. b. Schreiben Sie eine moderne Variante der Ballade unter Vertauschung der männlichen und weiblichen Rolle. c. Schreiben Sie eine parodistische Variante der Ballade (Kritik am Herrschaftsanspruch des Mannes).	Lesen Sie Goethes »An den Mond« und informieren Sie sich über die Zeit des Dichters als Minister in Weimar.

Stunden	Thema	Didaktische Aspekte (Inhalte/Ziele)
8. LK	Der Nebelglanz der Kunst: Goethe, »An den Mond«	1. Einsamkeit eines künstlerisch ambitionierten Ministers in der Welt 2. Mond als (erfolgreicher) Linderer der Herzensnot 3. Wie der Mond lässt auch der Künstler die harten Konturen der Alltagswelt undeutlich werden. 4. In der Verundeutlichung der Dinge zeigt sich nicht die Befriedigung eines Harmoniebedürfnisses; vielmehr wird die Erinnerung an früheres Leid und Glück aufbewahrt im Bewusstsein einer Distanz zur Welt.

GK – Fortsetzung

Stunden	Thema	Didaktische Aspekte (Inhalte/Ziele)
13. GK	Lebendige Antike: Goethe, »Römische Elegie (V)«	1. Goethes unmittelbare und selbstbewusste Begegnung mit der Antike 2. Aufhebung der Antithese zwischen sinnlicher Liebe und gelehrter Beschäftigung mit der Antike in einer höheren Synthese 3. Kontrast zwischen der Lebensfülle der »Römischen Elegie« und dem traumatische Ängste und Sehnsüchte verbindenden Italienbild in »Mignon«

Methodische Realisierung/ Verlauf	Hausaufgabe
1. Einstieg: Goethe als Minister in Weimar. Inwiefern spiegelt sich die Lebenssituation eines künstlerisch ambitionierten Ministers in dem Gedicht wider? Wie kann man den Ton des Gedichts insgesamt charakterisieren? 2. StA: Beschreibung des Mondes durch die Augen des Ichs. Selbstcharakterisierung des Ichs 3. UG: Worin besteht die Gemeinsamkeit zwischen dem Mond und einem künstlerisch Tätigen? 4. UG: Worin unterscheidet sich eine Poetik des **Nebelglanzes** von einer Poetik des Kitsches? 5. PRO: Schreiben Sie einen Zeitungsbericht (›Welt‹-Seite) in einen poetischen Text voll **Nebelglanz** um.	Interpretieren Sie schriftlich »An den Mond«.

Methodische Realisierung/ Verlauf	Hausaufgabe
1. Einstieg: Entwickeln Sie eine Rollenbiografie zu dem Typus ›Romreisender, der sich für die Antike begeistert‹. 2. SV oder Lektüre der »Römischen Elegie (V)« 3. UG: Vergleichen Sie Ihre Romreisenden mit Goethe. 4. StA: Wie wird vom lyrischen Ich das Verhältnis von Kunst und Liebe thematisiert? 5. UG: Analyse der Metrik der ersten beiden Verse, Verhältnis von Kunst und Liebe? 6a. Vergleichen Sie den klassischen Goethe in »Natur und Kunst« mit dem in den *Römischen Elegien*. 6b. (A): Vergleichen Sie das Italienbild der »Römischen Elegie (V)« mit dem in Goethes »Mignon«. 6c. (A): Vergleichen Sie Goethe mit dem Bild, das Frau Meister (Th. Bernhard) von ihrem Schriftstellerehemann entwirft (Mat. 7). Eines der berühmtesten Gedichte Goethes ist »Wandrers Nachtlied«. Warum nennt Bernhard sein Drama »Über allen Gipfeln ist Ruh«?	Erläutern Sie die Bedeutung der Antike für Goethe in seiner »Römischen Elegie (V)«.

Material 1

Alfred Döblin: »Wallenstein« (Auszug)

Zweiundsiebzig Geschütze ließ Gustaf auffahren gegen den Wald, in dem die Kaiserlichen lagen. Unter grausamem Krachen und Prasseln barsten die Stämme. Als die Feinde eine Insel bei Oberndorf fanden, die schrecklichen Finnen, schwammen sie Trupp auf Trupp wie Wasserratten an. Man schlug einige tot, es kamen neue. Schwedische Kanonen fuhren über einer Brücke auf, die niemand über Nacht hatte entstehen sehen. Ein heulender zähnefletschender lehmwühlender Kampf halb im Wasser, halb auf der Erde fing an. Die Schweden Finnen, es waren keine Menschen. Kaum gab es Tiere, die ihnen glichen, wie sie schlammbedeckt, graubraune Hautfarbe, tangtriefend, armschwenkend sich aus dem Wasser erhoben, krumm anwalteten, schluckten, kauten, spritzten, pfiffen. Sie waren so schlecht, so ekel, so totschlagwürdig, daß erst zaghaft die Kaiserlichen, die Bauern auf sie eindrangen, geführt, gelockt, dann von dem Grimm und der Scham, dem Entsetzen gerufen geworfen: »Um des Heilands willen.«
Sie schrien zu Hunderten und Tausenden, die Kaiserlichen, auf dem überhöhten Ufer des Lech, als sie das beispiellose kotige regsame Grauen aus dem Wasser auf sich zukommen sahen. Es gab wenige unter ihnen, die nicht in diesen Augenblicken die blinde Entschlossenheit angewandelt hätte, zu sterben oder diese Unwesen sich aus dem Gedächtnis zu wischen. Sie drangen herab auf die Fratzen.
Mörderisch tobten die Kanonen in ihrem Rücken; Sprengen Klatschen Reißen von stöhnender unterirdischer Gewalt. Aber Tilly auf seinem hochbeinig tanzenden Schimmel irrte zwischen den Fremden und den Kanonen hin und her; träumte, ohne zu wissen was, lachte, wimmerte. Die Fragen seiner Offiziere beantwortete er nicht. Seine bis zur Weiße aufgerissenen Augen wurden immer wieder von den silbernen brandenburgischen Aufschlägen angezogen an seinem eigenen linken Ärmel. Um diese Aufschläge war ein Geheimnis. Bei jedem Kanonenschuß zuckte er zusammen, duckte sich, sah um sich. Das Wort ›Maria‹ mahlte er zwischen den Zähnen, während seine Augen suchten auf dieser Holzbrücke, in dem plantschenden Wasser. Wie an einem vom Himmel herabhängenden Faden zog sich seine Sehnsucht und Ratlosigkeit in die dünne Höhe. Ein Dreipfünder, dessen Abschuß er nicht einmal gehört hatte, warf seinen Schimmel um, zerschmetterte ihm selbst den rechten Schenkel über dem Knie. Er dachte und träumte lange nichts.

(aus: Alfred Döblin, Wallenstein. Roman, München 1983, S. 569)

Material 2

Alexander von Bormann: »Auf dem See«

[...] Das Gedicht bietet sich zweimal in Dreiteilungen dar (in der Urschrift in Zweiteilung), nämlich in der Druckfassung der *Schriften* und in der Sammlung von 1815. Diese ist vorzuziehen, trägt sie doch auch den Rhythmuswechseln Rechnung: Jambus, Trochäus, Daktylus bestimmen nacheinander die Strophen. Das ist gelegentlich recht aufwendig gedeutet worden, als Geburt des Daktylus aus Jambus und Trochäus (Burckhardt, S. 42 f.). Plausibler ist es, von einer einfachen zeitgenössischen Semantik der Metren auszugehen. Lehnert verweist für die ersten beiden Strophen auf den Ton der Volksballade (vom Chevy-Chase-Typ), einen frischen, freien Ton, wie ihn auch G.s [Goethes] gleichzeitige Balladen pflegen. Selbstverfangenheit und Selbstbewußtsein, ja entschiedenes Dagegenhalten (»Weg, du Traum!«; V. 11) geben dem Trochäus Charakter; außerdem verbindet er das Gedicht mit dem Lili-Lied *Neue Liebe neues Leben* (FA I, 1, S. 286) vom Februar 1775, dessen Schlußvers »Liebe! Liebe! laß mich los!« (V. 24) nicht nur rhythmisch dem Vers »Weg, du Traum! so Gold du bist« (V. 11) präludiert. Der Vers »Mich ermannen, ihr entfliehen« (V. 14) lautete da ursprünglich: »Sie mit festem Vorsatz fliehen«. Der Daktylus der dritten Strophe ist gewiß nicht als Anspielung auf Klopstocks asklepiadeische Ode zu lesen, wie Lehnert meint. »Schweben« (V. 14), »Welle« (V. 5), »umflügeln« (V. 17) setzen eine freie Bewegung voraus, wie sie gern mit Kahnfahrten assoziiert wird. Man denke an die daktylischen Verse in Stolbergs Lied von 1775 *Auf dem Wasser zu singen*: »Mitten im Schimmer der spiegelnden Wellen«. Annerose Schneider hat auf einen Text von Johann Benjamin Michaelis aufmerksam gemacht, der sichtbar auf G.s Gedicht eingewirkt hat (S. 283); auch dort, in dem Singspiel *Paros und Hyla* (1772), wird die nächtliche Flucht der Liebenden im Kahn daktylisch untermalt: »Wellen bespiegelten / Wellen, und Sterne / Kamen und flügelten / Hüpfend den Kahn«.

Die so signifikant eingesetzten Rhythmen werden gern inhaltlich gedeutet: das Wiegen im Anfang als mütterliche Bewegung (vgl. Dyck), während andere an einen Liebesakt denken, mit dem Erfolgserlebnis »Hier auch Lieb' und Leben ist« (V. 12) als Höhepunkt und den Daktylen als gemeinschaftlichem Ausklang – eine biometrische Semantik! Vorsichtiger urteilt Nicholas Boyle, der das ausgewogene Verhältnis von Subjekt und Objekt betont: »The rhythms alone can tell us that the poem moves in a complex dance through volatility to calm« (S. 31).

Das Gefühl der Übereinstimmung und Ungebrochenheit soll die ersten beiden Halbstrophen charakterisieren und wird in der zweiten Strophe erhalten, indem die Vergangenheit gar nicht erst zugelassen wird (vgl. Dyck) – das sprechende Ich hält sich im Bewußtsein der Gegenwart; eine Kreisbewegung der Zeitstufen Gegenwart-Vergangenheit-Gegenwart anzunehmen, ist wenig plausibel. Die dritte Strophe wird so als Vollzug der Behauptung von Vers zwölf in Form eines Bildes gedeutet, sie sei »die Strophe des wieder geöffneten Auges«: Im Verhältnis der – in erotischer Bewegung – aufeinander bezogenen Naturelemente erscheint das Verhältnis der Liebe. Für die Deutung ist es wichtig, wie hier geredet wird: fast immer reflexionsphilosophisch, d. h. der »Durchbruch zu einer neuen Bewußtseinsstufe« (Dyck, S. 82) wird auch als Stufung im Gedicht wahrgenommen, mit der frohgemuten These, Natur, Welt, Wirklichkeit gelte es, »aktiv zu erschließen«, was Hans Jürgen Geerdts dazu führt, auch das Saugen als »Aneignung der Welt, also der Wirklichkeit« zu deuten (S. 98). G.s Katachresen sind ihm kein Problem. Dagegen hebt Gerhard Kaiser die Unstimmigkeiten im poetischen Material hervor, die Vermitteltheit der Bilder, mit denen Unmittelbarkeit suggeriert werden soll. Wie kann man an seiner Nabelschnur saugen? Und dann noch sprechen? Das Einheitsbild hält nicht lange: »Vor den Embryo schiebt sich das Brustkind, das Kind in der Wiege, das Kleinkind im *Lauf*« (Kaiser 1991, S. 63).

Ebenso verweist der Ausdruck »bespiegeln« auf ein Bewußtsein, auf das Ich als Subjekt. Das Spiegel-Bild, worin das Gedicht mündet, steht so nicht für »die Integration des Menschen in die Natur« (Geerdts, S. 101), sondern vollzieht, kraft seiner Fügung, »seine eigene Durchkreuzung auf paradoxe Weise«, sie im Vollzug integrierend (Kaiser 1991, S. 64). Es ist die Frucht, die sich bespiegelt, nicht der Himmel, wir haben also nicht das Bild der heiligen Hochzeit von Uranos und Gaia vor uns. »Die sich bespiegelnde Frucht ist ein Symbol, das seine Spaltung in sich aufnimmt und einschließt. Sie steht für das Ich als Geist, das sich denkend auf sich als Naturgeschöpf zurückbeugt: das Kind, das sich im Spiegel des Fruchtwassers von Mutter Natur erblickt« (ebd.). [...]

(aus: Alexander von Bormann, Auf dem See. In: Goethe-Handbuch, Bd. 1: Gedichte, hg. v. Regine Otto u. Bernd Witte, Stuttgart, Weimar 1996, S. 139 ff.)

Material 3

Johann Wolfgang von Goethe:
»Willkommen und Abschied« (neuere Fassung)

Es schlug mein Herz; geschwind zu Pferde!
Es war getan, fast eh gedacht;
Der Abend wiegte schon die Erde,
Und an den Bergen hing die Nacht:
Schon stand im Nebelkleid die Eiche
Ein aufgetürmter Riese da,
Wo Finsternis aus dem Gesträuche
Mit hundert schwarzen Augen sah.

Der Mond von einem Wolkenhügel
Sah kläglich aus dem Duft hervor,
Die Winde schwangen leise Flügel,
Umsausten schauerlich mein Ohr;
Die Nacht schuf tausend Ungeheuer,
Doch frisch und fröhlich war mein Mut:
In meinen Adern welches Feuer!
In meinem Herzen welche Glut!

Dich sah ich, und die milde Freude
Floß von dem süßen Blick auf mich;
Ganz war mein Herz an deiner Seite
Und jeder Atemzug für dich.
Ein rosenfarbnes Frühlingswetter
Umgab das liebliche Gesicht,
Und Zärtlichkeit für mich – ihr Götter!
Ich hofft es, ich verdient es nicht!

Doch ach schon mit der Morgensonne
Verengt der Abschied mir das Herz:
In deinen Küssen welche Wonne!
In deinem Auge, welcher Schmerz!
Ich ging, du standst und sahst zur Erden
Und sahst mir nach mit nassem Blick:
Und doch, welch Glück, geliebt zu werden!
Und lieben, Götter, welch ein Glück!

(aus: Deutsche Gedichte. Eine Anthologie, hg. v. Dietrich Bok, Stuttgart: Philipp Reclam jun. 1984, S. 93 f.)

Material 4

Paul Watzlawick: »Edel sei der Mensch, hilfreich und gut«

Wer liebt, ist natürlich bereit, dem geliebten Wesen zu helfen. Für besonders edel und gut gilt es aber, auch dort hilfreich zu sein, wo keine besonderen Liebesbande bestehen, also zum Beispiel einem Fremden gegenüber. Selbstlose Hilfe ist ein hohes Ideal und enthält angeblich ihre eigene Belohnung.
Das braucht uns keineswegs abzuschrecken, denn wie jede andere gute Tat kann auch Hilfsbereitschaft von des Gedankens Blässe angekränkelt werden. Das sahen wir bereits beim Thema Liebe. Um Zweifel an der Selbstlosigkeit und Reinheit unserer Hilfsbereitschaft zu entwickeln, brauchen wir uns nur zu fragen, ob wir dabei

nicht doch Hintergedanken haben. Tat ich es als Einzahlung auf mein himmlisches Sparkonto? Um zu imponieren? Bewundert zu werden? Um den anderen zur Dankbarkeit mir gegenüber zu zwingen? Ganz einfach, um meinen seelischen Katzenjammer zu kurieren? Sie sehen bereits, der Macht des negativen Denkens sind kaum Schranken gesetzt, denn wer sucht, der findet. Dem Reinen ist angeblich alles rein; der Pessimist dagegen entdeckt überall den Pferdefuß, die Achillesferse, oder was es dafür auf dem Gebiet der Podiatrie noch andere Metaphern gibt.
Wem dies Schwierigkeiten bereitet, der nehme sich nur die einschlägige Fachliteratur vor. Die wird ihm die Augen schon öffnen. Da findet er heraus, daß der brave Feuerwehrmann in Wirklichkeit ein verhinderter Pyromane ist; der heldenhafte Soldat lebt seine tief unbewußten selbstmörderischen Triebe, beziehungsweise seine mörderischen Instinkte aus; der Polizist gibt sich mit den Verbrechen anderer Menschen ab, um nicht selbst zum Verbrecher zu werden; der berühmte Detektiv hat eine nur mühsam überdeckte paranoide Grundeinstellung; jeder Chirurg ist ein verkappter Sadist; der Gynäkologe ein Voyeur; der Psychiater will Gott spielen. Voilà – so einfach ist's, die Fäulnis der Welt zu entlarven.

(aus: Paul Watzlawick: Anleitung zum Unglücklichsein, München: 31. Aufl. 1990, S. 105–107)

Friedrich Schiller: »Über die ästhetische Erziehung des Menschen« (Auszug) Material 5

Aber sollte ich von der Freiheit, die mir von Ihnen verstattet wird, nicht vielleicht einen bessern Gebrauch machen können, als Ihre Aufmerksamkeit auf dem Schauplatz der schönen Kunst zu beschäftigen? Ist es nicht wenigstens außer der Zeit, sich nach einem Gesetzbuch für die ästhetische Welt umzusehen, da die Angelegenheiten der moralischen ein soviel näheres Interesse darbieten und der philosophische Untersuchungsgeist durch die Zeitumstände so nachdrücklich aufgefordert wird, sich mit dem vollkommensten aller Kunstwerke, mit dem Bau einer wahren politischen Freiheit zu beschäftigen? [...] Daß ich [...] die Schönheit der Freiheit vorangehen lasse, glaube ich nicht bloß mit meiner Neigung entschuldigen, sondern durch Grundsätze rechtfertigen zu können. Ich hoffe, Sie zu überzeugen, daß diese Materie weit weniger dem Bedürfnis als dem Geschmack des Zeitalters fremd ist, ja daß man, um jenes politische Problem in der Erfahrung zu lösen, durch das ästhetische den Weg nehmen muß, weil es die Schönheit ist, durch welche man zu der Freiheit wandert. Aber dieser Beweis kann nicht geführt werden, ohne daß ich Ihnen die Grundsätze in Erinnerung bringe, durch welche sich die Vernunft überhaupt bei einer politischen Gesetzgebung leitet. [...] Hebt also die Vernunft den Naturstaat auf, wie sie notwendig muß, wenn sie den ihrigen an die Stelle setzen will, so wagt sie den physischen und wirklichen Menschen an den problematischen sittlichen, so wagt sie die Existenz der Gesellschaft an ein bloß mögliches (wenngleich moralisch notwendiges) Ideal von Gesellschaft. Sie nimmt dem Menschen etwas, das er wirklich besitzt, und ohne welches er nichts besitzt, und weist ihn dafür an etwas an, das er besitzen könnte und sollte; und hätte sie zuviel auf ihn gerechnet, so würde sie ihm für eine Menschheit, die ihm noch mangelt und unbeschadet seiner Existenz mangeln kann, auch selbst die Mittel zur Tierheit entrissen haben, die doch die Bedingung seiner Menschheit ist. Ehe er Zeit gehabt hätte, sich mit seinem Willen an dem Gesetz festzuhalten, hätte sie unter seinen Füßen die Leiter der Natur weggezogen.
Das große Bedenken also ist, daß die physische Gesellschaft *in der Zeit* keinen Augenblick aufhören darf, indem die moralische *in der Idee* sich bildet, daß um der

Würde des Menschen willen seine Existenz nicht in Gefahr geraten darf. Wenn der Künstler an einem Uhrwerk zu bessern hat, so läßt er die Räder ablaufen; aber das lebendige Uhrwerk des Staats muß gebessert werden, indem es schlägt, und hier gilt es, das rollende Rad während seines Umschwunges auszutauschen. Man muß also für die Fortdauer der Gesellschaft eine Stütze aufsuchen, die sie von dem Naturstaate, den man auflösen will, unabhängig macht. [...] Alle Verbesserung im Politischen soll von Veredlung des Charakters ausgehen – aber wie kann sich unter den Einflüssen einer barbarischen Staatsverfassung der Charakter veredeln? Man müßte also zu diesem Zwecke ein Werkzeug aufsuchen, welches der Staat nicht hergibt, und Quellen dazu eröffnen, die sich bei aller politischen Verderbnis rein und lauter erhalten.

Jetzt bin ich an dem Punkt angelangt, zu welchem alle meine bisherigen Betrachtungen hingestrebt haben. Dieses Werkzeug ist die schöne Kunst, diese Quellen öffnen sich in ihren unsterblichen Mustern.

(aus: Friedrich Schiller: Über die ästhetische Erziehung des Menschen in einer Reihe von Briefen. Text, Materialien, Kommentar, hg. v. Wolfgang Düsing, München, Wien: 1981, S. 11, 12, 13, 15, 32)

Material 6 **Narcissus-Mythos**

Narcissus ist Sohn der Nymphe Liriope, die von dem Flussgott Cephisus vergewaltigt wird. Narcissus betört Mädchen und Jünglinge durch seine Schönheit, zeigt sich aber allem Liebeswerben gegenüber verschlossen. Besonders Echo weist er brüsk ab, woraufhin ihr Leib sich verflüchtigt und von ihr nur die Stimme übrig bleibt. Sie fleht darum, Narcissus solle genauso leidenschaftlich und erfolglos lieben wie sie.

Sieh den lauteren Quell mit silberglänzendem Wasser!
Niemals hatten ihn Hirten berührt, niemals im Gebirge
Weidende Ziegen noch anderes Vieh, nie hatte ein Vogel
Oder ein Wild ihn getrübt noch ein Ast, vom Baume gefallen.
Gras stand rings um ihn her, das die Nähe des Wassers ernährte,
Und ein Wald, der der Sonne verwehrte, den Ort zu erhitzen.
Hier sank nieder der Knabe, ermüdet von eifrigem Jagen
Und von der Hitze, gelockt von dem Quell und der Anmut des Ortes.
Doch wie den Durst er zu stillen begehrt, erwächst ihm ein andrer
Durst: beim Trinken erblickt er herrliche Schönheit; ergriffen
Liebt er ein körperlos Schemen: was Wasser ist, hält er für Körper.
Reglos staunt er sich an, mit unbeweglichem Antlitz,
Starr, einer Statue gleich, die aus parischem Marmor geformt ist.
Liegend am Boden erschaut er das Doppelgestirn seiner Augen,
Sieht seine Haare – sie hätten Apollo geziert oder Bacchus –,
Sieht die Wangen der Jugend, den Hals, der wie Elfenbein schimmert,
Seinen so zierlichen Mund und die Farbe von Schnee und von Rosen.
Alles bewundert er jetzt, weshalb ihn die andern bewundern:
Sich begehrt er, der Tor, der Liebende ist der Geliebte,
Und der Ersehnte der Sehnende, Zunder zugleich und Entflammter.
Oh, wie küßt' er so oft – vergeblich! – die trügende Quelle,
Tauchte die Arme so oft in das Wasser, den Hals zu umschlingen,
Den er erschaut, und kann sich doch selbst im Gewässer nicht fassen.
Was er ersieht, nicht weiß er's; er sieht's, und es setzt ihn in Flammen,

Und seine Augen betrügt und entzündet der nämliche Irrtum. [...]
Dann ruft er, ein wenig
Aufgerichtet, die Arme zu den rings stehenden Bäumen
Breitend: »Hat je ein Mensch so grausam geliebt, o ihr Wälder? [...]
Lieben – ich muß es und schauen; doch was ich erschaue und liebe,
Kann ich nicht greifen: den Liebenden hemmt eine mächtige Täuschung. [...]
Möglich scheint die Berührung: die Liebenden trennt nur ein Kleines.
Wer du auch seist, komm heraus! Was täuschst du mich, einziger Knabe?
Wenn ich dich fasse, wo schwindest du hin? Du kannst doch vor meiner
Jugendschönheit nicht fliehn? Selbst Nymphen ersehnten mich einstmals.
Eine verborgene Hoffnung verspricht mir dein freundliches Antlitz;
Streck ich die Arme nach dir, von selber streckst du die deinen;
Lache ich, lachst du mir zu; und oftmals habe ich deine
Tränen bemerkt, wenn ich weinte; durch Nicken schickst du mir Zeichen,
Und deines reizenden Mundes Bewegung läßt es mich ahnen,
Daß du auch Worte mir spendest, die nicht zu den Ohren mir dringen.
Ach, ich bin es ja selbst! ich merk es, mein Bild ist mir deutlich!
Liebe zu mir verbrennt mich: ich schüre die Glut, die ich leide.
Ach, was beginnen? Ihn bitten? Doch was? Soll der andere bitten?
Mein ist, was ich ersehne; ich möchte mich schenken und kann nicht.
Oh, wenn ich doch von dem eigenen Leib mich zu trennen vermöchte!
War es denn je eines Liebenden Wunsch, was er liebt, möge schwinden?
Und schon raubt mir die Kräfte der Schmerz; es bleibt mir vom Leben
Nur noch wenig: ich muß in der blühendsten Jugend erlöschen.
Schwer ist der Tod mir nicht – er wird vom Leid mich erlösen –!
Meinem Geliebten – ich wünschte ihm wohl ein längeres Leben!
Doch jetzt sterben wir beide, vereinigt in einzigem Hauche.« [...]
Müde entsank ihm das Haupt auf den grünenden Rasen; der Tod schloß
Ihm die Augen, die so die eigene Schönheit bestaunten.
Und auch später, nachdem er zur Wohnung der Toten gelangt war,
Spiegelt' er sich in dem Wasser der Styx. Die Najaden beklagten
Ihn und weihten dem Bruder die abgeschnittenen Haare.
Auch die Dryaden klagten, und Echo ertönt zu der Klage.
Und schon rüstete man die Verbrennung, die Bahre, geschwungne
Fackeln: da war der Körper verschwunden – man fand eine krokus-
Farbene Blume, den Kelch von weißen Blättern umschlossen.

(aus: P. Ovidius Naso: Metamorphosen. Epos in 15 Büchern,
übers. u. hg. v. H. Breitenbach, Stuttgart 1964)

Material 7

Thomas Bernhard: »Über allen Gipfeln ist Ruh« (Auszug)

Personen

Moritz Meister, *Verfasser einer Tetralogie*
Anne, *seine Frau*
Fräulein Werdenfels, *Doktorandin, Brillenträgerin*
Herr von Wegener, *Journalist, Brillenträger*
Frau Herta, *Hausgehilfin*
Herr Smirnoff, *Briefträger*
Der Verleger

In den Voralpen
Alte Villa

Erste Szene

Im Freien
Frau Meister und Fräulein Werdenfels (mit einem Fotoapparat am Hals) decken den Frühstückstisch

Frau Meister
Wissen Sie Fräulein Werdenfels
mein Mann ist der korrekteste
er duldet keine Ungenauigkeit
Alles muß seinen Platz haben
Ein Pedant Fräulein Werdenfels
Jetzt wo er die Tetralogie beendet hat
ist er wieder erfüllt von unserer Kretareise
Auf den Spuren des Königs Minos
Fräulein Werdenfels ist zurückgetreten und macht ein Foto von Frau Meister
Am Morgen habe ich keine Hilfe
da muß ich alles allein schaffen
Wenn Sie Kreta nicht gesehen haben
den Ursprung der Geschichte sozusagen
Jedes Jahr die klassische Bildungsreise
darauf legt mein Mann den größten Wert
Alles hat in die Tetralogie Eingang gefunden
Phaestos Fräulein Werdenfels
und natürlich Knossos
das Sir Evans ausgegraben hat
ein Mann mit Marotte
ein verrückter Engländer
Fräulein Werdenfels macht ein Foto vom Haus
Alle wissenschaftlichen Publikationen studiert
Wir bereiten uns immer jahrelang vor
auf die Bildungsreise
vor zwei Jahren in Mexiko
habe ich zwölf Pfund abgenommen

Sie setzt sich
Sie wissen ja gar nicht was es alles zu sehen gibt in der Welt
die heute allen offensteht
ist wieder aufgestanden
Nach Kreta an den Ursprung
an die Geschichtsquelle
Alles für die Tetralogie
Wir studieren was studiert werden muß
Fräulein Werdenfels macht ein Foto von Frau Meister
Die Archäologie hat meinen Mann
schon immer mehr interessiert
als alles andere Wissenschaftliche
zum Fräulein direkt
Er ist ja mehr Wissenschaftler als Schriftsteller
Mit der Zeit verstehe auch ich jetzt schon
eine ganze Menge von Archäologie
Nicht daß ich prahle aber in Knossos
habe auch ich gegraben
unter Leitung von Sir Wallace Green
ruft aus
Was für ein Glücksgefühl wenn' die Schaufel auf eine Scherbe trifft
wieder ruhig
Die Scherbe in der Bibliothek oben
dieses prachtvolle Kunstwerk aus dem Protopalatikum
hat mein Mann ausgegraben
Fräulein Werdenfels macht ein Foto von Frau Meister
Waren Sie denn noch nie in Knossos

FRÄULEIN WERDENFELS
Leider nein

FRAU MEISTER
Da sollten Sie doch ruhig einmal hingehen
das ist eine Bildungslücke
wo Sie doch aus einer Wissenschaftsfamilie kommen
aus so gutem deutschem Hause
wo Ihr Herr Vater doch Heidelberger Professor ist

FRÄULEIN WERDENFELS
Natürlich ja
macht ein Foto von Frau Meister

FRAU MEISTER
Reisen bildet Fräulein Werdenfels
die gute Gesellschaft ist gut gereist
und hat sich auf alle diese Reisen gut vorbereitet
nicht wie der Pöbel
Die gewissenhafte Vorbereitung ist die Voraussetzung
wie mein Mann immer sagt
Der Gebildete ist niemals unvorbereitet
plötzlich zum Fräulein direkt

Fürchten Sie nicht daß Sie sich erkälten
Fräulein Werdenfels wickelt sich einen Schal um den Hals
Die Winde hier werden unterschätzt
Über dreißig ist der Sensible anfällig
hier in den Weinbergen besonders
Wie gefällt Ihnen die Gegend
dreht sich nach der Landschaft um
ist es nicht reizend hier
beinahe gänzlich unberührt von dem schrecklichen Jetzt
Fräulein Werdenfels tritt zurück und fotografiert die Landschaft
Gerade so geschaffen für einen Geistesmenschen
Seit wir hier sind ist mein Mann glücklich
seit er die Bibliothekarstelle aufgegeben hat
Nun sind wir frei absolut
Das taugt auch den Lungenflügeln
breitet eine Wolldecke auf einer Bank aus
Fräulein Werdenfels macht ein Landschaftsfoto
Hier sind wir glücklich
Und ein Buch nach dem andern
er ist richtig aufgeblüht mein Mann
Jetzt wo die Tetralogie fertig geworden ist
Aber das erzählt Ihnen mein Mann selbst
atmet tief ein
Nichts Störendes absolut nichts Störendes
rückt noch einmal die Tassen auf dem Tisch zurecht
Alles im rechten Winkel wissen Sie
Wer in den kleinsten Dingen ohne Disziplin ist
ist es auch in den großen
zum Fräulein direkt
Wielange schreiben Sie denn schon an Ihrer Doktorarbeit über meinen Mann
Das stelle ich mir als das Allerschwierigste vor
in ein solches Werk einzudringen
das Recherchieren Aufspüren Aufschließen
Der Deutsche hat Tiefe
aber er hat in dieser Tiefe Angst sagt der Professor Stieglitz
in der Tetralogie
das ist doch großartig nicht wahr

(aus: Thomas Bernhard, Über allen Gipfeln ist Ruh. In: Thomas Bernhard, Stücke 3, Frankfurt/M. 1988, S. 194 ff.)

Anhang

Anmerkungen

1 Peter Jentzsch (1993): Gedichte des Barock. Mit einer Einführung in die Interpretation (Arbeitstexte für den Unterricht). Stuttgart, S. 19.

2 Richard Alewyn (Hrsg.) (1968): Deutsche Barockforschung. Dokumentation einer Epoche. Köln, Berlin, S. 10.

3 Rainer Rosenberg (1991): Über den Erfolg des Barockbegriffs in der Literaturgeschichte: Oskar Walzel und Fritz Strich. In: Klaus Garber, Ferdinand von Ingen (Hrsg.): Europäische Barock-Rezeption. Wiesbaden, S. 113–127, hier S. 127.

4 Vgl. Herbert Jaumann (1985): Epoche in der Literaturgeschichtsschreibung. In: Harald Steinhagen (Hrsg.): Zwischen Gegenreformation und Frühaufklärung: Späthumanismus, Barock 1572–1740. Reinbek bei Hamburg (Deutsche Literatur. Eine Sozialgeschichte, Bd. 3), S. 430–446, hier S. 443.

5 Wilhelm Kühlmann (1982): Selbstbehauptung und Selbstdisziplin. Zu Paul Flemings *An sich*. In: Volker Meid (Hrsg.): Gedichte und Interpretationen. Bd. 1. Renaissance und Barock. Stuttgart, S. 160–175, hier S. 163.

6 Ebd., S. 165.

7 Harald Steinhagen: Einleitung. In: H. St. (Hrsg.): Zwischen Gegenreformation und Frühaufklärung (Anm. 4), S. 9–17, hier S. 17.

8 Zitiert nach Volker Meid (1986): Barocklyrik. Stuttgart, S. 93.

9 Ebd.

10 Ebd., S. 118.

11 Marziano Guglielminetti (1998): Die italienische Literatur vom 15. bis zum 18. Jahrhundert. In: Propyläen. Geschichte der Literatur. Literatur und Gesellschaft der westlichen Welt. Dritter Band: Renaissance und Barock 1400–1700. Berlin, S. 231–257, hier S. 254.

12 Gottsched: Critische Dichtkunst. Zitiert nach Christian Wagenknecht (1982): Memento mori und Carpe diem. Zu Hoffmannswaldaus Sonett *Vergänglichkeit der Schönheit*. In: Volker Meid (Hrsg.) (1982): Gedichte und Interpretationen. Bd. 1: Renaissance und Barock. Stuttgart, S. 332–355, hier S. 349.

13 Zitiert nach Peter-André Alt (1996): Aufklärung. Stuttgart, Weimar, S. 127.

14 Ebd.

15 Zitiert nach Gedichte und Interpretationen 1, S. 136 (Erstdruck 1624).

16 Wulf Segebrecht (1982): Rede über die rechte Zeit zu lieben. Zu Opitz' Gedicht *Ach Liebste/ laß vns eilen*. In: Gedichte und Interpretationen 1, S. 137–147, hier S. 142.

17 Ebd., S. 147.

18 Zitiert nach dem Abdruck ebd., S. 167 (Erstdruck 1641).

19 Vgl. hierzu und zu einer ausführlichen Gesamtinterpretation des Gedichts Wilhelm Kühlmann: Sterben als heroischer Akt. Zu Paul Flemings *Grabschrifft*. Ebd., S. 168–175.

20 Ebd., S. 174.

21 Ebd., S. 175.

22 Zitiert nach Die deutsche Literatur vom Mittelalter bis zum 20. Jahrhundert. Texte und Zeugnisse Band III. Barock. Hrsg. v. Albrecht Schöne. München 1983, S. 270 (Erstdruck dieser Fassung 1643).

23 Meid (1986), S. 94.

24 Zitiert nach dem Abdruck ebd.

25 Zitiert nach Die deutsche Literatur vom Mittelalter bis zum 20. Jahrhundert. Texte und Zeugnisse. Bd. 3: Barock. Hrsg. v. Albrecht Schöne. München 1983, S. 268 (Erstdruck dieser Fassung 1643).

26 Zitiert nach dem Abdruck in Gedichte und Interpretationen 1 (Anm. 5), S. 331 (Erstdruck 1695).

27 Christian Wagenknecht: Memento mori und Carpe diem. Zu Hoffmannswaldaus Sonett *Vergänglichkeit der Schönheit*. Ebd., S. 332–344, hier S. 333 f.

28 Ebd., S. 334.

29 Ebd., S. 342 f. Die Zitate nach Erwin Rotermund (1972): Affekt und Artistik. Studien zur Leidenschaftsdarstellung und zum Argumentationsverfahren bei Hofmann von Hofmannswaldau. München, S. 202.

30 Zitiert nach Erhard Bahr (Hrsg.) (1974): Was ist Aufklärung? Stuttgart, S. 9.

31 Uwe-K. Ketelsen (1988): Barthold Heinrich Brockes. In: Gunter E. Grimm, Frank Rainer Max (Hrsg.): Deutsche Dichter. Bd. 3: Aufklärung und Empfindsamkeit. Stuttgart, S. 9–21, hier S. 19.

32 Zitiert nach Die deutsche Literatur vom Mittelalter bis zum 20. Jahrhundert. Bd. IV: 18. Jahrhundert. In Verbindung mit Christoph Perels hrsg. v. Walter Killy. München 1983, S. 377.

33 Zitiert nach Otto Best (Hrsg.) (1972): Die deutsche Literatur in Text und Darstellung. Bd. 5: Rokoko und Aufklärung. Stuttgart, S. 122.

34 Zitiert nach Karl Richter (Hrsg.) (1984): Ge-

dichte und Interpretationen 2. Aufklärung und Sturm und Drang. Stuttgart, S. 71 f.

[35] Ebd.

[36] Alfred Behrmann (1989): Einführung in den neueren deutschen Vers. Von Luther bis zur Gegenwart. Eine Vorlesung. Stuttgart, S. 105 f.

[37] Friedrich Gottlieb Klopstock: Oden. Auswahl und Nachwort von Karl Ludwig Schneider. Stuttgart 1966, S. 45 f.

[38] Ebd., S. 46. Vgl. zu Text und Interpretation von *Der Zürchersee* unser Textbeispiel 2.2.4.

[39] Klopstock: Oden, S. 64.

[40] Zitiert nach Die deutsche Literatur vom Mittelalter bis zum 20. Jahrhundert Bd. IV: 18. Jahrhundert. In Verbindung mit Christoph Perels hrsg. v. Walter Killy. München 1983, S. 374 f. (Erstdruck 1739).

[41] Zitiert nach Gedichte und Interpretationen 2, S. 101 f. (Erstdruck 1747).

[42] Uwe-K. Ketelsen: Alte Ausdrucksformen und neue Wunschträume. Zu Friedrich von Hagedorns *Die Alster*. Ebd., S. 103–112, hier S. 106.

[43] Ebd.

[44] Ebd., S. 106 f.

[45] Zitiert nach dem Abdruck ebd., S. 124 f. (Erstdruck 1758).

[46] Jörg Schönert: Schlachtgesänge vom Kanapee. Oder: »Gott donnerte bei Losowitz«. Zu den *Preußischen Kriegsliedern in den Feldzügen 1756 und 1757* des Kanonikus Gleim. Ebd., S. 126–139, hier S. 129.

[47] Ebd., S. 133.

[48] Zitiert nach dem Abdruck ebd., S. 225–227 (Erstdruck 1750).

[49] Zitiert nach: Die deutsche Literatur vom Mittelalter bis zum 20. Jahrhundert. Bd. IV: 18. Jahrhundert. In Verbindung mit Christoph Perels hrsg. v. Walter Killy. München 1983, S. 1202.

[50] Friedrich Gottlieb Klopstock: Sie, und nicht Wir. An La Rochefoucauld (1790). In: F. G. K.: Oden, Auswahl und Nachwort v. Karl Ludwig Schneider. Stuttgart 1966, S. 112.

[51] Friedrich Gottlieb Klopstock: Der Erobrungskrieg (1793). Ebd., S. 117.

[52] Rudolf Brandmayer (1998): Die Gedichte des jungen Goethe. Eine gattungsgeschichtliche Einführung. Göttingen, S. 13 f.

[53] Ebd., S. 14.

[54] Ebd., S. 15 f. Brandmayer paraphrasiert Günther Müller (1925): Geschichte des deutschen Liedes vom Zeitalter des Barock bis zur Gegenwart. München (Nachdruck Darmstadt 1959).

[55] Ebd., S. 17.

[56] Gerhard Kaiser (1988): Geschichte der deutschen Lyrik von Goethe bis Heine. 3 Bde. Frankfurt am Main, S. 68.

[57] Ebd., S. 584.

[58] Terence James Reed (1996): Goethe als Lyriker. In: Regine Otto, Bernd Witte (Hrsg.): Goethe-Handbuch. Bd. 1: Gedichte. Stuttgart, Weimar, S. 1–17, hier S. 12.

[59] Andreas Huyssen (1983): Sturm und Drang. In: Walter Hinderer (Hrsg.): Geschichte der deutschen Lyrik vom Mittelalter bis zur Gegenwart. Stuttgart, S. 177–201, hier S. 183.

[60] Ebd., S. 186.

[61] Johann Wolfgang Goethe: Die Leiden des jungen Werthers. Leipzig 1774. Hrsg. v. Joseph Kiermeier-Debre. München 1997 (Bibliothek der Erstausgaben), S. 11 f.

[62] Ebd., S. 85.

[63] Es wird der so genannte Iris-Druck von 1775 zitiert nach Goethe-Handbuch, Bd. 1, S. 79.

[64] Bernd Witte: Mir schlug das Herz. In: Goethe-Handbuch, Bd. 1, S. 77–82, hier S. 78–80.

[65] Ebd., S. 80.

[66] Ebd.

[67] Kaiser: Geschichte der deutschen Lyrik von Goethe bis Heine, S. 64.

[68] Ebd., S. 81 f.

[69] Zitiert nach Johann Wolfgang Goethe: Gedichte. Auswahl und Einleitung v. Stefan Zweig. Stuttgart 1967, S. 18 f.

[70] Gerhard Sauder: Maifest. In: Goethe-Handbuch, Bd. 1, S. 82–87, hier S. 83.

[71] Ebd., S. 84.

[72] Zitiert nach Goethe: Gedichte (Auswahl Stefan Zweig), S. 35–37.

[73] Inka Mülder-Bach: Prometheus. In: Goethe-Handbuch, Band 1, S. 107–115, hier S. 113.

[74] Ebd., S. 115.

[75] Zitiert nach Goethe: Gedichte (Auswahl Stefan Zweig), S. 32 f.

[76] Mülder-Bach: Prometheus, S. 110.

[77] Rudolf Drux/Redaktion: Ganymed. Ebd., S. 115–118, hier S. 117.

[78] Goethe: Gedichte (Auswahl Stefan Zweig), S. 43.

[79] Vgl. den souveränen Überblick bei Alexander von Bormann: Auf dem See. In: Goethe-Handbuch. Band I, S. 139–142.

[80] Goethe: Gedichte (Auswahl Stefan Zweig), S. 57 f.

[81] Zitiert nach Friedrich Schiller: Die Götter Griechenlandes. In: Norbert Oellers (Hrsg.) (1996): Interpretationen. Gedichte von Friedrich Schiller. Stuttgart (Literaturstudium), S. 64–70, hier S. 68.

[82] Zitiert nach ebd., S. 69.

[83] Friedrich Schiller: Die Künstler. In: F. S.: Gedichte. Hrsg. v. Norbert Oellers. Stuttgart 1999, S. 248–262, hier S. 249.

[84] Ebd., S. 260.

[85a, b] Ebd., S. 261.

[86] Ebd., S. 178.

[87] Ebd., S. 181.

[88] Ebd., S. 182.

[89] Ebd.

[90] Ebd., S. 47 f.
[91] Ebd., S. 48.
[92] Ebd., S. 49.
[93] Ebd., S. 50.
[94] Ebd., S. 86 f.
[95] Terence James Reed: Das Göttliche. In: Goethe-Handbuch, Bd. 1, S. 202–205, hier S. 203.
[96] Zitiert nach Goethe: Gedichte (Auswahl Stefan Zweig), S. 132 f.
[97] Zitiert nach Schiller: Gedichte (Hrsg. N. Oellers), S. 18 f.
[98] Zitiert nach ebd., S. 217.
[99] Rudolf Brandmayer (1998): Die Gedichte des jungen Goethe. Eine gattungsgeschichtliche Einführung. Göttingen, S. 171.
[100] Ebd., S. 172 f. (das Zitat nach Hartmut Laufhütte ⟨1979⟩: Die deutsche Kunstballade. Grundlegung einer Gattungsgeschichte. Heidelberg, S. 360).
[101] Schiller an Körner, 27. April 1798; NA 29, S. 227.
[102] Norbert Mecklenburg (1980): Balladen der Klassik. In: Walter Müller-Seidel (Hrsg.): Balladenforschung. Königstein/Taunus, S. 187–203, hier S. 195.
[103] Zitiert nach Goethe: Gedichte (Auswahl Stefan Zweig), S. 68 f.
[104] Reiner Wild: Der Fischer. In: Goethe-Handbuch, Bd. 1, S. 209–212, hier S. 211.
[105] Zitiert nach Goethe: Gedichte (Auswahl Stefan Zweig), S. 76 f.
[106] Alexander von Bormann: Erlkönig. In: Goethe-Handbuch, Bd. 1, S. 212–217, hier S. 216.
[107] Goethe: Gedichte (Auswahl Stefan Zweig), S. 117–120.
[108] Gedichte und Interpretationen 3, S. 142.
[109] Zitiert nach Rainer Wild: Der Gott und die Bajadere. In: Goethe-Handbuch, Bd. 1, S. 291–293, hier S. 292.
[110] Vgl. Norbert Mecklenburg (2000): Poetisches Spiel mit kultureller Alterität: Goethes »indische Legende« *Der Gott und die Bajadere*. In: Literatur in Wissenschaft und Unterricht XXXIII.
[111] Zitiert nach Schiller: Gedichte (Hrsg. N. Oellers), S. 96–98.
[112] Zitiert nach Goethe: Gedichte (Auswahl Stefan Zweig), S. 64 f.
[113] Ebd., S. 73.
[114] Zitiert nach Terence James Reed: Ein gleiches. In: Goethe-Handbuch, Bd. 1, S. 191–195, hier S. 192.
[115] Ebd., S. 88.
[116] Zitiert nach: Goethe: Gedichte (Auswahl Stefan Zweig), S. 99 f.
[117] Reiner Wild: Römische Elegien. In: Goethe-Handbuch, Bd. 1, S. 225–232, hier S. 231.
[118] Zitiert nach ebd.

Literaturverzeichnis (Auswahl)

Textausgaben

1. Wissenschaftliche und Standardausgaben

Brockes, Barthold Heinrich: Auszug der vornehmsten Gedichte aus dem Irdischen Vergnügen in Gott. Reprogr. Nachdruck der Ausgabe von 1738 mit einem Nachwort von Dietrich Bode. Stuttgart 1965.

Die deutsche Literatur vom Mittelalter bis zum 20. Jahrhundert. Texte und Zeugnisse. Bd. III: Barock. Hrsg. v. Albrecht Schöne. Bd. IV: 18. Jahrhundert. In Verbindung mit Christoph Perels hrsg. v. Walter Killy. München 1983.

Goethe, Johann Wolfgang: Hamburger Ausgabe in 14 Bdn. Hrsg. v. Erich Trunz. München 1988 (zitiert mit der Sigle »HA«).

Schillers Werke – Nationalausgabe. Begr. von Julius Petersen, fortgef. von Lieselotte Blumenthal, Benno von Wiese und Siegfried Seidel. Hrsg. im Auftrag der Stiftung Weimarer Klassik und des Schiller-Nationalmuseums in Marbach von Norbert Oellers. Weimar 1943 ff. (zitiert mit der Sigle »NA«).

Friedrich Schiller: Sämtliche Werke. 6 Bde. Auf Grund der Originaldrucke hrsg. v. Gerhard Fricke und Herbert G. Göpfert, 6. Auflage München 1980.

2. Preiswerte (Auswahl-) Ausgaben

Bahr, Erhard (Hrsg.) (1974): Was ist Aufklärung? Thesen und Definitionen. Stuttgart.

Best, Otto (Hrsg.) (1972): Die deutsche Literatur in Text und Darstellung. Bd. 5: Rokoko und Aufklärung. Stuttgart.

Deutsche Gedichte. Eine Anthologie. Hrsg. v. Dietrich Bode. Stuttgart 1984.

Gedichte des Barock. Mit einer Einführung in die Interpretation. Für die Sekundarstufe II hrsg. v Peter Jentzsch, Stuttgart 1997 (Arbeitstexte für den Unterricht).

Goethe, Johann Wolfgang: Gedichte. Auswahl und Einleitung von Stefan Zweig. Stuttgart 1967.

Goethe, Johann Wolfgang: Die Leiden des jungen Werthers. Leipzig 1774. Hrsg. v. Joseph Kiermeier-Debre. München 1997 (Bibliothek der Erstausgaben).

Hagedorn, Friedrich von: Gedichte. Hrsg. v. Alfred Anger, Stuttgart 1965.

Haller, Albrecht von: Die Alpen und andere Gedichte. Hrsg. v. Adalbert Elschenbroich. Stuttgart 1984.

Klopstock, Friedrich Gottlieb: Oden. Auswahl und Nachwort v. Karl Ludwig Schneider. Stuttgart 1966.

Schiller, Friedrich: Gedichte. Hrsg. v. Norbert Oellers. Stuttgart 1999.

Schiller, Friedrich: Über die ästhetische Erziehung des Menschen in einer Reihe von Briefen. Mit den Augustenberger Briefen. Hrsg. v. Klaus L. Berghahn. Stuttgart 2000.

Zur Gattungsgeschichte und zu den Epochen

Alewyn, Richard (Hrsg.) (1968): Deutsche Barockforschung. Dokumentation einer Epoche. Köln, Berlin.

Alt, Peter-André (1996): Aufklärung. Stuttgart, Weimar.

Benjamin, Walter (1978): Ursprung des deutschen Trauerspiels. Hrsg. v. Rolf Tiedemann. Frankfurt am Main.

Garber, Klaus und Ferdinand von Ingen (Hrsg.) (1991): Europäische Barock-Rezeption. Wiesbaden.

Grimminger, Rolf (Hrsg.) (1984): Hansers Sozialgeschichte der deutschen Literatur vom 16. Jahrhundert bis zur Gegenwart. Bd. 3. Deutsche Aufklärung bis zur Französischen Revolution. 2 Teilbde. München.

Hinderer, Walter (Hrsg.) (1983): Geschichte der deutschen Lyrik vom Mittelalter bis zur Gegenwart. Stuttgart.

Hofmann, Michael (1999): Aufklärung. Tendenzen – Autoren – Texte. Stuttgart (Literaturstudium).

Kaiser, Gerhard (1988): Geschichte der deutschen Lyrik von Goethe bis Heine. 3 Bde. Frankfurt am Main.

Laufhütte, Hartmut (1979): Die deutsche Kunstballade. Grundlegung einer Gattungsgeschichte. Heidelberg.

Luserke, Matthias (1997): Sturm und Drang. Autoren – Texte – Themen. Stuttgart (Literaturstudium).

Mecklenburg, Norbert (1980): Balladen der Klassik. In: Walter Müller-Seidel (Hrsg.): Balladenforschung. Königstein/Taunus, S. 187–203.

Müller, Günther (1925): Geschichte des deutschen Liedes vom Zeitalter des Barock bis zur Gegenwart. München (Nachdruck Darmstadt 1959).

Pestalozzi, Karl (1970): Die Entstehung des lyrischen Ich. Studien zum Motiv der Erhebung in der Lyrik. Berlin.

Propyläen Geschichte der Literatur. Literatur und Gesellschaft der westlichen Welt. Bd. 3: Renaissance und Barock 1400–1700. Berlin 1988.

Schlosser, Horst Dieter (1983): dtv-Atlas zur deutschen Literatur. Tafeln und Texte. München.

Steinhagen, Harald (Hrsg.) (1985): Deutsche Literatur. Eine Sozialgeschichte. Bd. 3. Zwischen Gegenreformation und Frühaufklärung: Späthumanismus, Barock. 1572–1740. Reinbek bei Hamburg.

Wegmann, Nikolaus (1988): Diskurse der Empfindsamkeit. Zur Geschichte eines Gefühls in der Literatur des 18. Jahrhunderts. Stuttgart.

Wuthenow, Ralph-Rainer (Hrsg.) (1980): Deutsche Literatur. Eine Sozialgeschichte. Bd. 4. Zwischen Absolutismus und Aufklärung: Rationalismus, Empfindsamkeit, Sturm und Drang. 1740–1786. Reinbek bei Hamburg.

Interpretationen und Forschungsliteratur zu Autoren und Texten

Brandmayer, Rudolf (1998): Die Gedichte des jungen Goethe. Eine gattungsgeschichtliche Einführung. Göttingen (UTB).

Deutsche Dichter. Leben und Werk deutschsprachiger Autoren. Hrsg. v. Gunter E. Grimm und Frank Rainer Max. Bd. 2: Reformation, Renaissance und Barock. Bd. 3: Aufklärung und Empfindsamkeit. Bd. 4: Sturm und Drang, Klassik. Stuttgart 1988.

Gedichte und Interpretationen. Bd. 1: Renaissance und Barock. Hrsg. v. Volker Meid. Bd. 2: Aufklärung und Sturm und Drang. Hrsg. v. Karl Richter. Bd. 3: Klassik und Romantik. Hrsg. v. Wulf Segebrecht. Stuttgart 1982/1984.

Große, Wilhelm (1992): Gedichte der Weimarer Klassik. München (Oldenbourg Interpretationen).
Koopmann, Helmut (Hrsg.) (1998): Schiller-Handbuch. Stuttgart.
Matussek, Peter (1998): Goethe zur Einführung. Hamburg.
Mecklenburg, Norbert (2000): Poetisches Spiel mit kultureller Alterität: Goethes »indische Legende« *Der Gott und die Bajadere.* In: Literatur in Wissenschaft und Unterricht XXXIII.
Meid, Volker (1986): Barocklyrik. Stuttgart (Sammlung Metzler).
Oellers, Norbert (1996): Friedrich Schiller. Zur Modernität eines Klassikers. Hrsg. v. Michael Hofmann. Frankfurt am Main.
Oellers, Norbert (Hrsg.) (1966): Interpretationen. Gedichte von Friedrich Schiller. Stuttgart (Literaturstudium).
Otto, Regine und Bernd Witte (Hrsg.) (1996): Goethe Handbuch: Bd. 1: Gedichte, Stuttgart, Weimar.
Rotermund, Erwin (1972): Affekt und Artistik. Studien zur Leidenschaftsdarstellung und zum Argumentationsverfahren bei Hofmann von Hofmannswaldau. München.
Witte, Bernd (Hrsg.) (1998): Interpretationen. Gedichte von Johann Wolfgang Goethe. Stuttgart (Literaturstudium).

Sonstige Literatur

Alewyn, Richard (1974): Probleme und Gestalten. Essays. Frankfurt am Main.
Behrmann, Alfred (1989): Einführung in den neueren deutschen Vers. Von Luther bis zur Gegenwart. Eine Vorlesung.
Frank, Horst J. (1998): Wie interpretiere ich ein Gedicht? Eine methodische Anleitung. 4. Auflage. Tübingen, Basel (UTB).
Grimminger, Rolf (1990): Die Ordnung, das Chaos und die Kunst. Für eine neue Dialektik der Aufklärung. Frankfurt am Main.
Hofmann, Michael (2001): Literatur und kulturelle Differenz. Problemkonstellationen in Geschichte und Gegenwart. In: Weimarer Beiträge.
Mauser, Wolfram (1989): Geselligkeit. Zu Chancen und Scheitern einer gesellschaftlichen Utopie um 1750: In: Aufklärung 7, S. 5–38.
Zelle, Carsten (1995): Die doppelte Ästhetik der Moderne. Revisionen des Schönen von Boileau bis Nietzsche. Stuttgart, Weimar.

CD-Rom

Baasner, Rainer und Georg Reichert: Epochen der deutschen Literatur. Ein Hyperlink-Informationssystem. Aufklärung und Empfindsamkeit. Sturm und Drang/Klassik. Stuttgart (Reclam).
Geschichte der deutschen Lyrik in Beispielen. Vom Mittelalter bis zum Zweiten Weltkrieg. Hrsg. v. D. Jaegle. Sprecher: W. Höper. Stuttgart (Reclam).
Meid, Volker: Elektronisches Sachwörterbuch zur deutschen Literatur. Stuttgart (Reclam).
Reclams elektronisches Reimlexikon. Stuttgart (Reclam).

Raum für Notizen

Raum für Notizen